EUROPA-FACHBUCHREIHE
für bekleidungstechnische Berufe

| Eberle | Gonser | Hermeling | Hornberger |
| Kilgus | Kupke | Menzer | Ring |

Prüfungsbuch Bekleidung

3. Auflage

VERLAG EUROPA-LEHRMITTEL · Nourney, Vollmer GmbH & Co. KG
Düsselberger Straße 23 · 42781 Haan-Gruiten
Europa-Nr.: 61955

Autorinnen und Autoren des Prüfungsbuches Bekleidung

Eberle, Hannelore	Studiendirektorin	Ravensburg
Gonser, Elke	Studienrätin	Metzingen
Hermeling, Hermann	Dipl.-Ing. (FH), Oberstudiendirektor	Frankfurt
Hornberger, Marianne	Diplom-Modellistin, Fachlehrerin	München
Kilgus, Roland	Dipl.-Gwl., Oberstudiendirektor	Neckartenzlingen
Kupke, Renate	Oberstudienrätin	Stuttgart
Menzer, Dieter	Dipl.-Ing. (FH)	Wiesloch
Ring, Werner	Dipl.-Ing. (FH), Studiendirektor	Metzingen

Mitwirkung bei Teil H Wirtschafts- und Sozialkunde:
Bania, Hannelore   Studiendirektorin   Ravensburg

Lektorat und Leitung des Arbeitskreises	Hannelore Eberle
Modezeichnungen	Studio Salo-Döllel, Aufkirchen bei Erding
Bildbearbeitung	Zeichenbüro des Verlages Europa-Lehrmittel, Ostfildern-Nellingen
Grafiken	Guido Hofenbitzer, Stuttgart
Produktfotos	Globetrotter, Kübler, Mayser

Das vorliegende Buch wurde auf der **Grundlage der aktuellen amtlichen Rechtschreibregeln** erstellt.

3. Auflage 2011

Druck   5 4 3 2 1

Alle Drucke derselben Auflage sind parallel einsetzbar, da sie bis auf die Korrektur von Druckfehlern untereinander unverändert sind.

ISBN 978-3-8085-6197-3

Alle Rechte vorbehalten. Das Werk ist urheberrechtlich geschützt.
Jede Verwertung außerhalb der gesetzlich geregelten Fälle muss vom Verlag schriftlich genehmigt werden.

Für die Überlassung von Bildmaterial wird den Schülerinnen der Gewerblichen Schule Metzingen und des Berufskollegs Mode und Design an der Kerschensteinerschule Stuttgart gedankt.

© 2011 by Verlag Europa-Lehrmittel, Nourney, Vollmer GmbH & Co. KG, 42781 Haan-Gruiten
http://www.europa-lehrmittel.de

Satz: rkt, 42799 Leichlingen, rktypo.com
Druck: Konrad Triltsch Print und digitale Medien GmbH, 97199 Ochsenfurt-Hohestadt

Vorwort

Das **Prüfungsbuch Bekleidung** dient zur Kenntnisfestigung sowie zur Vorbereitung auf die Zwischen- und Abschlussprüfungen bekleidungstechnischer Berufe wie Modenäher/-in, Modeschneider/-in, Änderungsschneider/-in, Maßschneider/-in, Modedesigner/-in. Es bezieht sich hauptsächlich auf die Lerninhalte der Bücher „Fachwissen Bekleidung", „Fachmathematik Bekleidung", „Mode – Zeichnen und Entwerfen", „Mode – Darstellung, Farbe und Stil" und kann in Berufs-, Berufsfach- und Fachschulen (Meister- und Technikerschulen) sowie in Berufskollegs und Berufsoberschulen eingesetzt werden.

Die Gliederung des Buches in neun Teile erlaubt ein gezieltes Vorbereiten und Wiederholen der einzelnen Wissensgebiete:

Teil A: Thematisch gegliederte Fragen und Antworten
Dieser Abschnitt umfasst hauptsächlich Aufgaben zu technologischen Sachverhalten. Nach jeder Frage wird jeweils die Antwort aufgezeigt. Ergänzende Abbildungen vertiefen den Lernerfolg. Zuordnungsaufgaben und Multiple-choice-Fragen runden einzelne Kapitel ab.

Teil B: Lernfeldorientierte Aufgaben zur Materialauswahl
Das Auswählen der Werk- und Hilfsstoffe sowie der Zutaten bei der Bekleidungsfertigung wird anhand von Kundenaufträgen problemorientiert aufgezeigt.

Teil C: Projektaufgaben
Der Schwerpunkt dieser handlungsorientierten Aufgaben liegt im Erkennen von Zusammenhängen. Dies wird durch die Kombination von Sachverhalten unterschiedlichster Lerngebiete mit bekleidungstechnischen Mathematikaufgaben erreicht.

Teil D: Beispiel einer Abschlussprüfung für Änderungsschneider/-in
Teil E: Beispiel einer Abschlussprüfung für Maßschneider/-in
Nach Aufzeigen der jeweiligen Vorgaben zum schriftlichen Teil der Gesellenprüfung folgt eine Prüfungseinheit mit Lösungsvorschlag. Diese Prüfungen des Maßschneiderhandwerks sind in den einzelnen Bundesländern unterschiedlich.

Teil F: Beispiel einer Abschlussprüfung für Modenäher/-in
Teil G: Beispiel einer Abschlussprüfung für Modeschneider/-in
Nach Darstellung der Prüfungsstruktur werden jeweils Aufgaben der Fächer Technologie, Technische Mathematik sowie Gestaltung und Konstruktion aufgezeigt, im Anschluss daran die Lösungsvorschläge. Die Prüfungseinheiten sind im Aufbau und Inhalt den bundeseinheitlichen Kammerprüfungen (IHK) angeglichen.

Teil H: Prüfungseinheiten zur Wirtschafts- und Sozialkunde
Der Abschnitt umfasst jeweils eine Prüfungseinheit mit ungebunden Aufgaben und Lösungsvorschlägen für zweijährige bzw. dreijährige Ausbildungsberufe sowie eine Prüfungseinheit mit Multiple-choice-Fragen.

Teil I: Dokumentieren und Präsentieren
In diesem Abschnitt werden die Möglichkeiten aufgezeigt, komplexe Aufgabenstellungen erfolgreich zu erarbeiten und zu präsentieren, um dadurch die Handlungskompetenz zu verbessern.

Bei der **3. Auflage** wurde Teil A aktualisiert und erweitert, die Teile B, D, E und I wurden neu aufgenommen. Teil H wurde grundlegend überarbeitet. Die Lösungen stehen durch die geänderte Gliederung jeweils am Ende eines Abschnitts und sind dadurch leichter auffindbar.

Für Anregungen, die zu einer Vervollständigung und Verbesserung des Prüfungsbuches beitragen können, sind wir jederzeit aufgeschlossen und dankbar.

Herbst 2011   Die Autorinnen und Autoren

Inhaltsverzeichnis

Teil A: Thematisch gegliederte Fragen und Antworten

1	Fasern	5
2	Garne	26
3	Textile Flächen	33
4	Textilveredlung	48
5	Warenkunde	50
6	Leder und Pelze	57
7	Bekleidungsherstellung	58
8	Organisation der Bekleidungsherstellung	77
9	Produktgestaltung	87
10	Produktgruppen	97
11	Geschichte der Bekleidung	118
12	Lösungen der Zuordnungs-Aufgaben und Multiple-choice-Aufgaben zu Teil A	163

Teil B: Lernfeldorientierte Aufgaben zur Materialauswahl mit Lösungsvorschlägen

1	Kapuzenjäckchen	166
2	Folklorebluse	168
3	Outdoor-Kombination	170
4	Hosenanzug	172
5	Trenchcoat	174
6	Abendkleid	176

Teil C: Projektaufgaben mit Lösungsvorschlägen

1	Fachbegriffe und Abkürzungen	178
2	Grafische Darstellung	179
3	Fasermischung/Flächenbezogene Masse	180
4	Garne	182
5	Nähtechnik	183
6	Kleinteile	185
7	Verschlüsse (1)	187
8	Verschlüsse (2)	189
9	Verschlüsse (3)	191
10	Blenden (1)	193
11	Blenden (2)	194
12	Rüschen	196
13	Falten (1)	198
14	Falten (2)	200
15	Falten (3)	202
16	Glockenrock	205
17	Volants	209

Teil D: Beispiel einer Abschlussprüfung für Änderungsschneider/-in

Prüfungsvorgaben	211
Auftragsbearbeitung	212
Änderungen	212
Lösungsvorschlag zu Teil D	217

Teil E: Beispiel einer Abschlussprüfung für Maßschneider/-in

Prüfungsvorgaben	221
Gestaltung und Konstruktion	222
Planung und Fertigung	224
Lösungsvorschlag zu Teil E	226

Teil F: Beispiel einer Abschlussprüfung für Modenäher/-in

Prüfungsstruktur	234
Technologie	235
Technische Mathematik	248
Gestaltung und Konstruktion	251
Lösungsvorschläge zu Teil F	257

Teil G: Beispiel einer Abschlussprüfung für Modeschneider/ -in

Prüfungsstruktur	261
Technologie	262
Technische Mathematik	277
Gestaltung und Konstruktion	280
Lösungsvorschläge zu Teil G	288

Teil H: Prüfungseinheiten zur Wirtschafts- und Sozialkunde

Ungebundene Aufgaben (2 Jahre Ausbildungszeit)	293
Ungebundene Aufgaben (3 Jahre Ausbildungszeit)	297
Lösungsvorschläge zu den ungebundenen Aufgaben	301
Gebundene Aufgaben (multiple choice) und Lösungen	306

Teil I: Dokumentieren und Präsentieren

Das Projekt	311
Das Plakat	312
Mündliche Präsentation;	313
Umgang mit Lampenfieber	315
Dokumentation (Projektmappe)	316
Das Fachgespräch;	319
Feedback, Umgang mit Kritik	320

Teil A: Thematisch gegliederte Fragen und Antworten

1 Fasern

1 Nennen Sie die Haupt- und Untergruppen der Naturfasern.

Pflanzenfasern:
Samenfasern, Bastfasern (Stängelfasern), Hartfasern

Tierische Fasern:
Wolle, feine Tierhaare, grobe Tierhaare, Seiden

2 Nennen Sie die Haupt- und Untergruppen der Chemiefasern.

Chemiefasern aus natürlichen Polymeren:
Zellulosische Chemiefasern, Alginat, Gummi

Chemiefasern aus synthetischen Polymeren:
Elasto, Polyester, Fluoro, Polychlorid, Polyacryl, Polyolefin, Polyamid, Polyvinylalkohol,

3 Nennen Sie sechs zellulosische Chemiefasern.

Viskose, Modal, Lyocell, Cupro, Acetat, Triacetat

4 Definieren Sie die Begriffe Egrenieren und Linters.

Das Entkörnen der Baumwolle wird als **Egrenieren** bezeichnet.

Linters sind die kurzen Baumwollfasern (unter 10 mm). Sie sind zum Verspinnen zu kurz und werden zur Herstellung zellulosischer Chemiefasern verwendet.

5 Geben Sie die Stapellänge von verspinnbaren Baumwollfasern an.

Die **Stapellänge** der Baumwollfasern muss ca. 15 bis 60 mm betragen, damit sie verspinnbar sind.

6 Nennen Sie fünf Merkmale der Baumwolle, nach denen die Faserqualität beurteilt wird.

Stapellänge, Feinheit, Reinheit, Festigkeit, Farbe, Glanz

7 Begründen Sie die Eigenschaft der Baumwolle, Feuchtigkeit aufzunehmen, anhand des Faseraufbaus.

Die Feuchtigkeit wird vor allem in dem Hohlraum im Faserinneren (Lumen) und zwischen den Zelluloseschichten aufgenommen.

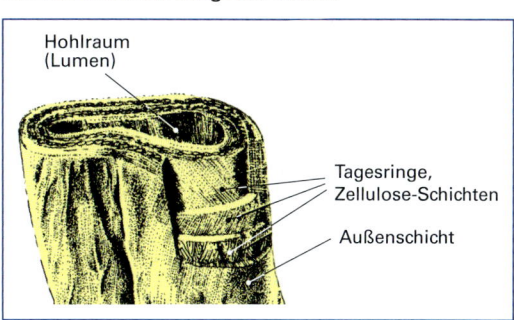

8 Beurteilen Sie das bekleidungsphysiologische Verhalten von Baumwolltextilien.

Wärmeisolation:
Grundsätzlich isolieren dünne, glatte Textilkonstruktionen wenig, während dicke voluminöse gut isolieren.

Feuchtigkeitsaufnahme:
Baumwolle ist saugfähig, die Feuchtigkeitsaufnahme ist begrenzt; sie trocknet langsam.

Hautfreundlichkeit:
Die feine, weiche Baumwollfaser ist sehr hautfreundlich.

9 Bewerten Sie folgende technologischen Eigenschaften der Baumwolle: Trocken- und Nassfestigkeit, Dehnung, Elastizität, Knitterverhalten.

Trockenfestigkeit:
Baumwolle hat gute bis sehr gute Trockenfestigkeit.

Nassfestigkeit:
Baumwolle hat eine sehr gute Nassfestigkeit. Sie ist höher als die Trockenfestigkeit.

Dehnung:
Die Dehnbarkeit ist gering (6 % ... 10 %).

Elastizität:
Die Elastizität der Baumwolle ist gering.

Knitterverhalten:
Wegen der geringen Elastizität knittern Baumwollstoffe stark.

10 Erklären Sie den Begriff Merzerisieren.

Unter **Merzerisieren** versteht man die Behandlung von Baumwollgarnen oder -stoffen mit Natronlauge unter gleichzeitigem Spannen. Es wird dadurch dauerhafter Glanz erzeugt.

11 Erklären Sie drei weitere Veredlungsverfahren zur Veränderung der Eigenschaften bei Baumwollstoffen.

Krumpfen:
Gewolltes Einlaufen von Baumwollstoffen durch Einwirkung von Dampf und Mechanik.
Imprägnieren:
Tränken mit wasser- und schmutzabweisenden Chemikalien.
Knitterarm-Ausrüstung:
Durch das Einlagern von Kunstharzen in Baumwollgewebe wird die unelastische Baumwolle elastisch und knittert kaum noch.
Man braucht knitterarm ausgerüstete Textilien kaum noch zu bügeln.

12 Beschreiben Sie den Verlauf der Brennprobe bei Baumwolle.

- Rasche Verbrennung, Nachglühen
- Geruch nach verbranntem Papier
- Hellgraue Flugasche als Rückstand

13 Begründen Sie den Einsatz von Baumwolle für die Verwendung als Unter- und Nachtwäsche.

Baumwolle ist saugfähig, kochfest (hygienisch), hautfreundlich.

14 Entwerfen Sie ein Pflegeetikett für Baumwolltextilien bei Maximalbelastung. Geben Sie drei Beispiele an, für welche Textilien diese Pflegemaßnahmen möglich und sinnvoll sind.

Die Maximalbehandlung ist möglich und sinnvoll bei:
- weißer Säuglingswäsche
- weißer Tischwäsche
- weißer Berufskleidung

15 Geben Sie an, welche Garantie mit dem Internationalen Baumwollzeichen verbunden ist.

Das Gütezeichen garantiert, dass ...

- es sich bei Baumwolle um Fasern der Baumwollpflanze handelt.
- die Baumwolle beste Qualität aufweist.

16 Nennen Sie die Arbeitsgänge, die erforderlich sind, um die Flachsfaserbündel aus dem Stängel zu gewinnen.

Raufen, Riffeln, Rösten (Rotten), Brechen, Schwingen, Hecheln

17 Skizzieren Sie den Aufbau eines Flachsstängelquerschnittes.

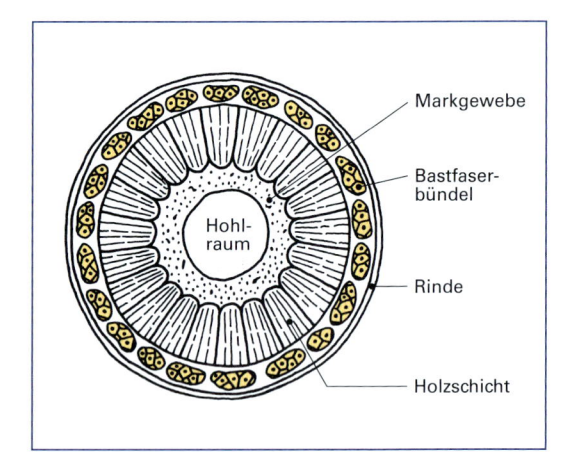

18 Definieren Sie den Begriff Kotonisieren.

Kotonisieren nennt man das mechanische oder chemische Auflösen der Faserbündel in Elementarfasern.

Man erhält Flockenbast, der mit Baumwolle gemischt werden kann.

19 Beurteilen Sie das bekleidungsphysiologische Verhalten von Leinentextilien.

Wärmeisolation:
Garne und Gewebe aus den glatten Leinenfasern haben kaum Lufteinschlüsse, sie isolieren wenig.

1 Fasern

Feuchtigkeitsaufnahme:
Leinen ist gut saugfähig, es trocknet schneller als Baumwolle.

Hautfreundlichkeit:
Leinen ist glatter, steifer und weniger geschmeidig als Baumwolle.

20 Erklären Sie, warum sich Leinen kühl anfühlt.

Weil die Faseroberfläche von Leinen glatt ist und Leinen wenig Luft einschließt, fühlen sich Leinenstoffe kühl an.

21 Bewerten Sie folgende technologischen Leineneigenschaften:
Festigkeit trockene Faser und nasse Faser, Dehnung, Elastizität, Knitterverhalten.

Trockenfestigkeit:
Die Trockenfestigkeit von Leinen ist sehr gut.

Nassfestigkeit:
Die Nassfestigkeit ist noch höher als die Trockenfestigkeit.

Dehnung:
Mit 2 % Dehnung hat Leinen die geringste Dehnung aller Bekleidungsfasern.

Elastizität:
Die Elastizität von Leinen ist sehr gering.

Knitterverhalten:
Wegen der geringen Elastizität knittert Leinen stark.

22 Beschreiben Sie den Verlauf der Brennprobe bei Leinen.

- Rasche Verbrennung, Nachglühen
- Geruch nach verbranntem Papier
- hellgraue Flugasche als Rückstand

23 Vergleichen Sie die Trockenreißprobe von Leinen und Baumwolle und nennen Sie weitere Methoden, um Leinen von Baumwolle zu unterscheiden.

Trockenreißprobe:
Baumwolle: Reiß-Enden der Garne zeigen kurze Faserenden
Leinen: Reiß-Enden der Garne zeigen lange Faserenden

Lichtprobe:
Baumwolle: Baumwollstoffe zeigen weniger Verdickungen als Leinenstoffe
Leinen: Leinenstoffe zeigen typische Verdickungen

Ölprobe:
Baumwolle: Baumwollstoff wirkt kaum durchscheinend
Leinen: Leinenstoff wirkt leicht glasig, durchscheinend.

24 Entwerfen Sie ein Pflegeetikett für Leinentextilien bei Maximalbelastung. Zählen Sie zwei Beispiele auf, für welche Textilien diese Pflegemaßnahmen möglich und sinnvoll sind. Geben Sie an, worauf beim Bügeln von Leinentextilien zu achten ist.

Die Maximalbelastung ist möglich und sinnvoll bei:
- weißer Tisch- und Bettwäsche
- Geschirrtüchern

Im trockenen Zustand ist Leinen schwer zu bügeln, Knitterfalten sind hartnäckig. Deshalb müssen die Textilien vor dem Bügeln stark angefeuchtet werden.

25 Erklären Sie, wie die Begriffe **Reinleinen** und **Halbleinen** nach dem Textilkennzeichnungsgesetz (TKG) geregelt und zulässig sind

Nach dem TKG dürfen Textilien aus 100 % Leinen als **Reinleinen** bezeichnet werden.
Die Bezeichnung **Halbleinen** darf nach dem TKG bei Geweben verwendet werden, die in der Kette vollständig aus Baumwolle und im Schuss ganz aus Leinen bestehen. Der Leinenanteil muss mindestens 40 % betragen.

26 Geben Sie an, für welche Textilien das Leinensiegel verwendet werden darf.

Mit dem **Leinensiegel** (eingetragenes Warenzeichen) dürfen Textilien aus Reinleinen und Halbleinen gekennzeichnet werden. Wenn das Zeichen bei Halbleinen verwendet wird, muss der Leinenanteil mindestens 50 % betragen.

27 Nennen Sie fünf pflanzliche Fasern und geben Sie an, aus welchem Teil der Pflanze sie gewonnen werden.
Geben Sie jeweils eine wichtige Verwendung an (Tabelle).

	Gewinnung	Verwendung
Kapok:	Fasern aus dem Samen der Kapokfrucht	Füllmaterial für die Polsterei
Hanf:	Fasern aus dem Stängel der Hanfpflanze	Hosen, Hemden, Shirts, Socken
Jute:	Fasern aus dem Stängel der Jutepflanze	Wandbespannungen (Rupfen), Gurte, Säcke, Teppichgrundgewebe
Ramie:	Fasern aus dem Stängel der Ramiepflanze	feine, leichte Gewebe, Banknoten
Sisal:	Fasern aus den Blättern der Sisalpflanze	Seilerwaren, Teppiche, Netze, Matten

28 Nennen Sie Arbeitsgänge zur Wollgewinnung.

- Scheren
- Sortieren nach Wollqualitäten am Vlies
- Waschen
- Karbonisieren
- Verspinnen der Fasern zu Garnen

29 Definieren Sie den Begriff Vlies.

Mit Vlies bezeichnet man das zusammenhängende Wollkleid des Schafes nach dem Scheren.

30 Skizzieren Sie ein Vlies und tragen Sie die vier Qualitätszonen ein.

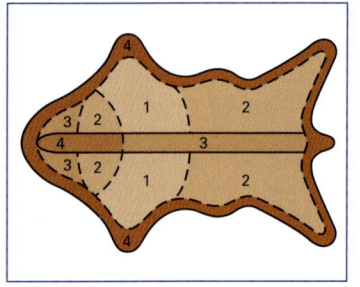

1 Schulter, **beste Qualität**

2 Hinterkopf, Rücken

3 vorderer Kopf, Rücken

4 Kopf, Bauch, **schlechteste Qualität**

31 Erklären Sie den Begriff Karbonisieren.

Durch das **Karbonisieren** werden bei Wolle die pflanzlichen Verunreinigungen mit Schwefelsäure zerstört.

32 Nennen Sie die drei bevorzugten Schafrassen (Wollsorten) und beurteilen Sie Feinheit, Stapellänge und Kräuselung ihrer Wollen in einer Tabelle.

Schafrasse	Feinheit	Stapellänge	Kräuselung
Merino (-wolle)	sehr fein	kurzstapelig, 50 bis 120 mm	überbogig, hochbogig
Crossbred (-wolle)	mittelfein	mittelstapelig, 120 bis 150 mm	normalbogig
Cheviot (-wolle)	grob	langstapelig, über 150 mm	feinbogig, schlicht

33 Erklären Sie den Begriff Schurwolle.

Schurwolle ist neue, ungebrauchte Wolle und somit die beste Wollqualität.

34 Erklären Sie die Begriffe Lammwolle und Reißwolle und beurteilen Sie jeweils die Qualität.

Lammwolle stammt von der ersten oder zweiten Schur des Schafes. Sie ist fein, weich, wenig zug- und scheuerfest.

Reißwolle stammt von Wollabfällen und getragenen Wolltextilien, die wieder aufbereitet werden.

Die bereits verwendeten Fasern sind beschädigt und von minderwertiger Qualität.

35 Nennen Sie die Grundsubstanz, aus der Wolle vorwiegend besteht.

Wolle besteht vorwiegend aus tierischem Eiweiß (Keratin).

1 Fasern

36 Beschreiben Sie vier wesentliche Merkmale vom Aufbau der Wollfaser.

- Eine feine Membran, die **Epicuticula**, umgibt die Wollfaser.
- Die äußere Struktur der Wollfaser weist **Schuppen** auf.
- Die Wollfaser besteht aus zwei unterschiedlichen Faserhälften, die sich spiralförmig umeinander winden und unterschiedlich viel Feuchtigkeit aufnehmen (**bilaterale Struktur**).
- Die Eiweißmolekülketten winden sich spiralförmig (**elastische Spindelzellen**).

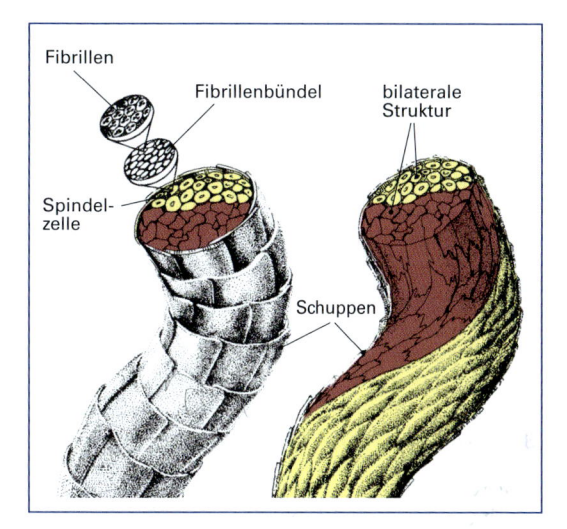

Fibrillen, Fibrillenbündel, bilaterale Struktur, Spindelzelle, Schuppen

37 Beschreiben Sie vier Eigenschaften der Wolle, die sich aus dem Faseraufbau ergeben.

- Durch die Epicuticula ist die Wolle **hydrophob (wasserabweisend)**.
- Durch die Schuppenstruktur ist die Wolle **filzfähig**.
- Die bilaterale Struktur verursacht die **Kräuselung** der Wolle.
- Die elastischen Spindelzellen geben der Wolle die gute **Elastizität**.

38 Nennen Sie die Ursache für das Filzen der Wolle und die Faktoren die einwirken müssen, damit sie filzt.

Die Schuppen der Wollfasern können sich durch den Einfluss von Wärme, Feuchtigkeit, Walkmittel, Reibung dauerhaft ineinander verhaken (verfilzen).

39 Beschreiben Sie die bekleidungsphysiologischen Eigenschaften der Wolle.

Wärmeisolation:
Dicke, voluminöse und aufgeraute Wollstoffe isolieren sehr gut. Feine, glatte Wollstoffe, z. B. Cool Wool, isolieren wenig.

Feuchtigkeitsaufnahme:
Dampfförmige Feuchtigkeit wird von Wolle sehr gut aufgenommen (sie ist hygroskopisch). Wolle ist wasserabweisend (hydrophob).

Hautfreundlichkeit:
Feine Lamm- und Merinowolle sind hautfreundlich, grobe Wollsorten können kratzen.

40 Beurteilen Sie die folgenden technologischen Eigenschaften von Wolle: Festigkeit, Dehnung der trockenen und der nassen Faser, Elastizität, Knitterverhalten und Formbarkeit.

Festigkeit:
Sie ist geringer als die der übrigen Bekleidungsfasern, aber ausreichend

Dehnung trockene Faser:
Die Dehnung der trockenen Wollfaser ist sehr hoch, 25 bis 50 %

Dehnung nasse Faser:
Nasse Wolle dehnt sich noch stärker als trockene Wolle

Elastizität:
Wolle ist sehr elastisch, sie hat eine sehr gute „Sprungkraft"

Knitterverhalten:
Wegen der hohen Elastizität sind Wollstoffe knitterarm

Formbarkeit:
Wolle ist bedingt dauerhaft formbar (Bügelfalten, Plisseefalten).

41 Nennen Sie fünf Veredlungsverfahren für Wolle und geben Sie die damit erzielten Auswirkungen an.

Walken: Verdichten der textilen Fläche, sie wird dadurch wind- und wasserabweisend, wärmerückhaltend, strapazierfähig, knitterarm.

Rauen: Erzeugung einer faserigen Oberfläche, der Griff wird dadurch weicher, das Wärmehaltevermögen wird erhöht.

Fortsetzung auf der nächsten Seite

Fortsetzung von Aufgabe 41

Filzfreiausrüstung: Wolltextilien werden maschinenwaschbar.

Mottenschutzausrüstung: Wolltextilien werden vor Mottenfraß geschützt.

Dekatieren: Vorwegnahme späteren Einlaufens, Beseitigung von Pressglanz, Verbesserung von Griff und Tropfenfestigkeit.

42 Beschreiben Sie den Verlauf der Brennprobe bei Wolle.

- Wolle brennt langsam und verlöschend,
- es riecht nach verbranntem Horn oder Haar,
- der Rückstand ist zerreibbare Schlacke.

43 Entwerfen Sie ein Pflegeetikett für einen Wollmantel und filzfrei ausgerüstete Wollsocken.

Wollmantel: **Wollsocken:**

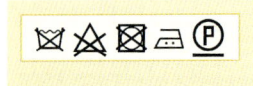

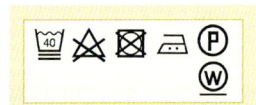

44 Erklären Sie, wann nach dem Textilkennzeichnungsgesetz die Bezeichnung Schurwolle, wann die Bezeichnung Reine Schurwolle verwendet werden darf.

Schurwolle ist neue und unbeschädigte Wolle, die noch keiner Verarbeitung unterzogen war.
In Mischungen muss der Schurwollanteil mindestens 25 % betragen. Liegt der Anteil unter 25 %, so darf nur die Bezeichnung Wolle verwendet werden.
Als **Reine Schurwolle** dürfen Textilien aus 100 % Schurwolle bezeichnet werden (erlaubte Fremdfasern: 0,3 % für Faseranflug während der Produktion, 2 % für antistatische Wirkung und bis 7 % für sichtbare Ziereffekte).

45 Geben Sie jeweils die Qualitätsmerkmale an, die durch folgende Warenzeichen garantiert werden: Wollmark® Woolmark-Blend® Wool Blend® und Total Easy Care Wool®.

Woolmark
Der Artikel besteht aus reiner Schurwolle. Mindestechtheiten der Farben, Mindestreißfestigkeit und Formbeständigkeit werden garantiert.

Woolmark Blend
Der Schurwollanteil beträgt mindestens 50 %. Mindestechtheiten der Farben, Mindestreißfestigkeit und Formbeständigkeit werden garantiert.

Wool Blend
Dieses Warenzeichen wird bei Mischungen mit einem Schurwollanteil von 30 % bis 49 % z.B. für Funktionstextilien verwendet.

Total Easy Care Wool
Der Artikel aus Schurwolle ist filzfrei ausgerüstet und kann deshalb in der Waschmaschine gewaschen werden.

46 Nennen Sie die Herkunft und die besonderen Eigenschaften der nachstehenden feinen Tierhaare und geben sie typische Verwendungen an:
Alpaka, Kamelhaar, Kaschmir, Mohair und Angora.

Die **Alpakafasern** stammen von einer Lamaart. Sie sind fein, weich und leicht gekräuselt und haben eine ausgezeichnete Isolationsfähigkeit. Sie werden für hochwertige Maschenwaren, Mäntel und Decken verwendet.

Kamelhaar ist das Flaumhaar der zweihöckerigen Kamele. Es ist sehr fein, weich, leicht gekräuselt und beigebraun. Kamelhaar wird für Oberbekleidung verwendet.

Kaschmir stammt von der Kaschmirziege, die ein außergewöhnlich feines Unterhaar hat. Textilien aus Kaschmir sind fein, weich, geschmeidig und glänzend (teuerstes Naturhaar). Aus Kaschmir werden Maschenwaren, Jacken, Mäntel, Tücher, Schals und feinste Anzüge hergestellt.

Mohair ist die Bezeichnung für die Haare der Angora- oder Mohairziege. Die Haare sind langstapelig, leicht gelockt und seidig glänzend. Ihre Farbe ist weiß, sie filzen kaum und lassen sich ausgezeichnet färben. Man stellt aus Mohair Oberbekleidung und Decken her.

Angora sind die feinen, sehr leichten Haare der Angorakaninchen. Sie nehmen Wasserdampf sehr gut auf. Angora wird meist mit Wolle gemischt. Einzelne gröbere Grannenhaare geben den Stoffen den typischen Stichelhaareffekt. Man stellt aus Angora(-mischung) Rheuma- und Skiunterwäsche und feine Maschenware her.

47 Nennen Sie drei grobe Tierhaare und geben Sie deren Verwendungszweck an.

Die wichtigsten groben Tierhaare sind **Rosshaar, Kamelhaar** (Granenhaar) **Rinderhaar** und **Ziegenhaar**. Sie werden in der Bekleidungsherstellung vor allem für elastische und formbeständige Einlagestoffe verwendet.

48 Definieren Sie die folgenden Begriffe: Kokon, Fibroin, Serizin, Flockseide.

Als **Kokon** wird die taubeneigroße Hülle aus Seide bezeichnet, in die sich die Raupe eingesponnen hat.
Fibroin ist die Eiweißsubstanz, aus der die Seide besteht.
Serizin oder Seidenbast ist der Seidenleim, mit dem der Seidenfaden umgeben ist.
Als **Flockseide** wird das Seidengewirr, mit dem der Kokon befestigt ist, bezeichnet.

49 Unterscheiden Sie Haspelseide (Reale Seide), Schappeseide und Bouretteseide.

Haspelseide (reale Seide) ist die endlose Seide von abgehaspelten Kokons.
Als **Schappeseide** werden die längeren Seidenfasern von nicht mehr abhaspelbaren, aufgeschnittenen Kokons bezeichnet. Sie werden nach dem Kammgarnspinnverfahren zu feinen, glatten, gleichmäßigen Schappeseidengarnen verarbeitet.
Bouretteseide nennt man die bei der Schappeseidenverarbeitung anfallenden kurzen Seidenabfallfasern (Kämmlinge). Sie werden nach dem Streichgarnspinnverfahren zu gröberen, ungleichmäßigen noppigen Bouretteseidengarnen verarbeitet.

50 Beschreiben Sie den Aufbau des Seidenfadens.

Der **Querschnitt** eines Fibroineinzelfadens ist fast dreieckig.
Zwei **Fibroineinzelfäden** sind vom Seidenleim, dem **Serizin**, umgeben.
Jeder Seidenfaden ist aus **Fibrillenbündeln** aufgebaut. Die Fibrillenbündel bestehen aus **Fibrillen**.
Die Fibrille besteht aus **Eiweißmolekülketten**, die in „**Faltblattstruktur**" angeordnet sind.

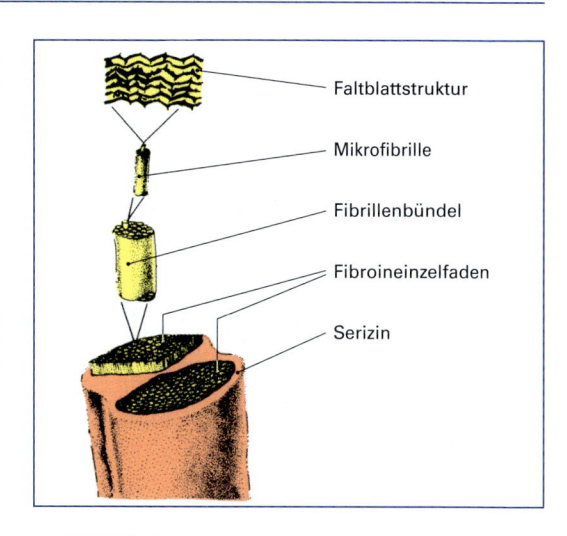

Faltblattstruktur
Mikrofibrille
Fibrillenbündel
Fibroineinzelfaden
Serizin

51 Geben Sie zwei Eigenschaften der Seide an, die sich aus ihrem Faseraufbau ergeben.

- Glanz durch die glatte Faseroberfläche
- Hohe Elastizität auf Grund der Faltblattstruktur

52 Bewerten Sie die bekleidungsphysiologischen Eigenschaften der Seide.

Wärmeisolation: Seide wird als kühl und zugleich warmhaltend bezeichnet. Seidenfilamente ergeben feine Gewebe mit geringem Lufteinschluss, sie liegen glatt auf der Haut und wirken deshalb kühlend. Trotzdem sind solche feinen Seidengewebe warm haltend, weil sie zwischen Körper und dem feinen, dichten Gewebe vorhandene warme Luft nicht so leicht entweichen kann.

Hautfreundlichkeit: Seide ist eine feine, weiche, hautfreundliche Faser.

Feuchtigkeitsaufnahme: Seide saugt Feuchtigkeit gut auf. Schweiß kann allerdings zu Farbtonveränderungen und Festigkeitsverlust führen.

53 Bewerten Sie die folgenden technologischen Eigenschaften der Seide: Festigkeit, Dehnung, Elastizität, Knitterverhalten.

Festigkeit:
Seide hat eine sehr gute Festigkeit.

Dehnung:
Die Dehnbarkeit von Seide ist hoch (10% bis 30%); nasse Seide dehnt sich stärker als trockene.

Fortsetzung auf der nächsten Seite

Fortsetzung von Aufgabe 53

Elastizität:
Seide hat eine sehr gute Elastizität.

Knitterverhalten:
Wegen der hohen Elastizität knittert Seide kaum. (Sehr feine, glatte sowie erschwerte Seide knittert.)

54 Erklären Sie die Begriffe Entbasten und Erschweren.

Beim **Entbasten** wird durch Abkochen in Seifenlauge der Seidenleim (Seidenbast) entfernt.

Als **Erschweren** wird der Ausgleich des Gewichtsverlustes (der durch das Entbasten entstanden ist) mit geeigneten Chemikalien bezeichnet.

55 Nennen Sie sechs Eigenschaften entbasteter, unbeschwerter Maulbeerseide.

- sehr fein
- glatt
- glänzend
- sehr elastisch
- geschmeidig
- sehr reißfest

56 Nennen Sie drei Unterscheidungsmerkmale von Haspelseide und Wildseide.

Haspelseide ist absolut gleichmäßig, glatt, fein, glänzend, üblicherweise entbastet

Wildseide ist sehr ungleichmäßig (Titerschwankungen), gröber, mattglänzendes Aussehen, normalerweise wird sie nicht entbastet.

57 Beschreiben Sie den Verlauf der Brennprobe bei Seide.

- Seide verbrennt langsam, verlöschend.
- Es riecht nach verbranntem Horn.
- Der Rückstand ist zerreibbare Schlacke.

58 Entwerfen Sie das Pflegeetikett für eine waschbare Seidenbluse.
Geben Sie drei Gesichtspunkte an, die bei der Pflege von Seidentextilien zu beachten sind.

Pflegehinweise:
- Feinwaschmittel verwenden
- nicht reiben
- kalt spülen
- von links bügeln, mit wenig oder ohne Dampf

59 Nennen Sie die gesetzliche Bestimmung des Textil-Kennzeichnungsgesetzes für Seide.

Als **Seide** dürfen nur Fasern bezeichnet werden, die von seidenspinnenden Insekten stammen.

60 Geben Sie an, welche Garantie das Seiden-Signet gibt.

Das **Seiden-Signet** (Seidenzeichen) bürgt für reine Seide und sehr gute Qualität.

61 Erläutern Sie die Begriffe Atom, Molekül, Synthese und Polymer.

Ein **Atom** ist das kleinste Teilchen eines chemischen Grundstoffes (Elementes).

Ein **Molekül** ist das kleinste Teilchen einer chemischen Verbindung, aufgebaut aus Atomen.

Den Aufbau einer chemischen Verbindung nennt man **Synthese**.

Als **Polymer** bezeichnet man ein kettenförmig angeordnetes Makromolekül (Kettenmolekül).

62 Geben Sie an, wie aus Zellulose eine Spinnmasse entsteht, damit eine Faser hergestellt werden kann.
Nennen Sie die vier Verfahren.

Um Zellulose verspinnbar zu machen, muss sie mit Chemikalien zur zähflüssigen **Spinnmasse** aufgelöst werden.

Dies kann durch vier unterschiedliche Verfahren erfolgen:

- Viskoseverfahren,
- Kupferoxid-Ammoniak-Verfahren,
- Acetatverfahren,
- Lösemittelverfahren.

63 Beschreiben Sie den modellhaften Aufbau von textilen Fasern.

Die Faser ist aus Fibrillenbündeln, die Fibrillenbündel sind aus Fibrillen aufgebaut. Eine Fibrille besteht aus vielen Molekülketten, die kristalline und amorphe Bereiche bilden.

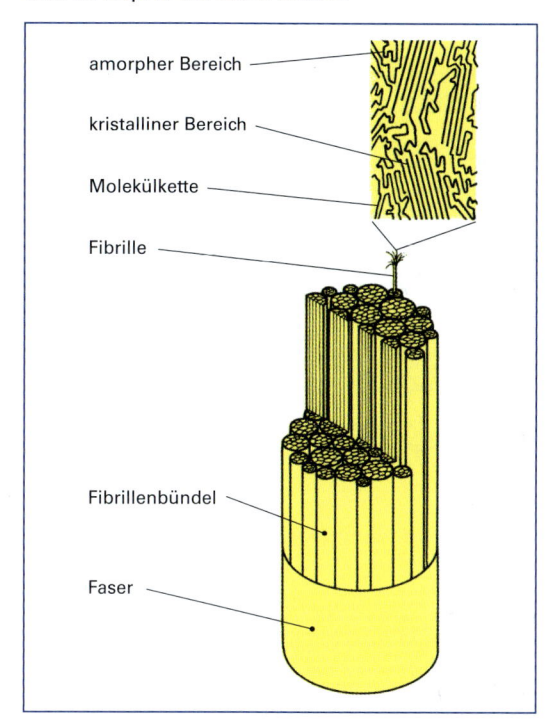

- amorpher Bereich
- kristalliner Bereich
- Molekülkette
- Fibrille
- Fibrillenbündel
- Faser

64 Zeigen Sie die Bedeutung der amorphen und kristallinen Bereiche im Faserinneren auf.

Die **kristallinen Bereiche** geben der Faser die Festigkeit.

Die **amorphen Bereiche** geben der Faser die Beweglichkeit, sie ermöglichen die Feuchtigkeits- und die Farbstoffaufnahme.

65 Geben Sie die drei Schritte an, wie aus dem Ausgangsstoff Erdöl eine Spinnmasse entsteht.

- Aus Erdöl gewinnt man Kleinmoleküle (Monomere).
- Durch Polymerisation, Polykondensation oder Polyaddition werden die Monomere zu Kettenmolekülen (Polymeren) verbunden.
- Aus Polymeren, z.B. in Form von Granulat, wird die Spinnmasse hergestellt.

66 Unterscheiden Sie die Begriffe Polymerisation, Polykondensation und Polyaddition.

Bei der **Polymerisation** verbinden sich gleichartige, reaktionsfähige Monomere zu langkettigen Polymeren.

Bei der **Polykondensation** verbinden sich verschiedenartige Monomere unter Abspaltung eines Nebenproduktes (meist Wasser) zu Polymeren.

Bei der **Polyaddition** verbinden sich zwei Arten von Monomeren zu Polymeren.

67 Begründen Sie, warum das Verstrecken bei der Herstellung von Chemiefasern so wichtig ist.

Durch das **Verstrecken** werden die Kettenmoleküle, die im Faserinneren noch wirr liegen (überwiegend amorph) in Faserlängsrichtung ausgerichtet. Es bilden sich kristalline Bereiche und zwischen den Molekülketten Querverbindungen (Querbrücken).

68 Unterscheiden Sie die drei Verfahren für die Erspinnung von Chemiefasern und geben Sie jeweils zwei nach diesem Verfahren hergestellte Chemiefasern an.

- Beim **Nassspinnverfahren** verfestigen sich die Filamente in einem Chemikalienbad.
  Faserbeispiele: **Viskose, Modal**
- Beim **Trockenspinnverfahren** verfestigen sich die Filamente im Warmluftstrom.
  Faserbeispiele: **Acetat, Triacetat**
- Beim **Schmelzspinnverfahren** werden die Polymere zur Spinnmasse geschmolzen, die Filamente erstarren im Kaltluftstrom.
  Faserbeispiele: **Polyester, Polyamid**

69 Machen Sie Angaben darüber, wie Feinheit, Glanz und Griff bei Chemiefasern beeinflusst werden können.

Die **Feinheit** der Chemiefasern ergibt sich durch die Größe der Austrittsöffnung bei der Spinndüse und durch den Verstreckungsgrad.

Der **Glanz** wird beeinflusst durch die Faserquerschnittsform und durch den Zusatz von Mattierungsmitteln.

Der **Griff** wird durch Feinheit, Faserquerschnitt sowie durch den Zusatz von Mattierungsmitteln beeinflusst.

70 Erklären Sie die folgenden Begriffe: Filament, Monofil, Multifil, Texturieren, Stapelfaser.

Als **Filament** wird eine endlose Faser bezeichnet.

Ein **Monofil** ist ein einzelnes Filament.

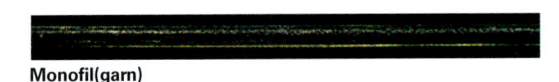

Monofil(garn)

Viele Filamente werden zu einem **Multifil** zusammengefasst.

Multifil(garn) glatt

Beim **Texturieren** werden thermoplastische Filamente bei Hitzeeinwirkung und anschließendes Abkühlen dauerhaft gekräuselt.

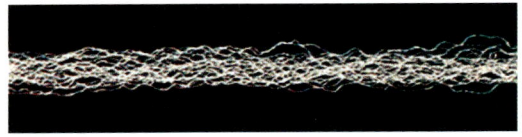

Multifil(garn) texturiert

Stapelfasern sind geschnittene oder gerissene Chemiefasern oder Naturfasern (außer Haspelseide) einer bestimmten Länge (Stapel).

71 Geben Sie an, aus welcher Fasersubstanz Viskose, Modal, Cupro, Lyocell, Acetat und Triacetat jeweils bestehen:

Viskose, Modal, Cupro und **Lyocell** bestehen aus Zellulose.

Acetat besteht aus Zelluloseacetat.

Triacetat besteht aus Zellulosetriacetat.

72 Unterscheiden Sie zwischen Zelluloseregeneratfasern und Zellulosederivatfasern und ordnen Sie die entsprechenden Fasern zu.

Zelluloseregeneratfasern werden aus Zellulose hergestellt. Die Zellulose wird durch verschiedene Verfahren zur Spinnmasse aufgelöst. Die Fasersubstanz der neu hergestellten Faser ist Zellulose (regenerieren = erneuern).

Viskose, Modal, Cupro und Lyocell sind Zelluloseregeneratfasern.

Zellulosederivatfasern werden zwar auch aus Zellulose hergestellt, die Zellulose geht jedoch vor dem Lösen zur Spinnmasse eine Verbindung mit Essigsäure ein.

Es bildet sich als Fasersubstanz Zelluloseacetat bzw. Zellulosetriacetat (Derivat = Abkömmling).

Acetat und Triacetat sind Zellulosederivatfasern.

73 Erklären Sie die Gemeinsamkeiten der Herstellung und die Unterschiede in den Eigenschaften zwischen Viskose und Modal und erläutern Sie, weshalb bei hochwertigen Maschenwaren häufig Modal im Gegensatz zu Viskose verwendet wird.

Viskose und Modal werden grundsätzlich nach dem gleichen Verfahren hergestellt (Nassspinnverfahren).

Bei der Herstellung von **Modal** sind die Zusätze im Spinnbad und die Spinnbedingungen verändert (modifiziert).

Modal hat durch die veränderten Spinnbedingungen mehr kristalline Bereiche als Viskose und damit eine höhere Trocken- und Nassfestigkeit sowie einen geringeren Nassschrumpf als Viskose.
(Bei Viskose beträgt die Nassfestigkeit nur 50 % der Trockenfestigkeit.)

Textilien aus Modal sind deshalb formbeständiger als Textilien aus Viskose und können bei 60 °C gewaschen und im Wäschetrockner getrocknet werden.

74 Nennen Sie die besonderen Eigenschaften von Cupro.

Cupro hat alle Eigenschaften einer Zellulosefaser:

Cupro ist saugfähig, hat geringe Elastizität und knittert, ist jedoch sehr schmiegsam und weich.

Die Trockenfestigkeit ist befriedigend, die Nassfestigkeit ist gering.

1 Fasern

75 Bewerten Sie in Tabellenform die folgenden Eigenschaften von Viskose und Acetat: Festigkeit trockene Faser, Festigkeit nasse Faser, Feuchtigkeitsaufnahme, maximale Bügeltemperatur (Hitzeverträglichkeit), Formbarkeit, Knitterverhalten

	Viskose	Acetat
Festigkeit trockene Faser:	befriedigend	ausreichend
Festigkeit nasse Faser:	mangelhaft	mangelhaft
Feuchtigkeitsaufnahme:	sehr saugfähig	geringe Saugfähigkeit
Bügeltemperatur (Hitzeverträglichkeit):	relativ hitzebeständig	hitzempfindlich
	⌁⌁⌁ (zwei Punkte)	⌁ (ein Punkt)
Knitterverhalten (Elastizität):	geringe Elastizität, knittert stark	gute Elastizität, knittert wenig

76 In einer Kollektion soll das Hemdenmodell „Sven" aus drei verschiedenen Faserstoffen hergestellt werden: aus Viskose, Modal und Lyocell. Entwerfen Sie für alle drei Hemdenmaterialien ein Pflegeetikett.

Viskose:

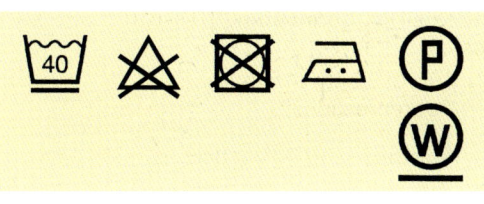

[Pflegeetikett: Waschen bei 40°C, nicht bleichen, nicht trocknergeeignet, bügeln mit einem Punkt, P (chemische Reinigung), W (Nassreinigung)]

Modal:

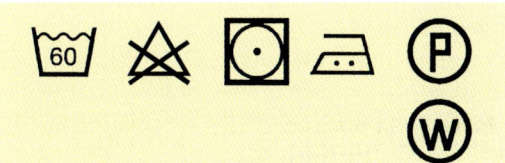

[Pflegeetikett: Waschen bei 60°C, nicht bleichen, Trocknen mit einem Punkt, bügeln mit einem Punkt, P, W]

Lyocell:

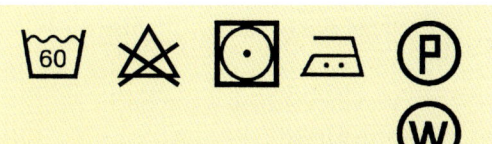

[Pflegeetikett: Waschen bei 60°C, nicht bleichen, Trocknen mit einem Punkt, bügeln mit einem Punkt, P, W]

77 Begründen Sie anhand des Faseraufbaus, warum Lyocell eine mit Baumwolle vergleichbare Trocken- und Nassfestigkeit aufweist.

Lyocellfasern haben einen hohen Anteil kristalliner Bereiche, die der Faser die gute Festigkeit geben.

78 Erklären Sie, welche besondere Eigenschaft sich durch die hohe Kristallinität von Lyocell ergibt.

Die hohe Kristallinität von Lyocell ist die Ursache für das Fibrillieren. Das heißt, dass sich einzelne Fibrillen – vor allem von der nassen Faser – ablösen können. Damit lassen sich verschiedene Oberflächeneffekte erzielen.

79 Beschreiben Sie zwei typische Veredelungen für Stoffe aus Lyocell und geben Sie an, warum die von Ihnen aufgeführte Veredelung vorteilhaft ist.

Durch **Schmirgeln** wird auf der Stoffoberfläche ein Pfirsichhauteffekt erzielt. Für diese Veredlung ist die Fibrillierung vorteilhaft.

Durch **Kunstharzausrüstung** kann Lyocell pflegeleicht ausgerüstet werden. Dadurch wird die Elastizität, die bei allen Zellulosefasern gering ist, erhöht. Die Knitterneigung wird herabgesetzt.

80 Nennen Sie fünf typische Eigenschaften von Acetat und beschreiben Sie den Verlauf der Brennprobe.

Eigenschaften:
- edler, mattschimmernder Glanz (ist der Naturseide am ähnlichsten)
- fülliger Griff
- eleganter Fall
- empfindlich gegen trockene Hitze

Brennprobe:
- Acetate schmelzen in der Flamme.
- Sie brennen rasch.
- Der Geruch ist säuerlich.
- Der Rückstand ist schwarz und hart.

81 Nennen Sie jeweils typische Eigenschaften und Einsatzgebiete von Polyamid, Polyester und Polyacryl.

Polyamid
Typische Eigenschaften:
- hohe Reiß- und Scheuerfestigkeit
- hohe Elastizität

Typische Einsatzgebiete:
- Feinstrumpfhosen
- Badebekleidung
- Miederwaren

Polyester
Typische Eigenschaften:
- höchste Reiß- und Scheuerfestigkeit
- hohe Elastizität
- gute Temperaturbeständigkeit

Typische Einsatzgebiete:
- Wetterschutzbekleidung
- technische Textilien
- Gardinen
- in Mischung mit Wolle: Anzugstoffe
- in Mischung mit Baumwolle: Hemdenstoffe

Polyacryl
Typische Eigenschaften:
- Spinnfasern mit weichem Griff, mit wollähnlicher guter Bauschelastizität

Typische Einsatzgebiete:
- Rein oder mit Wolle gemischt: Strickwaren, Decken, Pelzimitationen, Dekostoffe

82 Geben Sie Einsatzgebiete an für glatte und texturierte Polyamidfilamente, für Polyamidspinnfasern und für Aramide.

Glatte Polyamidfilamente setzt man ein für Futter-, Kleider- und Blusenstoffe sowie Stoffe für Wetterschutzbekleidung.

Texturierte Polyamidfilmente werden für Feinstrümpfe, Damenwäsche, Miederwaren, Badebekleidung, verwendet.

Polyamidspinnfasern werden meist in Mischung mit Wolle oder Baumwolle für Maschenwaren, Plüsche und Dekorationsstoffe verwendet.

Aramide dienen vor allem zur Verstärkung von Kunststoffen und zur Herstellung von Schutzbekleidung, z. B. für schusssichere Westen.

83 Beurteilen Sie Festigkeit, Dehnung/Elastizität und Feinheit von Polyamid, Polyester und Polyacryl.

Polyamid, Polyester haben eine sehr gute, Polyacryl hat eine gute **Festigkeit**. Alle haben eine hohe **Dehnbarkeit** und **Elastizität**.

Polyamid und Polyester werden in allen **Feinheitsbereichen** bis zu Mikrofasern als glatte und texturierte Filamente und als Spinnfasern hergestellt.

Aus Polyacryl werden fast ausschließlich Spinnfasern mit wollähnlichem Charakter hergestellt.

84 Beurteilen Sie Wärmeisolation und Feuchtigkeitsaufnahme der synthetischen Chemiefasern Polyamid, Polyester und Polyacryl.

Bei glatten Filamenten aus Polyamid und Polyester ist die **Wärmeisolation** gering.

Texturierte, voluminöse Filamente schließen viel Luft ein und isolieren gut.

Spinnfasern aus Polyacryl, Polyamid oder Polyester können zu voluminösen, warmhaltenden Spinnfasergarnen verarbeitet werden.

Polyamid nimmt wenig, Polyester und Polyacryl nehmen fast keine **Feuchtigkeit** auf. Durch die Kapillarwirkung bei texturierten Filamenten oder bei Spinnfasergarnen wird jedoch Feuchtigkeit (Schweiß) gut transportiert.

85 Nennen Sie die Pflegeeigenschaften der synthetischen Chemiefasern Polyamid, Polyester und Polyacryl.

Polyamidtextilien, Polyestertextilien und Polyacryltextilien sind **pflegeleicht**, also waschbar in der Waschmaschine, schnell trocknend, weitgehend bügelfrei.

Polyamid und Polyacryl sind hitzempfindlich und deshalb eingeschränkt bügelfähig und eingeschränkt für die Trocknung im Wäschetrockner geeignet.

86 Geben Sie an, was man unter Pflegeleichtigkeit bei synthetischen Chemiefasern versteht.

- in der Waschmaschine waschbar
- schnell trocknend
- weitgehend bügelfrei

87 Definieren Sie die folgenden Begriffe, und geben Sie an, welche Faserstoffgruppe diese Eigenschaften besitzt: thermoplastisch, thermofixierbar, texturierbar.

Thermoplastisch sind Materialien, die bei Wärmeeinwirkung verformt werden können und nach dem Abkühlen ihre Form behalten.
Thermofixierbar sind thermoplastische Fasern, Garne oder Stoffe, die bei Wärmeeinwirkung dauerhaft eine bestimmte Form erhalten.
Texturierbar sind thermoplastische Filamente, die bei Wärmeeinwirkung dauerhaft gekräuselt werden können.
Die synthetischen Chemiefasern und Triacetat haben diese Eigenschaften.

88 Nennen Sie die besonderen Eigenschaften von Elastan, Fluoro und Polypropylen und jeweils mindestens ein Einsatzgebiet.

Elastanfilamente weisen bis 800 % elastische Dehnung auf. Zusammen mit anderen Fasern (hauptsächlich mit Polyamid) verwendet man Elastan für elastische Bekleidung wie Damenfeinstrümpfe, Miederwaren, Badebekleidung.
Fluoro ist wasserabweisend und chemikalienbeständig. Man verwendet Fluoro als Membran (dünne Folie) in Wetterschutzbekleidung (z. B. Gore-Tex®).
Polypropylen nimmt keine Feuchtigkeit auf und hat gute Kapillarwirkung. Deshalb setzt man diesen Faserstoff bei funktioneller Sportwäsche besonders zum Schweißtransport ein.

89 Erklären Sie den Begriff Lurex und geben Sie Einsatzgebiete an.

Lurex® ist der Markenname für feine Polyesterfolienbändchen, die mit Aluminiumstaub geschichtet und mit Kunstharzlack überzogen sind. Silber-, goldfarben oder bunt wird Lurex als Effektgarn bei Geweben und Maschenwaren eingesetzt.

90 Nennen Sie vier Gründe für das Mischen von verschiedenen Faserstoffen.

- Verbesserung der Gebrauchseigenschaften
- Verbesserung der Pflegeeigenschaften
- Veränderung des Aussehens
- Erhöhung der Wirtschaftlichkeit (Preisreduzierung).

91 Baumwolle wird häufig mit anderen Fasern gemischt.
Nennen Sie drei gängige Mischungen und die Gründe, die für diese Mischungen sprechen.

- **Baumwolle/Polyester**
  oder
  Baumwolle/Polyamid:
  Man erreicht durch die Mischung eine sehr gute Strapazierfähigkeit, hohe Formbeständigkeit und günstige Pflegeeigenschaften. Allerdings sind diese Fasermischungen nur bedingt thermofixierbar.

- **Baumwolle/Viskose**
  oder
  Baumwolle/Modal:
  Im Allgemeinen werden diese Fasern wegen der Erzielung von Glanzeffekten, guter Gleichmäßigkeit der Garne und Flächen und sehr guter Saugfähigkeit miteinander gemischt.

- **Baumwolle/Leinen:**
  Zum Beispiel bei Halbleinen erreicht man durch den Leinenanteil den typischen Leinencharakter, durch den Baumwollanteil einen weicheren Griff und einen günstigeren Preis.

92 Eine Hose besteht aus 55 % Schurwolle und 45 % Polyester.
Beurteilen Sie die Wareneigenschaften, die sich aus dieser Fasermischung ergeben.

- verminderte Filzneigung
- günstige Pflegeeigenschaften (waschbar, trocknet schnell, leicht zu bügeln)
- gute Scheuerfestigkeit
- ausreichende Feuchtigkeitsaufnahme
- gute Formstabilität

93 Nennen Sie eine Fasermischung aus Natur- und Chemiefasern, bei der beide Fasergruppen Zellulosefasern sind.

Bei der Mischung von Baumwolle oder Leinen mit Viskose, Modal, Cupro oder Lyocell bestehen alle Fasern aus Zellulose.

94 Wolle wird häufig mit anderen Fasern gemischt.

Nennen Sie drei gängige Mischungen und erläutern Sie deren typische Merkmale.

- **Wolle/synthetische Chemiefasern (Polyamid, Polyester, Polyacryl):**

  Verminderte Filzneigung, günstige Pflegeeigenschaften (trocknet schnell, leicht zu bügeln) beschränkte Feuchtigkeitsaufnahme, gute Scheuerfestigkeit, gute Formbeständigkeit (Falten sind beständiger).

- **Wolle/Seide:**

  Leichter Glanz, weicher Fall, schmiegsam, warmhaltend, gute Festigkeit.

  Beide Fasern bestehen aus tierischem Eiweiß und haben ähnliche Eigenschaften.

- **Wolle/feine Tierhaare:**

  Die feinen Tierhaare, wie Mohair, Angora, Alpaka, Kaschmir mit Wollfasern gemischt geben den Stoffen den typischen Charakter der feinen Tierhaare.

  Diese Stoffe sind schmiegsam, weich, fein, leicht, warmhaltend, glänzend. Alle Faseranteile sind tierischen Ursprungs.

95 Zeigen Sie je eine typische Fasermischung mit möglicher Prozentangabe für Oberhemd/Bluse, Stretchjeans, Kostüm-/Anzugstoff auf.

Oberhemd, Bluse: Baumwolle mit Polyester z. B. 50/50; 60/40; 70/30

Stretchjeans: Baumwolle mit Elastan z. B. 95/5, 98/2

Kostüm-, Anzugstoff: Wolle mit Polyester z. B. 60/40, 55/45

96 Nennen Sie die Faktoren, die am Wasch- und Reinigungsvorgang beteiligt sind.

Wasch- und Reinigungsfaktoren sind Wasser, Temperatur, Zeit, Mechanik und Chemie (Waschmittel).

97 Nennen Sie Gesichtspunkte, die bei Pflegemaßnahmen berücksichtigt werden müssen.

- Faserart (Substanz) und Fasereigenschaften
- Chemikalienbeständigkeit
- Temperaturverhalten
- Garn- und Flächenaufbau
- Veredlung
- Verarbeitung und Ausstattung (Einlage, Futter, Zutaten)

98 Unterscheiden Sie zwischen Universalwaschmittel, Feinwaschmitteln und Kompaktwaschmitteln.

Universalwaschmittel enthalten waschaktive Substanzen (Tenside), Wasserenthärter, Bleichmittel, optische Aufheller, häufig auf Füllstoffe und Duftstoffe.

Feinwaschmittel enthalten Tenside, Wasserenthärter, meist auch Duft- und Füllstoffe, jedoch im Allgemeinen keine Bleichmittel und keine optischen Aufheller. Ihre volle Waschwirkung entwickeln sie schon bei niedrigen Temperaturen.

Kompaktwaschmittel enthalten keine Füllstoffe und entfalten ihre Waschwirkung bereits bei geringen Temperaturen. Daher sind sie umweltverträglicher.

99 Skizzieren und benennen Sie die Grundsymbole für die Pflegekennzeichnung.

Waschen	⛆	Waschbottich
Bleichen	△	Dreieck
Trocknen	⊙	Tumbler (Wäschetrockner)
Bügeln	⌓	Bügeleisen
Chemisch reinigen	○	Reinigungstrommel

100 Geben Sie die Bedeutung folgender Pflegesymbole an und nennen Sie je eine Textilie, bei der das jeweilige Symbol angebracht werden könnte:

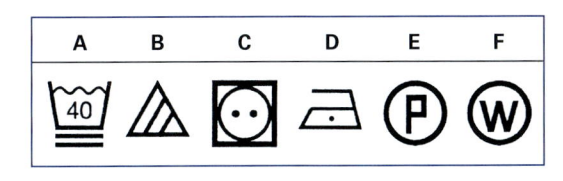

A	B	C	D	E	F
⌷40	△	⊙	⊿	Ⓟ	Ⓦ

A 40-°C-Feinwäsche, Spezialschonwaschgang;
BH mit Bügel, filzfrei ausgerüsteter Wollpullover

B Sauerstoffbleiche;
helle Tischwäsche, aus der Flecken entfernt werden sollen

C Trocknung im Wäschetrockner mit normaler Temperatur:
einlaufsichere Unterwäsche aus Baumwolle

D nicht heiß bügeln;
hitzempfindliches Futter, z. B. aus Acetat

E Chemischreinigung mit gebräuchlichen Reinigungsmitteln;
Blazer aus Wolle

F Nassreinigung (Symbol wird unter dem Symbol für die Chemischreinigung angebracht);
Oberhemd

101 Nennen Sie jeweils eine Faserstoffgruppe, für die nachstehende Pflegeeigenschaften zutreffen:

   Ⓐ waschbar, kochfest, bügelfähig, nicht bügelfrei

   Ⓑ beschränkt waschbar, gut bügelfähig, nicht bügelfrei

   Ⓒ gut waschbar, begrenzt bügelfähig, weitgehend bügelfrei

Ⓐ Pflanzenfasern

Ⓑ Tierische Fasern

Ⓒ Synthetische Chemiefasern

102 Nennen Sie Prüfmethoden zur Erkennung textiler Faserstoffe.

- Mikroskopisches Bild
- Brennprobe
- Trockenreißprobe
- Nassreißprobe
- Löslichkeitsprobe

103 Geben Sie die Fasersubstanzen an von Baumwolle, Wolle, Seide, Viskose, Acetat.

Baumwolle: Zellulose
Wolle: Tierisches Eiweiß (Keratin)
Seide: Tierisches Eiweiß (Fibroin)
Viskose: Zellulose
Acetat: Zelluloseacetat

104 Beurteilen Sie die Brennproben von Viskose, Modal, Lyocell und Cupro. Begründen Sie die Ergebnisse.

Der Verlauf der Brennprobe ist bei allen Zellulosefasern gleich.

- Sie verbrennen rasch und nachglühend.
- Sie riechen nach verbranntem Papier.
- Als Rückstand bleibt hellgraue Flugasche.

Die Fasersubstanz von Viskose, Modal, Lyocell und Cupro besteht vorwiegend aus Zellulose wie bei den Pflanzenfasern.

105 Vergleichen Sie die Brennproben zellulosischer und tierischer Fasern.

Zellulosische Fasern
- Sie verbrennen rasch und glühen nach.
- Geruch nach verbranntem Papier
- Rückstand hellgraue Flugasche

Tierische Fasern
- Sie verbrennen langsam, verlöschend.
- Geruch nach verbranntem Horn
- Rückstand zerreibbare Schlacke

106 Vergleichen Sie die Brennproben von Acetat, Viskose und Polyester.

Viskose:
- Verbrennt rasch und nachglühend.
- Geruch nach verbranntem Papier.
- Der Rückstand ist hellgraue Flugasche.

Acetat:
- Schmilzt in der Flamme.
- Brennt brodelnd mit stechend saurem Geruch.
- Der Rückstand ist hart und unzerreibbar.

Polyester:
- Schmilzt in der Nähe der Flamme (aus der Schmelze lassen sich Fäden ziehen).
- Es rußt sehr stark und richt nach verschmortem Kunststoff.
- Der Rückstand ist glänzend, hart und nicht zerreibbar.

107 Vergleichen Sie das Verhalten von Baumwolle und Wolle bei Einwirkung von Natronlauge und Schwefelsäure.

Durch Einwirkung von **Natronlauge** wird Baumwolle z. B. glatt und glänzend (Merzerisieren), Wolle löst sich auf.

Durch Einwirkung von **Schwefelsäure** werden bei Wolle z. B. pflanzliche Verunreinigungen zerstört (Karbonisieren). Baumwolle löst sich auf.

108 Definieren Sie den Begriff Mikrofasern und geben Sie die Einsatzgebiete an.

Mikrofasern sind Fasern mit einem feineren Titer als 1 Decitex. Es handelt sich dabei vor allem um Polyamid- und Polyesterfasern. Man verwendet Gewebe aus glatten Mikrofaser-Filamentgarnen für Wetterschutzbekleidung. Aus Mikrofasergarnen werden außerdem voluminöse, warmhaltende Fleece-Gestricke hergestellt.

109 Ordnen Sie den Faserstoffen Wolle, Leinen, Polyester und Viskose die jeweils typische Eigenschaft zu:
- Ⓐ geringste Dehnung
- Ⓑ größte Feuchtigkeitsaufnahme (im dampfförmigen Zustand)
- Ⓒ geringste Nassfestigkeit
- Ⓓ höchste Festigkeit

Ⓐ Leinen Ⓑ Wolle
Ⓒ Viskose Ⓓ Polyester

110 Nennen Sie jeweils fünf typische Handelsbezeichnungen für Stoffe aus Baumwolle, Wolle, Seide.

Baumwollstoffe:
Batist, Damast, Finette, Denim, Popeline

Wollstoffe:
Afghalaine, Charmelaine, Loden, Tuch, Mousseline

Seidenstoffe:
Bourette, Duchesse, Crêpe de Chine, Honan, Shantung

111 Bewerten Sie für Textilien aus Baumwolle, Viskose, Wolle, Polyester folgende Gesichtspunkte: Elastizität, Knittern, Hitzeverträglichkeit/Bügeln, Feuchtigkeitsaufnahme, biologische Beständigkeit.

	Baumwolle	Viskose	Wolle	Polyester
Elastizität:	gering	gering	gut	sehr gut
Knittern:	knittert stark	knittert stark	knittert mäßig	knitterarm
Hitzeverträglichkeit/ Bügeln (Maximalbelastung):	sehr gut	gut	mäßig bis gut	mäßig bis gut
Feuchtigkeitsaufnahme:	sehr saugfähig	sehr saugfähig	Dampf aufnehmend, Tropfen abweisend	nimmt kaum Feuchtigkeit auf
Biologische Beständigkeit:	gering	gering	gering	sehr gut

112 Nennen Sie drei Bestimmungen aus dem Textilkennzeichnungsgesetz (TKG).

- Alle Textilien müssen gekennzeichnet werden, bevor sie in den Handel gebracht werden.
- Die Rohstoffgehaltsangabe erfolgt in absteigender Reihenfolge der Prozentanteile der Faserstoffe.
- Naturfasern werden mit ihren Namen (z. B. Baumwolle, Leinen), die Chemiefasern mit ihren Gattungsnahmen (z. B. Polyester, Elastan, Viskose) angegeben.

113 Geben Sie an, welchen Vorteil die Kennzeichnung von Textilien nach dem TKG für den Verbraucher hat.

Der Verbraucher soll beim Kauf von Textilien wissen, aus welchen Rohstoffen ein Erzeugnis besteht, um daraus Trage- und Pflegeeigenschaften ableiten zu können.

114 Unterscheiden Sie zwischen Angaben, die nach dem TKG vorgeschrieben, und solchen, welche freiwillig sind.

Die **Rohstoffgehaltsangabe** ist gesetzlich **vorgeschrieben**. Zusätzlich dürfen abgesetzt auch Markennamen, Warenzeichen oder Firmennamen angegeben sein. Nicht vorgeschrieben, aber sehr sinnvoll, ist die Angabe der Pflegekennzeichnung.

115 Geben Sie an, welche der angegebenen Textilkennzeichnungen zulässig sind (mit Begründung = Ⓑ).

Ⓐ	**Reine Schurwolle** zulässig Ⓑ „Rein" ist zulässig
Ⓑ	**100 % Wolle** zulässig Ⓑ „100 %" ist zulässig
Ⓒ	**65 % Baumwolle/35 % Synthetik** unzulässig Ⓑ „Synthetik" ist kein Gattungsname
Ⓓ	**Kunstseide** unzulässig Ⓑ Seide muss von seidenspinnenden Insekten stammen.
Ⓔ	**45 % Reine Schurwolle/55 % Polyester** unzulässig Ⓑ 45 % ist nicht „Rein", die Reihenfolge muss absteigend sein.
Ⓕ	**60 % Viskose, Modal, Baumwolle** unzulässig Ⓑ Viskose erreicht keine 85 %, deshalb muss die zweite Faser mit Prozent angegeben werden.
Ⓖ	**85 % Polyamid, 15 % sonstige Fasern** zulässig Ⓑ Polyamid erreicht 85 %, als sonstige Fasern dürfen textile Rohstoffe bezeichnet werden, die keine 10 % erreichen.
Ⓗ	**90 % Baumwolle Mindestgehalt** zulässig Ⓑ Bei Textilien aus mehreren Faserstoffen, bei denen einer 85 % erreicht, genügt die Angabe „85 % Mindestgehalt".

116 Nennen Sie die Grundfunktionen der Bekleidung.

Schutzfunktion, Schmuckfunktion, Kennzeichnungsfunktion

117 Erläutern Sie die Schutzfunktion der Bekleidung.

Die Bekleidung soll Schutz **vor Umwelteinflüssen** bieten (z. B. gegen Hitze, Kälte, Wind, Regen und Schnee), **vor Verletzungen** schützen (z. B. am Arbeitsplatz, im Verkehr, beim Sport). Sie soll außerdem die Klimaregelung des menschlichen Körpers unterstützen.

118 Geben Sie für die Kennzeichnungsfunktion der Bekleidung drei Beispiele.

- Trachten bestimmter Volksgruppen
- Uniformen von Soldaten, Polizei, usw.
- Gleichartige Bekleidung, z. B. von Fußballfans

119 Nennen Sie fünf allgemeine Anforderungen an Bekleidung.

- Zweckmäßigkeit
- gutes Aussehen
- Haltbarkeit
- physiologische Eignung
- Pflegbarkeit

120 Erklären Sie den Begriff Bekleidungsphysiologie.

Als **Bekleidungsphysiologie** bezeichnet man die Wissenschaft, die sich mit den Wechselwirkungen von Körper und Kleidung bei unterschiedlichem Klima befasst.

121 Nennen Sie fünf bekleidungsphysiologische Eigenschaften, die für das Wohlbefinden besonders wichtig sind.

- Wärmeisolation
- Feuchtigkeitstransport
- Luftaustausch
- Hautfreundlichkeit
- Feuchtigkeitsaufnahme

122 Beschreiben Sie, durch welche Maßnahmen bei der Textilherstellung eine gute Wärmeisolation erreicht werden kann.

Voluminöse Garn- und Flächenkonstruktionen mit viel Lufteinschluss (großes Porenvolumen) haben eine hohe Wärmeisolation und eignen sich besonders für Winterbekleidung.

123 Erklären Sie den Begriff Mikroklima.

Als Mikroklima bezeichnet man das Klima (Wärme, Feuchtigkeit) zwischen Haut und Bekleidung.

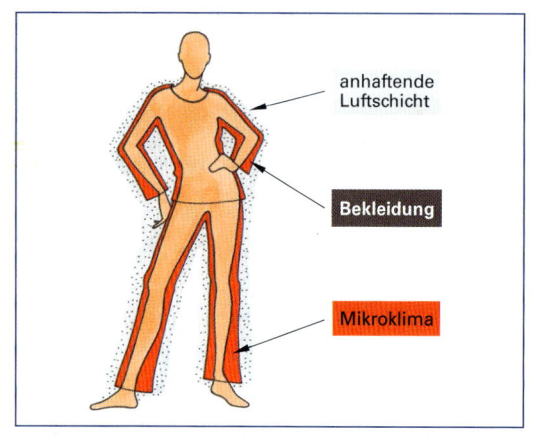

124 Geben Sie an, was in der Bekleidungsphysiologie unter dem Begriff Zwiebelschalenprinzip zu verstehen ist.

Durch das **Zwiebelschalenprinzip** (An- und Ablegung einzelner Bekleidungsstücke) kann die Klimaregelung des Körpers wirkungsvoll unterstützt werden. Mehrere dünne Bekleidungsschichten sind besser geeignet als wenige dicke.

125 Beschreiben Sie drei Maßnahmen, durch die der Luftaustausch zwischen Körper und Bekleidung erhöht werden kann.

- durch die **Flächenkonstruktion** (geringe Gewebe- oder Maschendichte, feine Garne mit wenig abstehenden Faserenden, ungewellte Fasern)
- durch die **Schnittkonstruktion** (weite Kleidung, große Öffnungen, Kamineffekt)
- durch **Ventilation**, bewirkt durch Körperbewegung oder starke Luftbewegung (Wind; beim Radfahren usw.)

126 Beschreiben Sie die bekleidungsphysiologische Funktion von körpernah getragener Maschenware, bei der die Innenseite aus texturierten synthetischen Filamenten, die Außenseite aus Baumwolle oder Viskose besteht.

Bei den sogenannten **Zweischichttextilien**, bei denen die texturierten (gekräuselten) synthetischen Filamente auf der Haut getragen werden, wird die Feuchtigkeit durch die Kapillarwirkung von der Haut wegtransportiert und von der außen liegenden Saugschicht aus Baumwolle oder Viskose aufgesaugt, die sie langsam an die Umgebung abgibt.

127 Geben Sie an, wovon bei Berührungskontakt der Haut mit der Bekleidung, das Hautempfinden, beeinflusst wird.

Das **Hautempfinden** wird vor allem durch die Feinheit (Weichheit) des Faserstoffes, von der „Haarigkeit" (Anzahl der abstehenden Fäserchen) und vom Grad der Feuchtigkeit, den die Textilie enthält, beeinflusst.

128 Nennen Sie fünf Personengruppen, deren Tätigkeit eine besondere Schutzbekleidung erfordert und geben Sie entsprechende Schutzmöglichkeit durch die Bekleidung an.

Personengruppe	Schutzmöglichkeit
Wanderer, Bauarbeiter, Landwirte, Soldaten	Wind- und Nässeschutzbekleidung
Wintersportler, Polarforscher, Arbeiter in Kühlhäusern	Kälteschutzbekleidung
Gießereiarbeiter, Polizisten, Motorradfahrer	Verletzungsschutzbekleidung
Chemiearbeiter, Katastrophenschutz	Chemikalienschutzbekleidung
Arbeiter in der Mikrochipherstellung, Lackierer	Reinraumanzüge

129 Nennen Sie drei Funktionen, die Wetterschutzbekleidung erfüllen soll.

- Windschutz
- Wasserschutz
- Wasserdampfdurchlässigkeit

130 Erklären Sie die folgenden Begriffe: hygroskopisch, hydrophil, hydrophob.

Hygroskopisch
bedeutet dampfförmige Feuchtigkeit anziehend.

Hydrophil
bedeutet, Wassertropfen verteilen sich auf der Stoff- bzw. Faseroberfläche.

Hydrophob
bedeutet wasserabweisend. Wassertropfen perlen auf der Stoffoberfläche ab.

131 Nennen Sie vier Wetterschutzsysteme und beschreiben Sie diese.

- **Imprägnierte Gewebe:**
  Sie weisen das Wasser ab, die Imprägnierung ist nicht dauerhaft

- **Mikroporöse Membrane:**
  Eine dünne Membrane hat so feine Öffnungen, dass sie die dicken Wassertropfen an der Kleidungsaußenseite abperlen lässt, aber die feinen Dampfmoleküle (Schweiß) an der Kleidungsinnenseite hindurchlässt (Gore-Tex®).

- **Hygroskopische (Wasserdampf anziehende) Membrane:**
  Sie nehmen den dampfförmigen Schweiß auf und reichen die Wasserdampfmoleküle durch die geschlossene Folie nach außen weiter. Wassertropfen können nicht hindurch (Sympatex®).

- **Hydrophob (wasserabweisend) ausgerüstete Mikrofasergewebe**
  Gewebe aus Mikrofasermultifilamenten können sehr dicht gewebt werden. Feine Wasserdampfmoleküle können nach außen gelangen, grobe Wassertropfen jedoch nicht nach innen. Der Effekt ist jedoch nur befriedigend, wenn die Mikrofasergewebe zusätzlich hydrophob ausgerüstet sind.

132 Erklären Sie den Lagenaufbau der Wetterschutzbekleidung anhand von Gore-Tex®.

Die mikroporöse **Gore-Tex®**-Membrane liegt zwischen Oberstoff und Futter als Liner (Zwischenlage). Sie weist den Wind ab, lässt Wassertropfen von außen abperlen, lässt aber den Körperschweiß (Dampf) von innen durch die mikroskopisch feinen Öffnungen nach außen.

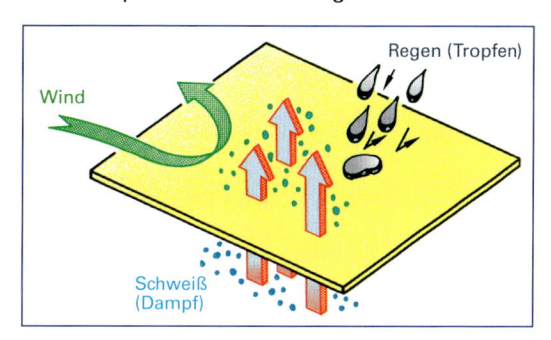

133 Beim Sport ist der Körper meistens starken Temperaturschwankungen ausgesetzt. Deshalb werden immer häufiger Textilien mit Temperaturregulierung (Phase Chance Materials) eingesetzt. Erläutern Sie deren Wirkungsweise anhand der Abbildung.

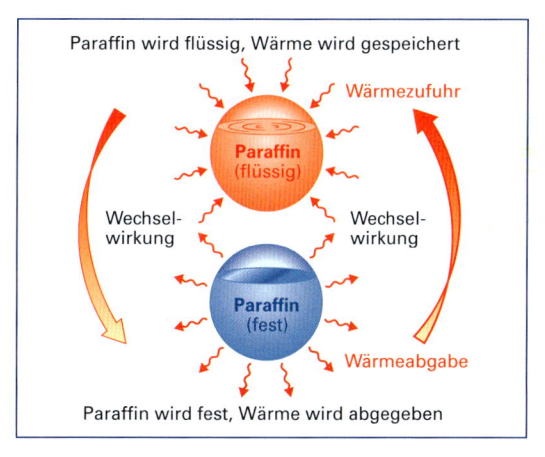

Das Paraffin, welches sich in Mikrokapseln befindet, wird in Fasern, textile Flächen oder Beschichtungen eingebettet. Gibt der Körper mehr Wärme ab oder erhöht sich die Umgebungstemperatur, bringt die überschüssige Wärme das Paraffin zum Schmelzen. Sinkt die Umgebungstemperatur bzw. kühlt der Körper aus, gibt das Paraffin die aufgenommene Wärmeenergie wieder ab, indem es sich wieder verfestigt.

134 Beschreiben Sie anhand von drei Beispielen die Aufgaben von High-Tech-Fashion.

Unter **High-Tech-Fashion** versteht man Kleidung,

- die vor schädlichen Umwelteinflüssen schützt (z. B. Textilien mit UV-Schutz)
- die das Wohlbefinden des Menschen steigert (z. B. Textilien mit Geruchsbindung oder eingelagerten Pflegesubstanzen).
- die gegen Krankheiten schützt bzw. heilend wirkt (z. B. Textilien mit antibakterieller Wirkung).

135 Erklären Sie, was man unter dem Lotusblatt-Effekt versteht und wie dieser bei Textilien bewirkt wird.

Lotusblatt-Effekt:
Die Blattoberfläche der Lotus-Pflanze besteht aus winzig kleinen Noppen.

Fällt Wasser auf die Blätter, perlt es sofort ab, da die Kontaktmöglichkeit bedingt durch die Noppen so gering ist.

Textile Flächen kann man mit so genannten Nanopartikeln beschichten (Teilchen, die kleiner als 100 Nanometer [nm] sind).

Wasser, Öl oder Schmutz kann dadurch nicht auf der Faseroberfläche haften, perlt ab oder lässt sich leicht abbürsten.

Kennzeichnung für Nano-Ausrüstung

136 Erläutern Sie den Begriff „Smart Clothes" und geben Sie zwei Beispiele an.

Das englische Wort „smart" hat die Doppelbedeutung clever und schick.

Bei Smart Clothes erzeugt man eine Kombination zwischen textiler Bekleidung und Mikroelektronik.

Bei Sportbekleidung werden z. B. Trainingskontrollen (Pulsmessung, Blutdruckkontrolle, EKG etc.) in die Kleidung integriert.

Ebenso können automatische Ortungs- oder Notrufsysteme (z. B. für Extremsportarten) in die Kleidung integriert werden.

In Bezug auf Smart Clothes ist die Forschung und Entwicklung noch längst nicht abgeschlossen.

137 Erklären Sie den Begriff Ökologie.

Ökologie ist die Wissenschaft von den Beziehungen der Lebewesen zu ihrer Umwelt, bzw. der ungestörte Haushalt der Natur.

138 Stellen Sie dar, welche Verantwortung und welche Aufgaben die Menschen für die Umwelt haben.

Umweltverträglichkeit und Verantwortung sollten das menschliche Handeln prägen. Der Schutz des Menschen und der Umwelt sind Aufgaben, die jede Generation für die nachfolgende Generation zu übernehmen hat.

139 Nennen Sie drei allgemeine Maßnahmen, die zur Umweltentlastung beitragen können.

- Vermeiden von umweltbelastenden Stoffen.
- Verringern des Verbrauchs durch Sparkonzepte.
- Wiederverwerten von Materialien (Recycling).

140 Nennen Sie vier Verordnungen und Gesetzte zum Schutz der Umwelt.

- Gefahrstoffverordnung
- Gewerbeordnung
- Immissionsschutzgesetz
- Abfallgesetz

141 Geben Sie jeweils ein Beispiel für Ökologie in der Produktionsphase, in der Nutzungsphase und in der Entsorgungsphase.

Produktionsphase:
Umstellung beim Anbau von Baumwolle, z. B. durch biologische Schädlingsbekämpfung

1 Fasern   25

Nutzungsphase:
Waschmittel nicht überdosieren, Verwendung von Waschmittelbaukästen

Entsorgungsphase:
Alttextilien in Recyclingprozesse geben.

> 142 Erläutern Sie den Begriff Ökobilanz.

Ökobilanzen vergleichen die Umweltauswirkung über den gesamten Lebensweg eines Produktes. Sie betrachten den Rohstoff-, Energie-, Chemikalien-, Wasserverbrauch usw. bei der Produktion und Nutzung eines Produktes und auch die Entsorgung.

> 143 Nennen Sie mögliche Garantien, die ein Markenzeichen für schadstoffgeprüfte Textilien geben kann.

- Es sind keine krebserregenden Stoffe enthalten.
- Grenzwerte für ablösbare Schwermetalle wie bei Trinkwasser werden eingehalten.
- Grenzwerte für Pestizide wie bei Lebensmitteln.
- Grenzwerte für Formaldehyd.
- Der ph-Bereich ist neutral bis sauer, wie bei der Haut.

> 144 Sie kaufen verschiedene Kleidungsstücke ein, die mit folgenden Ökolabels ausgestattet sind: Öko-Tex Standard 100, Ecolog, Naturtextil, Euroblume. Stellen Sie dar, welche Informationen Sie damit über die erworbene Kleidung erhalten.

Öko-Tex Standard 100: Beim Öko-Tex Standard 100 werden Bekleidungsstücke auf Schadstoffmengen, Hautverträglichkeit oder pH-Wert geprüft. Garantiert wird die Einhaltung festgelegter Grenzwerte.

Ecolog: Mit diesem Label wird Wetterschutzbekleidung gekennzeichnet, wenn alle verarbeiteten Teile aus Polyester bestehen. Die gekennzeichnete Kleidung kann nach der Nutzungsphase zurückgegeben werden. Sie wird recycelt, es können wieder Reißverschlüsse oder Druckknöpfe daraus hergestellt werden.

Naturtextil: Kleidungsstücke mit diesem Label sind immer aus Naturfasern hergestellt. Bei der Herstellung dürfen keine umwelt- und gesundheitsbedenklichen Stoffe eingesetzt werden. Im gesamten Herstellungsprozess müssen strenge Sozialkriterien eingehalten werden.

Euro-Blume: Dieses Umweltzeichen der europäischen Union garantiert die Einhaltung strenger ökologischer Kriterien und Gebrauchstauglichkeit. Es wird für Bekleidung, Heimtextilien, Schuhe und Accessoires vergeben. Das Label wird von der Europäischen Kommision unterstützt.

2 Garne

1 Definieren Sie die folgenden Begriffe: Garn, einfaches Garn, Spinnfasergarn, gefachtes Garn, Filamentgarn, Monofil, Multifil, Zwirn, Effektgarn/-zwirn.

Garn	Sammelbegriff für linienförmige textile Gebilde
Einfaches Garn	ein einfaches Garn entsteht durch Zusammendrehen oder Zusammenfassen von Spinnfasern oder Filamenten
Spinnfasergarn	Garn, das durch Zusammendrehen (Verspinnen) von Stapelfasern entsteht
Gefachtes Garn	zwei oder mehr Garne, die zusammen verspult, jedoch nicht verzwirnt sind
Filamentgarn	Garne aus Endlosfasern (Filamenten) aus Haspelseide oder Chemiefasern
Monofil	Filamentgarn aus nur einem einzigen Filament
Multifil	Filamentgarn aus vielen verdrehten oder unverdrehten Filamenten
Zwirn	Mehrfachgarn, bei dem einzelne Garne zusammengedreht (verzwirnt) wurden
Effektgarn/-zwirn	Garne oder Zwirne mit einer besonderen Wirkung (Farbe, Struktur, Glanz)

2 Nennen Sie die grundsätzlichen Arbeitsschritte zur Herstellung von Spinnfasergarnen.

Fasermaterial vom gepressten Ballen lösen, lockern und reinigen, ordnen und parallelisieren, Band bilden, verstrecken, vorspinnen zum Vorgarn, feinspinnen zum Feingarn.

Lösen des Fasermaterials — Lockern + Reinigen — Ordnen + Parallelisieren — Bandbilden — Verstrecken — Vorspinnen zum Vorgarn — Feinspinnen zum Feingarn — Garn

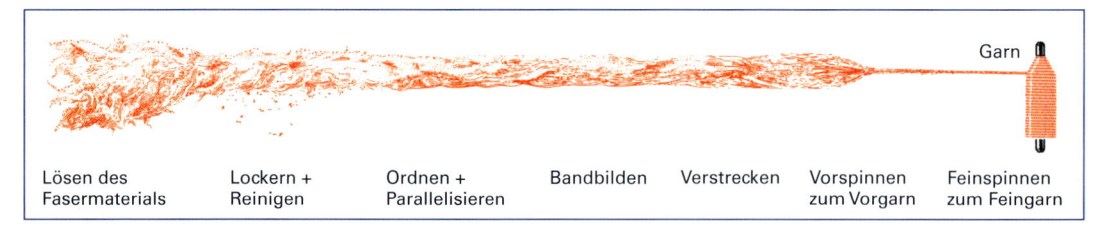

3 Nennen Sie die beiden Möglichkeiten der Vorgarnbildung.

- Vorgarnbildung durch Florteilen
- Vorgarnbildung durch Doppeln und Verstrecken von Faserbändern.

4 Definieren Sie die zwei Drehrichtungen von Garnen.

Die Drehrichtung von Garnen oder Zwirnen zeigt den Steigungsverlauf von Fasern im Garn oder von Garnen im Zwirn.

Diese Drehrichtung wird durch die Buchstaben S und Z gekennzeichnet.

Die **Drehrichtung S** verläuft von rechts unten nach links oben.

Die **Drehrichtung Z** verläuft hingegen von links unten nach rechts oben.

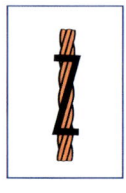

4 Definieren Sie den Begriff Drehungszahl und stellen Sie dar, wie sich eine niedrige, mittlere bzw. hohe Drehungszahl auf die Eigenschaften eines Garnes auswirkt.

Die Drehungszahl gibt die Anzahl der Drehungen von Garnen oder Zwirnen bezogen auf 1 m Länge an.

Garne mit niedriger Drehungszahl sind weich, voluminös und wenig fest.

Je höher die Drehungszahl, desto geschlossener und fester werden Garne.

Ab einer bestimmten Drehungszahl neigen Garne zur Kringelbildung (Kreppgarne).

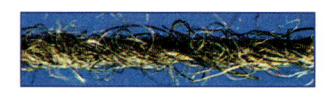

Garn mit **geringer** Drehungszahl

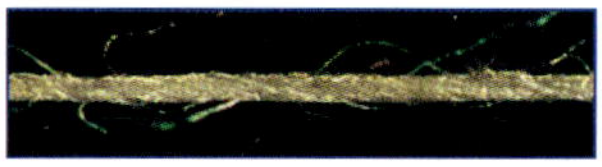

Garn mit **hoher** Drehungszahl

2 Garne

6 Nennen Sie geeignete Spinnverfahren für Wolle, Baumwolle und Seide.

Wolle:
Streichgarnspinnerei,
Halbkammgarnspinnerei,
Kammgarnspinnerei

Baumwolle:
Zweizylinderspinnerei,
Dreizylinderspinnerei,
Rotorspinnerei

Seide:
Schappespinnerei,
Bourettespinnerei.

7 Die Kammgarnspinnerei gliedert sich in Kämmerei und Spinnerei. Ordnen Sie den beiden Bereichen die entsprechenden Arbeitsgänge zu

Kämmerei:
Sortieren, Öffnen, Waschen, Trocknen, Wolfen, Mischen und Schmälzen, Wiegen, Krempeln, Strecken, Kämmen, Strecken

Spinnerei:
Strecken, Vorspinnen, Feinspinnen.

8 Das Spinnverfahren der Kammgarnspinnerei ist sehr aufwendig, bedingt durch den Kämmprozess und das mehrmalige Doppeln und Strecken. Erläutern Sie, weshalb diese Schritte notwendig sind.

Durch das **Kämmen** werden kürzere Fasern ausgekämmt.

Durch das **Doppeln** und **Strecken** wird eine Vergleichmäßigung und Verfeinerung der Garne bewirkt.

9 Unterscheiden Sie Kammgarn und Streichgarn hinsichtlich ihres Aussehens. Geben Sie an, wie sich die Verwendung von Kammgarnen oder Streichgarnen auf die Eigenschaften einer textilen Fläche auswirken.

Kammgarne sind fein, glatt, gleichmäßig und haben wenig abstehende Faserenden. Gewebe aus Kammgarnen sind relativ fein und dünn, eher kühlend, haben einen schönen Fall und im Allgemeinen ein klares Bindungsbild.

Streichgarne sind offen, voluminös, wirken gröber und rustikaler, sind weniger fest und haben viele abstehende Faserenden.

Je nach Fasermaterial sind sie sehr weich (Kaschmir) oder kratzig (Crossbred).

Stoffe aus Streichgarnen wirken eher flusig, oft sind sie sogar aufgeraut und haben einen ausgeprägten Strich.

Die Wärmeisolation ist mittel bis hoch.

10 Nennen Sie je drei Handelsbezeichnungen typischer Kammgarn- und Streichgarngewebe.

Kammgarngewebe:
Cool Wool,
Gabardine,
Mousseline

Streichgarngewebe:
Shetland,
Tuch,
Velours

11 Unterscheiden Sie kardierte Baumwollgarne, gekämmte Baumwollgarne und Baumwollgarne, die nach dem Rotorspinnverfahren hergestellt wurden.

Kardierte Baumwollgarne
sind relativ glatt und gleichmäßig mit einigen herausstehenden Fasern.

Gekämmte Baumwollgarne
sind sehr glatt und gleichmäßig und haben sehr wenig herausstehende Fasern.

Rotorgarne
sind stärker strukturiert, haben eine geringere Festigkeit und können nicht sehr fein ausgesponnen werden.

12 Geben Sie für die unterschiedlichen Baumwollgarne von Aufgabe 11 je ein Einsatzgebiet (Handelsbezeichnung) an und beschreiben Sie die jeweilige textile Fläche.

Renforcé aus kardierten Baumwollgarnen ist mittelfein, leinwandbindig, matt, unter Umständen sind Feinheitsschwankungen der Garne erkennbar.

Renforcé

Batist aus gekämmten Baumwollgarnen ist fein, leinwandbindig, leicht transparent, meist merzerisiert, daher leicht glänzend.

Batist

Denim aus Rotorgarnen ist gröber mit Garnunregelmäßigkeiten, leinwandbindig, matt.

Denim

13 Unterscheiden Sie zwischen Schappespinnerei und Bourettespinnerei.

In der **Schappespinnerei** werden nicht abhaspelbare Kokons und Abfälle der Haspelseidengewinnung zu hochwertigen Garnen versponnen.

In der **Bourettespinnerei** werden Abfälle aus der Schappespinnerei zu relativ groben und ungleichmäßigen Garnen versponnen.

14 Ein Seidenstoff kann aus **Haspelseide**, **Schappeseide** oder **Bouretteseide** hergestellt werden.

Beschreiben Sie, wie sich die Verwendung der jeweiligen Seidenart auf die textile Fläche auswirkt und geben Sie jeweils eine typische Handelsbezeichnung an.

Aus **Haspelseide** entstehen sehr feine, leichte, weiche und geschmeidige, absolut gleichmäßige, stark glänzende Gewebe.

Da Filamente verwendet werden, sind auf der Stoffoberfläche keine Faserenden zu erkennen.

Handelsbezeichnung z. B. **Pongé**

Pongé

Aus **Schappeseide** entstehen feine, weiche, gleichmäßige, glänzende Gewebe.

Da Stapelfasern verwendet wurden, kann man auf der Stoffoberfläche Faserenden erkennen.

Handelsbezeichnung z. B. **Toile**

Toile

Bouretteseide ist noppig, gröber, bouclèartig, eher matt.

Handelsbezeichnung z. B. **Bourette**

Bourette

15 Nennen Sie Gründe, warum Garne zu Zwirnen zusammengedreht werden.

Garne werden zu Zwirnen zusammengedreht, um

- eine bessere Gleichmäßigkeit zu erzielen
- die Reißfestigkeit zu erhöhen
- mehr Volumen zu erzielen
- besondere Effekte zu erreichen

16 Unterscheiden Sie einstufige und mehrstufige Zwirne

Bei **einstufigen Zwirnen** werden mehrere Einfachgarne zusammengefasst und in einem Arbeitsgang zu Zwirnen zusammengedreht.

Bei **mehrstufigen Zwirnen** werden zunächst Garne zu Zwirnen zusammengedreht und in einem **weiteren** Arbeitsgang werden dann mehrere Zwirne zu einem Zwirn zusammengedreht.

17 Skizzieren Sie schematisch folgende Zwirne: Zweifachzwirn, Dreifachzwirn, Vierfachzwirn, zweistufiger Zwirn vierfach, zweistufiger Zwirn sechsfach und dreistufiger Zwirn achtfach.

Zweifachzwirn   Dreifachzwirn   Vierfachzwirn

Zweistufiger Zwirn vierfach   Zweistufiger Zwirn sechsfach   Zweistufiger Zwirn sechsfach   Dreistufiger Zwirn achtfach

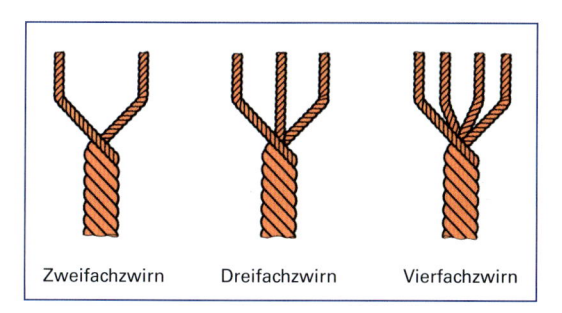

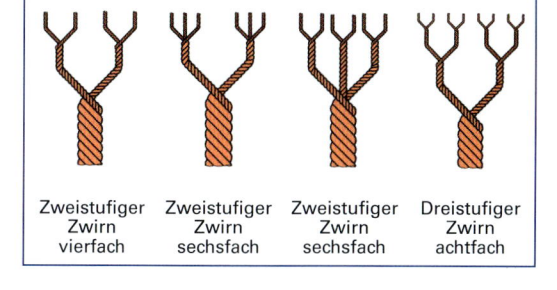

18 Definieren Sie den Begriff Umspinnungszwirn und geben Sie drei Einsatzgebiete an.

Umspinnungszwirne bestehen aus einem Kernfaden, auch Seele genannt, um den ein Garn herumgezwirnt wird.

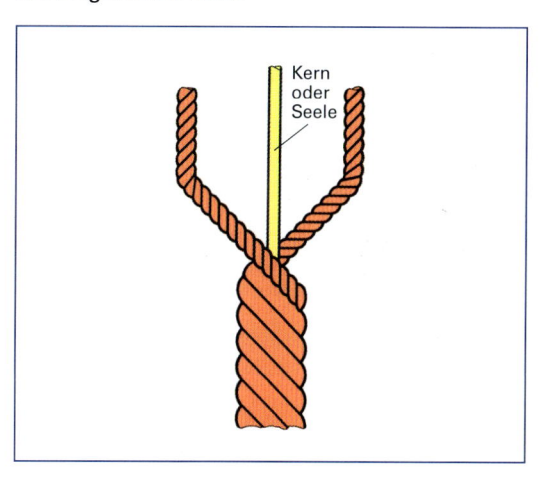

Kern oder Seele

Zur Herstellung **elastischer Waren** verwendet man Umspinnungszwirne, deren Seele aus Elastan und deren Mantel häufig aus Naturfasern besteht.

Nähgarne haben häufig eine Polyester-Seele mit hoher Festigkeit, die Ummantelung besteht aus Baumwolle, deren große Hitzebeständigkeit wichtig ist bei hohen Nähgeschwindigkeiten.

Bei **Ausbrennerwaren** besteht das Umspinnungsmaterial der verwendeten Garne aus einem anderen Faserstoff als der Kern und kann nach dem Weben mustermäßig weggeätzt werden.

19 Nennen Sie drei Möglichkeiten, Effekte bei einfachen Garnen und Zwirnen zu erzielen, und geben Sie Beispiele an.

Farbeffekte

z. B. Melange, Vigoureux-, Jaspégarne, Moulinézwirne

Struktureffekte

z. B. Flammen-, Noppengarne bzw. -zwirne, Schlingenzwirne, Chenille- oder Raupenzwirne, Kräuselgarne

Glanzeffekte

z. B. Matt-Glanz-Garn, Glitzergarn

20 Unterscheiden Sie Melangegarne und Vigoureuxgarne.

Melangegarne entstehen durch Mischung verschiedenfarbiger Fasern beim Verspinnen.

Vigoureuxgarne erhalten ihren Farbeffekt durch das Bedrucken von Kammzügen.
Die Farben der Fasern fließen ineinander.

21 Erklären Sie die Entstehung des Farbeffektes bei Jaspégarnen und Moulinézwirnen.

Bei **Jaspégarnen** entsteht der Farbeffekt durch gemeinsames Verspinnen verschiedenfarbiger Vorgarne bei geringer Drehung.

Bei **Moulinézwirnen** entsteht der Farbeffekt durch Verzwirnen verschiedenfarbiger Garne.
Es entsteht eine farblich verfließende Musterung.

22 Ordnen Sie den folgenden Effektgarnen je ein Einsatzgebiet (Handelsbezeichnung) zu und beschreiben Sie die Auswirkung auf die textile Fläche:
Melangegarn,
Moulinézwirn,
Flammengarn,
Noppengarn,
Schlingenzwirn,
Chenillezwirn,
Kräuselgarn,
Glitzergarn.

Einsatzgebiet (Handelsbezeichnung)	Auswirkung auf die textile Fläche
Loden	**Melangegarn** Farblich verfließende Mehrtonwirkung durch Garne mit verschiedenfarbigen Fasern.
Twist	**Moulinézwirn** Gesprenkelte Farbwirkung durch Zwirne aus verschiedenfarbigen Garnen.

Einsatzgebiet (Handelsbezeichnung)	Auswirkung auf die textile Fläche
Doupion	**Flammengarn** Stoffe mit Leinen- oder Wildseidencharakter durch Garne mit langgezogenen Verdickungen.
Tweed	**Noppengarn** Strukturierte, rustikal wirkende Oberfläche durch Garne mit knotigen, kurzen, oft bunten Verdickungen.
Bouclé	**Schlingenzwirn** Strukturierte, körnig wirkende Oberfläche durch Zwirne mit unterschiedlich stark ausgeprägten Schlingen, oft auch mehrfarbig.
Chenille	**Chenillezwirn** Samtartige, weiche, voluminöse Oberfläche durch raupenähnliche Bändchen im Schuss.
Crêpe Georgette	**Kräuselgarn** Krause, unruhige Oberfläche und sandiger Griff durch überdrehte Garne in Kette und Schuss.
Lamé	**Glitzergarn** Glänzendes, schillerndes Aussehen durch glitzernde Folienbändchen im Schuss.

2 Garne

23 Geben Sie an, welche Eigenschaften durch Texturieren erreicht werden können.

- höheres Porenvolumen und Bauschkraft
- ein gutes Warmhaltevermögen durch höheren Lufteinschluss
- höhere Dehnbarkeit und Elastizität
- höhere Luftdurchlässigkeit und verbesserter Feuchtigkeitstransport
- mattes Oberflächenbild
- ein angenehmes Tragegefühl und ein weicherer Griff

24 Stellen Sie dar, wo texturierte Garne oder textile Flächen aus texturierten Garnen zum Einsatz kommen.

- Nähgarne zum Versäubern
- Socken, Strümpfe, Strumpfhosen
- Bade- und Sportbekleidung
- Funktionsunterwäsche
- Teppichböden

25 Nennen Sie vier wichtige Texturierverfahren.

Falschdrallverfahren, Blasverfahren, Stauchkräuselverfahren, Strickfixierverfahren.

26 Beschreiben Sie ein Texturierverfahren.

Z.B. das **Falschdrallverfahren**: In einer beheizten Zone wird einem Garn eine Drehung gegeben, die durch Hitze fixiert wird.

Das Garn wird anschließend wieder aufgedreht, die fixierte Kräuselung bleibt jedoch erhalten.

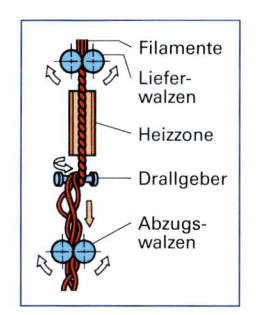

27 Unterscheiden Sie Massennummerierung und Längennummerierung.

Die **Massennummerierung** gibt die Masse eines Garn bezogen auf eine bestimmte Länge an.

Die **Längennummerierung** gibt an, welche Länge ein Garn mit einer bestimmten Masse hat.

28 Ordnen Sie die Formelzeichen Tt, Nm, Ne_B und Td der Massen- bzw. der Längennummerierung zu und geben Sie jeweils an, wo Tt und Nm ihre Anwendung finden. Zeigen Sie dabei auf, welcher Zusammenhang zwischen Garnnummer und Garnfeinheit besteht.

Massennummerierung: Tt (Titer tex) und Td (veraltet, Titer denier)

Tt ist die eigentliche international verbindliche Feinheitsangabe für alle Garne und Zwirne. Bezugslänge ist 1000 m. Je höher die Nummer desto dicker ist das Garn.

Längennummerierung: Nm (metrische Nummer) und Ne_B (Englische Baumwollnummer)

Nm wird in der Regel bei Nähgarnen verwendet. Bezugsgröße ist 1 g. Je höher die Nummer, desto feiner ist das Garn.

29 Erklären Sie die folgenden Garnbezeichnungen:
20 tex, 40 tex x 3, Nm 20/2/3, Nm 100/3, 300 dtex x 3.

20 tex
bedeutet, dass 1 km Garn 20 g Masse hat.

40 tex x 3
definiert einen Zwirn aus drei Garnen mit einer Einzelgarnfeinheit von 40 tex.

Nm 20/2/3
ist ein zweistufiger Zwirn, bei dem zunächst zwei Garne mit je Nm 20 verzwirnt wurden und danach drei Zwirne Nm 20/2 verzwirnt wurden.

Nm 100/3
ist ein einstufiger Zwirn aus drei Garnen mit einer Feinheit von je Nm 100.

300 dtex x 3
ist ein einstufiger Zwirn aus drei Garnen mit einer Feinheit von je 300 dtex.

30 An Nähgarne werden besondere Anforderungen bezüglich ihrer Eigenschaften gestellt. Geben Sie fünf wichtige Eigenschaften an und begründen Sie diese.

Hohe Gleichmäßigkeit – Dünnstellen im Garn würden den hohen Zugbelastungen beim Nähen nicht standhalten. Fadenverdickungen könnten am „Engpass" Nadelöhr zu Fadenbrüchen führen.

Fortsetzung nächste Seite

Fortsetzung von Aufgabe 30

Hohe Zugfestigkeit – der Stichbildungsprozess bedingt vor allem bei hohen Nähgeschwindigkeiten ruckartige Zugbelastungen des Fadens.

Auch während der Tragephase sind Nähte hohen Zugbelastungen ausgesetzt, z.B. die Gesäßnaht.

Hohe Scheuerfestigkeit – Nähfäden sind sowohl während des Nähprozesses (durch Fadenleitösen, Fadengeber, Nadelöhr) als auch während der Tragephase (z.B. die Absteppnähte) hohen Scheuerbelastungen ausgesetzt.

Große Hitzebeständigkeit – insbesondere in der Bekleidungsindustrie wird mit sehr hohen Nähgeschwindigkeiten genäht. Dabei entsteht durch Reibung des Fadens an den fadenführenden Teilen große Reibungswärme.

Weichheit und Schmiegsamkeit – vor allem bei fließenden Stoffen dürfen die Nähte den Fall des Stoffes nicht negativ beeinflussen.

Bei Kleidungsstücken, die körpernah getragen werden, dürfen die Fäden nicht kratzen oder sich steif anfühlen.

31 Benennen Sie die abgebildeten Aufmachungsformen für Nähgarne und erläutern Sie, für welche Näharbeiten sie eingesetzt werden.

Zylindrische Kreuzspulen

Sie werden für alle gängigen Näharbeiten Schnellnähern eingesetzt.

Fußspulen oder Kingspulen

Sie werden vor allem für Versäuberungsarbeiten an Überwendlichmaschinen eingesetzt.

32 Geben Sie jeweils ein Einsatzgebiet als Nähgarn für die nachfolgenden Garnarten an und nennen Sie deren wesentlichen Merkmale bzw. Eigenschaften:

Polyester-Nähzwirn,

Knopflochseide,

Monofilgarn,

Multifil glatt,

Multifil texturiert.

Garnart / Einsatzgebiet	Merkmale und Eigenschaften
Polyester-Nähzwirn Universalgarn für fast alle Näharbeiten	zugfest, scheuerfest, pflegebeständig, jedoch nur mittlere Hitzebeständigkeit
Knopflochseide Knopflöcher, Ziernähte	verzwirnte Seidenfilamente, glänzend, geschmeidig beim Verarbeiten
Monofilgarn Blindstichnähte (z.B. Säume)	meist transparent, steif, glänzend
Multifil, glatt Versäuberungs- und Überdecknähte	glatt, dicht, geschlossen, gleichmäßig, glänzend
Multifil, texturiert Versäuberungs- und Überdecknähte, z.B. bei Maschenwaren	bauschig, voluminös, weich, elastisch, matt, schmiegsam

3 Textile Flächen

1 Nennen Sie sechs textile Flächen, die nach unterschiedlichen Verfahren hergestellt werden.

Gewebe, Maschenware, Geflecht, Filz, Nähgewirk, Vliesstoff.

2 Erklären Sie die Begriffe Weben, Kette und Schuss.

Weben ist die Bezeichnung für das rechtwinkelige Verkreuzen von Kett- und Schussfäden.

Kette ist die Gesamtheit der in Längsrichtung verlaufenden Fäden.

Schuss ist die Gesamtheit der in Querrichtung verlaufenden Fäden.

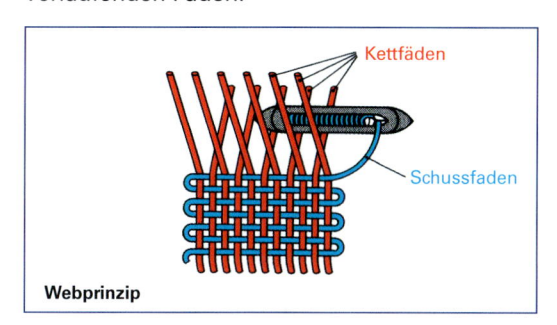

Webprinzip

3 Stellen Sie den wesentlichen Unterschied zwischen dem Schaftweben und dem Jacquardweben dar.

Wesentlicher Unterschied ist das Heben und Senken der Kettfäden.

Beim **Schaftweben** wird immer eine Gruppe von Kettfäden mittels eines Schaftes gehoben, bzw. gesenkt.

Beim **Jacquardweben** kann jeder Kettfaden einzeln gehoben, bzw. gesenkt werden.

4 Erklären Sie die Begriffe Bindung, Patrone, Bindungspunkt, Gewebeschnitt, Flottierung, Ketthebung, Kettsenkung.

Mit **Bindung** bezeichnet man die Art und Weise der Verkreuzung von Kett- und Schussfäden in einem Gewebe.

Die **Patrone** ist die zeichnerische Darstellung einer Bindung.

Mit **Bindungspunkt** bezeichnet man den Kreuzungspunkt eines Kettfadens mit einem Schussfaden.

Der **Gewebeschnitt** ist eine Zeichnung, in der die Einbindung eines Kett- oder eines Schussfadens von der Schnittseite des Gewebes her gesehen, dargestellt ist.

Eine **Flottierung** ist ein Fadenstück, welches über eine größere Strecke nicht durch Bindungspunkte gehalten wird.

Bei einer **Ketthebung** liegt der Kettfaden über dem Schussfaden und wird durch Ausfüllen eines Kästchens in der Bindungspatrone dargestellt.

Bei der **Kettsenkung** liegt der Kettfaden unter dem Schussfaden und dieser Kreuzungspunkt wird nicht dargestellt (leeres Kästchen).

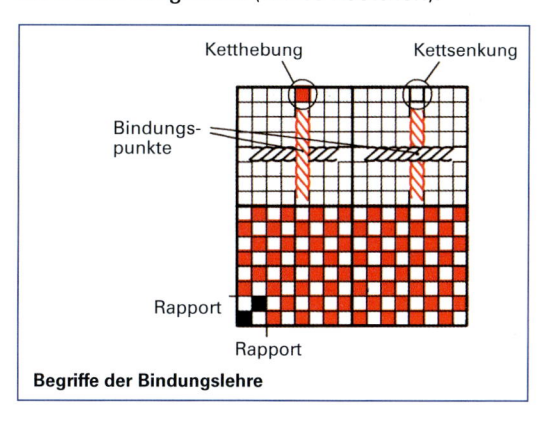

Begriffe der Bindungslehre

5 Nennen Sie die drei Gewebegrundbindungen.

Die Gewebegrundbindungen sind:
Leinwandbindung, Köperbindung, Atlasbindung

6 Erklären Sie die vier Nummernteile des EDV-Bindungskurzzeichens anhand 10-01 01-01-00 (Leinwandbindung).

10 Bindungsart
01 01 Gibt die Ketthebungen und Kettsenkungen des 1. Kettfadens an.
01 Gibt die Anzahl der nebeneinander gleichbindenden Kettfäden an (Fädigkeit).
00 Gibt an, um wie viele Schussfäden die Ketthebungen und Kettsenkungen von Kettfaden zu Kettfaden zu versetzen sind, jeweils von links unten nach rechts oben. 00 bedeutet entgegengesetzt bindend.

10 — 01 01 — 01 — 00

7 Nennen Sie Erkennungsmerkmale und Eigenschaften der Leinwandbindung.

Merkmale der Leinwandbindung sind:

- Bindungsgleiches Aussehen von rechter und linker Warenseite
- Die Bindungspunkte berühren sich nach allen Seiten.
- Keine Fadenflottungen
- Engste Verkreuzung von Kette und Schuss

Die **Eigenschaften** ergeben sich je nach Faser- und Garnart, Fadendichte und Ausrüstung. Es gibt sehr leichte, durchscheinende, weiche, poröse sowie scheuerfeste, strapazierfähige Leinwandgewebe.

8 Zählen Sie Handelsbezeichnungen für leinwandbindige Gewebe auf.

Toile, Batist, Voile, Vichy, Taft, Fresko, Donegal.

9 Nennen Sie drei Ableitungen der Leinwandbindung.

Panamabindung, Querrips (Kettrips), Längsrips (Schussrips).

10 Beschreiben Sie Aussehen und Herstellung der Panamabindung

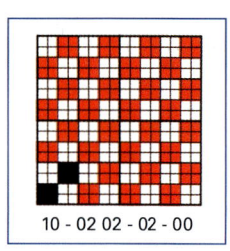

Die **Panamabindung** hat ein würfelartiges Aussehen.

Zwei oder mehrere Kett- und Schussfäden binden gleichzeitig nach Art der Leinwandbindung ein.

10 - 02 02 - 02 - 00

11 Vergleichen Sie Querrips und Längsrips hinsichtlich Herstellung und Aussehen.

Querrips (Kettrips):
Die Querrippung erreicht man durch eine hohe Kettdichte, die jeweils zwei oder mehr in das gleiche Fach eingetragene Schussfäden verdeckt.

Da die meist feinen Kettfäden das Oberflächenbild bestimmen, nennt man Querrips auch Kettrips.

Ein ripsartiges Aussehen kann man auch durch das Eintragen von dicken Schussfäden in eine feinfädige Kette erreichen.

Längsrips (Schussrips):
Die Längsrippung erreicht man durch eine hohe Schussdichte, die jeweils zwei oder mehr gleichbindende Kettfäden überdeckt.

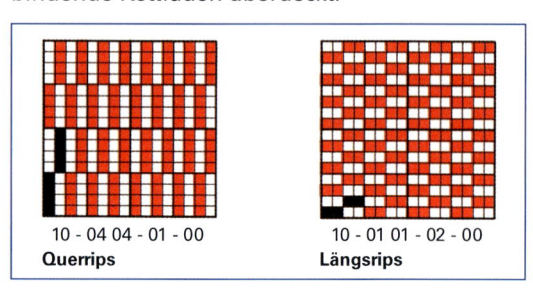

10 - 04 04 - 01 - 00
Querrips

10 - 01 01 - 02 - 00
Längsrips

12 Nennen Sie die Merkmale einer Köperbindung.

- Diagonal aneinandergereihte Bindungspunkte bilden einen Köpergrat
- Je nach Bindung und Fadendichte weich und locker oder dicht, strapazierfähig
- Flottungen in Kett- oder Schussrichtung
- Warenseiten zeigen konträres Bindungsbild

13 Zählen Sie Handelsbezeichnungen für köperbindige Gewebe auf.

Denim, Drell, Twill, Whipcord, Trikotine, Serge, Shetland.

14 Zeichnen Sie die Patrone sowie Kett- und Schussschnitt der Köperbindung 20-0102-01-01.

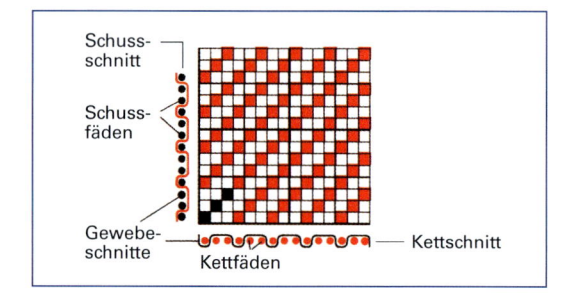

Schussschnitt

Schussfäden

Gewebeschnitte

Kettfäden

Kettschnitt

15 Nennen Sie die drei Erweiterungen der Köpergrundbindung.

Gleichgratköper, Mehrgratköper, Breitgratköper.

Rechts:
Gleichgratköper
(Doppelköper, gleichseitiger Köper)

Mehrgratköper   Breitgratköper

16 Nennen Sie Ableitungen der Köperbindung und geben Sie je ein Merkmal an.

- Beim **Steilgratköper** ist der Verlauf des Köpergrates steiler als 45°.
- Der **Fischgratköper** hat einen Gratwechsel, wobei die Grate nicht spitz zusammenlaufen.
- Der **Kreuzköper** hat keinen durchgehenden Grat, Wechsel von S-Grat und Z-Grat im halben Rapport.
- Beim **Flachgratköper** ist der Verlauf des Köpergrates flacher als 45°.

Steilgratköper   Flachgratköper
Fischgratköper   Kreuzköper

17 Geben Sie die Merkmale und Eigenschaften der Atlasbindung an.

- Gleichmäßig verstreute Anordnung der Bindungspunkte, die sich nicht berühren
- Lange Fadenflottungen, meistens in Kettrichtung
- Je nach Anzahl von Bindungspunkten und Dichte der Fadenstellung weich und geschmeidig oder fest, steif
- Glatte, gleichmäßige und glänzende Oberfläche

18 Unterscheiden Sie Kett- und Schussatlas.

Kettatlas wird durch das Vorherrschen des Kettfadensystems auf der rechten Warenseite bestimmt.

Beim **Schussatlas** bestimmen die Schussfäden die rechte Warenseite.

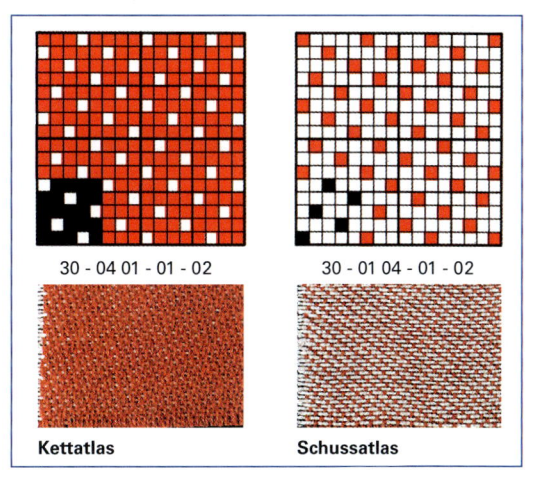

30 - 04 01 - 01 - 02   30 - 01 04 - 01 - 02

Kettatlas   Schussatlas

19 Zählen Sie atlasbindige Gewebe auf.

Damast, Duchesse, Satin, Charmelaine, Moleskin, Buntsatin, Streifensatin (Satin rayé), Damassé, Satin façonné.

20 Ordnen sie jeder Grundbindung jeweils zwei Bekleidungsteile zu und begründen sie, warum vorzugsweise die genannten Bindungen eingesetzt werden.

Leinwandbindung eignet sich z.B. für strapazierfähige Hosen und Outdoorjacken.
Die höchstmögliche Anzahl von Bindungspunkten ergibt Gewebe mit hoher Scheuer- und Schiebefestigkeit.

Köperbindung ist geeignet z.B. für Wollmäntel und Winterjacken.
Sie erlaubt ein Aufrauen und ergibt weiche, wärmende Artikel.

Atlasbindung eignet sich z.B. für elegante Blusen und Kleider.
Durch die geringe Anzahl von Bindungspunkten und durch die dichte Fadenstellung sind atlasbindige Gewebe glatt, gleichmäßig und glänzend.

21 Definieren Sie den Begriff Buntgewebe und nennen Sie Handelsbezeichnungen.

Buntgewebe weisen Musterungen auf, die durch Wechsel farbiger Kett- und/oder Schussfäden oder durch Kombination von beiden entstehen.

Handelsbezeichnungen sind z.B. Glencheck, Changeant, Nadelstreifen, Schottenkaro, Pepita, Oxford, Hahnentritt, Fil-à-fil.

22 Beschreiben Sie das Aussehen von Changeant, Glencheck, Fil-à-fil, Oxford.

Beim **Changeant** sind Kette und Schuss aus verschiedenen farbigen Garnen.

Glencheck zeigt ein Grundkaro mit einem Überkaro in verschiedener Musterwirkung.

Beim **Fil-à-fil** wechseln in Kette und Schuss je ein heller und ein dunkler Faden bei Doppelköperbindung, es entsteht eine treppchenförmige Kleinmusterung.

Beim **Oxford** binden die Kettgarne paarweise mit einem andersfarbigen Schussfaden, es ergibt sich ein kleingewürfeltes Aussehen.

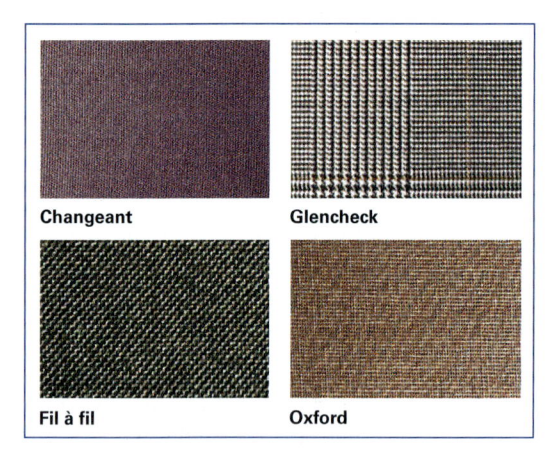

Changeant	Glencheck
Fil à fil	Oxford

23 Unterscheiden Sie das Musterbild von Hahnentritt und Pepita.

Hahnentritt
Wechselfarbig helle und dunkle Kleinmuster mit kurzen, diagonalen Verlängerungen an den Musterecken.

Pepita
Kleine Blockkaros mit heller, dunkler und helldunkel gemischter Farbstellung in Doppelköperbindung.

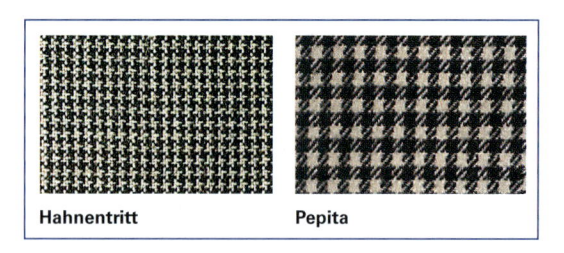

Hahnentritt	Pepita

24 Geben Sie eine Übersicht über die verschiedenen Herstellungstechniken für Kreppe und ergänzen Sie jeweils eine Handelsbezeichnung.

Garnkreppe
- Vollkrepp, z.B. Crêpe Georgette
- Halbkrepp, z.B. Crêpe satin

Bindungskrepp
- z.B. Sandkrepp

Ausrüstungskreppe
- Laugierkrepp, z.B. Seersucker
- Gaufrierkrepp, z.B. Gaufré

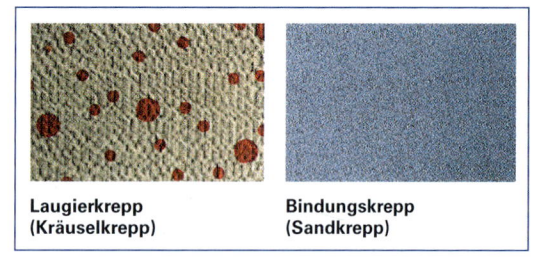

Laugierkrepp (Kräuselkrepp)	Bindungskrepp (Sandkrepp)

25 Unterscheiden Sie zwischen Voll- und Halbkrepp und nennen Sie jeweils zwei Handelsbezeichnungen.

Vollkreppe sind ein Gewebe mit Kreppgarnen in Kette und Schuss. Handelsbezeichnungen sind z.B. Crêpe georgette, Crêpe chiffon

Halbkreppe zeigen Kreppgarne in nur einem Fadensystem. Handelsbezeichnungen sind z.B. Crêpe satin, Crêpe de chine.

26 Nennen Sie die zwei Möglichkeiten der Textilveredelung einen Kreppeffekt zu erzielen.

Kreppeffekte können mit dem **Laugierverfahren** oder mit dem **Prägekalander** (Gaufrieren) erzielt werden.

3 Textile Flächen

27 Unterscheiden Sie die Eigenschaften von Garnkreppen und Ausrüstungskreppen und leiten Sie daraus unterschiedliche Einsatzbereiche ab.

Garnkreppe sind weich fallend, aber feuchtigkeitsempfindlich und beschränkt waschbar.
Sie werden für klassisch-elegante Damenbekleidung eingesetzt.

Ausrüstungskreppe sind knitterunempflindlich und pflegeleicht.
Sie werden für Sommerkleidung, Kinderbekleidung und Bettwäsche verwendet.

28 Erklären Sie die Herstellung eines Gewebes mit der Handelsbezeichnung Seersucker.

Seersucker entsteht durch gruppenweise unterschiedliche Kettfadenspannungen, evtl. unterstützt durch Kreppgarne, oder durch schrumpfende und nicht schrumpfende Kettfadengruppen.
Man erreicht blasige Längsstreifen neben glatten Längsstreifen.

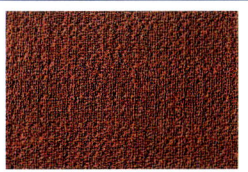

Seersucker   Crêpe Georgette

29 Eine damenhaft elegante Bluse soll als Prototyp gefertigt werden. Crêpe satin, Crêpe Georgette und Crêpe marocain stehen zur Auswahl.
Unterscheiden Sie diese drei Kreppgewebe.

Crêpe satin:
Kreppgarne im Schuss, Kettatlas, fließend, matte und glänzende Gewebeseite

Crêpe Georgette:
Kreppzwirne in Kette und Schuss, Leinwand- oder Kreppbindung, sandiger Griff, schmiegsam, matt

Crêpe marocain:
Kreppgarne im Schuss, Leinbandbindung, querrippiges, narbiges, Oberflächenbild, dicht

30 Nennen Sie Gewebearten, die mit drei Fadensystemen hergestellt werden.

- verstärkte Gewebe
- lancierte Gewebe, broschierte Gewebe
- Schlingengewebe, Florgewebe

31 Zählen Sie Eigenschaften auf, die Gewebe durch ein drittes Fadensystem erhalten können.

- größere Festigkeit und Widerstandsfähigkeit
- mehr Fülle
- eine besondere Oberfläche (z.B. Schlingen, Flor)
- eine zusätzliche Musterung
- beidseitig verwendbare Warenseiten

32 Gewebe, die für eine Folklorebluse, ein Dirndl, oder eine Trachtenweste verwendet werden, weisen oft eine Gewebemusterung in bordüren- oder stickereiähnlicher Art auf. Kennzeichnen Sie diese Gewebegruppe.

Durch zusätzliche Fadensysteme lassen sich in Leinwand-, Köper- oder Atlasbindung Muster einbringen **(Lancé, Broché)**.

Die Musterfäden können sich durch Farbe, Materialart, Bindung oder Glanz deutlich vom Grundgewebe abheben. Sie verlaufen quer und/oder längs im Gewebe.

33 Geben Sie die Merkmale an, die zur Unterscheidung der Handelsbezeichnung Broché und Lancé dienen.

Broschierte Gewebe haben zusätzliche musterbildende Fäden nur in Schussrichtung, bei jeder Broschierstelle sind Fadenanfang und -ende sichtbar.

Beim **Lancé** liegen die musterbildenden Fäden auf der Geweberückseite flott oder sind am Musterrand abgeschnitten (Découpé).

Lancé   Broché

34 Ein Weber hat sich auf besondere Gewebe in seiner Stoffkollektion spezialisiert. Zu seinem Angebot gehören ein Découpé und ein Brodé. Zeigen Sie die Gemeinsamkeiten, Herstellung und Unterschiede auf.

Beide Gewebe zeigen auf der rechten Warenseite abgegrenzte Muster.
Découpé: Die musterbildenden Fäden sind eingewebt und an den Musterrändern abgeschnitten.
Brodé: Das Muster wird nachträglich eingestickt, Die Anordnung der Fäden ist beliebig möglich.

Découpé   Brodé

35 Beschreiben Sie die Herstellung von Frottiergeweben.

Frottiergewebe haben drei Fadensysteme:
Eine straff gespannte Grundkette, eine locker geführte Schlingenkette und einen Schuss.
Nach dem Eintrag von drei bis vier Schüssen erfolgt das Anschlagen. Die Polkette schiebt sich zu Schlingen zusammen.

Frottiergewebe   Reversible

36 Beschreiben Sie die Herstellung und das Aussehen eines Reversible.

Ein **Reversible** hat neben der Grundkette ein weites Kettfadensystem, dadurch ergibt sich eine glänzende Abseite, das Gewebe ist beidseitig verwendbar.

37 Definieren Sie die Begriffe Samt und Plüsch.

Samt hat eine Florhöhe bis 3 mm,
Plüsch einen höheren Flor.

38 Unterscheiden Sie die Herstellung von Kett- und Schusssamt.

Beim **Kettsamt** bindet eine zusätzliche Florkette in das Grundgewebe ein, die Flornoppen binden am Schuss an. Man unterscheidet **Doppelsamt** und **Rutensamt**. Beim Doppelsamt sind zwei Gewebe übereinander webtechnisch mittels einer gemeinsamen Polkette verbunden, durch Aufschneiden des Polfadens entstehen zwei Samtgewebe. Beim Rutensamt wird die locker gespannte Florkette über Ruten geführt und aufgeschnitten.

Beim **Schusssamt** bindet ein zusätzlicher Florschuss in das Grundgewebe, durch nachträgliches Aufschneiden dieser Flottungen entsteht der Flor. Man unterscheidet **Glattsamt** und **Rippensamt**. Beim Glattsamt binden die Florschüsse gleichmäßig versetzt ein. Beim Rippensamt binden die Florschüsse immer an den gleichen Kettfäden.

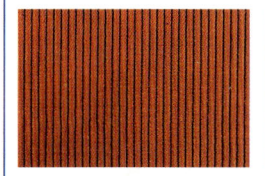

Rippensamt   Glattsamt

39 Erklären Sie den Begriff Rippensamt.

Beim Rippensamt binden die Florschüsse immer an den gleichen Kettfäden an und bilden dazwischen Flottungen. Nach dem Aufschneiden der Flottungen entstehen die Rippen.

40 Beschreiben Sie die Gewebe mit folgenden Handelsbezeichnungen: Babycord, Manchester, Trenkercord, Fancycord.

Babycord hat ganz feine Rippen und ist weich.
Manchester zeigt mittlere Rippen und ist fest.
Trenkercord hat breite Rippen und ist weich.
Beim **Fancycord** liegen Rippen in unterschiedlicher Breite vor.

41 Geben Sie an, wodurch sich Gewebe mit den Handelsbezeichnungen Velvet und Velveton unterscheiden.

Velvet ist ein glatter Schusssamt,
Velveton ist ein aufgerautes Baumwollgewebe.

3 Textile Flächen

42 Nennen Sie mögliche Eigenschaften von Doppelgeweben, Gewebe mit vier oder mehr Fadensystemen.

- hohe Dichte
- hohe Festigkeit
- großes Volumen
- plastisches Oberfl.bild
- evtl. beidseitig verwendbare Warenseiten

43 Beschreiben Sie vier Herstellungsmöglichkeiten für Doppelgewebe.

Herstellungsarten für Doppelgewebe:
- Zwei Gewebelagen sind mit einer zusätzlichen Bindekette oder einem Bindeschuss verbunden.
- Ein feinfädiges Obergewebe ist mustermäßig mit einem Kreppuntergewebe verbunden (Cloqué).
- Bei einem Gewebe aus vier Fadensystemen bindet z. B. die Unterkette an den Oberschuss, (Doppelgewebe mit An- oder Abbindung).
- Austausch von Ober- und Untergewebe als Hohlgewebe (Doppelgewebe mit Warenwechsel).

Bindeschuss   Hohlgewebe

44 Vergleichen Sie Cloqué und Matelassé hinsichtlich der Herstellung und des Aussehens.

Cloqué ist ein Gewebe mit vier Fadensystemen. Ein Kreppuntergewebe bindet mustermäßig in das Obergewebe, es ergeben sich kleine, blasige Aufwerfungen.

Matelassé besteht aus einem Grundgewebe, einer Unterkette und zusätzlichen Füllschüssen. Die rechte Warenseite hat ein Oberflächenbild mit plastisch, großflächiger Musterung, die linke Warenseite ist grobfädig.

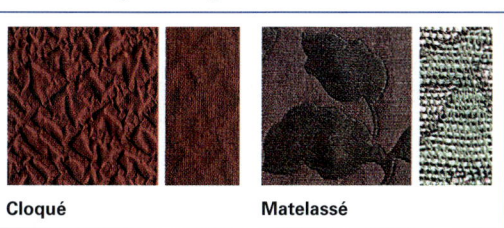

Cloqué   Matelassé

45 Nennen Sie das Merkmal eines Pikeegewebes.

Pikeegewebe zeigen ein plastisches Oberflächenbild, das wie gesteppt wirkt.

46 Beschreiben Sie die Herstellung von Piqué.

Piqué ist ein Doppelgewebe mit feinem, leinwandbindigem Obergewebe und einem gröberen Untergewebe.

Dadurch, dass das Obergewebe nach einer bestimmten Regel mit dem Untergewebe durch Einbinden verbunden ist, entstehen kleine Figuren und Streifen, die wie gesteppt erscheinen.

Zur plastischen Formung der rechten Seite werden Füllschüsse eingewebt, die uneingebunden zwischen Grundgewebe und Steppkette liegen. Die Steppkette, die in das Obergewebe einbindet und die Füllschüsse an das Obergewebe andrückt, ist fein und straff gespannt.

Piqué Vorderseite   Piqué Rückseite

47 Geben Sie an, wie das Oberflächenbild von Waffelpikee entsteht.

Waffelpikee entsteht durch regelmäßige Fadenflottungen in Schuss und Kettrichtung, die nach innen verkürzend verlaufen. Es ergeben sich quadratische Reliefmuster.

48 Beschreiben Sie das Aussehen von Côtelé.

Der **Côtelé** zeigt erhabene Rippen in Längsrichtung. Sie entstehen durch die Cordbindung (Hohlschussbindung), ohne zusätzliches Fadensystem.

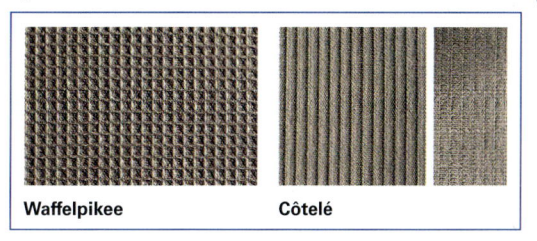

Waffelpikee   Côtelé

49 Nennen Sie die beiden Gruppen, in die Maschenwaren eingeteilt werden.

- Gestricke und Einfadengewirkte (Einfadenware)
- Kettengewirke (Kettfadenware)

50 Nennen Sie vier Merkmale von Strickware bzw. Kulierwirkware (Einfadenware).

- Die Maschenbildung erfordert mindestens einen Faden.
- Der Fadenverlauf erfolgt in Warenquerrichtung. 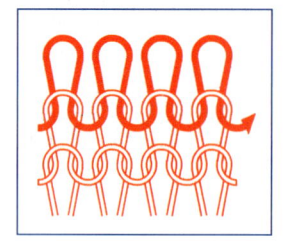
- Die Ware kann aufgezogen werden und Fallmaschen bilden.
- Einfadenware lässt sich durch Stricken oder Wirken herstellen.

51 Nennen Sie vier Merkmale der Kettenwirkware.

- Die Maschenbildung erfordert mindestens ein Kettfadensystem.
- Maschenbildende Fäden verlaufen in Längsrichtung überwiegend im Zickzack durch die Ware. 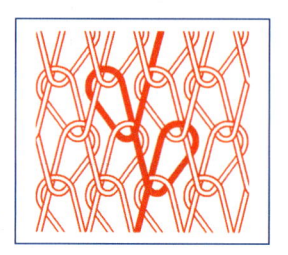
- Die Ware lässt sich nicht aufziehen, sie ist weitgehend laufmaschenfest.
- Kettenwirkware ist immer gewirkt.

52 Erklären Sie die Begriffe Stricken und Wirken.

- Beim **Stricken** wird mit einzelnen bewegten (Zungen-) Nadeln gearbeitet.
  Zur Herstellung dienen Flach- und Rundstrickmaschinen.
- Beim **Wirken** wird mit gemeinsam bewegten oder fest stehenden Nadeln gearbeitet.

53 Definieren Sie die Begriffe Maschenreihe und Maschenstäbchen.

Nebeneinander angeordnete Maschen in Warenquerrichtung bilden eine **Maschenreihe**.

Übereinander angeordnete Maschen in Warenlängsrichtung bilden **Maschenstäbchen**.

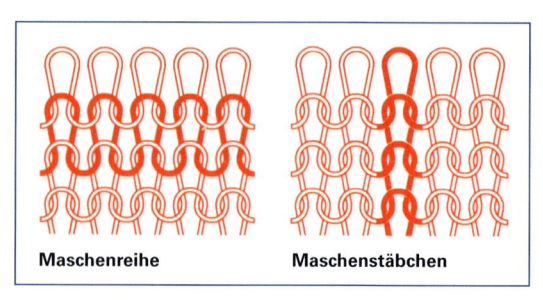

Maschenreihe Maschenstäbchen

54 Unterscheiden Sie das Bindungselement Masche von den Bindungselementen Henkel und Flottung.

Eine **Masche** ist eine Fadenschleife mit einem Maschenkopf, zwei Maschenschenkeln und zwei Maschenfüßen.

Sie hat zwei obere und zwei untere Bindungsstellen.

Kopf — Schenkel — Fuß — Bindungsstellen

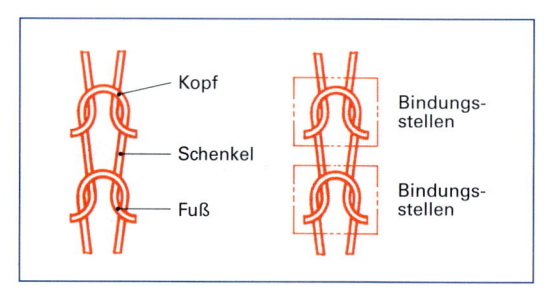

Der **Henkel** ist eine Fadenschleife, die nur zwei obere Bindungsstellen aufweist.

Die **Flottung** ist eine Fadenschleife, die nur zwei untere Bindungsstellen aufweist.

Henkel Flottung

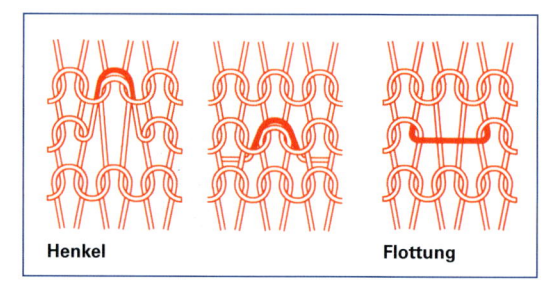

3 Textile Flächen

55 Nennen Sie die vier Grundbindungen von Strick- bzw. Kulierwirkware.

- Rechts/Links (RL)
- Rechts/Rechts (RR)
- Links/Links (LL)
- Rechts/Rechts/Gekreuzt (RRG)

56 Zeichnen Sie die linke und die rechte Seite einer einflächigen Strick- und Kulierwirkware.

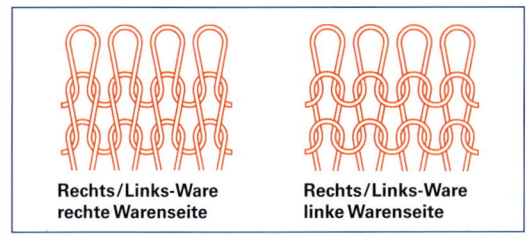

Rechts/Links-Ware rechte Warenseite

Rechts/Links-Ware linke Warenseite

57 Beschreiben Sie Rechts/Rechts-Ware und Links/Links-Ware.

Bei **Rechts/Rechts-Ware** wechseln in einer Maschenreihe rechte und linke Maschen. Beide Warenseiten zeigen rechte Maschen. Wird die Ware quergespannt, erkennt man zwischen den rechten Maschenstäbchen jeweils linke Maschenstäbchen.

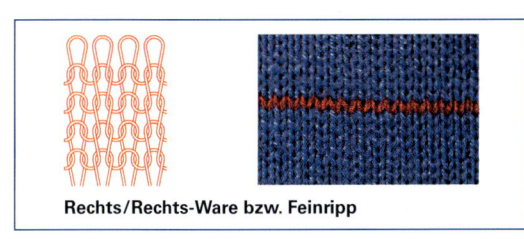

Rechts/Rechts-Ware bzw. Feinripp

Bei **Links/Links-Ware** wechselt jeweils eine rechte Maschenreihe mit einer linken Maschenreihe. Beide Warenseiten zeigen linke Maschen. Wird die Ware längsgespannt, erkennt man zwischen den linken Maschenreihen jeweils rechte Maschenreichen.

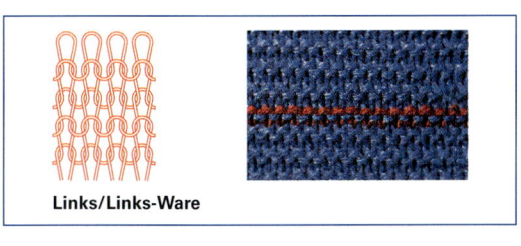

Links/Links-Ware

58 Beschreiben Sie jeweils das Aussehen und die typischen Eigenschaften von Single-Jersey, Feinripp und Interlock.

Single Jersey hat zwei verschieden aussehende Warenseiten. Eine Seite zeigt nur rechte Maschen, die andere nur linke Maschen. Die Ware ist in Querrichtung wenig elastisch und neigt an den Rändern zum Einrollen (RL-Bindung).

RL bzw. Single-Jersey

Bei **Feinripp** wechseln in einer Reihe rechte und linke Maschen. Beide Warenseiten zeigen rechte Maschen (-rippen). Wird die Ware quergespannt, erkennt man zwischen den rechten Maschenstäbchen jeweils linke Maschenstäbchen. Feinripp ist querelastisch (RR-Bindung).

Bei **Interlock** stehen sich die Maschen der Warenvorderseite und der Warenrückseite genau gegenüber. Die nebeneinander liegenden Maschen auf einer Warenseite sind jeweils um eine halbe Maschenhöhe versetzt. Interlock hat eine geschlossene Oberfläche. Ware in dieser Bindung ist dehnfähig, aber nicht sehr elastisch (RRG).

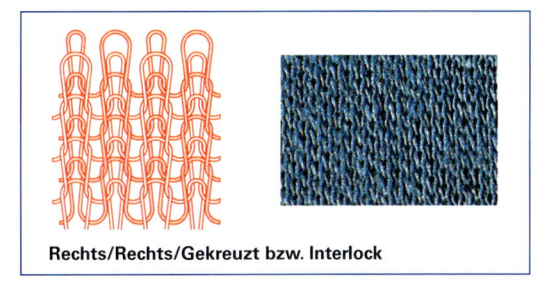

Rechts/Rechts/Gekreuzt bzw. Interlock

59 Nennen Sie fünf Ableitungen der Rechts/Links-Bindung

- RL-hinterlegt (Hinterlegware)
- RL-Plüsch (Henkelplüsch, Scherplüsch
- RL-Futter (Futterware)
- RL-Luntenflor (Plüsch)
- RL-Pikee (Pikee)

60 Beschreiben Sie das Aussehen von Henkelplüsch (RL-Plüsch), Scherplüsch und Plüsch (Luntenflor).

- **Henkelplüsch** ist eine RL-Ware mit einem zusätzlichen Faden, der an der Warenoberfläche Schlingen bildet.
- **Scherplüsch (Nicki)** entsteht, wenn bei Henkelplüsch die Schlingenköpfchen abgeschnitten werden. Die Warenoberfläche wird samtartig.
- **Futterware** ist eine RL-Grundware mit einem meist dicken Futterfaden, der zusätzlich auf der linken Warenseite eingebunden ist und oft geraut wird.
- **Plüsch (Luntenflor)** ist eine RL-Ware, bei der ein Faserband (Lunte) zugeführt und während der Maschenbildung eingebunden wird. Es entsteht eine hochflorige Ware, die oft als Tierfellimitation eingesetzt wird.

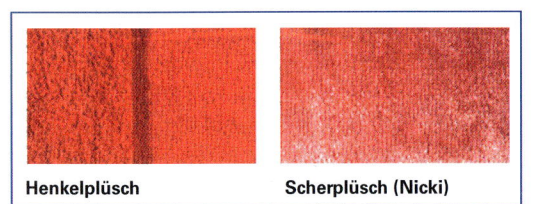

Henkelplüsch	Scherplüsch (Nicki)

Futterware	Plüsch (Luntenflor)

61 Unterscheiden Sie Hinterlegware und Jacquard.

Hinterlegware ist eine RL-Ware mit Musterungen auf der Warenvorderseite und Flottierungen auf der Warenrückseite.

Jacquard ist eine gemusterte RR-Ware. Die zur Musterung nicht benötigten Fäden werden gleichmäßig abgebunden.

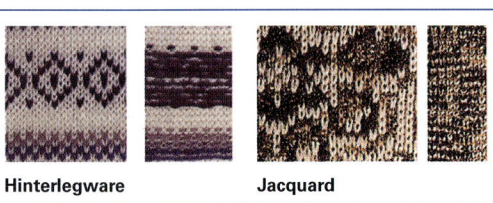

Hinterlegware	Jacquard

62 Nennen Sie Ableitungen der Rechts/Rechts-Bindung.

- Rippware
- Halbschlauch
- Fang
- Perlfang
- Webstrick
- Jacquard

63 Beschreiben Sie das Aussehen von Rippware, Fang und Perlfang.

Rippware erkennt man an den ausgeprägten Längsrippen, die durch rechte Maschen gebildet werden.

Fanghenkel lassen bei **Fang** die Rechtsmaschen hervortreten. Beide Warenseiten sind gleich.

Perlfang weist ausgeprägte Rechtsmaschen auf der Vorderseite auf, auf der Rückseite sieht Perlfang aus wie Fang.

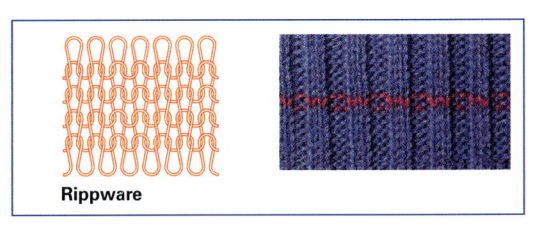

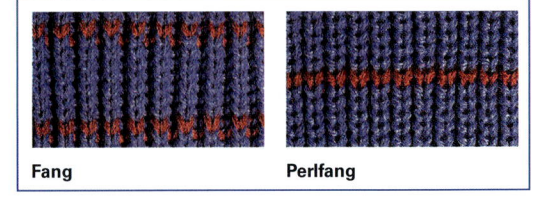

Rippware	

Fang	Perlfang

64 Beschreiben Sie die Besonderheiten von Pikee-Maschenware und Webstrickware.

Pikee ist eine RL-Ware, die eine Kleinmusterung mit Erhebungen und Vertiefungen aufweist.

Bei **Webstrick** wechseln RR-ähnliche und RL-ähnliche Strickreihen mit Flottungen ab. Die Ware lässt sich wie ein Gewebe verarbeiten.

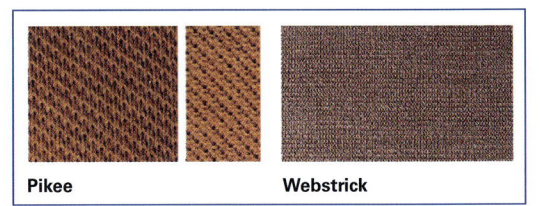

Pikee	Webstrick

3 Textile Flächen

65 Begründen Sie, warum beim Verarbeiten von Maschenware noch mehr Sorgfalt erforderlich ist, als bei der Verarbeitung von Webware.

Bei der **Verarbeitung von Maschenware** muss auf das größere Dehnungsvermögen, die höhere Elastizität und auf die Bildung von Fallmaschen Rücksicht genommen werden.

66 Definieren Sie den Begriff Ketteln.

Ketteln ist das maschengenaue Zusammennähen oder das Annähen von Blenden mit einer Kettelmaschine.

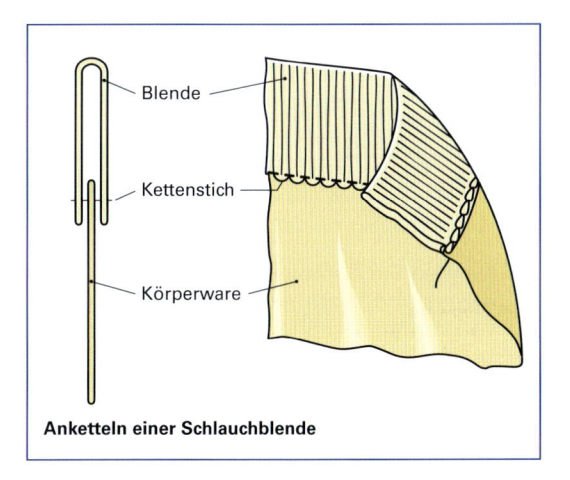

Anketteln einer Schlauchblende

67 Nennen Sie vier wesentliche Ursachen für die Entstehung von Maschensprengschäden beim Nähen von Maschenwaren.

- Fehlerhafte Warenausrüstung (häufigste Ursache)
- Beschädigte Nadelspitze
- Zu dicke Nadel
- Ungeeignete Nadelspitzenform

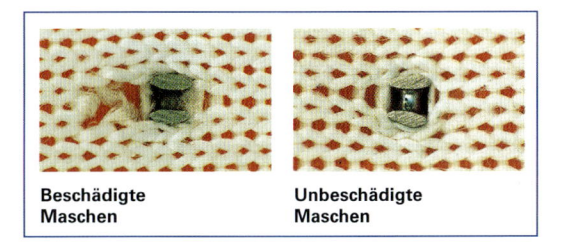

Beschädigte Maschen

Unbeschädigte Maschen

68 Vergleichen Sie Maschenware, die als Rundstrickware und als Flachstrickware hergestellt wurde.

Maschenwaren wie T-Shirts, Sweatshirts, Unter- und Nachtwäsche, Polohemden und Jogginganzüge werden als **Rundstrickware** hergestellt. Diese wird als Meterware im Schlauch hergestellt.

Oberbekleidung wie Pullover, Strickjacken, Kleider, Röcke und Hosen, wird überwiegend als **Flachstrickware** hergestellt.

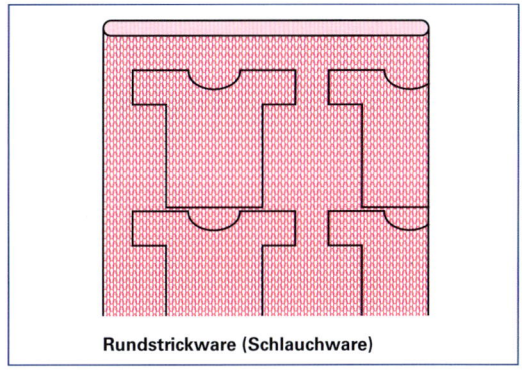

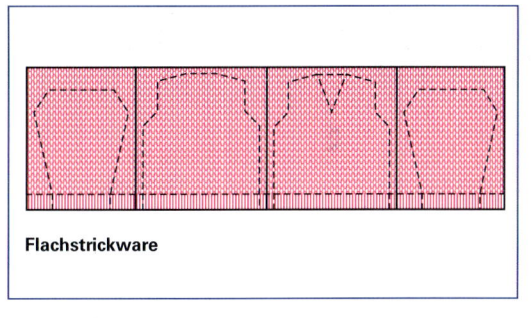

Rundstrickware (Schlauchware)

Flachstrickware

69 Erklären Sie den Begriff „fully fashioned".

Der Fachbegriff **fully fashioned** bedeutet, dass die Strickteile formgerecht gestrickt werden.
Man bezeichnet sie auch als reguläre Ware.

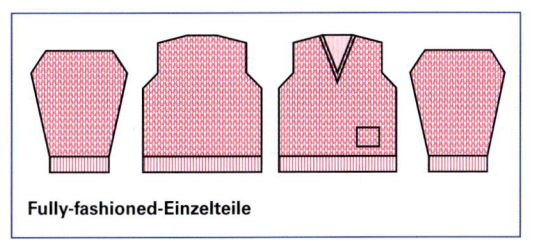

Fully-fashioned-Einzelteile

70 Vergleichen Sie die Herstellung von Kettenwirkware und Kulierwirkware.

Kettenwirkware wird mit mindestens einem Kettfadensystem hergestellt. Maschenbildende Fäden verlaufen in Längsrichtung überwiegend im Zickzack.

Kulierwirkware wird mit mindestens einem Faden hergestellt. Der Fadenverlauf erfolgt in Warenquerrichtung.

71 Definieren Sie die Begriffe Schussfaden und Stehfaden bei Kettenwirkware.

Schussfaden heißt bei Kettenwirkwaren ein in Querrichtung eingelegter, von Maschen gehaltener Faden.

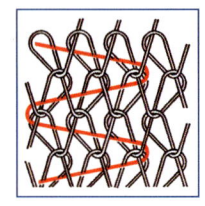

Stehfaden heißt bei Kettenwirkwaren ein in Längsrichtung eingelegter, von Maschen gehaltener Faden.

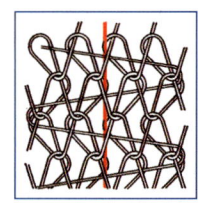

72 Nennen Sie vier Legungen der Kettenwirkware.

- Fransenlegung
- Trikotlegung
- Tuchlegung
- Atlaslegung

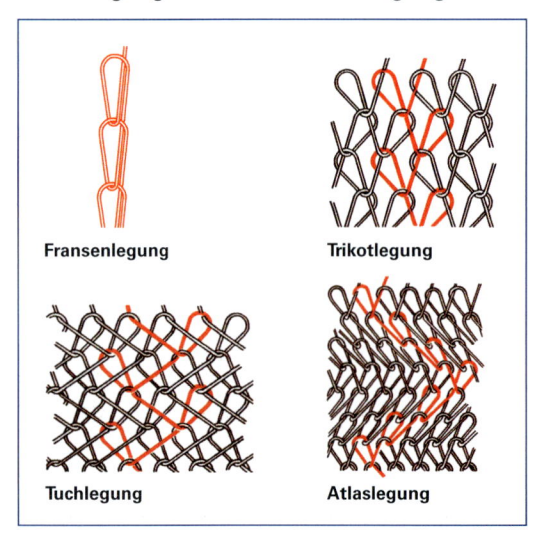

Fransenlegung

Trikotlegung

Tuchlegung

Atlaslegung

73 Beschreiben Sie jeweils das Maschenbild von Atlaslegung, Trikotlegung und Tuchlegung.

Bei der **Atlaslegung** verläuft jeder maschenbildende Kettfaden treppenförmig bis zu einem Umkehrpunkt und wechselt dann seine Richtung.

Bei der **Trikotlegung** verläuft jeder maschenbildende Kettfaden im Zickzack in Längsrichtung durch die Ware und bindet zwischen zwei Nachbarstäben.

Die **Tuchlegung** bindet ähnlich wie die Trikotlegung, jedoch überspringt jeder maschenbildende Kettfaden ein Maschenstäbchen.

74 Nennen Sie fünf Kettenwirkwaren, die durch kombinierte Legungen entstanden sind.

- Charmeuse
- Rascheltüll
- Kettenwirkfrottier
- Raschelspitze
- Wirkplüsch
- Rascheleinlage

75 Nennen Sie Garnart und Bindung von Charmeuse und beschreiben Sie das Aussehen von Vorder- und Rückseite.

Charmeuse ist eine Kettenwirkware aus Filamentgarnen, bei der die Trikotlegung und die Tuchlegung miteinander kombiniert sind. Auf einer Seite zeigt Charmeuse kleine Rechtsmaschen, auf der anderen Seite einen zickzackförmigen Verlauf der Kettfäden.

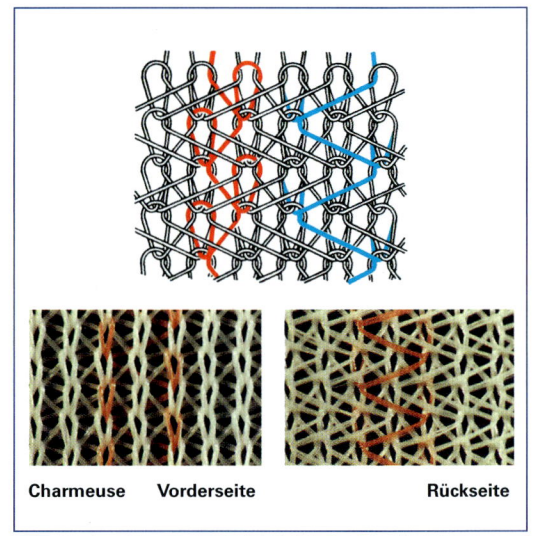

Charmeuse   Vorderseite   Rückseite

3 Textile Flächen

Die Lösungen der Aufgaben 76 und 77 befinden sich auf Seite 163.

76 Ordnen Sie den Bildern Ⓐ bis Ⓗ die nachfolgenden Begriffe zu:

Schussfaden, Stehfaden, Maschenreihe, Maschenstäbchen, Linke Maschenseite, Rechte Maschenseite, Henkel, Flottung

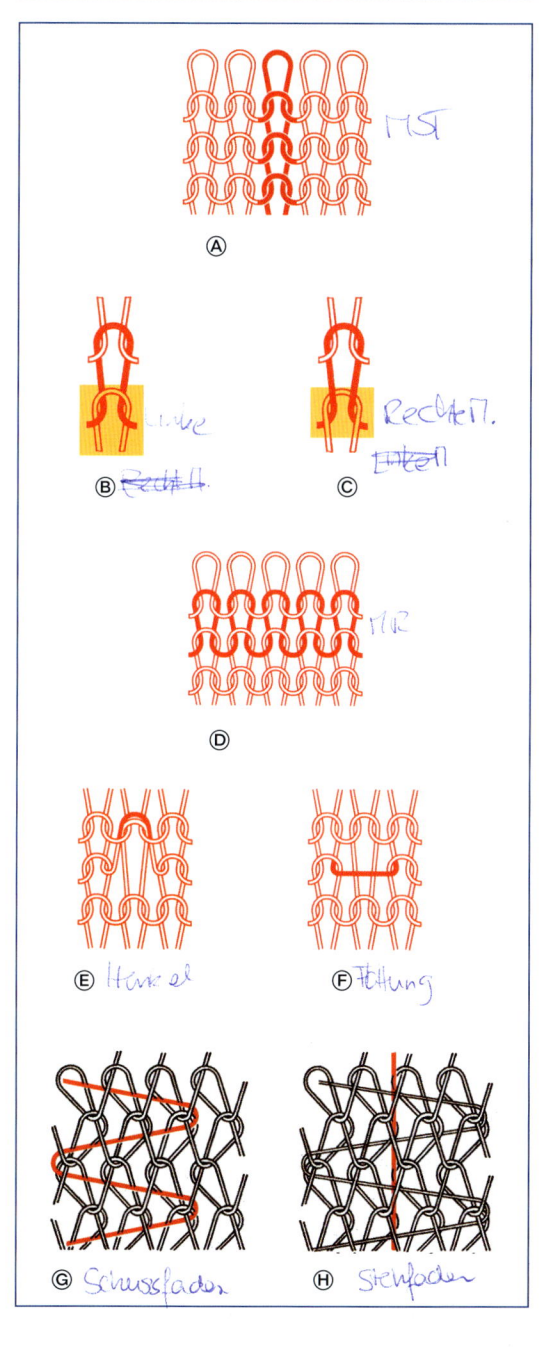

77 Ordnen Sie den schematischen Abbildungen Ⓐ bis Ⓘ die Bindungen bzw. Legungen zu:

Rechts/Links rechte Seite,
Rechts/Links linke Seite,
Rechts/Rechts, Links/Links,
Rechts/Rechts/Gekreuzt (Interlock),
Franse, Trikot, Tuch, Atlas

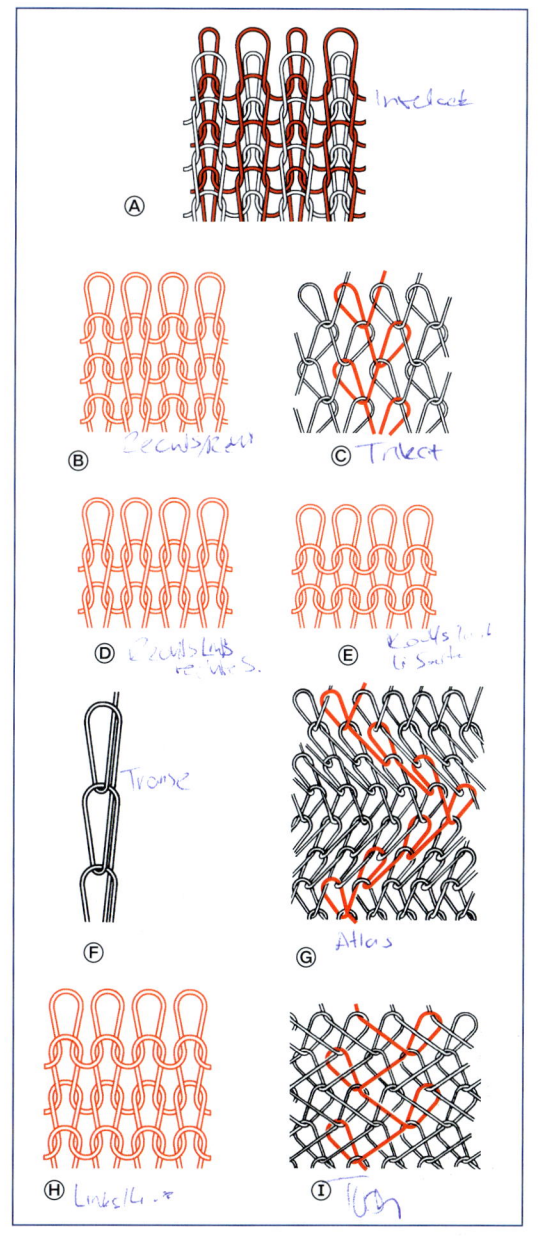

78 Nennen Sie zwei Gruppen der Faserverbundstoffe mit der jeweiligen Untergliederung.

Filze: Walkfilze und Nadelfilze

Vliesstoffe: Trockenvliesstoffe, Nassvliesstoffe und Spinnvliesstoffe

Walkfilz Vliesstoff

79 Beschreiben Sie den grundsätzlichen Unterschied bei der Herstellung von Filzen und Vliesstoffen.

Bei **Filzen** erfolgt die Verfestigung des Faserflores mechanisch (Nadeln) bzw. chemisch-mechanisch (Walken).

Bei **Vliesstoffen** kann die Verfestigung chemisch (Verkleben), thermisch (Verschweißen) oder mechanisch (Nadeln) erfolgen.

Eine Kombination dieser Verfahren ist möglich.

80 Beschreiben Sie die Herstellung von Walkfilzen.

Beim **Walkfilz** macht man sich die Fähigkeit der Wolle oder anderer Tierhaare zunutze, unter Einwirkung von Laugen, Wärme, Bewegung und Druck zu filzen.

Ein **Faserflor** wird verdichtet und anschließend durch Stauchen, Pressen oder Klopfen bis zur endgültigen Dichte verfilzt.

81 Nennen Sie Eigenschaften und Einsatzgebiete von Walkfilzen und Nadelfilzen.

Walkfilze besitzen gute Isolierfähigkeit und damit ein gutes Warmhaltevermögen.

Haupteinsatzgebiete sind:
Hüte, Unterkragen an Sakkos und Mänteln, Dekomaterialen, Trachtenmoden, Walzenbezüge, Dämmmaterial.

Nadelfilze sind im Allgemeinen elastisch und haben ein geringes Gewicht.

Sie werden vor allem für Bodenbeläge eingesetzt, aber auch für Einlagen, Wattierungen, Polstermaterial, Matratzenschoner, Bezüge und Filter.

82 Nennen Sie die verschiedenen Möglichkeiten der Verfestigung von Vliesstoffen.

- **Chemische Verfestigung** durch Binder oder Lösemittel
- **Thermische Verfestigung** durch Schmelzfasern oder Verschweißungspunkte
- **Mechanische Verfestigung** durch Vernadeln oder durch das Wasserstrahlverfahren

83 Erklären Sie die Begriffe Wirrfaservlies und richtungsorientiertes Vlies.

Beim **Wirrfaservlies** liegen die Fasern ungeordnet, wodurch Festigkeit und Dehnung in alle Richtungen mehr oder weniger gleich sind.

Bei **richtungsorientierten Vliesen** können die Fasern in Längs- oder Querrichtung geordnet sein, wodurch sich in der entsprechenden Richtung eine geringere Dehnung und eine höhere Festigkeit ergibt.

84 Zählen Sie auf, welche Eigenschaften Vliesstoffe in Bekleidungstextilien haben sollten.

Eigenschaften von Vliesstoffen
- Luftdurchlässigkeit
- Formbeständigkeit
- gutes Knitterverhalten
- Wasch- und Reinigungsbeständigkeit
- Einlauffestigkeit und einfache Verarbeitung

85 Geben Sie Einsatzgebiete von Vliesstoffen an.

Einlagen, Wattierungen, Schutzkleidung, Einweg-Textilien (Tischdecken, Servietten, Slips), Wischtücher

3 Textile Flächen

86 Kennzeichnen Sie beschichtete Ware und kaschierte Ware und geben Sie jeweils ein Einsatzgebiet an.

Beschichtete Ware hat eine Kunststoffoberfläche, die den Artikel z.B. wasserdicht macht und/oder eine Lederimitation bewirkt. Sie wird zu Sport-, Schutz-, Warn- und Arbeitsbekleidung eingesetzt.

Kaschierte Ware besteht aus zwei oder mehreren textilen Flächen, die thermisch oder durch einen Kleber dauerhaft miteinander verbunden sind. Sie wird z.B. für Wetterschutzbekleidung mit Membransystemen eingesetzt.

Beschichtetet Ware   Kaschierte Ware

87 Definieren Sie den Begriff Nähwirkware.

Nähwirkwaren sind textile Flächen, die durch Übernähen von Faservliesen oder Fadenlagen entstanden sind.

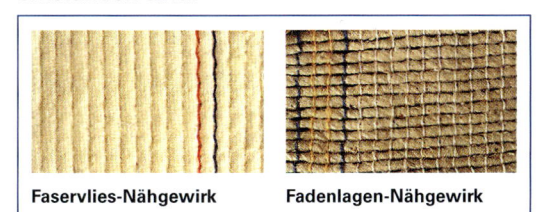

Faservlies-Nähgewirk   Fadenlagen-Nähgewirk

88 Unterscheiden Klöppelspitze, Stickereispitze und Raschelspitze bezüglich der Herstellungstechnik.

Klöppelspitzen werden geflochten.

Stickereispitzen entstehen durch Besticken einer textilen Fläche. Anschließend wird der Stickgrund ganz oder teilweise entfernt.

Raschelspitzen werden auf Kettenwirkmaschinen hergestellt.

89 Durch welche Herstellungstechniken können Tülle hergestellt werden?

Tülle werden heutzutage hauptsächlich nach der Rascheltechnik hergestellt durch Kombination von Fransen- und Trikotlegung. Seltener ist die Herstellung als Bobinetware.

90 Unterscheiden Sie Gewebe und Geflechte hinsichtlich des Fadenverlaufs.

Bei **Geweben** verlaufen die Kettfäden senkrecht und die Schussfäden waagerecht.

Bei **Geflechten** verlaufen die Fäden diagonal.

Gewebe   Geflecht

91 Nennen Sie grundlegende Eigenschaften von Strickwaren und von Kettenwirkwaren.

Strickwaren:
- weich
- anschmiegsam
- sehr dehnfähig
- mögliche Laufmaschenbildung
- hohes Porenvolumen
- knitterarm
- sehr elastisch

Strickware   Kettengewirk

Kettenwirkwaren:
- haltbar
- formstabil
- knitterarm
- maschenfest
- eingeschränkt dehnfähig und elastisch

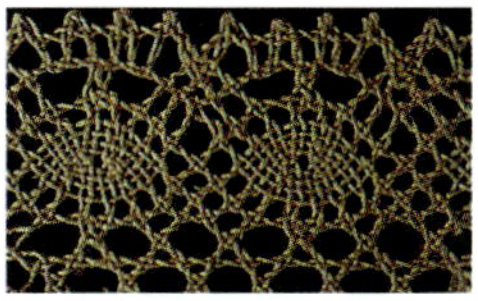

Klöppelspitze    Ätzspitze (Stickereispitze)    Raschelspitze    Rascheltüll

4 Textilveredlung

1 Erläutern Sie den Zweck der Textilveredlung.

Textilveredlung hat die Aufgabe, textile Rohwaren gebrauchsfertig zu machen, sie zu verschönern, die Oberfläche zu verändern sowie die Trage- und Pflegeeigenschaften zu verbessern.

2 Zählen Sie mögliche Veredlungsstufen auf.

- Vorbehandlung
- Farbgebung
- Appretur
- Kaschieren u. Beschichten

3 Geben Sie an, in welchen Verarbeitungsstadien Textilien veredelt werden können.

Es kann das Fasermaterial, das Garn, die Stückware oder auch die Fertigware veredelt werden.

4 Nennen Sie fünf verschiedene Vorbehandlungsverfahren.

- Entschlichten
- Sengen
- Waschen
- Beuchen
- Bleichen
- Merzerisieren
- Karbonisieren

5 Beschreiben Sie die Veränderungen, die durch das Merzerisieren erreicht werden.

Baumwollfasern erhalten durch das Merzerisieren einen nahezu runden Querschnitt, dadurch erreicht man
- einen waschbeständigen Glanz,
- eine bessere Anfärbbarkeit,
- eine höhere Reißfestigkeit,
- einen weichen, voluminösen Griff.

6 Zählen Sie vier Druckprinzipien auf.

- Direkt- und Aufdruck
- Ätzdruck
- Reservedruck
- Transferdruck

7 Unterscheiden Sie zwischen Ätzdruck und Reservedruck

Beim **Ätzdruck** wird auf eine vorgefärbte Ware eine Ätzpaste aufgedruckt, die an den bedruckten Stellen den Farbstoff zerstört.

Beim **Reservedruck** wird eine ungefärbte textile Fläche mit einer farbabweisenden Paste bedruckt, die an den bedruckten Stellen eine Anfärbung verhindert.

8 Erklären Sie die Druckarten Flockdruck und Kettdruck

Beim **Flockdruck** wird die Ware mustermäßig mit einem Kleber bedruckt, an dem aufgestreute Fäserchen hängen bleiben.
Beim **Kettdruck** wird vor dem Weben die Kette bedruckt. Durch die Spannungsunterschiede beim Webvorgang werden die Konturen verwischt.

9 Beschreiben Sie den Vorgang des Rouleauxdruckens.

Beim **Rouleauxdruck** wird das Druckmuster von gravierten Walzen in einem kontinuierlichen Arbeitsgang auf die textile Fläche übertragen. Für jede Farbe ist eine Walze notwendig.

10 Unterscheiden Sie Flachfilmdruck und Rotationsfilmdruck.

Beim **Filmdruck** wird der Farbstoff durch eine Schablone gepresst, die beim **Flachfilmdruck** in einem flachen Schablonenrahmen befestigt ist und beim **Rotationsfilmdruck** zu einer Rolle geformt ist. Dadurch ist beim Rotationsfilmdruck ein kontinuierliches Drucken möglich.

11 Erklären Sie den Begriff Farbechtheit und nennen Sie fünf verschiedene Echtheiten.

Farbechtheit ist die Widerstandsfähigkeit von Färbungen gegen verschiedene Einwirkungen, denen Textilien in Fertigung und Gebrauch ausgesetzt sind.

Ätzdruck (Rückseite) 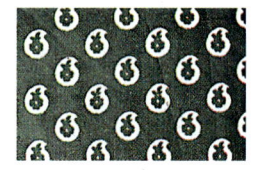   Reservedruck (Rückseite)    Chiné (Kettdruck)    Flockprint (Flockdruck)

4 Textilveredlung

Es gibt z. B. Reibechtheit, Waschechtheit, Schweißechtheit, Wetterechtheit, Meerwasserechtheit, Lösungsmittelechtheit, Bügelechtheit.

12 Beschreiben Sie, wie durch Färben mit nur einem Farbstoff ein Melangeeffekt erzielt werden kann.

Durch Verwendung einer Mischung aus Fasern mit verschiedener Anfärbbarkeit kann ein **Melangeeffekt** erzielt werden.

13 Nennen Sie verschiedene Zwischen- und Nachbehandlungsvorgänge.

- Fixieren
- Waschen
- Thermofixieren
- Entwässern und Trocknen

14 Nennen Sie die wesentlichen Ziele, die durch Appretur erreicht werden sollen.

- **Veränderung der Oberfläche**
  z. B. Rauen, Glätten, Prägen
- **Verbesserung der Trage- und Pflegeeigenschaften**
  z. B. Fleckschutz, Knitterarmut, Bügelfreiheit, Krumpfechtheit.

15 Zählen Sie Verfahren der Trockenappretur auf.

- Spannen
- Ratinieren
- Kalandern
- Prägen (Gaufrieren)
- Rauen
- Dekatieren
- Pressen
- Schleifen, Schmirgeln
- Scheren
- Krumpfen
- Plissieren

16 Beschreiben Sie die Veredelungsmaßnahmen Dekatieren, Rauen, Ratinierten und Kalandern.

Das **Dekatieren** bewirkt die Beseitigung des Pressglanzes, das Verhindern des Einlaufens, die Verbesserung des Griffs und der Tropfenfestigkeit durch Dampf und Druck. Anwendung bei Wollstoffen.

Durch das **Ratinieren** werden bei Rauwaren durch Bürsten oder Reibescheiben örtliche Muster erzielt (z.B. Knötchen)

Beim **Rauen** werden durch feine Häkchen Fasern an die Warenoberfläche gezogen, ohne sie von ihr zu trennen, dadurch entsteht ein Flor.

Durch **Kalandern** werden Gewebe mittels Walzen geglättet und verdichtet.

17 Unterscheiden Sie die Begriffe Trockenappretur und Nassappretur.

Während bei der Trockenappretur im Wesentlichen nur die Oberfläche eines Stoffes auf physikalischem Wege verändert wird, werden bei der Nassappretur durch Behandlung mit Chemikalien die Eigenschaften verändert.

18 Nennen Sie Verfahren der Nassappretur.

- Imprägnieren
- Fleckschutzausrüstung
- Antistatische Ausrüstung
- Flammschutzausrüstung
- Hygieneausrüstung
- Verrottungsschutz
- Antipillingausrüstung
- Pflegeleichtausrüstung
- Walken
- Filzfreiausrüstung
- Mottenechtausrüstung
- Transparentieren
- Opalisieren

19 Erklären Sie den Begriff Transparentieren.

Als **Transparentieren** bezeichnet man die Ausrüstung feiner Baumwollwaren zur Erzielung einer glasigen, steifen Ware durch Merzerisieren, anschließende Säurebehandlung und nochmaliges Merzerisieren.

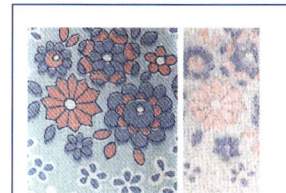

Finette
linksseitig geraut

Ratiné
geraut und ratiniert

Gaufré
prägegemustert

Glasbatist
transparentiert

[5] Warenkunde

1 Begründen Sie die Notwendigkeit der Warenüberprüfung.

Die **Warenüberprüfung** dient dazu, eine gleichbleibende Qualität textiler Produkte zu erzielen. Sie trägt zur Qualitätssicherung, Kundenzufriedenheit und auch zur Kosteneinsparung bei.

2 Nennen Sie mögliche Überprüfungen im Rahmen der Wareneingangskontrolle.

Die Wareneingangskontrolle umfasst z. B. die Überprüfung von Artikelart, Farbe, Dessin, Warenlänge und Warenbreite, Warenfehler.

3 Zählen Sie mögliche Warenfehler auf.

Mögliche **Warenfehler** sind z. B.:
- Noppen, Knoten
- Fadenbrüche
- Bindungsfehler
- Streifenbildung
- Farbunterschiede
- Dickstellen
- Flottierungen
- Flecken
- Risse, Löcher
- Schrägverzug

4 Geben Sie technische Materialinformationen an, die für eine reibungslose Produktion wichtig sind.

Technische Materialinformationen sind z. B.:
- Bügel- und Fixierverhalten, Haftfestigkeit
- Nähverhalten und Nahtfestigkeit
- Faseranalyse
- Rechte Warenseite (Schau-, Oberseite)
- Zuschneiderichtung (Fadenlauf)

5 Erklären Sie die Begriffe Pillresistenz, Farbechtheit, Krumpfechtheit.

Pillresistenz ist die Widerstandsfähigkeit gegenüber Knötchen- und Noppenbildung, die durch Reibung an der Textiloberfläche entstehen.

Farbechtheit ist die Widerstandsfähigkeit von Färbungen und Drucken, z. B. Reib-, Wasser-, Wasch-, Licht-, Wetter-, Meerwasser-, Bügel-, Lösungsmittelechtheit.

Unter **Krumpfechtheit** versteht man die Beständigkeit gegen Maßveränderungen in Kett- und Schussrichtung durch Einwirkung von Wärme, Feuchtigkeit und Mechanik.

6 Nennen Sie sechs Bezeichnungen für Mustereffekte und erklären Sie diese.

allover:	ganzflächig verteilte Musterung
faconné:	kleine freistehende Webmusterung
rayé:	Längsstreifen, gewebt oder bedruckt
mille fleurs:	sehr kleine Allover-Blumenmusterung
dégradé:	Farbabtönung mit „harten" Übergängen
ombré:	sanft verlaufende Farbschattierungen

7 Ordnen Sie den nachfolgenden Effekten bzw. Fachbegriffen Handelsbezeichnungen zu: Glanzeffekt, Struktureffekt, Farbeffekt.

Handelsbezeichnungen bzw. Fachbegriffe für
Glanzeffekte: Ciré, Glacé, Lamé
Struktureffekte: Moiré, Ondé, Frotté
Farbeffekte: Imprimé, Mouliné, Melange

8 Erklären Sie die folgenden Fachbegriffe bzw. Zusatzbezeichnungen:
carré, gaufré imprimé, moiré, multicolor, ombré, rayé, travers.

carré:	Karomusterung, meistens gewebt
gaufré:	eingepresste Musterung
imprimé:	Druckmuster
moiré:	wellen-, holzmaserartige Pressmuster
multicolour:	vielfarbige, bunte Garneffekte
ombré:	sanft verlaufende Farbschattierungen
rayé:	Längsstreifen, gewebt oder bedruckt
travers:	Querstreifen, gewebt oder bedruckt

9 Nennen Sie Handelsbezeichnungen für Stoffe, die Effektgarne enthalten.

Handelsbezeichnungen für **Stoffe mit Effektgarnen** sind z. B. Flammé, Mouliné, Tweed, Donegal, Frisé, Frotté, Lamé, Brokat, Marengo, Chenille, Loop, Bouclé.

5 Warenkunde

Die Lösungen der nachfolgenden Aufgaben 10 bis 24 befinden sich auf Seite 163.

10 Ordnen Sie den abgebildeten Buntgeweben von A bis H die nachfolgenden Handelsbezeichnungen zu: Glencheck, Hahnentritt, Fil à Fil, Madras, Vogelauge, Schotten, Pepita, Vichy.

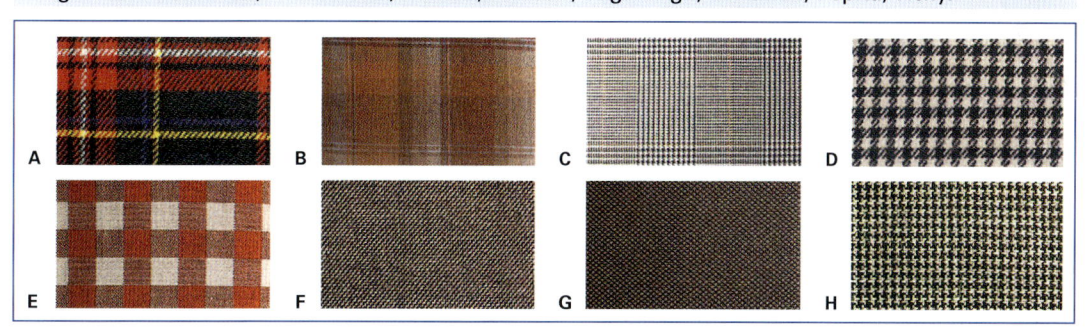

11 Ordnen Sie den abgebildeten Maschenwaren von A bis D die nachfolgenden Handelsbezeichnungen zu: Futterware, Pikeeware, Henkelplüsch, Webstrickware.

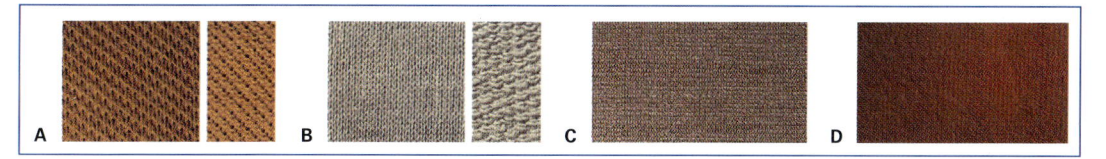

12 Ordnen Sie den abgebildeten Effektgeweben von A bis H die nachfolgenden Handelsbezeichnungen zu: Façonné, Ombré, Rayé, Dégradé, Cloqué, Moiré, Ajour, Figuré.

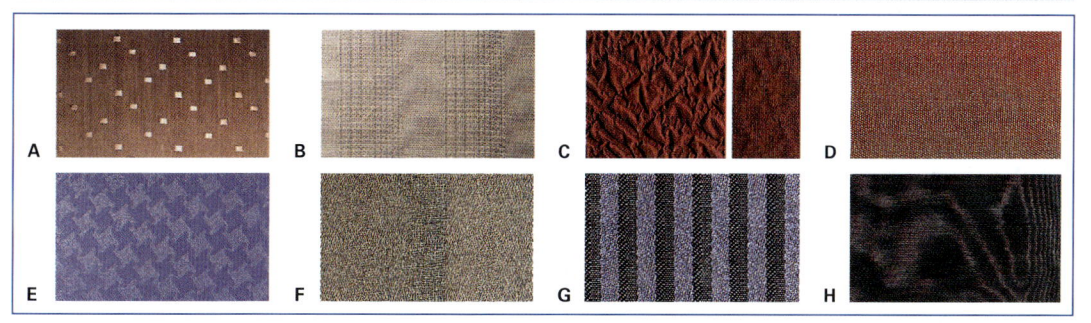

13 Ordnen Sie den abgebildeten Wollstoffen von A bis H die nachfolgenden Handelsbezeichnungen zu: Tweed, Bouclé, Flausch, Loop, Cheviot, Shetland, Whipcord, Marengo.

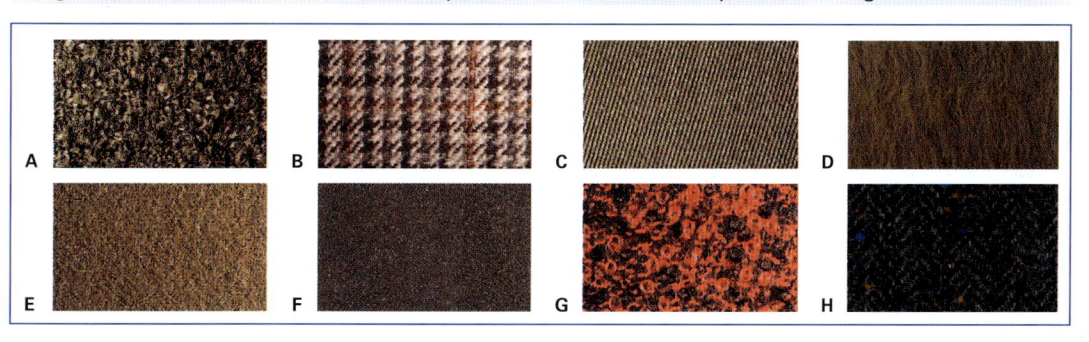

14 Ordnen Sie den Einsatzgebieten A bis E die nachfolgenden Faserstoffe zu:
Seide (SE), Baumwolle (CO), Viskose (CV), Polyester (PES), Polyamid (PA).

A Unter- und Nachtwäsche
B Gardinen
C Badebekleidung
D Futter
E Krawatten, Tücher

15 Ordnen Sie den Einsatzgebieten A bis E die nachfolgenden Faserstoffe zu:
Polyamid (PA), Leinen (LI), Wolle (WO), Viskose (CV), Polyacrynitril (PAN).

A Vorhänge
B Posamenten
C Damenstrümpfe
D Gläsertücher
E Mäntel

16 Ordnen Sie den Garnarten A bis E die nachfolgenden Handelsbezeichnungen zu:
Shetland, Batist, Taft, Georgette, Gabardine.

A Filamentgarn
B Kammgarn
C Streichgarn
D Spinnfasergarn aus Baumwolle
E Kreppgarn

17 Ordnen Sie den Garnarten A bis E die nachfolgenden Handelsbezeichnungen zu:
Tweed, Loop, Twist, Marengo, Brokat.

A Melange-Garn
B Mouliné-Zwirn
C Glanz-Garn
D Noppengarn
E Schlingenzwirn

18 Ordnen Sie den Bindungen A bis E die nachfolgenden Handelsbezeichnungen zu:
Croisé, Trikotine, Jacquard, Ottoman, Charmeuse.

A Wechsel von Kett- und Schussatlas
B Steilköper
C Kombinierte Tuch-, Trikotlegung
D Gleichgratköper
E Querrips (Kettrips)

19 Ordnen Sie den Veredlungen von A bis E die nachfolgenden Handelsbezeichnungen zu:
Duvetine, Gaufré, Linon, Organdy, Tuch, Glasbatist.

A Strichrauen
B Transparentieren
C Kalandern
D Rauen
E Prägen

20 Ordnen Sie den Veredlungsarbeiten A bis E die nachfolgend aufgeführten Verfahren zu:
Merzerisieren, Krumpfen, Kalandern, Imprägnieren, Gaufrieren.

A Wasser abweisend ausrüsten
B Dauerhaften Glanz erzeugen
C Glätte und Dichte erzeugen
D Muster einpressen
E Einlaufsicher machen

21 Ordnen Sie den Anwendungsgebieten A bis E die nachfolgenden Warenzeichen für eine bestimmte Veredlungsmaßnahme zu:
Sanfor-Plus, Sanitized, Eulan, Eulan asept, Silikon, Scotchgard.

A Krankenhauswäsche
B Wetterbekleidung
C Anzüge
D Wolldecken
E Matratzenbezüge

22 Ordnen Sie den Farb- bzw. Mustereffekten A bis E die nachfolgenden Fachbegriffe zu:
Rayé, ombré, uni, imprimé, changeant.

A farblich abschattiert
B einfarbig
C wechselfarbig schillernd
D längs gestreift
E bedruckt

23 Ordnen Sie den Einsatzgebieten A bis E die nachfolgenden Handelsbzeichnungen zu:
Single-Jersey, Zefir, Ratiné, Serge, Crêpe de chine.

A T-Shirts
B Futter
C Oberhemden
D Blusen
E Mäntel

5 Warenkunde

24 Ordnen Sie den nachstehenden Mantelformen A bis G einen geeigneten Stoff (Handelsbezeichnung) zu:
Popeline (a), Gabardine (b), Doubleface (c), Shetland (d), Tuch (e), Flausch (f), Velours (g).

A Slipon
B Swinger
C Paletot
D Trenchcoat
E Dufflecoat
F Wickelmantel
G Hänger

25 Für Blusen stehen drei Baumwollstoffe zur Auswahl: Satin, Voile, Popeline.
Unterscheiden Sie Bindung und Charakter der Stoffe und geben Sie jeweils eine geeignete Blusenform an.

Satin ist atlasbindig, glatt, glänzend, dicht und eignet sich für eine elegante Hemdbluse.

Voile ist leinwandbindig, transparent, leicht, matt, körnig im Griff und eignet sich für eine Folklorebluse.

Popeline ist leinwandbindig mit feinen Querrippen, dicht, steif, glatt und eignet sich für eine sportliche Hemdbluse

26 Die abgebildeten Kleidungsstücke werden aus Samt gefertigt.
Schlagen sie je eine geeignete Samtart vor und begründen Sie Ihre Wahl.

Kniebundhose   Tailleurjacke

Cordsamt wirkt aufgrund seiner Rippenstruktur sportlich und eignet sich für die Hose.
Er ist unproblematisch zu pflegen.

Glattsamt wirkt elegant und eignet sich für die Jacke.
Die Pflegeeigenschaften treten in den Hintergrund, da die Jacke aufgrund ihrer Innenverarbeitung chemisch gereinigt werden muss.

27 Ein Stofflieferant liefert anstatt einem Crêpe de chine einen Crêpe Georgette.
Vergleichen Sie die beiden Gewebe.

Crêpe de chine
- Kreppgarne im Schuss, wenig gedrehte Kettgarne
- Leinwandbindung, leicht querrippig
- fließend, leicht, relativ glatt

Crêpe Georgette
- Kreppzwirne in Kette und Schuss
- Krepp- oder Leinwandbindung
- sandig im Griff

28 Schlagen Sie einer Kundin für folgende Gewebe ein Einsatzgebiet vor:
Damassé changeant, Nadelstreifen, Chiffon mit Satinstreifen.

Damassé changeant
Das schillernde Filamentgewebe mit großflächiger Musterung eignet sich für Abendkleider und elegante Blusen.

Nadelstreifen
Das Kammgarngewebe eignet sich für klassische Hosenanzüge und Kostüme.

Chiffon mit Satinstreifen
Das hauchzarte Gewebe mit dichten glänzenden Längsstreifen eignet sich für festliche Kleider und Blusen.

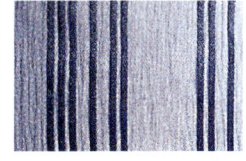

Nadelstreifen   Chiffon mit Satinstreifen

29 Eine Kundin lässt sich eine elegante Abendjacke anfertigen.
Als Oberstoff kommen Cloqué oder Matelassé in Frage. Beraten Sie die Kundin.

Cloqué ist weicher und geschmeidiger. Das Gewebe ist sowohl für figurbetonende als auch für weite Schnittformen geeignet.

Matelassé ist voluminöser und steifer. Dies schließt Jackenformen mit fließendem Fall und komplizierter Nahtführung aus.

30 Zählen Sie Stoffe auf, die für nachfolgende Einsatzgebiete geeignet sind:
Kleider und Blusen, Kostüme und Anzüge, Jacken und Mäntel.

Kleider und Blusen: Crêpe de Chine, Crêpe Georgette, Crêpe satin, Changeant, Mousseline, Twill

Kostüme und Anzüge: Cheviot, Flanell, Fresko, Gabardine, Tuch, Tweed

Jacken und Mäntel: Bouclé, Flausch, Loden, Ratiné, Tuch, Tweed

31 Nennen Sie Baumwollgewebe, die als Wäschestoff Verwendung finden.

Wäschestoffe aus Baumwolle sind z.B.: Batist, Zefir, Finette, Feinripp, Flanell, Biber, Damast.

32 Beschreiben Sie die Merkmale von Flanell, Tuch, Flausch, Velours.

Flanell: ein- oder beidseitig leicht geraut, Leinwand- oder Köperbindung, Bindungsbild nicht klar erkennbar.

Tuch: matter Glanz, kurzer Strichflor, der die Bindung verdeckt, stark gewalkt und geraut.

Flausch: langer Strichflor, weich, voluminös.

Velours: dichter, kurzer Stehflor, oder kurzer, niedergepresster Strichflor, weich, geraut, gewalkt.

33 Nennen Sie Merkmale von Crêpe satin, Damassé, Ätzsamt, Crêpe marocain

Crêpe satin: Fließender Stoff in Kettatlasbindung. Stark gedrehte Filamentgarne im Schuss und glatte Filamente in der Kette ergeben eine glänzende und eine matte Gewebeseite.

Damassé: Filamentgewebe mit großflächiger Musterung durch Wechsel von Kett- und Schussatlas.

Ätzsamt: Kurzfloriges, weiches Samtgewebe, mit dichtem, niedergelegten Flor und durchscheinendem Grund. Die Musterung entsteht durch mustermäßiges Wegätzen des Faserflors.

Crêpe marocain: Leinwandbindiges Gewebe aus Filamentgarnen mit stark gedrehtem Schuss, dadurch starke Querrippigkeit.

34 Ordnen Sie nachstehend genannten Stoffen geeignete Einsatzgebiete zu:
Mousseline, Gabardine, Crêpe de Chine, Piqué, Taft, Twill, Tweed, Batist.

Mousseline:	Bluse, Tuch, Rock
Gabardine:	Hose, Kostüm, Rock
Crêpe de chine	Bluse, Abendkleid, Tuch
Piqué:	Ausputz, Sommerkleidung DOB
Taft:	Anlassmode, Futter
Twill:	Kleid, Bluse, Krawatte
Tweed:	Rock, Sakko, Mantel, Hose
Batist:	Bluse, Nachthemd

35 Ordnen Sie nachfolgende Handelsbezeichnungen den Gewebegrundbindungen zu:
Duchesse, Batist, Damast, Donegal, Fresko, Finette, Gabardine, Kattun, Moleskin, Organza, Popeline, Pongé, Serge, Shetland, Taft, Trikotine, Twill, Whipcord.

Atlasbindung: Moleskin, Duchesse, Damast

Leinwandbindung: Fresko, Kattun, Organza, Popeline, Pongé, Taft, Batist, Donegal

Köperbindung: Finette, Gabardine, Whipcord, Serge, Shetland, Trikotine, Twill

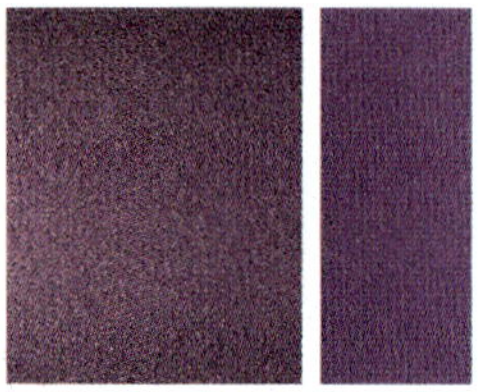

Crêpe satin    Damassé changeant    Ätzsamt    Crêpe marocain

36 Bewerten Sie den Einsatz von Maschenwaren in Sport- und Freizeitkleidung. Nennen Sie fünf Handelsbezeichnungen.

Maschenwaren sind weich, anschmiegsam, dehnfähig und elastisch, haben ein hohes Porenvolumen und sind knitterarm.

Handelsbezeichnungen sind z. B.: Interlock, Henkelplüsch, Single Jersey, Charmeuse, Fleece, Feinripp, Doppelripp, Futterware.

37 Geben Sie Handelsbezeichnungen an für Baumwollstoffe mit ausgeprägter Oberflächenstruktur.

Handelsbezeichnungen für **Baumwollstoffe mit ausgeprägter Oberflächenstruktur** sind: Piqué, Seersucker, Kräuselkrepp, Crash, Gaufré, Matelassé.

38 Nennen Sie vier Wollstoffe mit besonderer Oberflächenstruktur.

Wollstoffe mit Oberflächenstruktur sind: Ratiné, Bouclé, Loop, Frisé.

39 Zählen Sie mögliche Anforderungen an Einlagestoffe auf.

Anforderungen an Einlagestoffe sind z.B.: Steifheit, Elastizität, Volumen, Formbeständigkeit und Dauerhaftigkeit.

40 Erläutern Sie die Begriffe Pikieren, Fixieren, Dressieren.

Pikieren ist das Befestigen einer Einlage durch unsichtbares Aufnähen.
Beim **Fixieren** wird eine Einlage unter Einwirkung von Hitze und Druck aufgepresst.
Dressieren ist der Fachbegriff für Formbügeln von Schnittteilen.

41 Unterscheiden Sie nach dem Flächenaufbau verschiedene Arten von Einlagen.

Man unterscheidet: Webeinlagen, Vlieseinlagen, Kettenwirkeinlagen

42 Nennen Sie Eigenschaften und Einsatzgebiete von Haareinlagen.

Haareinlagen haben eine raue Oberfläche und sind in Querrichtung sprungelastisch. Man verwendet sie als Fronteinlage bei mittelschweren und schweren Stoffen für Jacken und Mäntel.

43 Geben Sie zwei Versteifungsgewebe an und ordnen Sie Einsatzgebiete zu.

Bougram verwendet man für Kragen, Manschetten, als Steifeinlage für Brusttasche, Unterkragen, Hosenbund (HAKA)

Organza verwendet man für Kragen, Knopfleisten (leichte DOB)

44 Zählen Sie Eigenschaften von Vlieseinlagen auf.

Vlieseinlagen haben niedriges Warengewicht, sind pflegeleicht, fransen nicht, sind in vielfältigen Typen erhältlich. Mit Wirkkette verstärkt sind sie formstabiler.

45 Beschreiben Sie die Kettenwirkeinlagen Charmeuse, Watteline, Rascheleinlage und nennen sie jeweils ein Einsatzgebiet.

Charmeuse ist eine glatte und querelastische Einlage in kombinierter Trikot- und Tuchlegung, für dehnbare Oberstoffe.

Watteline ist eine lockere, weiche und linksseitig aufgeraute Einlage in Trikotlegung für Zwischenfutter, Wattierung.

Rascheleinlage in der Bindungsvariante Franse mit Schuss ist formbeständig und weich. Sie wird für Vorderteilfixierung bei Jacken, Mänteln eingesetzt.

46 Geben Sie Gründe für das Abfüttern von Kleidungsstücken an.

Gefütterte Kleidungsstücke sind beim An- und Ausziehen gleitfähiger, sie sind formbeständiger und wärmender. Der Oberstoff wird geschont, die Innenverarbeitung wird abgedeckt.

| Verstärkte Vlieseinlage |  Charmeuse |  Watteline |  Rascheleinlage |

47 Zählen Sie mögliche Anforderungen an Futterstoffe auf.

Haltbarkeit im Gebrauch, bei der Reinigung und Wäsche, gute bekleidungsphysiologische Eigenschaften.

48 Nennen Sie Handelsbezeichnungen für Leibfutter.

Handelsbezeichnungen für **Leibfutter** sind z.B.: Taft, Pongé, Serge, Duchesse, Satin, Croisé.

49 Zählen Sie mögliche Anforderungen für Taschenfuttergewebe auf und geben Sie drei Handelsbezeichnungen an.

Taschenfutter sollen dicht, strapazierfähig, scheuerfest und damit gebrauchstüchtig sein. Handelsbezeichnungen sind z.B.: Moleskin, Taschentwill, Pocketing, Taschenvelveton

50 Nennen Sie Futterstoffe, die Effekte aufweisen.

Handelsbezeichnungen für **Effektfutter** sind z.B.: Taft imprimé, Changeant, Façonné, Rayé.

51 Beschreiben Sie Plaidfutter und Plüschfutter.

Plaidfutter ist ein buntgewebter, gerauter Karostoff in Köperbindung.

Plüschfutter weist einen Faserflor auf und kann als Web- oder Maschenware hergestellt oder evtl. bedruckt sein.

52 Geben Sie Merkmale und Verwendung folgender Bänder an: Tresse, Nahtband, Schrägband, Stanzband.

Tresse ist ein schmiegsames, formbares (gemustertes oder ungemustertes) Flechtband für Besatz- oder Einfassarbeiten.

Nahtband ist ein köperbindiges Webband mit festen Kanten, aus Baumwolle oder Viskose, geeignet zur Nahtsicherung und zur Saumverarbeitung.

Schrägband ist ein diagonal geschnittenes Webband für Kanteneinfassarbeiten, flach oder vorgefalzt (aus Baumwolle, Viskose, Polyester).

Stanzband aus Vliesstoff hat vorgestanzte Breiten und Nahtzugaben. Es wird zur Bund- und Blendenverarbeitung eingesetzt.

53 Erklären Sie den Begriff Posamenten und nennen Sie Beispiele

Mit **Posamenten** werden schmückende textile Besatzartikel bezeichnet, die oft geflochten oder umsponnen sind.
Beispiele:
Kordeln, Fransen, Tressen, Soutache, Litzen, Schnüre

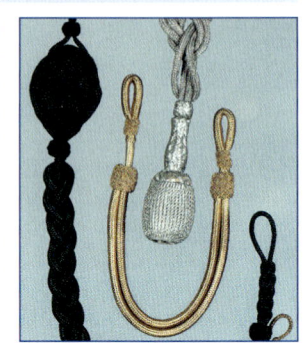

54 Geben Sie für die Knopfherstellung geeignete Rohstoffe an.

Knopfmaterialien sind z. B.:
- Polyester
- Holz
- Horn
- Polyamid
- Metall
- Leder
- Perlmutt
- Galalith
- Steinnuss

55 Nennen Sie verschiedene Verschlussmittel.

Verschlussmittel sind z.B.:
- Reißverschluss
- Druckknöpfe
- Haken und Ösen
- Klettverschluss
- Schließen
- Schnallen

56 Listen Sie sowohl fertigungstechnische als auch schmückende Bänder auf.

Fertigungstechnische Bänder:
- Lisierband
- Schrägband
- Stanzband
- Gummilitze
- Nahtband
- Gurtband

Schmückende Bänder:
- Samtband
- Satinband
- Taftband
- Borte
- Moiréband
- Tresse

| Plaidfutter | Plüschfutter | Croisé changeant rayé | Taft imprimé |

6 Leder und Pelze

1 Skizzieren Sie eine Lederhaut und bezeichnen Sie die einzelnen Teile mit den Fachbegriffen.

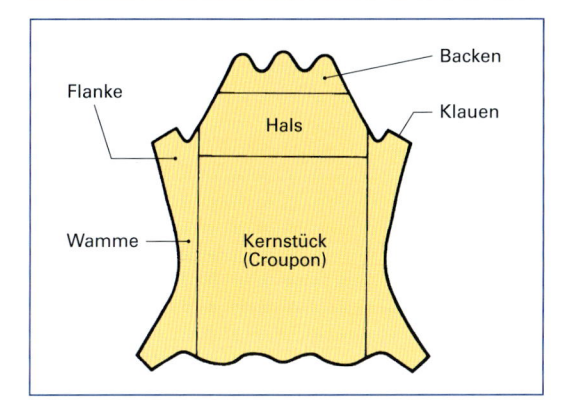

Beschriftung: Flanke, Backen, Hals, Klauen, Wamme, Kernstück (Croupon)

2 Erklären Sie die Begriffe Narbenseite und Fleischseite.

Die **Narbenseite** entspricht der äußeren Fellseite der Tierhaut.

Die **Fleischseite** entspricht der Innenseite der Tierhaut und wird auch als Veloursseite bezeichnet.

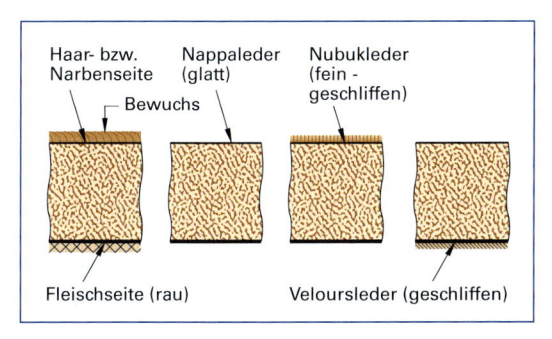

Beschriftung: Haar- bzw. Narbenseite, Bewuchs, Nappaleder (glatt), Nubukleder (fein-geschliffen), Fleischseite (rau), Veloursleder (geschliffen)

3 Nennen Sie verschiedene Ledersorten.

Kalbleder, Rindleder, Ziegenleder, Lammleder, Schweinsleder, Hirschleder (Wildleder)

4 Zählen Sie die Arbeitsschritte der Lederkonfektion auf.

- Sortieren
- Zuschneiden
- Fixieren
- Nähen
- Kleben

5 Nennen Sie Pelztiere aus freier Wildbahn, die frei gehandelt werden dürfen und Zuchttiere.

Tiere aus freier Wildbahn: Nordamerikanischer Biber, Nutria, Bisam, Rotfuchs, Waschbär, Iltis, Marder, Wiesel, Grisfuchs, Schakal, Hamster, Maulwurf, u. a.

Zuchttiere: Nerz, Iltis, Nutria, Zobel, Blau- und Weißfuchs, Chinchilla, Persianer u.a.

6 Nennen Sie wichtige Arbeitsgänge der Pelzzurichtung

Weichen, Waschen, Entfleischen, Pickeln, Gerben, Fetten, Entwässern und Trocknen, Läutern, Dünnschneiden, Strecken, Anbrachen.

7 Begründen Sie den Vorgang des Fettens in der Pelzzurichtung.

Man fettet, um eine dauerhafte Elastizität zu erreichen.

8 Nennen Sie Kriterien, nach denen Felle sortiert werden.

Felle werden nach Farbe, Glanz, Haarstruktur und Fellgröße sortiert.

9 Unterscheiden Sie zwischen Einschneiden, Umschneiden und Auslassen.

Einschneiden: Zwei oder mehr zusammenpassende Felle werden durch gezackte Schnitte geteilt und danach so zusammengenäht, dass der Charakter eines langgezogenen Felles entsteht.

Umschneiden: Felle mit unterschiedlicher Haarstruktur und Farbe werden in schmale Streifen geschnitten. Diese werden durchnummeriert. Danach werden die Streifen in geänderter Reihenfolge zu kleineren Fellen zusammengenäht.

Auslassen: Aus kurzen breiten Fellen sollen lange Felle ohne Quernähte entstehen. Dies erfolgt dadurch, dass Felle V-förmig in schmale Streifen geschnitten werden, die dann zu langen Pelzstreifen zusammengenäht werden.

10 Begründen Sie die Notwendigkeit des Artenschutzübereinkommens.

Das Artenschutzabkommen ist notwendig, um gefährdete Tierarten zu schützen. Alle zwei Jahre wird jeweils neu festgelegt, welche Tiere einem Handelsverbot unterliegen.

7 Bekleidungsherstellung

1 Geben Sie zwei Verfahren an, mit denen Schnitte konstruiert werden.

- Schnittkonstruktion durch manuelles Zeichnen
- Computergestützte Schnittkonstruktion

2 Nennen und erklären Sie Maßarten, die bei der Schnittkonstruktion benötigt werden.

Körpermaße sind am Körper gemessene Maße.

Tabellenmaße werden aus branchenüblichen Tabellen der Serienmessung entnommen.

Proportionsmaße werden mit Hilfe von Konstruktionsformeln von Körper- und Tabellenmaßen abgeleitet.

3 Erklären Sie die Begriffe Gradieren und Sprungbetrag.

Unter **Gradieren** versteht man das schrittweise Ableiten kleinerer und größerer Größen von einer Ausgangsgröße (Basisgröße).

Sprungbeträge sind die Differenzwerte zwischen den einzelnen Größen.

4 Nennen Sie die Möglichkeiten der Richtungsorientierung beim Auslegen von Schnittschablonen und geben Sie ein Anwendungsbeispiel.

Legen in beliebige Richtung: Faserverbundware ohne Richtungsorientierung, z.B. Unterkragenfilz.

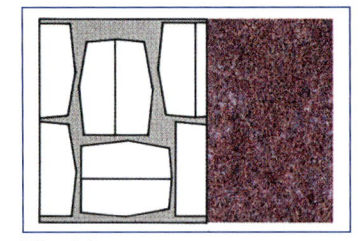

Vlieseinlage

Legen in zwei Richtungen: Neutrale bzw. rechts/links gleiche Ware, z.B. Futterstoffe und beschichtete Ware.

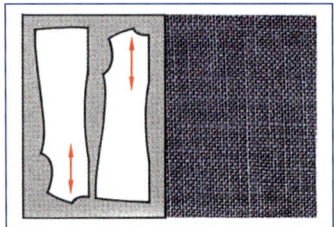

Kretonne, uni

Legen in eine Richtung: Gewebe mit Kopfmuster oder Strichflor.

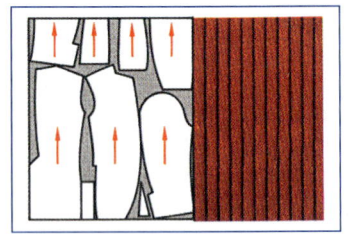

Cordsamt

5 Beschreiben Sie die vier Abstimmungsmerkmale für mustergerechte Verarbeitung.

Mustersymmetrie:
Die Schnittteile sind symmetrisch zur Mittelachse und deckungsgleich im Rapport, z.B. rechtes und linkes Vorderteil.

Abgestimmte Längsmusterung:
Bei Querteilungsnähten und aufgesetzten Schnittteilen, z.B. Taschen, verläuft die Musterung längs ohne Versetzung weiter.

Abgestimmte Quermusterung:
Bei Längsteilungsnähten, aufgesetzten und nebeneinander liegenden Schnittteilen, z.B. Armkugel und Vorderteile, verläuft die Musterung waagerecht ohne Versetzung weiter.

Abstimmung im Rapport:
Bei Quer- und Längsteilungsnähten verläuft die Musterung ohne Versetzung weiter, z.B. vordere Mitte.

6 Beschreiben Sie ein Eingrößenbild und nennen Sie dessen Vor- und Nachteile.

Ein **Eingrößenbild** beinhaltet Schnitteile einer Größe eines Modells.

Vorteile: Einfache Auftragsbearbeitung, schnelle Schnittlagebild- und Legeplanerstellung

Nachteil: Höherer Materialverbrauch.

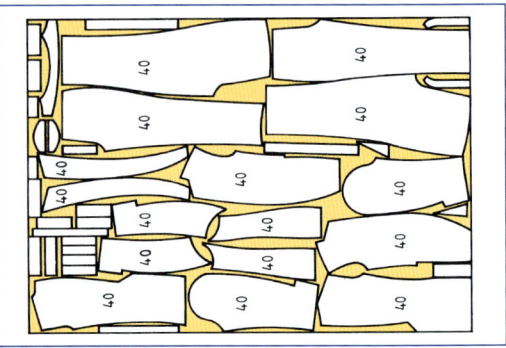

Eingrößenbild

7 Bekleidungsherstellung

7 Unterscheiden Sie Halbbild und Ganzbild.

Das **Halbbild** enthält nur die Hälfte aller Schnittteile. Die Anwendung ist bei gedoppelter Ware und bei rechts auf rechts gelegter Ware möglich.

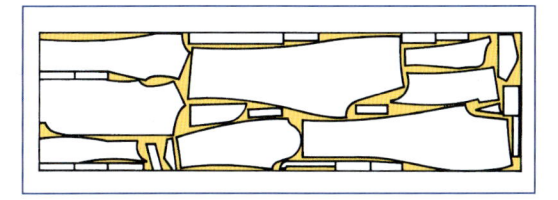

Das **Ganzbild** besteht aus allen Schnittteilen eines Modells. Es wird z. B. bei breit aufgemachter, links auf rechts oder zick-zack-gelegter Ware eingesetzt.

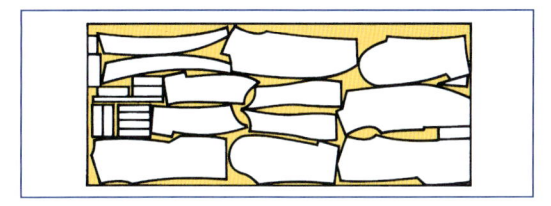

8 Erklären Sie die Begriffe Mehrgrößenbildkette und gemischtes Mehrgrößenbild.

Mehrgrößenbildkette
Die Schnittschablonen unterschiedlicher oder gleicher Größen werden in Reihe hintereinander ausgelegt.

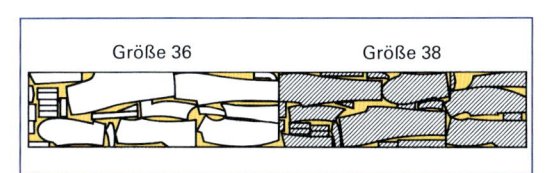

Mehrgrößenbildkette, bestehend aus 2 unterschiedlichen Größen

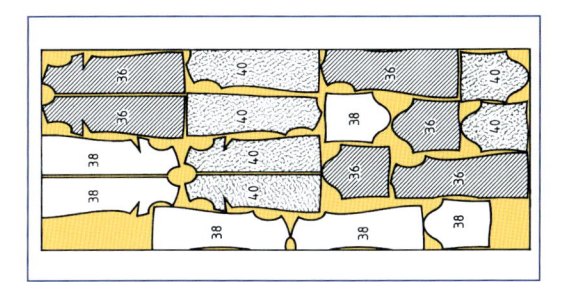

Gemischtes Mehrgrößenbild, bestehend aus drei unterschiedlichen Größen

Gemischtes Mehrgrößenbild
Die Schnittschablonen mehrerer Größen werden in einem Schnittbild ineinander kombiniert, hierbei kann der beste Materialnutzungsgrad erreicht werden.

9 Erklären Sie die Begriffe Materialnutzungsgrad, Vorgabelänge und Ausschnittverlust.

Materialnutzungsgrad:
Das Verhältnis in Prozent der genutzten zur ungenutzten Stofffläche.

Vorgabebelänge:
Für den Zuschnitt erforderliche Schnittlagenlänge, die sich aus der Schnittbildlänge und den Anschnitten errechnet.

Ausschnittverlust:
Der Abfall innerhalb eines Schnittbildes.

10 Nennen und beschreiben Sie die drei Legearten, und geben Sie je ein Anwendungsbeispiel an.

Links auf Rechts: 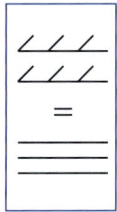
Die **linke** Warenseite liegt im Stapel auf der **rechten** Warenseite. Jede Lage muss am Lagenende abgeschnitten werden, dann erfolgt ein Leerlauf. Die nächste Lage beginnt jeweils am Lagenanfang. Stoffe mit Strich und andere richtungsorientierte Stoffe werden so gelegt.

Rechts auf Rechts: 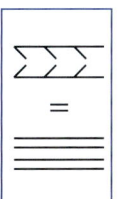
Die **rechte** Warenseite liegt im Stapel auf der **rechten** Warenseite. Kopfmuster und Strich liegen immer in gleicher Richtung. Jede Lage muss am Lagenende abgeschnitten werden, dann erfolgt ein Leerlauf. Die nächste Lage beginnt jeweils am Lagenanfang. Gedoppelte Ware und Halbbilder (paarig gelegt) werden so bearbeitet.

Zick-Zack: 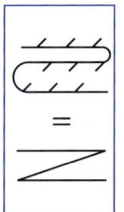
Einer Lage „**Rechts auf Rechts**" folgt eine Lage „**Links auf Links**".
Die Lagen werden endlos übereinander gelegt.
Alle uni Stoffe und Gewebe ohne Richtungsorientierung oder Strichrichtung werden nach dieser rationellsten Legeart verarbeitet.

11 Nennen Sie die drei Legeverfahren und geben Sie je ein Anwendungsbeispiel an.

Legen von Hand:
Dieses Verfahren wird eingesetzt bei kurzen Lagen, Einzelfertigung, kleinen Stückzahlen und häufigem Waren-, bzw. Farbwechsel.

Legen mit Legewagen:
Dieses Verfahren wird eingesetzt bei breiten und langen Lagen, größeren Stückzahlen.

Legen mit Legemaschinen und Legeautomaten:
Dieses Verfahren wird eingesetzt bei großer Stoffbreite, langen Lagen und größeren Stückzahlen.

12 Nennen Sie Zuschneidemaschinen und Beispiele für Einsatzgebiete.

Kreismessermaschine:
Teilen von Einzellagen und Stapellagen, für gerade und leicht gebogene Schnittlinien.

Stoßmesser (Vertikalmesser):
Grob- und Feinausschnitt bis 300 mm Lagenhöhe, auch für enge Rundungen geeignet.

Bandmessermaschine:
Feinausschnitte, zum exakten Nachschneiden, enge Rundungen, bis 300 mm Lagenhöhe.

Stanzmaschine:
Vorwiegend für Standardformen von z. B: Patten, Taschen, Kragen.

Zuschneideautomat (Cutter):
Computer gesteuerter Ausschnitt von Einzellagen und Stapellagen.

13 Vergleichen Sie die Stoßmessermaschine und die Bandmessermaschine in Bezug auf die Handhabung.

Die **Stoßmessermaschine** wird von Hand durch das ruhende Schneidegut geführt.

Bei der **Bandmessermaschine** wird der Lagenstapel von Hand an das Bandmesser geführt. Stoffklammern und Zuschneideschablonen erhöhen die Schnittgenauigkeit.

14 Nennen Sie drei Markiergeräte und beschreiben Sie deren Funktionsprinzip.

Bohrmarkiergerät
Eine Bohrnadel dringt durch die Stofflagen.

Innerhalb einer Fläche werden so z. B. Taschenlagen „punktmarkiert".

Die Einstichpunkte werden entweder durch Gewebeverdrängung (Kaltbohrmaschine), durch Hitze (Heißbohrmaschine) oder durch Farbe (Farbbohrmaschine) erzeugt und sind längere Zeit sichtbar.

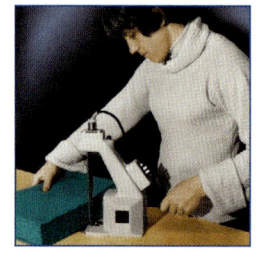

Heißkerbmaschine
Stofflagen werden an den Schnittkanten durch Einkerbungen markiert.

Fadenmarkiermaschine
Ein Heftfaden wird mittels einer senkrechten Nadel durch die Stofflagen geführt. Der Faden wird anschließend zwischen jeder Einzellage mit der Schere durchgeschnitten.

15 Definieren Sie den Begriff Einrichten.

Unter **Einrichten** versteht man alle vorbereitenden Arbeiten für die Näherei wie Nummerieren, Etikettieren, Aufzeichnen von Taschenlagen, Zusortieren von Zutaten und das Sortieren von Schnittteilen.

16 Nennen Sie zwei Geräte, mit denen die Rocklänge markiert werden kann.

- Rockabrunder
- Fadomat

17 Nennen Sie drei in der Fertigung häufig verwendete Scherenarten und geben Sie deren Merkmale und Einsatzgebiete an.

Papierschere
- Die spitz auslaufenden Schneideblätter sind länger als die Griffe.
- Gerades Schneiden von dünnem Papier.

Zuschneideschere
- Große stabile Schere mit versetzten ungleich großen Griffen.
- Schneiden dicker Stoffe und Einzellagen.

Zackenschere
- Aufbau wie die Zuschneideschere, hat zwei gezackte Schneiden.
- Verzierungen, Kantenversäuberung (gezackte Schnittkanten vermindern das Ausfransen).

Zwicker, Ringschere
- Zwei Blätter öffnen sich selbständig durch Federdruck.
- Rationelles Abschneiden von Fäden.

18 Geben Sie die Einsatzgebiete für Pfeiltrenner, Pfriem und Kerbschnittzange an.

Pfeiltrenner: Für Trennarbeiten

Pfriem: Zum Nachrunden von Augenknopflöchern und Schnürlöchern

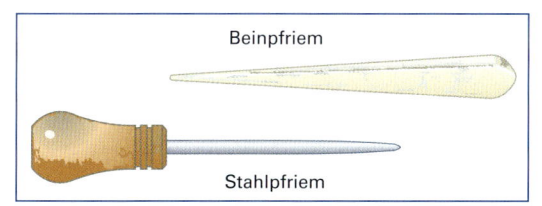

Kerbschnittzange: Zum Anbringen von Markierungspunkten an Kanten der Schnittschablone

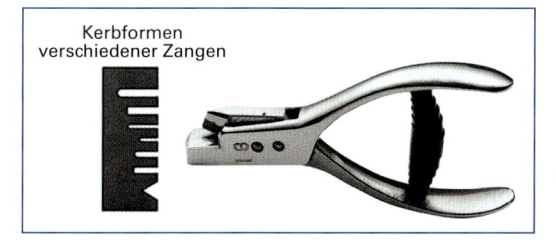

19 Nennen Sie fünf Nähmaschinenbauformen und geben Sie jeweils ein Einsatzbeispiel an.

- **Flachbett-Nähmaschine**
  Bei allgemeinen Näharbeiten.
- **Sockel-Nähmaschine**
  Als Grundform für verschiedene Spezialmaschinen wie z. B. Knopflochautomaten.
- **Säulen-Nähmaschine**
  Besonders geeignet für die Verarbeitung dreidimensionaler Artikel z. B. Schuhe und Taschen.
- **Arm-Maschine**
  Für die Bearbeitung von schlauchförmigem Nähgut, bei Riegeln und zum Knopfannähen.
- **Blockmaschine**
  Für Arbeiten an Kanten wie z. B. Überwendlich- und Sicherheitsnähte.

20 Nennen Sie in richtiger Reihenfolge die fadenführenden Teile für den Nadelfaden (Doppelsteppstich).

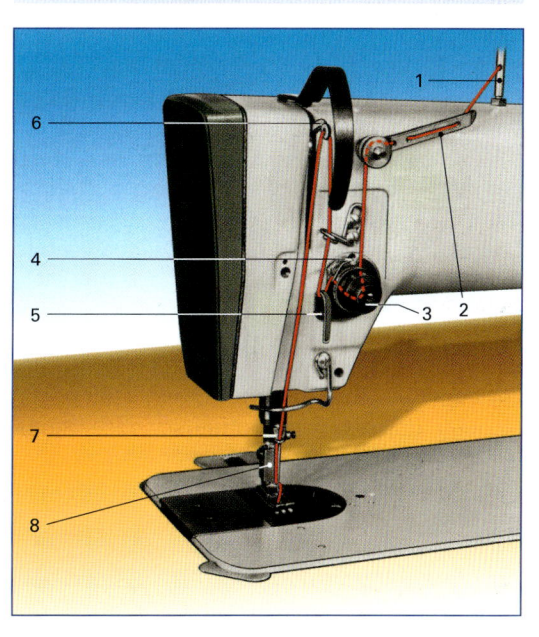

1 Fadenführungsstift
2 Fadenführung und Vorspannungseinrichtung
3 Fadenspannungseinrichtung
4 Fadenanzugsfeder
5 Fadenführung
6 Fadengeberhebel
7 Fadenführung
8 Nadel mit Nadelöhr

21 Nennen Sie die drei Aufgaben des Fadengeberhebels.

- Gibt die zur Stichbildung erforderliche Fadenmenge frei.
- Zieht den Stich nach vollendeter Stichbildung an.
- Zieht den Nadelfaden von der Garnrolle ab.

22 Beschreiben Sie die Aufgabe von Nadel, Greifer und Transporteur bei der Bildung des Doppelsteppstichs.

Die **Nadel** führt den Nadelfaden durch das Nähgut und bildet bei der Aufwärtsbewegung eine Fadenschlinge.

Der **Greifer** fängt die Fadenschlinge, erweitert sie und führt sie um den Unterfaden.

Der **Transporteur** schiebt das Nähgut nach der Stichbildung um eine Stichlänge weiter.

23 Beschreiben Sie die Bewegungsabläufe in der Nähmaschine am Beispiel der Doppelsteppstichmaschine.

Bewegungsablauf der Doppelsteppstichmaschine:

Die Drehbewegung der Motorwelle wird durch den Antriebsriemen auf die Armwelle übertragen.

Die Armwelle überträgt die Drehbewegung durch den Zahnriemen und die Zahnräder auch auf die untere Hauptwelle.

Der Greifer wird über die Greiferwelle angetrieben.

Der Transporthebeexzenter erzeugt die Hubbewegung und der Transporteurschiebeexzenter die Schubbewegung des Transporteurs.

Die Länge des Vorschubs wird über die Stichstellvorrichtung, die Stichstellerwelle und die Transporteurschiebewelle bestimmt.

Auf der Armwelle sitzt die Armwellenkurbel. Über das Pleuel wird die Drehbewegung der Armwelle in die geradlinige Bewegung der Nadelstange umgewandelt.

24 Nennen Sie die Einzelteile der Nähmaschinennadel.

Kolben, Konus, Schaft mit langer Rinne, Hohlkehle, Öhr, Spitze.

25 Erklären Sie die Dickenbezeichnung einer Nähmaschinennadel Nm 80.

Die metrische Dickenbezeichnung „Nm" entspricht dem Durchmesser in 1/100 mm im Schaftbereich oberhalb der Hohlkehle. „Nm 80" = 80/100 mm (= 0,8 mm) Durchmesser, das entspricht einer mittleren Nadeldicke.

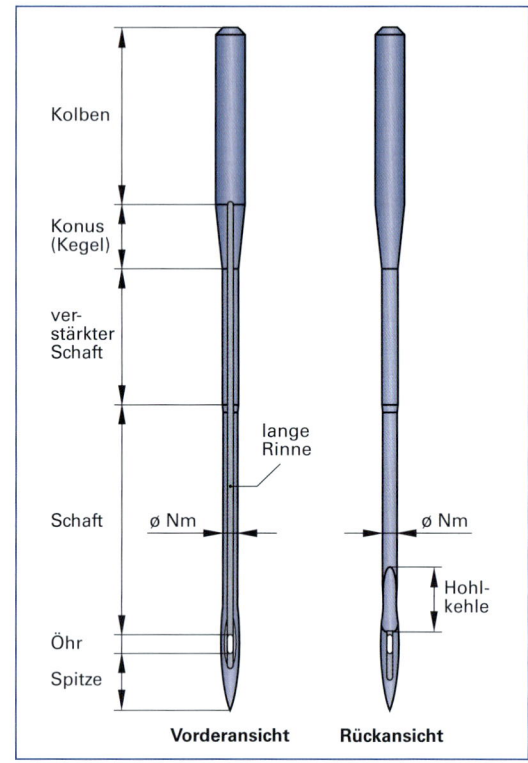

Doppelsteppstichnadel

26 Beschreiben Sie die Bildung der Nadelfadenschlinge.

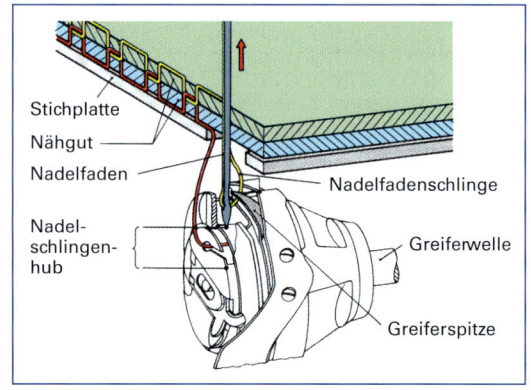

Bildung der Nadelfadenschlinge (Querschnitt)

Die Nadel durchsticht das Nähgut und führt so den Nadelfaden hindurch. Bei der Aufwärtsbewegung der Nadel entsteht in Verbindung mit der Reibung des Nadelfadens am Nähgut die Nadelfadenschlinge. Diese wird im Bereich der Hohlkehle vom Greifer erfasst und erweitert.

> **27** Ordnen Sie dünnen, mittleren und dicken Nadeln die entsprechende Dickenbezeichnung zu.

Dünne Nadeln: Nm60, Nm70
Mittlere Nadeln: Nm80, Nm90
Dicke Nadeln: Nm100, Nm120

> **28** Ordnen Sie den drei Nadelspitzenformen entsprechende Einsatzgebiete zu.

Rundspitzen:
Scharfe Rundspitzen werden bei Blindstichen und bei der Verarbeitung feinfädiger Gewebe eingesetzt. Normale Rundspitzen sind vielseitig einsetzbar.

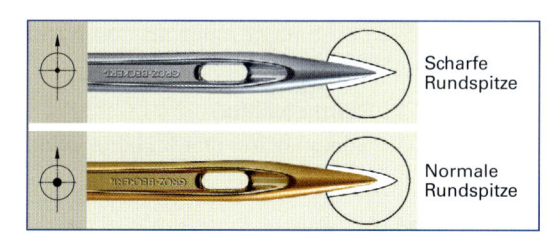

Scharfe Rundspitze
Normale Rundspitze

Kugelspitzen:
Kleine Kugelspitzen werden bei empfindlicher Ware und Maschenware eingesetzt. Mit mittleren und schweren Kugelspitzen werden Gewebe mit Elastomerfasern bearbeitet. Die Sonerkugelspitze wird z.B. beim Nähen orthopädoscher Bekleidung eingesetzt.

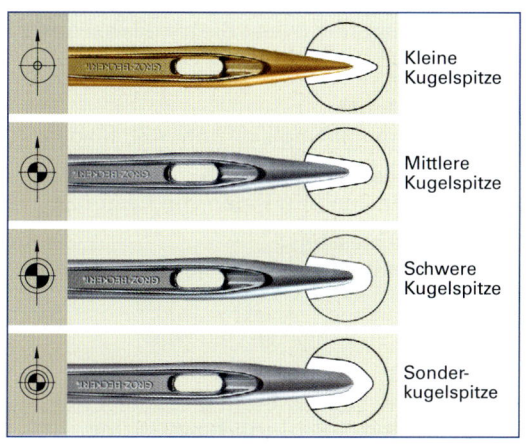

Kleine Kugelspitze
Mittlere Kugelspitze
Schwere Kugelspitze
Sonderkugelspitze

Schneidspitzen:
Bei der Verarbeitung von Leder, Folien und kaschierten oder beschichteten textilen Flächen werden Schneidspitzen verwendet.

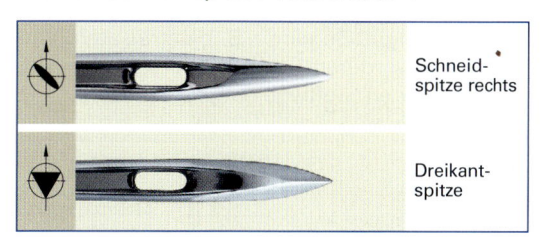

Schneidspitze rechts
Dreikantspitze

> **29** Geben Sie die Maschinenteile an, die die Länge des Stoffvorschubs bestimmen.

Die Länge des Stoffvorschubs wird durch Zusammenwirken von Transportschiebeexzenter, Transporteur, Stichplatte und Stoffdrücker erreicht.

> **30** Erklären Sie den Bewegungsablauf des einfachen Untertransportes.

Der Stoffschieber tritt von unten durch die Stichplatte nach oben durch, drückt das Nähgut gegen den Stoffdrücker und verschiebt es um eine Stichlänge. Danach geht er wieder unter die Stichplatte zurück in die Ausgangsposition.

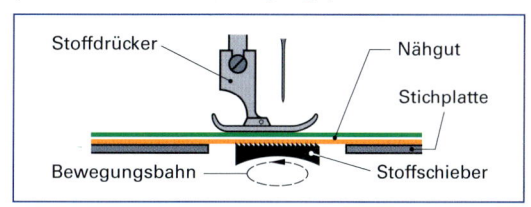

Stoffdrücker — Nähgut
Stichplatte
Bewegungsbahn — Stoffschieber

Untertransport

> **31** Leiten Sie nähtechnische Probleme aus der Arbeitsweise des einfachen Untertransportes ab.

Da beim Nähen einer Naht nur die untere Stofflage durch den Stoffschieber erfasst wird, kann es durch Verschiebung der Stofflagen zu Längendifferenzen kommen.

> **32** Nennen Sie fünf Nähguttransportarten.

Untertransport, Differential-Untertransport, Nadeltransport, Differential (veränderlicher) Obertransport, alternierender Obertransport, Pullertransport, Walzentransport.

33 Beschreiben Sie die Funktion des Differential-Untertransportes.

Beim **Differential-Untertransport** bewegen zwei unabhängig voneinander arbeitende Stoffschieber das Nähgut. So wird z. B. bei größerem Vorschub des vorderen Stoffschiebers, Mehrweite bei der unteren Stofflage eingearbeitet.

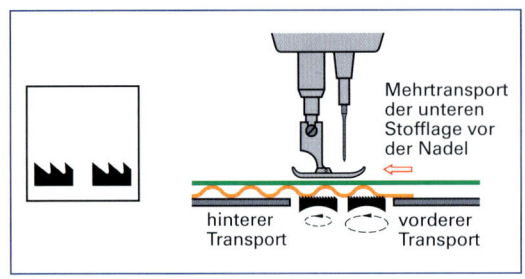

Differential-Untertransport

34 Geben Sie für kombinierte Transportarten entsprechende Einsatzgebiete an.

Differential-Untertransport
Einhalten von Mehrweite bei der unteren Stofflage, z. B. kräuseln.

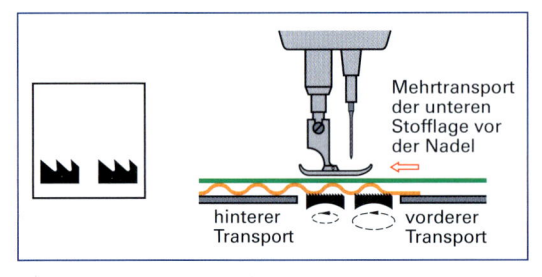

Differential-Obertransport
Einarbeiten von Mehrweite bei der oberen Stofflage, z. B. Armkugel einnähen.

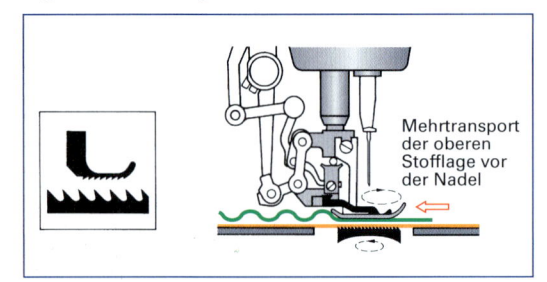

Unter- und Nadeltransport
Verhindern von Stofflagenverschiebungen, z. B. bei Abstepparbeiten und bei der Verarbeitung von karierter Ware.

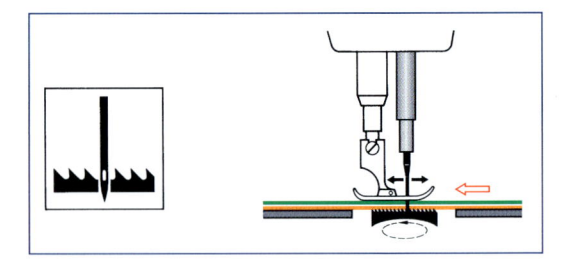

Pullertransport und Untertransport
Kräuselfreies Verarbeiten langer gerader Nähte, z. B. bei Bettwäsche.

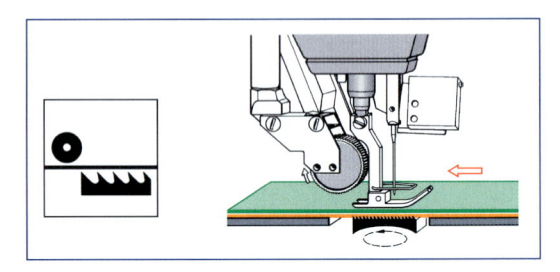

35 Geben Sie den Einsatz eines starren Nähfußes und eines Gelenknähfußes an.

Starrer Nähfuß
Geeignet für glatte Nähte ohne Übergänge.

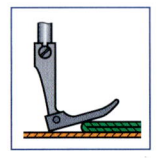

Gelenknähfuß
Geeignet für Übergänge ungleich hoher Stofflagen.

36 Nennen Sie fünf verschiedene Stoffdrückerr (Nähfüße), und geben Sie jeweils ein geeignetes Einsatzgebiet an.

- **Gelenknähfuß**
  Für Übergänge ungleich hoher Stofflagen.
- **Zweiteiliger Ausgleichsfuß**
  Zum schmalen Absteppen von Kanten.
- **Reißverschlussfuß**
  Zum Einnähen von Reißverschlüssen.
- **Rollfuß**
  Zum Nähen von Leder und Folien.
- **Teflonfuß**
  Zum Nähen von schlecht gleitenden Nähgutoberflächen, z. B. beschichteter Waren.

7 Bekleidungsherstellung

37 Geben Sie die Aufgaben von drei Nähgutführungen an.

Kantenlineal:
Erleichtert das Absteppen entlang einer Kante.

Schrägbandeinfasser:
Übernimmt die Zuführung und ggf. das Einschlagen des Schrägbandes.

Tütensäumer:
Die Schnittkante wird eingeschlagen.

38 Nennen Sie die Einzelteile des umlaufenden Doppelsteppstichgreifers.

- Spule
- Spulenkapsel-Oberteil
- Spulenkapsel-Unterteil
- Greiferbügel
- Greiferkörper

Vollständiger Greifer | Greiferkörper | Greiferbügel
Spulenkapsel-Unterteil | Spulenkapsel-Oberteil | Spule

39 Unterscheiden Sie einen Einfachkettenstichgreifer von einem Doppelkettenstichgreifer.

Der **Einfachkettenstichgreifer** ist ein hakenförmiger, schwingender oder umlaufender Greifer, der ohne Unterfaden arbeitet und deshalb keine Fadenführung für einen Greiferfaden hat.

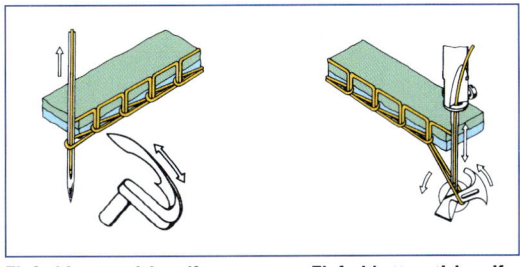

Einfachkettenstichgreifer (schwingend) | Einfachkettenstichgreifer (umlaufend)

Den **Doppelkettenstichgreifer** erkennt man an der zusätzlichen Fadenführung für den Greiferfaden.

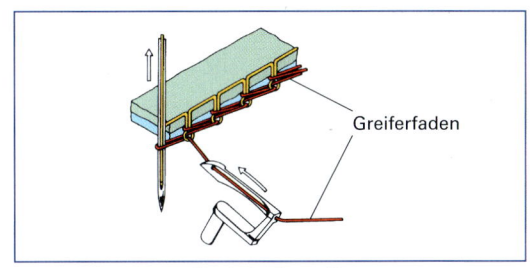

Doppelkettenstichgreifer (schwingend)

40 Zählen Sie die sechs Klassen der Nähstichtypen auf.

Klasse 100: Einfachkettenstichtypen
Klasse 200: Einfachsteppstichtypen
Klasse 300: Doppelsteppstichtypen
Klasse 400: Doppelkettenstichtypen
Klasse 500: Überwendlichkettenstichtypen
Klasse 600: Überdeckkettenstichtypen

41 Beschreiben Sie die Sicherheitsdoppelnaht.

Die **Sicherheitsdoppelnaht** (Safety-Naht) ist eine Kombinationsnaht, bestehend aus einer Doppelkettenstichnaht und einer parallel getrennt verlaufenden Überwendlichnaht. Beide Stricharten werden in einem Arbeitsgang hergestellt. Die Nähgutteile werden verbunden und gleichzeitig werden die Schnittkanten versäubert.

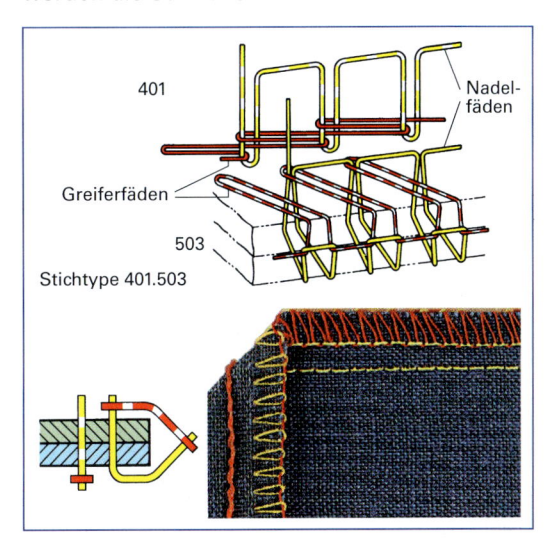

Stichtype 401.503

42 Vergleichen Sie Doppelsteppstich und Doppelkettenstich bezüglich Aussehen, Elastizität und Einsatz.

Doppelsteppstich
Aussehen: Ober- u. Unterseite sehen gleich aus.
Elastizität: Bei gutem Lagenschluss ist die Elastizität gering.
Einsatz: Sehr haltbare dichte Verbindungsnähte z.B. Schließ-, Verstürz- und Ziernähte.

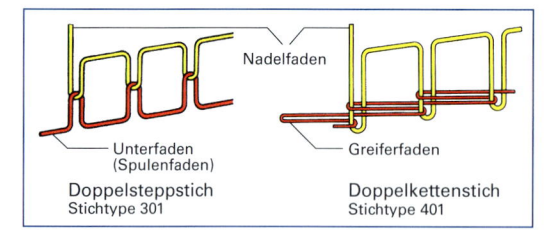

Doppelsteppstich Stichtype 301 — Nadelfaden, Unterfaden (Spulenfaden)
Doppelkettenstich Stichtype 401 — Greiferfaden

Doppelkettenstich
Aussehen: Ober- und Unterseite sehen unterschiedlich aus.
Elastizität: Gute Elastizität, im Vergleich zum Doppelsteppstich geringerer Lagenschluss.
Einsatz: Elastische, haltbare Verbindungsnähte, Gesäßnähte, Langnähte.

43 Beschreiben Sie zwei Überwendlichstichnähte.

Überwendlichstichnaht zweifädig (Kantenbindung)

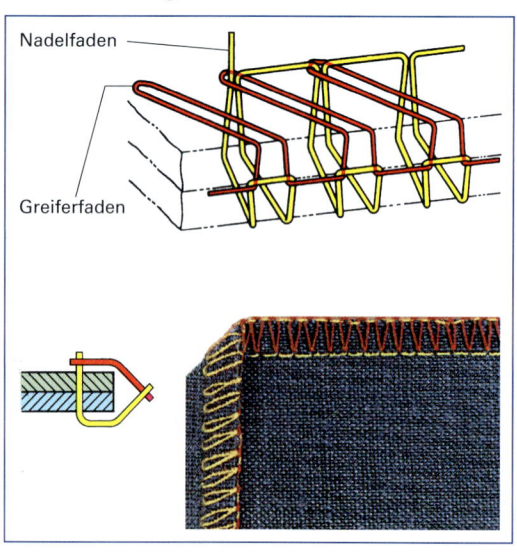

Nadelfaden
Greiferfaden

Die Verschlingung von Nadel- u. Greiferfaden liegt in der Mitte der zu schützenden Schnittkanten. Das Ausfransen der Schnittkanten bei lockeren Geweben und Maschenwaren wird vermindert.

Überwendlichkettenstichnaht dreifädig (Stichlochbindung)

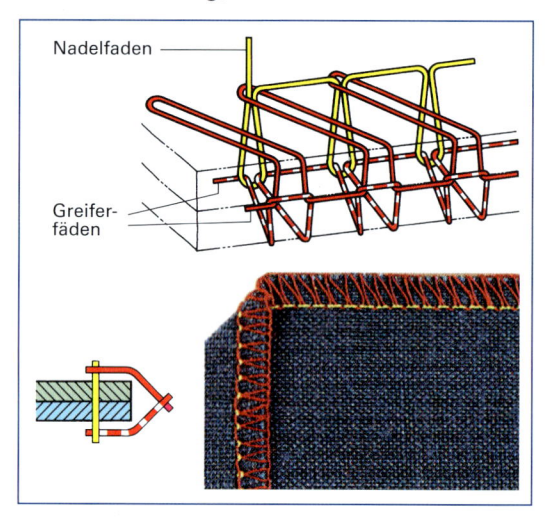

Nadelfaden
Greiferfäden

Die Verschlingung von Nadel- und Greiferfaden liegt am Nadeleinstichloch. Die Nahtfestigkeit und der Lagenschluss werden dadurch erhöht.

44 Ordnen Sie den folgenden Arbeitsgängen geeignete Stichtypen zu:

Gesäßnaht schließen:
Doppelkettenstichnaht, Safety-Naht
Saumnaht nähen:
Blind-Einfachkettenstichnaht,
Blind-Doppelsteppstichnaht
Ärmel einnähen an Pullovern:
Imitierte Sicherheitsnaht
Nähen von elastischen Säumen:
Zweinadel-Doppelkettenstichnaht
Nähen von Gürtelschlaufen:
Zweinadel-Doppelkettenstichnaht

45 Erklären Sie die Blind-Einfachkettenstichnaht und geben Sie ein Einsatzbeispiel an.

Bei der **Blind-Einfachkettenstichnaht** wird mit Hilfe einer gebogenen Nadel die untere Stofflage nur angestochen, sodass der Einstich auf der Nähgutvorderseite nicht sichtbar (blind) ist.
Diese Naht wird zum Befestigen von Säumen (Staffieren) und zum Festigen von Einlage an den Oberstoff (Pikieren) angewandt.

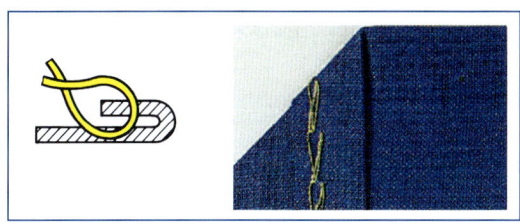

Blind-Einfachkettenstich

> **46** Beschreiben Sie die Funktion des Tauchers bei der Blindstichmaschine.

Mit der Höheneinstellung des Tauchers kann die Einstichtiefe der gebogenen Nadel eingestellt werden. Der Taucher hebt vor dem Nadeleinstich den Stoff an und geht vor dem Stofftransport wieder nach unten.

> **47** Vergleichen Sie die nachstehenden drei Nähstichtypen in Bezug auf den Fadenverbrauch.

Doppelsteppstichnaht (301)
Der Fadenverbrauch beträgt etwa das 2,5-fache der Nahtlänge.

Doppelkettenstichnaht (401)
Der Fadenverbrauch beträgt etwa das 5-fache der Nahtlänge.

Sicherheitsdoppelnaht (Safety-Naht)
Der Fadenverbrauch beträgt bis zu 16 Meter Faden je Meter Naht.

> **48** Erklären Sie die Funktionsweise eines Positionierantriebes.

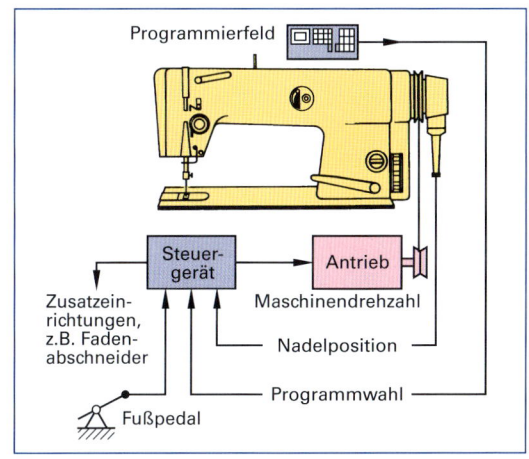

Positionierantrieb, elektronisch gesteuert

Die Funktionsweise erfolgt in drei Stufen:

1. Eingabe:
Der am Handrad eingebaute Positionsgeber gibt elektrische Impulse über z. B. Nadeleinstellung an das Steuergerät. Nähprogramme werden an einem Programmierfeld eingegeben. Zusätzliche Vorgänge wie z. B. Fadenabschneiden werden über Handtaster oder Fußpedale ausgelöst.

2. Verarbeitung:
Die Eingabebefehle werden im elektronischen Steuergerät ausgewertet.

3. Ausgabe:
Das Steuergerät gibt Impulse zur Auslösung der Befehle an den Motor.

> **49** Nennen Sie den Nähmaschinenantrieb, der Zusatzfunktionen ermöglicht und geben Sie sechs mögliche Zusatzfunktionen an.

Der **Positionierantrieb** ermöglicht Zusatzfunktionen wie z.B. Nadelpositionierung, Fadenabschneideautomatik, Stichverdichtung, Endkantenerkennung, automatischer Nähstopp, Verriegelung, Kantenbeschneidung.

> **50** Erklären sie die folgenden Begriffe: Nadelpositionierung, Fadenwischer, Presserfußautomatik.

Nadelpositionierung

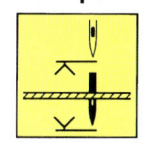

Bei Nähunterbrechungen bleibt die Nadel in Tiefstellung, so kann z.B. beim Eckennähen das Nähgut fixiert werden. Bei der Entnahme des Nähgutes befindet sich die Nadel in Hochstellung.

Fadenwischer

Nach dem Nähfadenabschneiden legt der Fadenwischer den Nadelfaden auf die Oberseite des Nähfußes. Dadurch wird ein Einklemmen des Nadelfadens vermieden und ein sauberer Nähanfang gewährleistet.

Presserfußautomatik

Bei Nähunterbrechungen wird der Nähfuß selbsttätig angehoben, dabei befindet sich die Nadel entweder in Tiefstellung oder z.B. nach dem automatischen Fadenabschneiden in Hochstellung.

A Thematisch gegliederte Fragen und Antworten

Die Lösungen der nachfolgenden Aufgaben 51 bis 54 befinden sich auf Seite 163.

51 Benennen Sie die abgebildeten **Bauformen der Nähmaschinen A bis E** und ordnen Sie ihnen die nachfolgenden Einsatzgebiete a bis e zu: Manschetten annähen (a), Safetynaht arbeiten (b), Knopflöcher in Sakkovorderteil einarbeiten (c), Innenbeinnaht an Leggins schließen (d), Taschen aufsteppen (e).

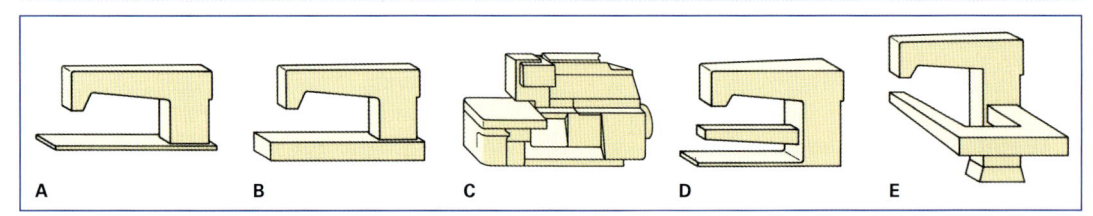

52 Ordnen Sie den abgebildeten Symbolen für **Zusatzeinrichtungen A bis H** des Industrieschnellnähers die entsprechende Bedeutung zu: Stichverdichtung (a), Automatischer Nähbeginn am Stoffanfang durch Lichtschranke (b), Automatische Verriegelung (c), Nadelpositionierung (d), Automatischer Nähstopp am Stoffende durch Lichtschranke (e), Fadenwischer (f), Fadenabschneider (g), Presserfußautomatik (h).

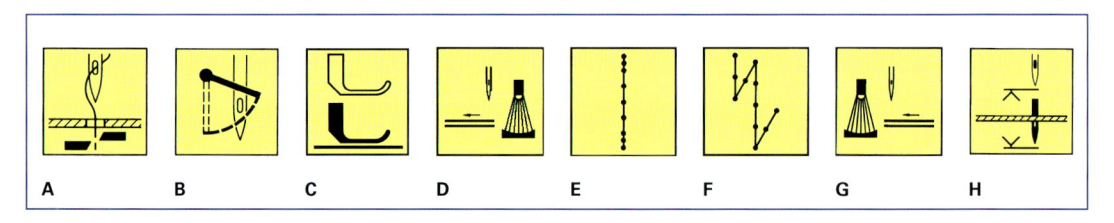

53 Benennen Sie die abgebildeten **Nähstichsymbole A bis H,** geben Sie den Stichtyp nach DIN an und ordnen Sie ihnen eine der nachfolgend aufgeführten Näharbeiten zu: Verstürznaht (a), Ärmelnaht bei der Hemdenfertigung (b), Rechts-Links-Doppelnaht oder Französische Naht (c), Doppelkappnaht als Doppelnaht (d), Saumnaht (e), Gürtelschlaufennaht (f), Gesäßnaht (g), Schließnaht an Maschenwaren (h).

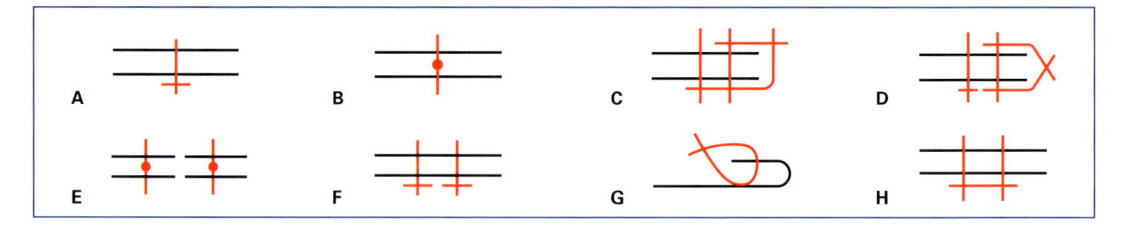

54 Ordnen Sie den abgebildeten **Nähnahtsymbolen A bis L** die folgenden Nahtbezeichnungen zu: Paspelnaht (a), Übergesteppte Naht (b), Einfachkappnaht (c), Überlappungsnaht (d), Gürtelschlaufennaht (e), Saumnaht mit einfachem Umschlag (f), Bundnaht (g), Staffiernaht (h), Einfassnaht (i), Stoßnaht (j), Imitierte Leistennaht (k), Saumnaht mit doppeltem Einschlag (l).

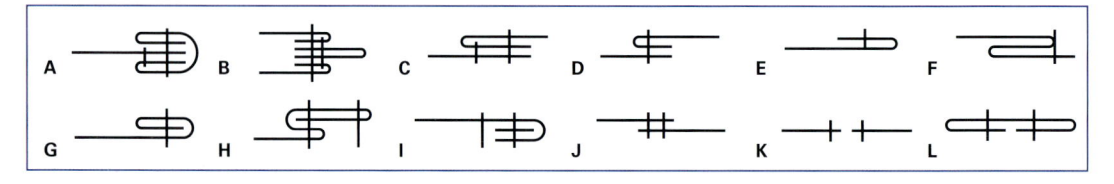

7 Bekleidungsherstellung

55 Die Schließnähte einer Hemdjacke werden mit einer Rechts-Links-Doppelnaht (Französische Naht) gearbeitet.
- Skizzieren Sie das Nahtsymbol.
- Beschreiben Sie den Arbeitsvorgang zur Herstellung dieser Naht.
- Begründen Sie den Einsatz dieser Nahtart.

Rechts-Links-Doppelnaht (Französische Naht)

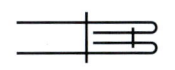

Im ersten Arbeitsgang werden die Stoffteile Links auf Links mit einer einfachen Naht verbunden. Die Stoffteile werden umgeschlagen und, Rechts auf Rechts liegend in einem zweiten Arbeitsgang durchgesteppt.
Durch die verdeckten Nahtzugaben ergibt sich eine saubere Innenverarbeitung.

56 Bei der Produktion von Oberhemden ist bei manchen Modellen der Einsatz einer Doppelkappnaht vorgesehen.
- Erläutern Sie die unterschiedliche Verarbeitung der abgebildeten Nahtvarianten.
- Geben Sie geeignete Nähte an einem Oberhemd für den Einsatz einer Doppelkappnaht an.
- Beschreiben Sie die Vorteile, die mit dem Einsatz von Kappnähten verbunden sind.
- Zeigen Sie eine alternative Verarbeitung bei Oberhemden auf.

Doppelkappnaht als Doppelnaht

Herstellung in *einem* Arbeitsgang mit einer Zweinadelmaschine. Der Einschlag der Schnittkanten erfolgt mit einem Kapper.

Doppelkappnaht

Herstellung in *zwei* Arbeitsgängen mit wechselnder Nähgutlegung. Die überstehende Nahtzugabe der unteren Nähgutlage wird um die obere Nähgutlage gelegt und festgesteppt, dann wird die obere Nähgutlage umgeschlagen und einseitig übergesteppt.

An Oberhemden können die Ärmel, Seiten-, Schulter und Ärmeleinsatznähte als Doppelkappnaht gearbeitet werden.

Bei Doppelkappnähten werden die Nahtzugaben ineinander geschlagen und können somit nicht ausfransen. Die Nähte sind flach und sehr haltbar.

Alternativ können bei rationeller Verarbeitung z.B. Sicherheits-Doppelnähte (sog. Safety-Nähte) gearbeitet werden.

57 An einem ärmellosen Top sollen der Rundhals-Ausschnitt und die Armausschnitte mit Schrägstreifen verarbeitet werden.
- Schlagen Sie zwei mögliche Variationen der Kantenverarbeitung vor.
- Skizzieren Sie jeweils ein Nahtsymbol.
- Beschreiben Sie den jeweiligen Arbeitsvorgang.

Einfassnaht, beidseitig eingeschlagen *(zwei* Arbeitsgänge)

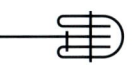

Der Schrägstreifen wird Rechts auf Links angenäht, um die Nähgutkante gelegt, eingeschlagen und festgesteppt.

Einfassnaht, beidseitig eingeschlagen *(ein* Arbeitsgang)

Ein Schrägstreifen wird mittels einer Zuführung beidseitig eingeschlagen und um die Nähgutkante liegend festgesteppt.

58 Bei einer Jacke sollen Paspelnähte zum Einsatz kommen.
- Erläutern Sie den Begriff „Paspelieren".
- Unterscheiden Sie die dargestellten Nahtsymbole.
- Machen Sie Vorschläge für die Gestaltung einer Jacke mit Paspelnähten

Mit **Paspelieren** bezeichnet man das Befestigen von Nähgutkanten durch verstürztes Annähen von Paspelstreifen.

Paspelnaht mit *eingenähter* Paspel

Paspelnaht mit *angenähter* Paspel

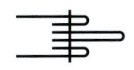

Teilungsnähte, Kanten, Patten und Kragen können mit Paspelierungen gestaltet werden.

59 Unterscheiden Sie die drei abgebildeten Einfassnähte und geben Sie jeweils ein mögliches Einsatzgebiet an.

Einfassnaht mit offenkantigem Einfassband

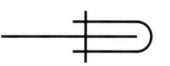

z.B. Kantenverarbeitung bei einem ungefütterten Walkjanker mit Tresse

Einfassnaht mit einseitig eingeschlagenem Einfassband

z.B. Schnittkantenversäuberung bei gröberen, lockeren Geweben

Einfassnaht mit beidseitig eingeschlagenem Einfassband

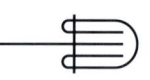

z.B. Ausschnittverarbeitung an einer Bluse mit Satin-Schrägband

60 Für einige Artikel muss die Art der Saumnaht festgelegt werden.

Ordnen Sie den abgebildeten Nahtsymbolen die entsprechende Bezeichnung, ein Einsatz-Beispiel und einen möglichen Stichtyp zu.

Saumnaht mit einfachem Umschlag

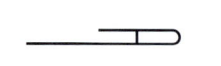

z.B. Befestigung des Hosensaums an einer Herrenhose mit Blind-Einfachkettenstich

Saumnaht mit doppeltem Einschlag

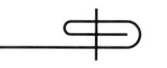

z.B. Befestigung des Hosensaums an einer Jeans mit Doppelsteppstich

Blindsaumnaht

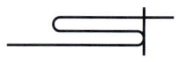

z.B. Befestigung eines Rocksaums mit Blind-Überwendlichstich

Saumnaht mit Zweinadel-Überdeckkettenstich

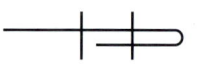

z.B. Befestigung des Rumpf- und Ärmelsaums an einem T-Shirt

61 Spiegelnaht und Kreuznaht sind auf die Kleidung bezogene Nahtbezeichnungen.

Erläutern Sie diese beiden Fachbegriffe.

Spiegelnaht
Verbindungsnaht von Oberkragen und Besatz am Revers (auch: Crochetnaht).

Kreuznaht
Verbindungsnaht von Gesäßnaht und Vorderhosenschlitznaht.

62 Für Seitennähte an Hosen wählt man häufig Kappnähte.

Unterscheiden Sie die erforderlichen Arbeitsgänge zu den abgebildeten Nahtsymbolen und planen Sie den Maschineneinsatz.

Doppelkappnaht als Doppelnaht

Herstellung in *einem* Arbeitsgang mit der Zweinadel-Doppelkettenstichmaschine und Kapper.

Doppelkappnaht

Herstellung in *zwei* Arbeitsgängen bei wechselnder Nähgutlegung mit der Doppelsteppstichmaschine oder mit der Doppelkettenstichmaschine.

Einfachkappnaht (auch: Übergesteppte Naht)

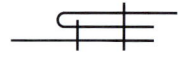

Herstellung in *zwei* Arbeitsgängen bei wechselnder Nähgutlegung, z.B. Schließnaht mit einer Überwendlichkettenstich- oder der Safetymaschine und Steppnaht mit der Doppelkettenstichmaschine.

Einfachkappnaht als Doppelnaht

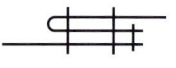

Herstellung in *zwei* Arbeitsgängen bei wechselnder Nähgutlegung, z.B. Schließnaht mit der Überwendlichkettenstichmaschine und Steppnaht mit der Zweinadel-Doppelkettenstichmaschine.

63 Erklären Sie Ihrer neuen Arbeitskollegin die nachstehenden Fachbegriffe mittels Beispielen:
Pikieren, Staffieren, Verstürzen, Einhalten.

Pikieren
Flächenmäßiges Verbinden von Stofflagen auf der Basis des Einfach-Kettenstichs; blind oder mit Durchstich; z.B. Oberstoff und Einlage.

Staffieren
Befestigen einer offenen oder eingeschlagenen Nähgutkante mit einer Blindnaht, die auf einer Nähgutseite nicht sichtbar ist; z.B. Blindsaum, Futter am Oberstoff annähen.

Verstürzen
Verbinden von Nähgutteilen, wobei sich die Naht im fertigen Zustand zwischen den Nähgutteilen befindet. Während des Nähens liegen die am fertigen Teil äußerlich sichtbaren Nähgutseiten gegeneinander.

Einhalten
Einarbeiten einer vorgegebenen Mehrweite bei einem der beiden Nähgutteile in die Naht während des Zusammennähens.

64 Bei der Verarbeitung von Einlagen werden z.B. die Stoßnaht und die Überlappungsnaht verwendet.

Unterscheiden Sie diese beiden Nahtvarianten und erklären Sie, warum Sie bei Einlagen eingesetzt werden.

Stoßnaht
Die Kanten der Nähgutteile werden aneinanderstoßend miteinander verbunden.

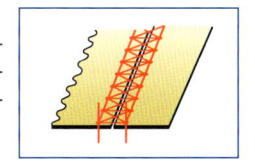

Überlappungsnaht
Die zu verbindenden Nähgutteile liegen im Nahtbereich überlappend.

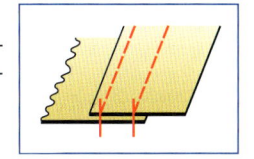

Stoßnaht und Überlappungsnaht sind sogenannte Flachnähte, bei denen das Nähgut im Nahtbereich flach gehalten wird.

Die Nähte tragen nicht auf und können bei Einlagen weniger durchdrücken.

65 Oberteile, Röcke und Hosen können mit einem Sattel bzw. einer Passe gestaltet werden.
Unterscheiden Sie die Begriffe Sattel und Passe.

Mit **Sattel** bezeichnet man ein zusätzliches Schnittteil, das aufgesetzt oder lose verarbeitet auf dem Kleidungsstück liegt.

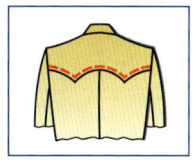

Die **Passe** (imitierter Sattel) ist ein angesetztes Schnittteil.

66 Eine klassische Damenweste soll mit Wiener Nähten gearbeitet werden.
Geben Sie hierzu eine Erklärung.

Mit **Wiener Naht** bezeichnet man eine Längs-Teilungsnaht, die vom Armloch ausgehend bis zur Taille oder zum Saum geführt wird. Brust- und Taillenabnäher werden integriert.

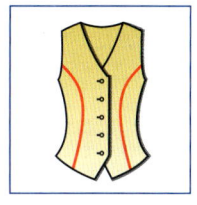

67 Englische Naht und Flankennaht sind Varianten von Längsteilungsnähten.
Unterscheiden Sie die beiden Gestaltungsmöglichkeiten.

Die **Englische Naht** verläuft etwa aus der Schultermitte über den Brustpunkt senkrecht zum Saum.

Die **Flankennaht** verläuft nahe der Körperseite. Sie entspringt genauso wie die Wiener Naht dem Armloch, allerdings am oder unterhalb des Ärmeleinsatzpunktes.

68 Erläutern Sie den Begriff Prinzesslinie.

Mit **Prinzesslinie** bezeichnet man die Gestaltung bei Kleidern (Prinzesskleid) oder Damenmänteln (Redingote) mit durchgehenden Längsteilungsnähten.

Das Kleidungsstück wird dadurch körpernah ausgeformt und schwingt zum Saum hin mehr oder weniger aus.

Es können sowohl Wiener Nähte als auch Englische Nähte zum Einsatz kommen.

69 Nennen Sie drei kurvengesteuerte Nähautomaten.

- **Knopflochautomat** 
- **Knopfannähautomat** 
- **Riegelautomat**

70 Erklären Sie die Arbeitsweise eines kurvengesteuerten Nähautomaten.

Bei **kurvengesteuerten Nähautomaten** erfolgt der Nähguttransport durch eine Kurvenscheibe über Schiebe- und Zugstangen.

In der Nutbahn dieser Kurvenscheibe laufen zwei Rollenbolzen und übertragen über ein Hebelsystem die Bewegung auf die Schiebe- und Zugstangen.

71 Unterscheiden Sie Nähautomaten und automatisierte Nähanlagen.

Nähautomaten:
Eine Bedienperson legt das Nähgut ein und löst den automatischen Arbeitsablauf aus, überwacht den Arbeitsablauf und nimmt das fertige Teil wieder heraus.

Automatisierte Nähanlagen:
Eine Bedienperson beschickt die Anlage mit vorbereiteten Schnittteilen. Die Nähgutzuführung erfolgt automatisch. Während des Nähvorganges können weitere Schnittteile zugeführt werden (überlappendes Arbeiten). Das fertige Nähgut wird meistens automatisch abgestapelt.

72 Beschreiben Sie die Probleme bei der Automatisierung von Nähanlagen.

Auf das Produkt bezogen:
Die Anlagen rechnen sich nur bei großen Losgrößen und geringen modischen Formumstellungen.

Auf das Material bezogen:
Besonders die Biegeschlaffheit und die Vielfalt der Materialeigenschaften erschweren eine Automatisierung.

Auf die Nähtechnik bezogen:
Beim Doppelsteppstich ist ein manueller Ober- und Unterfadenwechsel erforderlich. Die Arbeitsabläufe müssen visuell überwacht werden.

73 Nennen Sie drei Verfahren, textile Flächen zu verbinden.

Beim **Verbinden textiler Flächen** unterscheidet man:

- Nähen
- Schweißen
- Kleben

74 Beschreiben Sie die Problematik, die sich bei der Nahtverarbeitung von Wetterschutzbekleidung ergibt.

Weil bei der Herstellung von Nähten die wasserabweisende Folie durch die Nadel beschädigt wird, müssen Kanten und Nähte mit einem Nahtabdichtungsband dauerhaft versiegelt werden. Nachträglich wird ein Heißklebeband auf die Verbindungsnähte zum Abdecken aufgeschweißt.

7 Bekleidungsherstellung

75 Beschreiben Sie drei Arten des Nahtkräuselns und beschreiben Sie deren Ursachen.

Das **Transportkräuseln** ist eine Längenverschiebung zwischen der oberen und der unteren Stofflage. Beim normalen Untertransport wird nur die untere Stofflage durch den Stoffschieber (Transporteur) erfasst, während die obere Nähgutlage vom Stoffdrücker zurückgehalten wird.

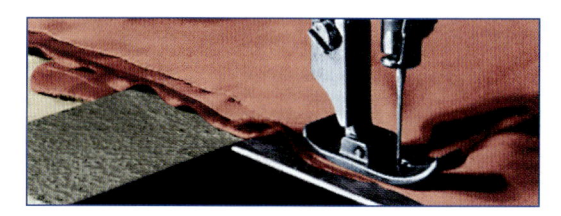

Beim **Verdrängungskräuseln** werden beim Einstich der Nadel in das Nähgut sowie durch das Einbringen des Nähfadens die Kett- und Schussfäden verdrängt. Je dicker die Nadel und der Nähfaden, desto stärker sind die Aufwerfungen im Nahtbereich sichtbar.

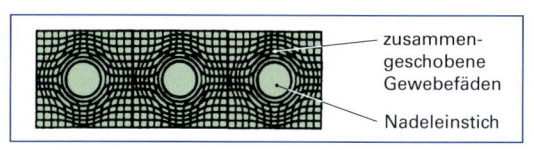

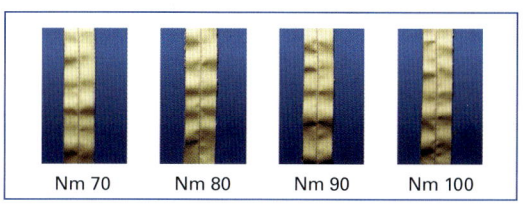

— zusammengeschobene Gewebefäden
— Nadeleinstich

Nm 70 Nm 80 Nm 90 Nm 100

Einfluss der Nadeldicke auf das Verdrängungskräuseln

Spannungskräuseln entsteht durch zu hohe Fadenspannung beim Nähvorgang sowie durch die Neigung von Nähzwirnen, entstandene Spannungen bei deren Herstellung zurückzubilden.

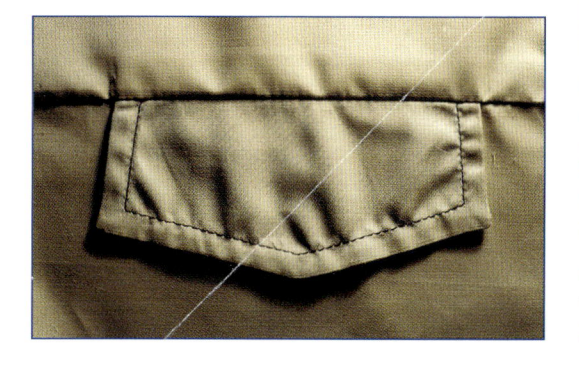

76 Nennen Sie vier Maßnahmen zur Vermeidung von Nähgutbeschädigungen.

- Verbesserung der Nähgutausrüstung
- Einsatz von möglichst dünnen Nadeln
- Auswahl spezieller Nadelspitzenformen
- Nadelkühlung

77 Nennen Sie die Ursachen für
  Fadenbruch,
  Nadelbruch,
  Fehlstiche,
  unregelmäßiges Nahtbild,
  schlechten Nähguttransport.

Fadenbruch:
Der Faden ist nicht richtig eingefädelt.
Das Garn hat eine zu geringe Festigkeit oder ist für den Nähvorgang nicht geeignet.

Nadelbruch:
Die Spulenkapsel ist nicht richtig eingesetzt.
Die Nadeldicke entspricht nicht der Garndicke.

Fehlstiche:
Falscher Nadelsitz, falsche Nadel.

Unregelmäßiges Nahtbild:
Schlechter Stofftransport.
Unterfaden wurde nicht gleichmäßig aufgespult.

Schlechter Nähguttransport:
Der Nähfußdruck ist zu gering, verstaubte, falsche oder abgenutzte Zahnreihen.

78 Erläutern Sie, wie der Bügeleffekt entsteht.

Durch Einwirkung von Wärme und Druck während einer bestimmten Zeit und eventuell gleichzeitiger Zuführung von Dampf werden die Verbindungen zwischen den Molekülketten im Faserinneren gelockert. Es kann geglättet oder geformt werden.

Durch Abkühlung mit Blasluft oder Absaugung wird das Bügelgut abgekühlt und der neue Zustand gefestigt.

79 Unterscheiden Sie zwei Möglichkeiten der Dampferzeugung.

Dampferzeugung bei normalem Luftdruck:
Im Selbstverdampfungsbügeleisen tropft Wasser auf eine heiße Bügelplatte und verdampft. Der entstehende Dampf kann maximal 100 °C heiß sein, da bei normalem Luftdruck Wasser bei 100 °C siedet und verdampft.

Dampferzeugung bei erhöhtem Luftdruck:
Das Wasser wird unter erhöhtem Druck erhitzt, dadurch wird eine höhere Dampftemperatur erreicht, bei 5 bar – 10 bar z. B. 105 °C bis 170 °C.

80 Erklären Sie die Wirkung des Absaugens auf das Bügelgut.

Die durch Wärmeeinwirkung gelockerten Verbindungen zwischen den Molekülketten im Faserinneren werden durch Absaugen abgekühlt und in der neuen Form schneller gefestigt.

81 Nennen Sie sechs Bügelhilfsmittel.

Bügelhilfsmittel sind z. B.:
- Bügelbrett
- Ärmelbrett
- Bügelbürste
- Nadelspitzendecke
- spezielle Bügelunterlagen
- Kragenholz

82 Erklären Sie die Begriffe Zwischenbügeln und Finishbügeln.

Zwischenbügeln:
Halbfertige Teile werden zwischengebügelt, wenn es die Genauigkeit für die Weiterverarbeitung erfordert, z. B. Nähte vor dem Absteppen, oder ein Glätteeffekt zu einem späteren Zeitpunkt nicht möglich ist, z. B. Manschetten vor dem Absteppen.

Finishbügeln:
Finishbügeln umfasst alle Bügelarbeiten am fertig genähten Produkt. Die Ware wird verkaufsfertig gemacht.
Der Umfang ist abhängig von den Wareneigenschaften und der Versandart (hängend oder verpackt).

83 Beschreiben Sie den Bügelvorgang Dressieren.

Beim **Dressieren** werden Schnittteile geformt. Für Rundungen und Wölbungen werden z. B. Schulter- oder Brustteile gedehnt, überflüssige Weite z. B. am Ärmel oder in der hinteren Mitte wird eingebügelt und anschließend fixiert.

84 Nennen Sie drei Möglichkeiten, den Bügelvorgang zu mechanisieren.

- Formen durch Bügelpressen
- Finishen durch Formfinisher
- Tunnelfinisher.

85 Nennen Sie drei Bügelmaschinen und ihren jeweiligen Einsatzbereich.

Formpresse:
Kragen, Schulterpartien oder Hosenbeine werden dauerhaft geformt.

Formfinisher:
Komplette Kleidungsstücke können über einer Form in einem Arbeitsgang geglättet werden.

Tunnelfinisher:
Komplette Kleidungsstücke werden auf Bügel oder über Rahmen durch eine Dampfkammer geführt und geglättet.

86 Geben Sie Auskunft über die Arbeitsweise eines Formfinishers.

Komplette Kleidungsstücke werden einzeln in einem Arbeitsgang geglättet. Kleinteile z. B. Kragen müssen vorgebügelt werden.
Das Kleidungsstück wird über eine aufblasbare Form gezogen. Durch Aufblasen wird der Stoff gespannt, mit Dampf behandelt und so geglättet.

87 Erklären Sie die Arbeitsweise eines Tunnelfinishers.

Die kompletten Kleidungsstücke werden auf Bügel hängend oder über Rahmen gezogen, kontinuierlich durch eine Dampfkammer geführt, abgekühlt und so geglättet.
Je nach Bügelqualität werden Kleinteile vorgebügelt.
Die Durchlaufzeit richtet sich nach dem Bügelgut.

7 Bekleidungsherstellung

88 Erklären Sie den Begriff Fixieren.

- Thermoplastische Textilien werden z. B. durch Bügeln oder Pressen dauerhaft geformt (Plisseefalten werden fixiert).
- Oberstoff und Einlage werden miteinander verklebt.

89 Erläutern Sie, worauf bei der Abstimmung zwischen Oberstoff und Fixiereinlage zu achten ist.

Griff, Optik, Wasch- und Reinigungsbeständigkeit des Oberstoffes dürfen durch die Fixiereinlage nicht beeinträchtigt werden. Dementsprechend ist bei der Auswahl der Fixiereinlage auf die Art und Materialbeschaffenheit der textilen Fläche zu achten (Gewebe, Gewirk, Vliesstoff bzw. dick, dünn, weich, steif). Ebenso entscheidend ist die Auswahl der Haftmasse (Haftmassengewicht, Flächenbeschichtung, Punktbeschichtung, Punktgröße, Punktdichte).

90 Erläutern Sie, in welcher Weise die Fixierfaktoren Temperatur, Druck und Zeit Einfluss auf die Qualität der Fixierung haben.

Sind die Fixiertemperatur, der Fixierdruck und die Fixierzeit zu gering gewählt, wird die Haftmasse nur angeschmolzen. Einlage und Oberstoff werden nur unzureichend miteinander verbunden.
Sind die Fixierfaktoren zu hoch eingestellt, wird die Haftmasse zu flüssig, sie schlägt auf die rechte Warenseite durch (sichtbar). Auch hier ist die Verbindung nur unzureichend, da zu wenig Haftmasse zwischen Oberstoff und Einlage verbleibt.
Vor der Weiterverarbeitung muss das Fixiergut vollständig abgekühlt sein.

91 Geben Sie zwei Vorteile an, die für das Fixieren mit modernen Fixierpressen sprechen. Führen Sie zwei Beispiele an, wo der Einsatz eines Bügeleisens zum Fixieren sinnvoller ist.

Vorteile des Fixierens mit einer Fixierpresse:
- Moderne Fixierpressen arbeiten sehr wirtschaftlich und rationell.
- Die Fixierfaktoren wirken sehr gleichmäßig auf das Fixiergut ein.

Beispiele für das Fixieren mit dem Bügeleisen:
- Kanten- und Armlochfixierung
- Fixieren von hitzeempfindlichen Oberstoffen

92 Nennen Sie sechs Bereiche aus dem Gebiet „Sicherheit im Arbeitsumfeld".

Zu diesem Bereich gehören z. B. die Erste Hilfe, der Weg zum Arbeitsplatz, SOS = Sicherheit, Ordnung, Sauberkeit, die Arbeitskleidung und persönliche Schutzausrüstung, der Umgang mit gefährlichen Arbeitsstoffen, der Lärmschutz, der elektrische Strom, Leitern und Tritte.

93 Nennen Sie den Träger der gesetzlichen Unfallversicherung.

Träger der betrieblichen Unfallversicherung sind die Berufsgenossenschaften.

94 Nennen Sie drei Unfallverhütungsmaßnahmen an der Nähmaschine.

Zu den **Unfallverhütungsmaßnahmen** beim Nähen gehören z. B.:
- der Fingerschutz
- der Augenschutz
- die Schutzbrille
- das Haarnetz
- das Zusammenbinden offener Haare

95 Nennen Sie jeweils zwei Verletzungsmöglichkeiten beim Zuschneiden, Nähen und Bügeln. Geben Sie jeweils eine Unfallverhütungsmaßnahme an.

Verletzungsmöglichkeiten beim Zuschneiden
- Schnittverletzungen:
  Fingerschutze einstellen
- Finger- und Handquetschungen:
  Zweihandschaltungen beachten

Verletzungsmöglichkeiten beim Nähen
- Fingerverletzungen durch Nadel:
  Fingerschutz benutzen
- Augenverletzungen:
  Augenschutz oder Schutzbrille verwenden

Verletzungsmöglichkeiten beim Bügeln
- Verbrennungen durch Dampf:
  Dampfzufuhr nur bei geschlossener Bügelpresse
- Finger- und Handquetschungen:
  Zweihandschaltung beachten

96 Geben Sie in nachstehenden Fertigungsbereichen der Bekleidungsherstellung ein Beispiel zur Unfallverhütung an.

Unfallverhütung beim Legen und Zuschneiden:
Fingerschutz an Stoß-, Band- und Kreismessermaschinen einstellen und beachten.

Unfallverhütung beim Fixieren:
Zweihandbedienung an Pressen einhalten.

Unfallverhütung beim Nähen:
Fingerschutz an Nadel benutzen.

Unfallverhütung beim Bügeln:
Nicht brennbare Abstellmöglichkeiten benutzen.

Unfallverhütung beim Warentransport:
Kopfschutz an Trolleybahnen tragen.

97 Um die Sicherheit am Arbeitsplatz zu erhöhen, sind in Betrieben unterschiedliche Sicherheitskennzeichen angebracht:

Gebotszeichen, Verbotszeichen, Warnzeichen, Rettungszeichen und Gefahrensymbole.

Erläutern Sie, wodurch sich die einzelnen Zeichen in Form und Farbe voneinander unterscheiden.

Gebotszeichen:
weißes Symbol auf blauem Grund in einem Kreis

Augenschutz tragen

Verbotszeichen:
schwarzes Symbol auf weißem Grund mit rotem Rand und Querbalken in einem Kreis

Kein Trinkwasser

Warnzeichen:
schwarzes Symbol auf gelbem Grund mit schwarzem Rand in einem Dreieck

Warnung vor feuergefährlichen Stoffen

Rettungszeichen:
weißes Symbol auf grünem Grund in einem Quadrat oder Rechteck

Erste Hilfe

Gefahrensymbole:
schwarzes Symbol auf orangefarbenem Grund in einem Quadrat mit Kennbuchstaben und Gefahrenbezeichnung

Gesundheitsschädlich

98 Erklären Sie die folgenden Sicherheitskennzeichen und Gefahrensymbole und geben Sie an, an welchen Stellen sie in einem Bekleidungsbetrieb angebracht sind:

Ⓐ Ⓑ Ⓒ
Ⓓ Ⓔ F Ⓕ
Leichtentzündlich

Ⓐ **Feuer, offenes Licht und Rauchen verboten**
z.B. in der gesamten Produktion

Ⓑ **Schutzschuhe tragen**
z.B. im Warenlager

Ⓒ **Warnung vor gefährlicher elektrischer Spannung**
z.B. am Gehäuse eines mit Starkstrom betriebenen Zuschneideautomaten

Ⓓ **Notausgang**
z.B. über Ausgängen, deren Türen auch im Notfall geöffnet sein müssen

Ⓔ **Selbstentzündliche Stoffe**
z.B. auf einem Chemikalienbehälter am Detachier-Arbeitsplatz

Ⓕ **Augenschutz**
z.B. am Detachier-Arbeitsplatz bei der Fleckenentfernung

8 Organisation der Bekleidungsherstellung

1 Vergleichen Sie handwerkliche und industrielle Bekleidungsfertigung.

Handwerkliche Bekleidungsfertigung
- Die Schnitterstellung wird individuell nach den Wünschen und Maßen eines bestimmten Kunden erstellt, dabei werden körperliche Besonderheiten berücksichtigt.
- Durch den hohen Zeitaufwand der Einzelanfertigungen wird die Herstellung teurer.
- Die Verwendung hochwertiger Materialien im Zusammenhang mit handwerklichen Fertigkeiten zeichnen das Produkt aus.

Industrielle Bekleidungsfertigung
- Die Produktion erfolgt für einen anonymen Träger. Die Schnittkonstruktion wird nach Größentabellen für bestimmte Zielgruppen erstellt.
- Die Fertigung erfolgt in Serie und in rationeller Arbeitsteilung und wird dadurch preiswerter.
- Betriebsindividuelle Qualitätssicherung durch Vorschriften und ständiger Überwachung und der Einsatz von Spezialmaschinen kennzeichnet die Produkte.

2 Erklären Sie die Bezeichnungen HAKA, DOB, BESPO.

HAKA: Herren- und Knabenkleidung
DOB: Damenoberbekleidung
BESPO: Berufs- und Sportbekleidung

3 Nennen Sie acht Produktgruppen der Bekleidungstextilien.

Produktgruppen sind z. B.:
HAKA
DOB
Kinderbekleidung
BESPO
Wäsche
Maschenoberbekleidung
Miederwaren und Badeartikel
Accessoires

4 Geben Sie an, welche Gesichtspunkte bei der Wahl der Fertigungsart maßgebend sind.

Maßgebliche Gesichtspunkte bei der Wahl der Fertigungsart sind z. B.:
- Stückzahl
- Art und Vielfalt der Erzeugnisse
- Häufigkeit des Produktionsablaufes (Produktion nach Verkaufsterminen)

5 Unterscheiden Sie Einzelfertigung, Serienfertigung, Massenfertigung.

Einzelfertigung:
Jedes Produkt wird nur einmal gefertigt, z. B. Musterfertigung, Maßschneiderei.

Serienfertigung:
Eine größere, aber begrenzte Stückzahl gleichartiger Produkte wird auf Bestellung oder auf Vorrat hergestellt.

Massenfertigung:
Produkte in hoher Stückzahl und unveränderter Form werden oft mit Hilfe von Automaten, nahezu ohne zeitliche Begrenzung hergestellt.

Einzelfertigung 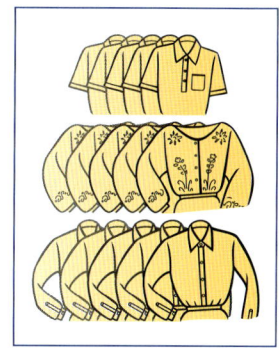 *Serienfertigung*

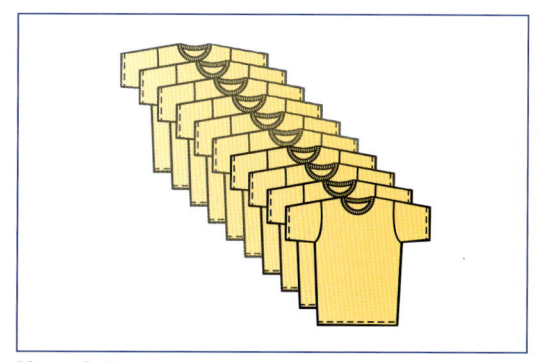

Massenfertigung

6 Erklären Sie den Begriff Arbeitsteilung.

Bei der **arbeitsteiligen Fertigung** wird der anfallende Arbeitsaufwand auf mehrere Menschen und Betriebsmittel aufgeteilt.

7 Unterscheiden Sie Mengen und Artteilung.

Bei der **Mengenteilung** wird die Arbeit auf mehrere Personen aufgeteilt, dabei macht jeder das Gleiche.

Bei der **Artteilung** wird eine Arbeit in Teilabläufe geteilt, dabei übernimmt jeder eine andere Teilarbeit.

8 Unterscheiden Sie zwischen Fließfertigung und Gruppenfertigung.

Bei der **Fließfertigung** sind die Arbeitsabläufe in einzelne Arbeitstakte zerlegt und nach dem Arbeitsablauf angeordnet. Hohe Stückzahlen, Arbeitsteilung, aufwändige Organisationsarbeit (der Arbeitstakt ist an die menschliche Leistung gebunden) sind weitere Merkmale.

Bei der **Gruppenfertigung** werden Maschinen und Arbeitskräfte zu Fertigungseinheiten zusammengefasst. Die Anordnung innerhalb der Gruppe erfolgt nach einem zeitlichen Ablauf: Kleinere Auftragszahlen, häufiger Modellwechsel, kurze Lieferzeiten werden so am besten bewältigt.

9 Nennen Sie die Vor- und Nachteile der Fließfertigung.

Vorteile der Fließfertigung:
Kurze Durchlaufzeiten, optimale Nutzung der Produktionsanlagen

Nachteile der Fließfertigung:
Aufwändige Arbeitsvorbereitung, für geringe Stückzahlen nicht geeignet, hohe Kosten bei Modellumstellungen, die menschliche Leistung ist an einen Arbeitstakt gebunden

10 Beschreiben Sie den innerbetrieblichen Materialfluss.

Der **innerbetriebliche Materialfluss** ist das Transportwesen von Rohstoffen, Betriebsmitteln, Halb- und Fertigfabrikaten. Die Verbindung der Fertigungsabteilungen ist entscheidend für einen reibungslosen, kostengünstigen Fertigungsablauf.

11 Erklären Sie den Begriff „Arbeitssystem" anhand von Beispielen.

Ein System ist eine Gesamtheit von Elementen, die einem bestimmten Zweck dienen.

Arbeitssysteme bilden den Betrachtungsgegenstand der Betriebsorganisation und des Arbeitsstudiums. Arbeitssysteme dienen der Erfüllung von Arbeitsaufgaben.

12 Nennen Sie die sieben Systembegriffe (Systemelemente) eines Arbeitssystems.

Arbeitssysteme können mit folgenden sieben Systembegriffen beschrieben werden:
Arbeitsaufgabe, Arbeitsablauf, Eingabe, Mensch, Betriebsmittel, Ausgabe, Umgebungseinflüsse.

13 Nennen Sie zu den folgenden Systembegriffen jeweils ein Beispiel:
Mensch, Betriebsmittel, Eingabe, Ausgabe, Umgebungseinfluss.

Mensch: Mitarbeiterin Frau Müller
Betriebsmittel: Nähmaschine, Tisch
Eingabe: Stoff, Verarbeitungsvorschriften
Ausgabe: Fertige Oberhemden
Umgebungseinflüsse: Raum, Umgebungsverhältnisse z. B. Licht, Luft, Lärm

14 Erklären Sie den Unterschied zwischen Arbeitsaufgabe und Arbeitsablauf.

Die **Arbeitsaufgabe** ist die Aufforderung an Menschen, Tätigkeiten auszuüben, um ein bestimmtes Ziel zu erreichen, z. B. Oberhemden fertigen.

Zur Erfüllung der Arbeitsaufgabe wird das Zusammenwirken von Mensch und Betriebsmittel über den **Arbeitsablauf** beschrieben und gesteuert.

15 Den Arbeitsablauf kann man in Ablaufabschnitte unterschiedlicher Größe unterteilen.
Geben Sie dafür Beispiele an.

Der **Gesamtablauf** ist der ganze Arbeitsablauf zur Herstellung eines Erzeugnisses, z. B. Oberhemden fertigen.

Der **Teilablauf** besteht aus mehreren Ablaufstufen, z. B. Ärmel fertigen, Kragen fertigen.

8 Organisation der Bekleidungsherstellung

Eine **Ablaufstufe** besteht aus einer Folge von Vorgängen, die zur Herstellung eines Teils erforderlich sind, z. B. Kragen annähen, Manschetten annähen.

16 Unterscheiden Sie die Begriffe Vorgang, Teilvorgang, Vorgangsstufen und Vorgangselemente anhand von Beispielen.

Ein **Vorgang** ist ein Arbeitsgang bei der Herstellung eines Teils, z. B. Nähen, Bügeln.

Ein **Teilvorgang** besteht aus mehreren Vorgangsstufen, z. B. Besatz annähen, Ärmel einnähen.

Vorgangsstufen sind Abschnitte eines Teilvorgangs, z. B. Nähgut unter Nähfuß ausrichten.

Vorgangselemente sind Teile einer Vorgangsstufe, z. B. Material oder Werkstück greifen.

17 Erklären Sie den Begriff Arbeitsgestaltung.

Arbeitsgestaltung ermöglicht ein optimales Zusammenwirken von arbeitenden Menschen, Betriebsmitteln und Arbeitsgegenständen.

Dabei soll, unter Berücksichtigung der Belange des arbeitenden Menschen, der Wirkungsgrad von Arbeitssystemen erhöht werden.

18 Geben Sie die Aufgabenbereiche der Arbeitsgestaltung an.

Die **Arbeitsgestaltung** befasst sich mit der Verbesserung sowie der Neu- und Weiterentwicklung von

- Arbeitsabläufen (Arbeitsablaufgestaltung)
- Betriebsmitteln (Betriebsmittelgestaltung)
- Produkten (Produktgestaltung)
- Arbeitsplätzen (Arbeitsplatzgestaltung)

19 Nennen Sie die drei Teilbereiche der Arbeitsplatzgestaltung.

Die Teilbereiche der Arbeitsplatzgestaltung sind
 die Arbeitsmethode,
 das Arbeitsverfahren und
 die Arbeitsbedingungen.

20 Unterscheiden Sie Arbeitsmethode, Arbeitsverfahren und Arbeitsbedingungen.

Die **Arbeitsmethode** ist der geplante Arbeitsablauf. Der Bewegungsablauf wird festgelegt.

Unter **Arbeitsverfahren** versteht man die angewandte Technologie zur Durchführung einer Arbeitsaufgabe,
z. B. Naht schließen mit Safetynaht.

Die **Arbeitsbedingungen** ergeben sich aus der Leistungsfähigkeit und Leistungsbereitschaft des Arbeitenden (innere Arbeitsbedingungen) und den Gegebenheiten am Arbeitsplatz (äußere Arbeitsbedingungen).

21 Definieren Sie den Begriff Ergonomie.

Ergonomie ist die Lehre von den Leistungsmöglichkeiten und Leistungsgrenzen des arbeitenden Menschen sowie den optimalen Arbeitsbedingungen.

22 Nennen Sie die grundsätzlichen Anforderungen an Mensch und Betriebsmittel, nach denen ein Näharbeitsplatz ergonomisch gestaltet wird.

Die Näharbeit stellt visuelle Anforderungen (genaues Hinsehen) sowie Anforderungen an Hände und Arme (Stellbewegungen, Haltearbeit) und Bewegungsgenauigkeit der Füße (Geschwindigkeitsregulierung mit dem Fußpedal), deshalb müssen Sitz- und Arbeitfläche, Rückenlehne, Sitzfläche und Fußpedal in Höhe, Neigung und Winkel verstellbar sein.

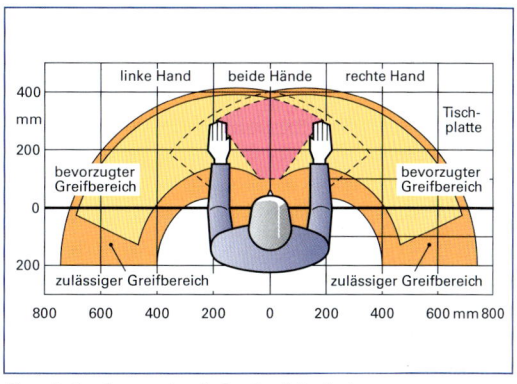

Sitzarbeitsplatz nach arbeitsphysiologischen Gesichtspunkten mit kleinem und großem Greifraum

23 Nennen Sie fünf wichtige Gesichtspunkte bei der ergonomischen Gestaltung eines Arbeitsplatzes.

Ergonomisch gestaltete Arbeitsplätze berücksichtigen z.B. die Belastbarkeit und die Fähigkeit des Menschen mit dem Ziel physische und physiologische Belastungen zu verringern, die Zufriedenheit zu erhöhen, die Arbeitskraft zu erhalten und die Fluktuation zu verringern.

24 Beschreiben Sie drei Gesichtspunkte, die bei der Gestaltung von Bildschirmarbeitsplätzen zu beachten sind.

Bei der **Gestaltung von Bildschirmarbeitsplätzen** ist z.B. zu beachten, dass der Drehstuhl in der Höhe, die Sitzfläche in der Neigung, die Rückenlehne in Höhe und Winkel verstellbar sein sollte.

Die Vorlagenhalter sollten in Höhe, Neigung und Sehabstand einstellbar sein, Reflexionen, Spiegelungen und belastende Hell-Dunkel-Adaptionsvorgänge sind bei der Anordnung der Bildschirme zu vermeiden.

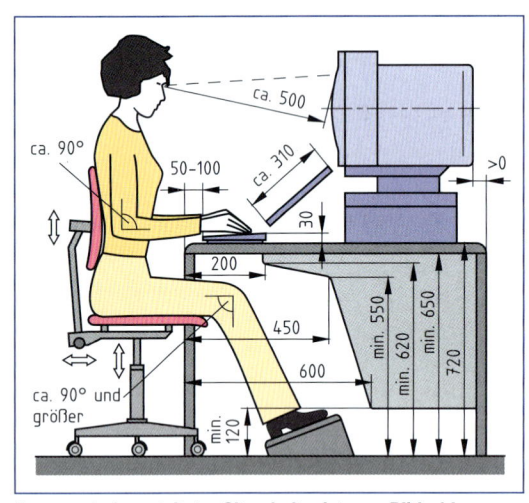

Ergonomisch gestalteter Sitzarbeitsplatz am Bildschirm

25 Erklären Sie die Begriffe Betriebsorganisation, Aufbauorganisation, Ablauforganisation.

Die **Betriebsorganisation** umfasst die Optimierung des gesamten Betriebsgeschehens unter wirtschaftlichen Gesichtspunkten.

Die **Aufbauorganisation** regelt die Zuständigkeiten, die Aufgabengliederung und die Aufgabenverteilung.

Die **Ablauforganisation** legt alle Maßnahmen zum reibungslosen und wirtschaftlichen Ablauf der Fertigung fest. Sie regelt das räumliche und zeitliche Zusammenwirken von Personal und Betriebsmitteln.

26 Nennen Sie die Aufgabenbereiche der Produktionsorganisation.

Die **Produktionsorganisation** umfasst die Bereich Entwicklung, Beschaffung, Fertigung und Qualitätswesen. In einem Produktionsprogramm wird festgelegt, welche Aufträge in welchem Zeitraum in diesen Bereichen durchzuführen sind.

27 Unterscheiden Sie Fertigungsplanung und Fertigungssteuerung.

Die **Fertigungsplanung** umfasst die Planung von Personal, Betriebsmitteln, Werkstoffen, Informationen und Arbeitsabläufen. Das Arbeitsstudium liefert die Daten hierzu.

Die **Fertigungssteuerung** umfasst die Durchführung und Steuerung der Fertigung durch Veranlassen, Überwachen und Sichern.

28 Beschreiben Sie, wie die Aufgaben in einem Betrieb unterteilt werden können und geben Sie Beispiele aus der Bekleidungsherstellung an.

Die **Gesamtaufgabe**, z.B. Bekleidungsherstellung, wird unterteilt in **Hauptaufgaben**, z.B. Entwicklung, diese werden gegliedert in **Teilaufgaben**, z.B. Kollektion planen, diese wiederum werden in **Einzelaufgaben** unterteilt, z.B. Entwerfen. Den Einzelaufgaben werden Stellen und damit einzelne Personen mit ihren Befugnissen an einem Arbeitsplatz zugeordnet, z.B. CAD-Design.

29 Definieren Sie die Begriffe Stelle, Instanz und Arbeitsplatz.

Eine **Stelle** ist die kleinste Organisationseinheit im Betrieb. Diese Arbeitsbereiche sind mit Personen besetzt, denen bestimmte Aufgaben, Kompetenzen und Verantwortung übertragen sind.

Mit **Instanz** bezeichnet man Stellen, denen zur Ausübung einer Tätigkeit noch besondere Befugnisse erteilt werden.

Der **Arbeitsplatz** ist der räumliche Bereich, in dem eine Arbeitsaufgabe erfüllt wird, z. B. der Arbeitsplatz einer Näherin.

30 Welche Aufgaben haben Weisungssysteme?

Weisungssysteme legen Zuständigkeiten (Kompetenzen) fest und regeln so mit Hilfe von Informationen und Anordnungen die Zusammenarbeit der betrieblichen Stellen.

31 Unterscheiden Sie die folgenden Weisungssysteme: Liniensystem, Stabliniensystem, Funktionssystem.

Beim **Liniensystem** sind die Stellen in einen starren Instanzenweg eingebunden.
Dieser Weg ist einzuhalten, deshalb ist das System sehr unbeweglich und undemokratisch.

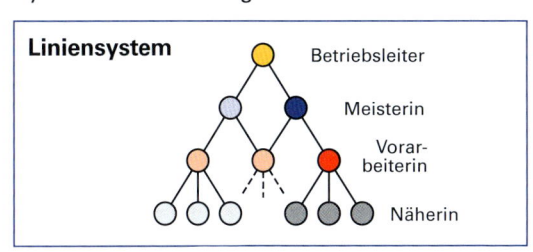

Liniensystem
- Betriebsleiter
- Meisterin
- Vorarbeiterin
- Näherin

Beim **Stabliniensystem** werden einzelnen Stellen Stabstellen zur Beratung oder Kontrolle zugeordnet.
Diese Berater z. B. Juristen, sind unabhängig und meist ohne Anordnungsbefugnis.

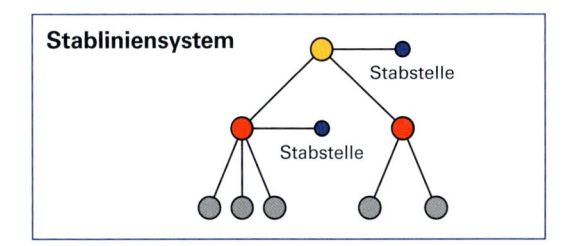

Stabliniensystem
- Stabstelle
- Stabstelle

Beim **Funktionssystem** arbeiten Spezialisten für bestimmte Gebiete zusammen, hierbei müssen Zuständigkeiten klar geregelt sein, z. B. Technische Leitung und Modellabteilung.

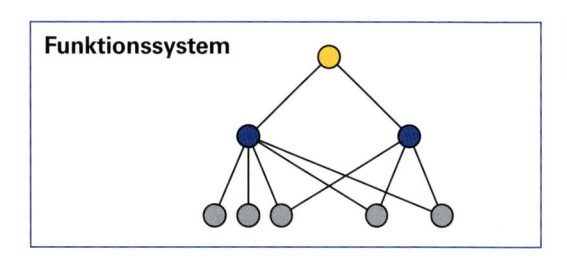

Funktionssystem

32 Beschreiben Sie die Zusammenarbeit in einem Team.

Ein **Team** erhält eine Arbeitsaufgabe und löst sie selbständig in Zusammenarbeit mit allen anderen betrieblichen Abteilungen.

33 Geben Sie an, was man unter einem Produktionsprogramm und unter einem Kollektionsrahmenplan versteht.

Im **Produktionsprogramm** werden Zielgruppen, Genre und unternehmerische Ziele abgestimmt.

Im **Kollektionsrahmenplan** wird das Produktionsprogramm eines Bekleidungsbetriebes erfasst.

34 Nennen Sie drei wichtige Aufgaben der Ablauforganisation.

Die **Ablauforganisation** regelt das räumliche und zeitliche Zusammenwirken von Personal und Betriebsmittel durch folgende Maßnahmen:
- Festlegung der zeitlichen Reihenfolge von Arbeitsgängen
- Bereitstellung von Material und Betriebsmitteln
- Bereitstellen von Information

35 Unterscheiden Sie Produktion und Fertigung.

Im Bereich **Produktion** werden Entwicklung, Beschaffung, Fertigung und das Qualitätswesen koordiniert.

Der Bereich **Fertigung** ist für die technische Abwicklung eines Auftrages zuständig. Über die AV (Arbeitsvorbereitung) wird geplant und gesteuert.

36 Nennen Sie zehn Fertigungsunterlagen bzw. Formulare, die dem Datenaustausch bei der Produktion dienen.

Fertigungsunterlagen sind z. B.:
- Technische Zeichnungen
- Stücklisten (Materialstücklisten, Materialbedarfslisten, Schnittteillisten)
- Formbeschreibungen
- Verarbeitungsrichtlinien
- Modellkalkulation
- Arbeitspläne
- Arbeitsverteilungspläne
- Schnittanweisungen
- Qualitätsbeschreibungen

37 Nennen Sie drei wichtige Aufgaben von betrieblichen Formularen.

Der Datenaustausch zwischen einzelnen Abteilungen erfolgt über Formulare. Sie liefern Informationen, geben Arbeitsanweisungen und sorgen für einen reibungslosen Ablauf.

38 Beschreiben Sie, welche Angaben im Modellstammblatt enthalten sein können.

Das **Modellstammblatt** enthält alle Erkennungsdaten für ein Modell wie z. B.:
Erzeugnisart, Kollektion, Artikelnummer, Saison, Größenraster, Material, Modellskizze (Vorder- und Rückenansicht), Bearbeiter, Modellbeschreibung und Verarbeitungshinweise für Besonderheiten.

39 Geben Sie an, welche Qualitätsvorschriften in den unterschiedlichen Betriebsabteilungen verfügbar sein sollen.

Der **Einkauf** und die **Arbeitsvorbereitung** erhalten Daten über Materialanforderungen.

Die **Entwicklungsabteilung** erhält Qualitätsrichtlinien bezüglich der Passform und der Verarbeitung.

Die **Schnittabteilung** erhält Konstruktionsrichtlinien.

Die **Fertigung** erhält technische Verarbeitungshinweise und Maßangaben.

40 Beschreiben Sie, wie aus der Materialstückliste und der Materialkartei bzw. Materialdatei die Materialeinzelkosten ermittelt werden.

Der Verbrauch aller für die Herstellung eines Erzeugnisses notwendigen Materialien wird aufgeführt. Aus dem Verbrauch pro Stück und dem jeweiligen Einzelpreis ergeben sich die Materialeinzelkosten.

41 Unterscheiden Sie die Materialstückliste und die Materialbedarfsliste.

In der **Materialstückliste** werden alle Materialien eines Modells aufgelistet und der Bedarf für ein Stück wird festgehalten.

In der **Materialbedarfsliste** wird aus den Daten der Materialstückliste und den Verkaufszahlen der Auftragseingänge der Materialbedarf errechnet.

42 Unterscheiden Sie den Arbeitsplan und den Arbeitsverteilungsplan.

Der **Arbeitsplan** enthält alle Arbeitsvorgänge in entsprechender Reihenfolge, die erforderlichen Betriebsmittel, die jeweiligen Einzelzeiten (Vorgabezeiten) und eventuell die Lohngruppen.

In einem **Arbeitsverteilungsplan** sind allen Arbeitsvorgängen eines Arbeitsplanes bestimmte Arbeitsplätze und Mitarbeiter nach deren Leistungsvermögen zugeordnet.

43 Geben Sie die Ziele des Arbeitsstudiums an.

Das **Arbeitsstudium** bzw. die Ermittlung von Zeitdaten ermöglicht eine Verbesserung der Ablauforganisation, des Arbeitsablaufes, erhöht die Wirtschaftlichkeit und liefert Daten für die Lohnabrechnung und das Kostenrechnen (Kalkulation).

44 Erklären Sie die Begriffe Rüstzeit und Ausführungszeit und geben Sie je ein Beispiel an.

Die **Rüstzeit** ist die Vorbereitungszeit für einen Arbeitsauftrag (Zeit für die Vorbereitung).

Die **Ausführungszeit** ist die Zeit für die reine Ausführungsarbeit an allen Einheiten eines Auftrages.

8 Organisation der Bekleidungsherstellung

45 Erklären Sie die Formel $t_e = t_g + t_{er} + t_v$.

Die **Vorgabezeit** für eine Einheit t_e setzt sich zusammen aus der Addition von
Grundzeit t_g,
Erholungszeit t_{er} und
Verteilzeit t_v.

46 Beschreiben Sie an einem Beispiel die Berechnung der Sollzeit.

Die bei einer Zeitaufnahme ermittelte Ist-Zeit (3,5 min) wird mit dem beurteilten Leistungsgrad (120%) verrechnet und auf 100% Normalleistung bezogen.

Beispiel:
Sollzeit $t = \dfrac{L \cdot t_i}{100} = \dfrac{120\% \cdot 3{,}5 \text{ min}}{100\%} = 4{,}2 \text{ min}$

47 Erläutern Sie die Begriffe Ist-Zeit, Soll-Zeit und Leistungsgrad.

Die **Ist-Zeit** ist die bei einer Zeitaufnahme ermittelte tatsächlich benötigte Zeit bei einer bestimmten Leistung. Gleichzeitig wird der erzielte Leistungsgrad der Arbeitsperson beurteilt.
Die **Soll-Zeit** ist der auf die Normalleistung (100%) bezogene Zeitwert.
Der **Leistungsgrad** ist der prozentuale Wert der Leistung, der während der Zeitaufnahme beurteilt wurde. Er drückt das Verhältnis der tatsächlich erbrachten Ist-Leistung zur Soll-Leistung (Normalleistung) in % aus.

48 Geben Sie an, wie Vorgabezeiten nach MTM ermittelt werden.

Das **MTM-Verfahren** beschreibt Arbeitsabläufe auf der Grundlage zeitlich vorbestimmter Grundbewegungen oder Bewegungsfolgen. Der Zeitaufwand wird nicht durch eine Zeitaufnahme ermittelt, sondern durch Addition aller für eine Tätigkeit vorbestimmten Zeitmesseinheiten (TMU).

49 Nennen Sie die drei Hauptaufgaben des Qualitätswesens.

Das **Qualitätswesen** hat die Aufgabe, durch Qualitätsplanung, Qualitätslenkung und Qualitätsprüfung Fehler zu vermeiden und die Kundenanforderungen zu erfüllen.

50 Erläutern Sie die Ziele des Qualitätsmanagements.

Mit **Qualitätsmanagement** bezeichnet man die gesamten unternehmerischen Tätigkeiten, die durch z. B. Produktentwicklung, Produktüberprüfung und Kundenkontakt nicht nur die Qualität, sondern auch Liefertreue, Kundenservice und Kundenwünsche optieren sollen.

51 Geben Sie die betrieblichen Abteilungen an, die in das Qualitätswesen eingebunden sind.

Das **Qualitätswesen** untersteht direkt der Geschäftsleitung, seine Zuständigkeit reicht in alle betrieblichen Abteilungen wie z. B. Designabteilung, Entwicklung und Konstruktion, Einkauf, Verkauf, Wareneingang, Fertigung und Versand.

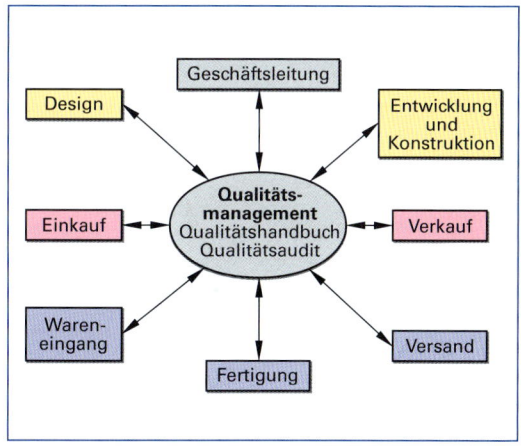

Betriebliche Einbindung des Qualitätswesens

52 Erklären Sie die Begriffe Qualitätsmanagement, Qualitätshandbuch und Qualitätsaudit.

Mit **Qualitätsmanagement** bezeichnet man neben Maßnahmen zur Verbesserung der Produktqualität alle unternehmerischen Tätigkeiten im Bereich Kundenkontakt und Kundenservice.

Im **Qualitätshandbuch** werden Verarbeitungsrichtlinien und Toleranzen dokumentiert, es dient der Qualitätsplanung bei der Fertigung.

Das **Qualitätsaudit** ist eine systematische und unabhängige Untersuchung, um festzustellen, ob die geplanten Anordnungen verwirklicht wurden und geeignet sind, die vorgegebenen Ziele zu erreichen.

53 Nennen Sie Maßnahmen, die geeignet sind, die Qualität in der Phase der Produktentwicklung zu sichern.

Bei der Modellentwicklung werden **Qualitätsanforderungen** festgelegt und in technische Unterlagen übertragen.

Eine **Nullserie** (Vorabproduktion) wird gefertigt.

Die Erfahrungen fließen in die **Qualitätssicherung** ein und werden so bei der Serienproduktion berücksichtigt.

54 Berichten Sie über die Aufgaben der Abteilung Einkauf, um in der Beschaffung einen Qualitätsstandard zu erreichen.

Der **Einkauf** ist zuständig für die Angebotseinholung und die Lieferantenauswahl und damit direkt für die Materialqualität des Endproduktes.

Die Materialien werden auf Eignung bezüglich des geplanten Verwendungszweckes sowie auf Übereinstimmung mit den Lieferantenangaben geprüft.

In Zusammenarbeit mit dem Qualitätswesen erfolgt die Produktionsfreigabe.

55 Geben Sie an, wie die Qualität in der Fertigung sichergestellt wird.

Alle Tätigkeiten, die Einfluss auf die Qualität haben, müssen erfasst, dokumentiert und sofort ausgewertet werden, z. B. Webfehler beim Lagen legen, oder Nähfehler vor Montagearbeiten.

56 Erklären Sie die Abkürzungen CAD und CAM.

CAD: Computer Aided Design (Rechnergestütze Entwicklung und Konstruktion)

CAM: Computer Aided Manufacturing (Rechnergestützte Fertigung)

57 Geben Sie die Teilbereiche von CAD an.

CAD umfasst den kreativen Bereich „Entwurf" und den technischen Bereich „Schnittkonstruktion".

58 Geben Sie die Möglichkeiten einer rechnergestützten Fertigung an.

Rechnergesteuerte Anlagen werden eingesetzt bei der Schnittbilderstellung, beim Zuschneiden über eine CNC gesteuerte Schneidevorrichtung, beim Nähen durch Nähanlagen, beim Bügeln und beim Materialtransport, bei der Verbindung der einzelnen Fertigungsabteilungen.

59 Definieren Sie PPS und beschreiben Sie die Aufgaben.

PPS: Production Planning and Scheduling (Produktionsplanung, Produktionssteuerung und Produktionsüberwachung).

PPS unterstützt folgende betriebliche Aufgaben:

Produktionsprogrammplanung:
Sie ermittelt über das Marketing die Käuferwünsche.

Mengenplanung:
Sie erleichtert über Prognoserechnungen die Materialbeschaffung.

Termin- und Kapazitätsplanung:
Sie organisiert die Abstimmung von Lieferterminen, Durchlaufzeiten und betrieblichen Kapazitäten.

Auftragsveranlassung:
Sie erstellt alle Belege für die Fertigung.

Auftragsüberwachung:
Sie gibt einen ständigen Überblick in den Produktionsablauf.

60 Erklären Sie den Begriff Zielgruppe und führen Sie ihre Merkmale auf.

Zielgruppen sind Verbrauchergruppen mit weitgehend gemeinsamen Merkmalen wie z. B. Einstellung zur Mode, Einkaufsverhalten, Kaufstätten, Markenbekanntheit, Markensympathie und Qualitätsanspruch an die Bekleidung.

61 Stellen Sie mögliche Bezeichnungen von Zielgruppen der DOB zusammen.

Zielgruppe nach Mentalität und Lebensstil:

Bedürfnislose Antimodische, Nonkonformistin, Prestigeorientierte, Verführbare Distanzierte, Sparsam biedere Hausfrau, Gepflegte Konservative, Junge Modebegeisterte.

8 Organisation der Bekleidungsherstellung

Zielgruppe nach Modegrad und Anspruchsniveau:
Avantgardistin, Modebewusste, Jeanstyp, Karrierefrau, Moderne Frau, Jugendliche Frau, Kultivierte Dame, Gepflegte Frau, Normalverbraucherin, Billigpreistyp

62 Geben Sie an Beispielen an, wie mögliche Zielgruppen bestimmt werden.

Zielgruppen können nach folgenden Gesichtspunkten bestimmt werden:
- nach **Mentalität und Lebensstil**,
  z. B. prestigeorientiert, orientierungslos, konventionell bieder.
- nach **Modegrad und Anspruchsniveau**,
  z. B. Jeanstyp, Karrierefrau, -mann, Billigpreistyp.

63 Erläutern Sie den Begriff Genre.

Das **Genre** ist die Zuordnung der Produkte eines Herstellers nach bestimmten Merkmalen, z. B. die Qualität der Verarbeitung, des Materials, der Ausstattung und Aufwand der Innenverarbeitung, der Passform sowie die Stückzahl und die modische Aktualität.

64 Zeichnen Sie die Pyramide der Genrestufen und benennen Sie die fünf Abstufungen in richtiger Reihenfolge.

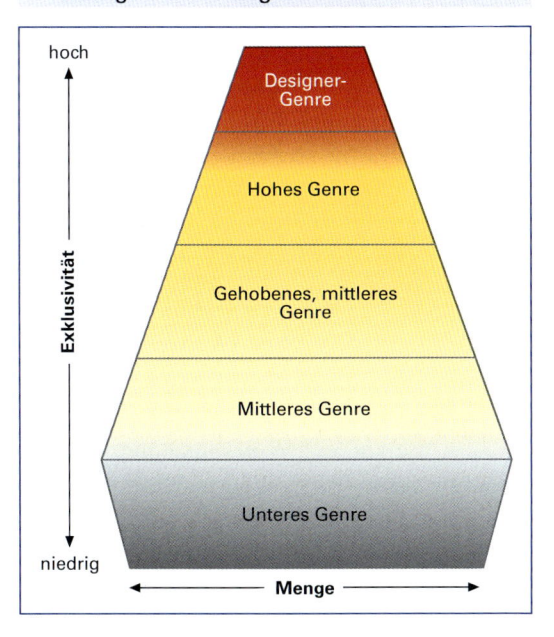

Pyramide: hoch ↕ niedrig (Exklusivität), Menge
- Designer-Genre
- Hohes Genre
- Gehobenes, mittleres Genre
- Mittleres Genre
- Unteres Genre

65 Beschreiben Sie die Qualitäten des mittleren Genres.

Die Merkmale des **mittleren Genres** sind:
- marktstarke Preislagen
- entsprechende Stoffqualität und Ausstattung
- umfassendes Größensortiment
- ein eingeschränktes Formenprogramm

66 Vergleichen Sie das hohe Genre und das untere Genre.

Das **hohe Genre** oder Modellgenre ist gekennzeichnet durch sehr aufwändige Verarbeitung, exklusive Ausstattung und Detailverarbeitung, Kleinserien, begrenztes Größensortiment und modische Gestaltung.

Das **untere Genre**, auch Konsum- oder Stapelgenre genannt, hat hohe Stückzahlen. Die Stoffqualität und die Verarbeitung sind den Preislagen angepasst. Der Passform wird weniger Bedeutung beigemessen.

67 Erläutern Sie Inhalt und Zweck eines Kollektionsrahmenplanes.

Der **Kollektionsrahmenplan** enthält Informationen für alle Abteilungen, die mit der Kollektionserstellung beschäftigt sind, z. B. Produktkonzeption, Designkonzept, Marktorientierung, Materialkonzept. Er ist die planerische Grundlage für den zeitlichen Ablauf von der Disposition der Mustermaterialien bis zur Präsentation und zum Verkauf auf Messen.

68 Gliedern Sie eine Kollektion in zwei Lieferthemen ein und ordnen Sie diesen jeweils Formen, Materialien, Farben und einen Liefertermin zu.

Thema	Weekend	Classic
Formen	sportliche Röcke mit Detailausstattung, schmale Hosen mit Schlitz, Kurzarmblusen	Hosenanzüge, kurze Kastenjacken, Volantblusen, schmale lange Röcke
Materialien	Baumwolle, Lyocell, Viskose	Leinenmischungen, Seide, Baumwolle
Farben	lindgrün, apricot	beige, weiß, hellblau
Liefertermin	14.01. – 21.01.	03.02. – 17.02.

69 Erläutern Sie den Begriff Kollektion.

Unter einer **Kollektion** versteht man die Zusammenstellung von Modellen nach modischen Tendenzen und wirtschaftlichen Aspekten. Sie wird inhaltlich, saisonal und zielgruppengerecht auf die Bedürfnisse des Handels abgestimmt.

70 Welche Aufgabe kommt dem Kollektionsrahmenplan zu?

Der **Kollektionsrahmenplan** ist die planerische Grundlage für die zeitliche Umsetzung der Erstellung, Anfertigung und des Vertriebs einer Kollektion.

71 Bei der Erstellung einer marktgerechten Kollektion müssen wichtige Gesichtspunkte beachtet werden. Geben Sie Beispiele hierzu.

Bei der **Kollektionserstellung** sind z.B. zu beachten:
- Erfassung des Modetrends
- Analyse des Käuferverhaltens
- Festlegung der Zielgruppen
- Wirtschaftliche Bedarfsermittlung für das Produkt

72 Nennen Sie Möglichkeiten der Ideenfindung zur Kollektionserstellung.

Der **Ideenfindung** dienen z.B.:
- Berichte der Trend- und Stylingbüros
- Trendschauen (Haute Couture und Prêt-à-porter)
- Textil- und Bekleidungsmessen
- Fachzeitschriften
- Historische Bücher
- Filme

73 Beschreiben Sie stichwortartig den Ablauf einer Kollektionserstellung.

Nach Marktanalysen und Ideenfindung werden Erstmodelle gefertigt und vorkalkuliert.

Diese Prototypen werden technisch und kaufmännisch überprüft, eventuell geändert oder gar verworfen.

Von den aufgenommenen Modellen wird eine Nullserie zur endgültigen Produktionsfreigabe gefertigt.

74 Erklären Sie die Begriffe Prototyp, Nullserie, Kollektionsvervielfältigung.

Prototypen sind die aus Erstschnitten hergestellten Erstmodelle. Sie dienen der Kollektionserstellung.

Die **Nullserie** ist eine Vorabproduktion von drei Größen je Modell. Sie dient der Passformüberprüfung und der anschließenden Produktion als Produktionsvorlage.

Kollektionsvervielfältigung: Für Messen, Vertreter, Öffentlichkeitsarbeit und Ausstellungen wird die Kollektion vervielfältigt.

75 Geben Sie Kriterien an, nach denen ein Prototyp überprüft wird.

Prototypen werden z.B. überprüft hinsichtlich:
- Kollektionsaussage
- Passform und Funktion
- Verarbeitung
- Materialeignung

76 Stellen Sie die weitere Vorgehensweise im Kollektionsablauf dar, wenn der Prototyp den Anforderungen entspricht.

Nach der Abnahme der Prototypen erfolgt z.B.:
- Vorabproduktion von drei unterschiedlichen Größen (Nullserie)
- Erstellung der technischen Modellzeichnung, evtl. von Detailskizzen
- Anfertigung von Funktionsmodellen für die Produktion
- Bearbeitung der Modellbegleitformulare (Stücklisten, Qualitätsvorschriften, Arbeitsplan usw.)

77 Definieren Sie den Begriff „Erstkollektion".

Aus der Vielzahl der Entwürfe wird in einem Beratungsgespräch zwischen Geschäftsleitung, Verkauf, Marketing, Modellabteilung, Einkauf und technischer Leitung eine Erstkollektion zusammengestellt.

Nach den ersten Verkaufsmessen erfolgt meist eine Überarbeitung und Umorientierung je nach Kunden- und Marktanforderungen.

9 Produktgestaltung

1 Erklären Sie das Prinzip des Goldenen Schnittes.

Mit Hilfe des Goldenen Schnittes können harmonische Proportionen bei der Streckenteilung erreicht werden.
Die kleinere Strecke verhält sich zur größeren Strecke wie die größere Strecke zur gesamten Strecke.

2 Definieren Sie die Begriffe Körpermaße, Proportionsmaße, Warenmaße.

Körpermaße werden individuell an vorgegebenen anatomischen Messstrecken ermittelt.
Proportionsmaße werden für die Schnittkonstruktion berechnet.
Warenmaße sind Fertigmaße eines Kleidungsstückes mit Bequemlichkeitszugaben.

3 Benennen Sie die Kennmaße, auf denen das Größensystem der DOB aufgebaut ist.

Die Kennmaße für Damenoberbekleidung sind:
- Körperhöhe
- Hüftumfang
- Brustumfang

4 Nennen Sie mögliche Größenbezeichnungen der DOB.

Die möglichen Größenbezeichnungen für DOB sind:
- Normalgrößen
- Kurze Größen
- Lange Größen
- Schmalhüftige Größen
- Starkhüftige Größen

5 Unterscheiden Sie die Begriffe Normalgröße, kurze Größe, lange Größe.

Normalgrößen basieren auf einer Körperhöhe von 168 cm
Kurze Größen basieren auf 160 cm Körperhöhe
Lange Größen basieren auf 176 cm Körperhöhe

6 Erklären Sie die Größenangaben 22, 048, 525, 38, 88.

22: Kurze Größe, normalhüftig
048: Normale Größe, schmalhüftig
525: Kurze Größe, starkhüftig
38: Normale Größe, normalhüftig
88: Lange Größe, normalhüftig

7 Geben Sie die Kennmaße für Herren- und Knabengrößen an.

Die Kennmaße für Herren- und Knabengrößen sind:
- Brustumfang
- Bundumfang
- Körperhöhe

8 Zählen Sie verschiedene Größenbezeichnungen der HAKA auf.

Größenbezeichnungen der HAKA sind
- Normale Männergrößen
- Untersetzte Größen
- Schlanke Größen
- Starke Größen
- Sportgrößen
- Kurze untersetze Größen
- Bauchgrößen
- Kurze Bauchgrößen

9 Nennen Sie das Kennmaß für die Größenbezeichnungen von Kinderbekleidung.

Die Größenbezeichnung von Kinderbekleidung erfolgt nach dem Kennmaß Körperhöhe.

10 Nennen Sie die Kennmaße für Miederwaren.

Kennmaße für Miederwaren sind Brustumfang, Unterbrustumfang und Taillenumfang.

11 Erläutern Sie den Begriff Mode.

Im engeren Sinne versteht man unter **Mode** die sich wandelnde Form der Bekleidung. Im weiteren Sinne umschreibt man mit dem Begriff Mode den Ausdruck des vorherrschenden Zeitgeschmacks einer Gesellschaft, z.B. in Bezug auf eine bestimmte Lebensgestaltung, Denkweise, Kunstentwicklung usw.

12 Nennen Sie die Kennzeichen, an denen man die Mode einer Saison erkennt.

Die **Kennzeichen** für eine Modesaison umfassen die Silhouette, Schnittformen und Details, Materialien, Farben und Dessins sowie die Accessoires.

13 Erklären Sie die folgenden Begriffe: Haute Couture, Trend, Konfektion, Avantgarde.

Haute Couture:	Hohe Schneiderkunst
Konfektion:	Serienmäßige Bekleidungsherstellung
Trend:	Richtung, Strömung
Avantgarde:	Vorkämpfer

14 Definieren Sie den Begriff Modezyklus.

Mit **Modezyklus** bezeichnet man das Erscheinen, Durchsetzen und Verschwinden einer Mode.

15 Erklären Sie die nachfolgenden Begriffe: Dessin, Detail, Design, Silhouette, Genre.

Dessin:	Musterung
Detail:	Einzelheit
Design:	Gesamtbild, Entwurf
Silhouette:	Umriss, Schattenriss
Genre:	Art, Gattung, Qualitätsstufe

16 Nennen Sie die wesentlichen Gestaltungselemente bei der Herstellung von Bekleidung.

Gestaltungselemente sind Form (Styling), Ausschmückung, Material, Ausstattung und Verarbeitung.

17 Nennen Sie vier Einzelheiten, mit denen die Form eines Kleidungsstückes gestaltet werden kann.

Formgestaltung erfolgt durch
- Längs- und Querteilungen
- Taillierung
- Längen- und Weitenverhältnisse
- Details, z. B. Ärmel, Kragen

18 Skizzieren Sie sechs Mode-Silhouetten, die nach Buchstaben bezeichnet werden.

Mode-Silhouetten nach Buchstaben:

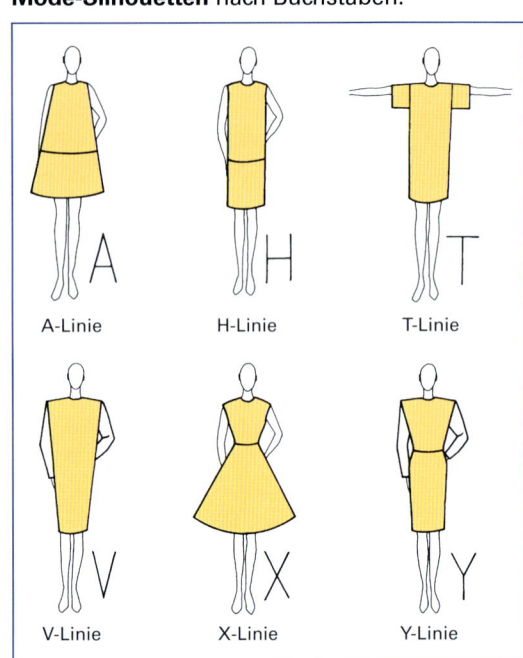

A-Linie, H-Linie, T-Linie, V-Linie, X-Linie, Y-Linie

19 Skizzieren Sie folgende Silhouetten: Trapez-Linie, Zelt-Linie, Kuppel-Linie, Ballon-Linie, Empire-Linie, Prinzess-Linie.

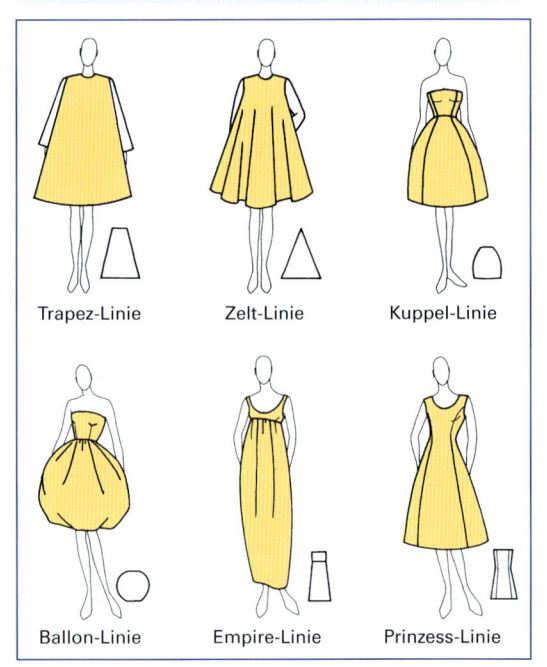

Trapez-Linie, Zelt-Linie, Kuppel-Linie, Ballon-Linie, Empire-Linie, Prinzess-Linie

9 Produktgestaltung

20 Zählen Sie sechs Ausschmückungsmöglichkeiten von Bekleidung auf.

Ausschmückungsmöglichkeiten sind z. B.

- Ziersteppereien
- Falten
- Rüschen, Volants
- Paspelierungen
- Blenden
- Applikationen

21 Geben Sie Gesichtspunkte an, die bei der Materialauswahl für Bekleidung eine Rolle spielen.

Bei der **Materialauswahl** werden z. B. berücksichtigt:

- Optische Gesichtspunkte wie Fall, Farbe, Musterung (Dessin), Oberflächenstruktur
- Trage-, Gebrauchs-, Pflegeeigenschaften

22 Zählen Sie Faktoren auf, die die Gestaltung der Bekleidung beeinflussen.

Einflussfaktoren bei der Gestaltung von Bekleidung sind z. B.

- Mode
- Stilrichtung
- Anlass
- Funktion
- Trägerpersönlichkeit

23 Nennen Sie unterschiedliche Stilrichtungen bei der Ausgestaltung von Bekleidung.

Stilrichtungen sind z. B.

- sportlich
- leger
- klassisch
- konservativ
- feminin
- elegant
- romantisch
- extravagant
- avantgardistisch
- maskulin

24 Geben Sie die deutschen Bezeichnungen für die folgenden Begriffe an:
leger, konservativ, extravagant, maskulin, poppig.

leger: ungezwungen

konservativ: am Alten, Bewährten festhaltend

extravagant: überspannt

maskulin: männlich

poppig: lustig, bunt, auffallend

25 Nennen Sie fünf mögliche Verschlussarten.

Verschlussarten sind z. B.

- Knopfverschluss
- Reißverschluss
- Schlingenverschluss
- Knebelverschluss
- Druckknopfverschluss

26 Geben Sie vier mögliche Gürtelarten an.

Gürtelarten sind z. B.

- Bindegürtel
- Tunnelgürtel
- Miedergürtel
- Schnallengürtel

27 Definieren Sie den Begriff Blende.

Unter einer **Blende** versteht man einen nach rechts gearbeiteten Besatz, der sich in der Regel durch Farbe oder Material vom Grundstoff abhebt.

Kantenbetonung mit Blenden

28 Nennen Sie mögliche Zutaten für Paspelierungen.

Für **Paspelierungen** verwendet man z. B.

- Bänder
- Tresse
- Schrägstreifen
- Paspelbänder

Kantenbetonung durch Paspelierung

29 Zählen Sie vier Faltenarten auf.

Faltenarten sind z. B.

- Kellerfalten
- Quetschfalten
- Plisseefalten
- Fächerfalten

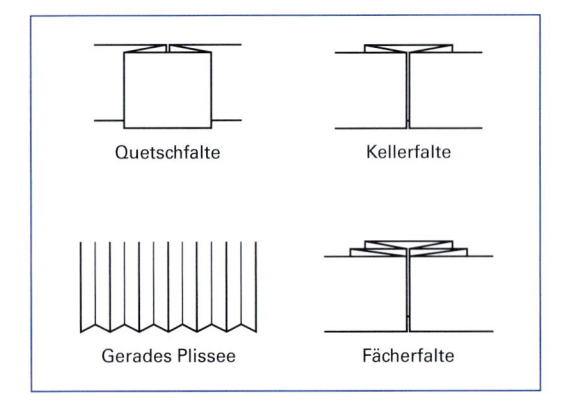

Quetschfalte *Kellerfalte*
Gerades Plissee *Fächerfalte*

30 Nennen Sie fünf mögliche Ärmelabschlüsse.

Ärmelabschlüsse sind z. B.

- Einfache Manschette
- Umschlagmanschette
- Bündchen
- Aufschlag
- Blende
- Volant
- Geknöpfter Schlitz
- Rüsche

31 Nennen Sie fünf Ärmelformen.

Ärmelformen sind z. B.

- Hemdblusenärmel
- Trompetenärmel
- Keulenärmel
- Puffärmel
- Glockenärmel
- Ballonärmel
- Kimonoärmel
- Raglanärmel

32 Beschreiben Sie den Unterschied zwischen einem Raglanärmel und einem Kimonoärmel.

Beim **Raglanärmel** verläuft die Einsatznaht diagonal vom Halsloch bis unter den Arm. Er bedeckt die Schulterpartie.

Der **Kimonoärmel** wird direkt an das Vorder- und Rückenteil angeschnitten. Ein Fledermauskimono beginnt in Taillenhöhe und verläuft zum Handgelenk enger werdend.

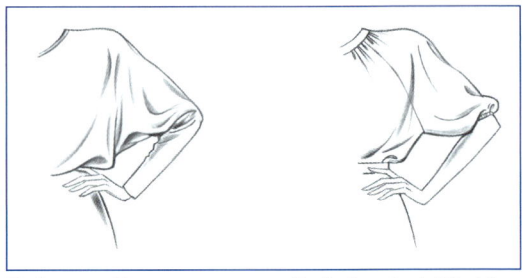

Fledermaus-Kimono *Raglanärmel mit Bündchen*

33 Nennen Sie fünf mögliche Ausschnittlösungen.

Ausschnittlösungen sind z. B.

- V-Ausschnitt
- Rundhalsausschnitt
- Herzausschnitt
- Carmenausschnitt
- Asymmetrischer Ausschnitt
- Neckholder (Nackenträger)
- Römerfalten
- U-Boot-Ausschnitt

9 Produktgestaltung

34 Geben Sie fünf mögliche Kragenformen an.

Kragenformen sind z. B.:
- Hemdkragen
- Umlegekragen
- Rollkragen
- Stehkragen
- Schluppenkragen
- Flachkragen
- Schalkragen
- Reverskragen

35 Nennen Sie geeignete Kragenformen für Maschenoberbekleidung.

Kragenformen für Maschenoberbekleidung sind z. B.:
- Polokragen (Umlegekragen)
- Rollkragen
- Schildkrötkragen
- Kapuzenkragen

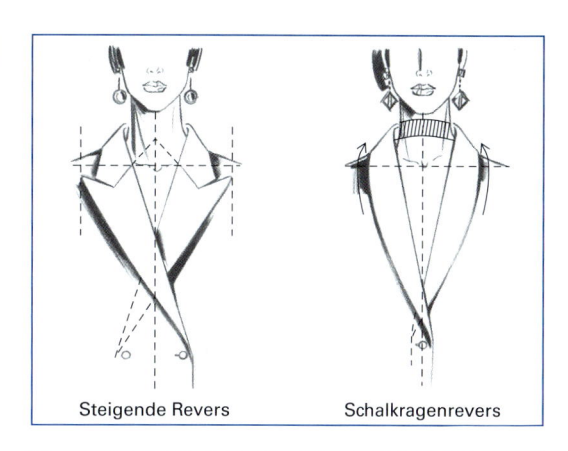

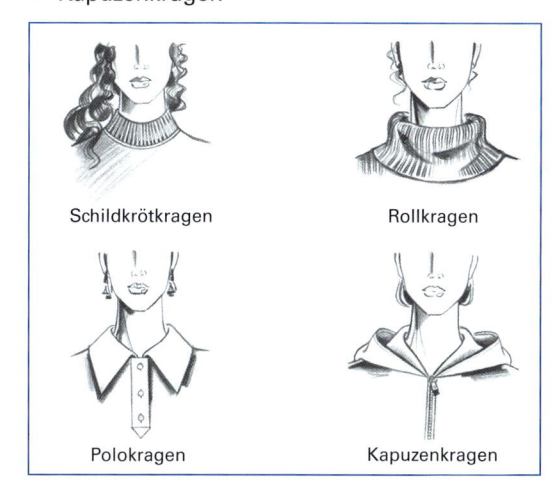

Steigende Revers   Schalkragenrevers

Die Lösungen der Aufgaben 37 bis 43 befinden sich auf Seite 164.

37 Ordnen Sie den abgebildeten Ausschnittformen Ⓐ bis Ⓕ die entsprechende Bezeichnung zu:
Carmenausschnitt, Boot-Ausschnitt, Neckholder, Römerfalten, V-Ausschnitt, Herz-Ausschnitt.

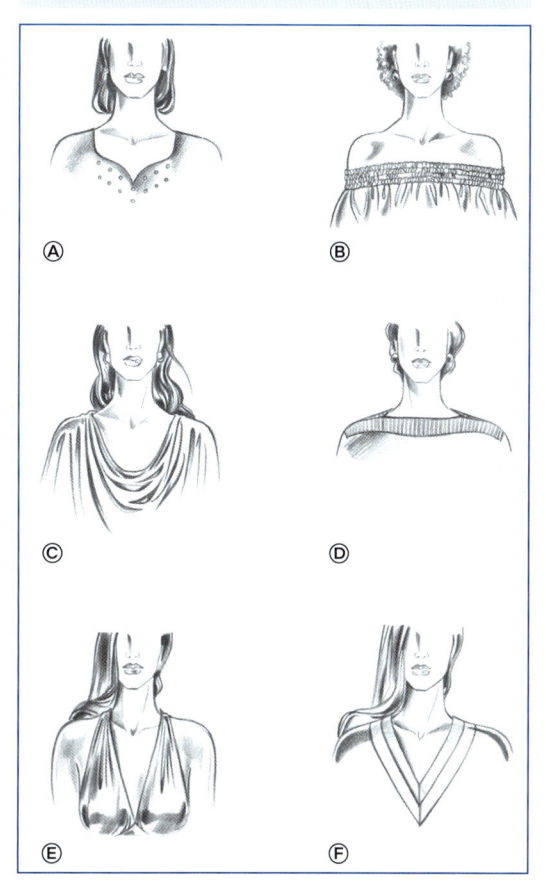

Schildkrötkragen   Rollkragen

Polokragen   Kapuzenkragen

36 Beschreiben Sie den Unterschied zwischen einem steigendem Revers und einem Schalkragenrevers.

Beim **steigenden Revers** verläuft der Umschlag (Revers) von der Crochetecke in einem Winkel zur Spiegelnaht ansteigend nach oben.

Beim **Schalkragenrevers** gehen Revers und Kragen nahtlos ineinander über.

Ⓐ   Ⓑ

Ⓒ   Ⓓ

Ⓔ   Ⓕ

38 Ordnen Sie den abgebildeten Kragenformen Ⓐ bis Ⓕ die nachfolgenden Bezeichnungen zu:
Bubikragen, Wimpelkragen, Matrosenkragen, Kelchkragen, Dachkragen, Schluppenkragen.

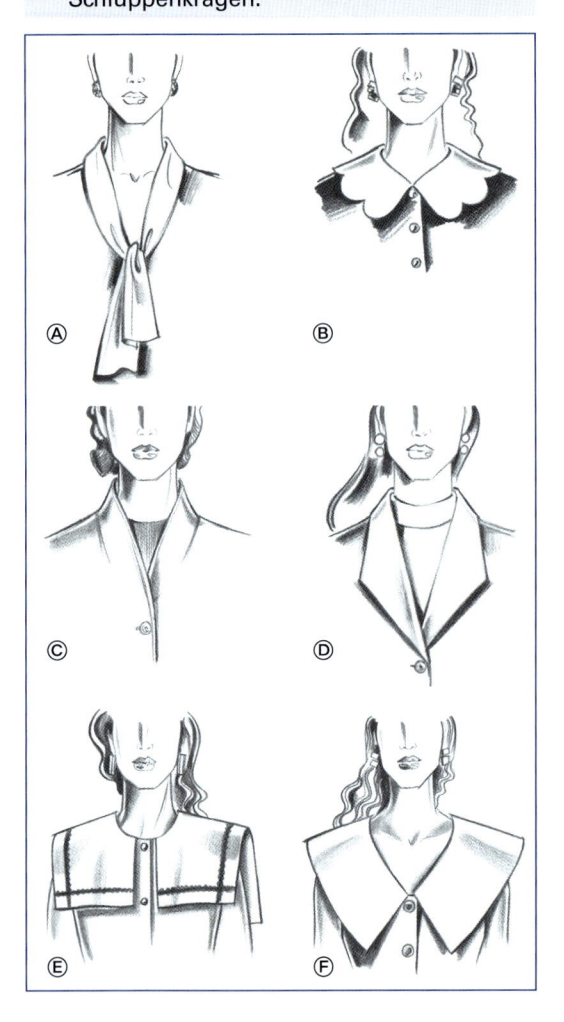

39 Benennen Sie die abgebildeten Taschenarten Ⓐ bis Ⓓ.

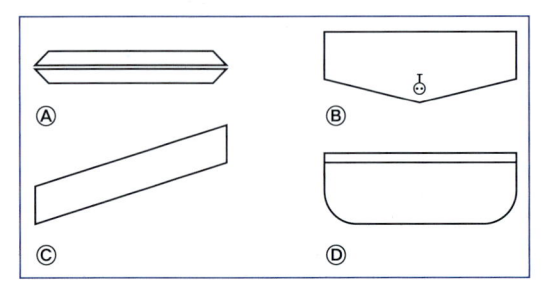

40 Benennen Sie die abgebildeten Gürtelformen Ⓐ bis Ⓓ.

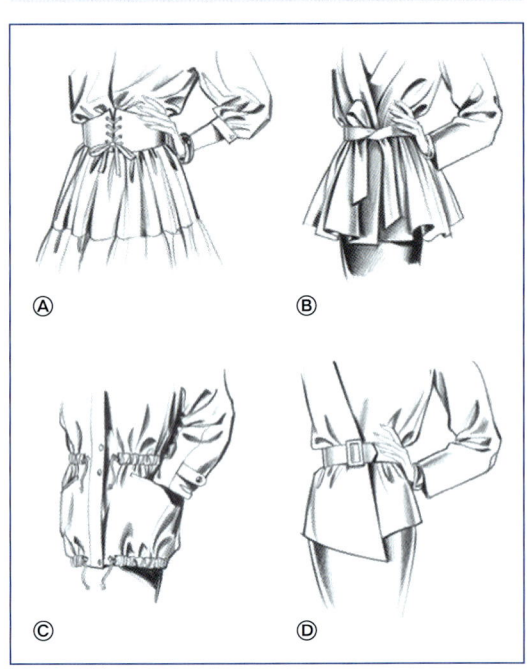

41 Ordnen Sie den Abbildungen Ⓐ bis Ⓓ die Fachbegriffe Jabot, Drapierung, Rüsche, Volant zu.

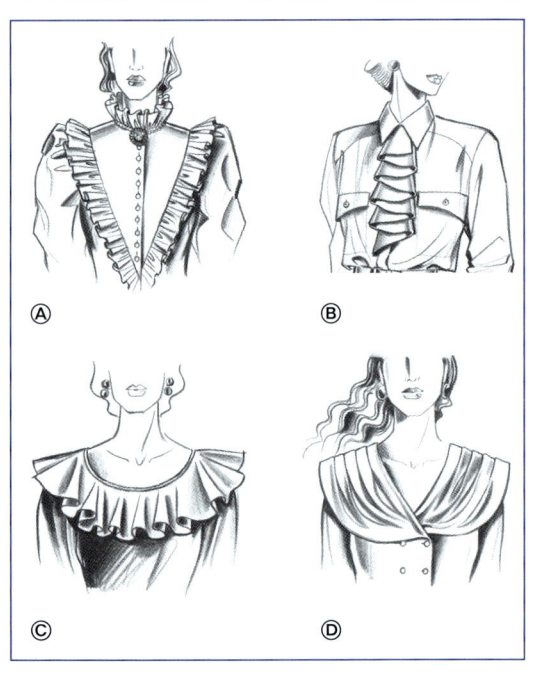

42 Ordnen Sie den abgebildeten Ärmelformen Ⓐ bis Ⓓ die entsprechende Bezeichnung zu.

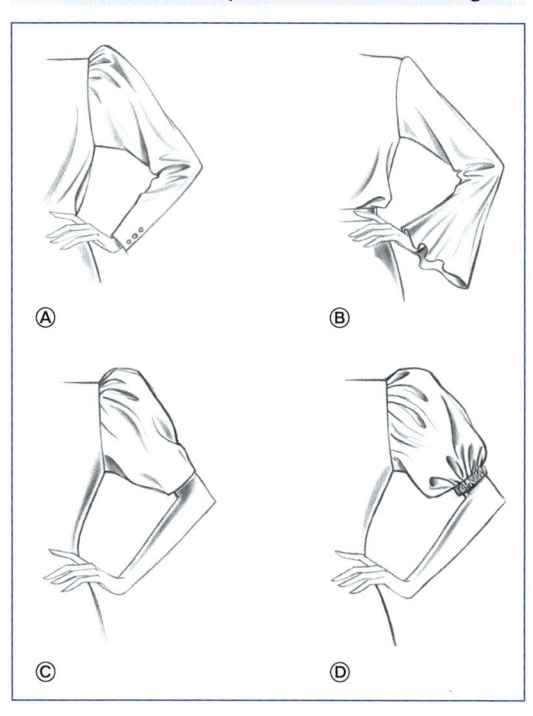

Ⓐ   Ⓑ

Ⓒ   Ⓓ

43 Ordnen Sie den abgebildeten Schmucktechniken Ⓐ bis Ⓓ den entsprechenden Fachbegriff zu:
Applikation, Wattestepperei, Soutacheverzierung, Perlen- und Paillettenstickerei.

Ⓐ   Ⓑ

Ⓒ   Ⓓ

44 Nennen Sie die Grundfarben (Farben 1. Ordnung)

Grundfarben (Farben 1. Ordnung) sind:
Gelb, Rot, Blau.

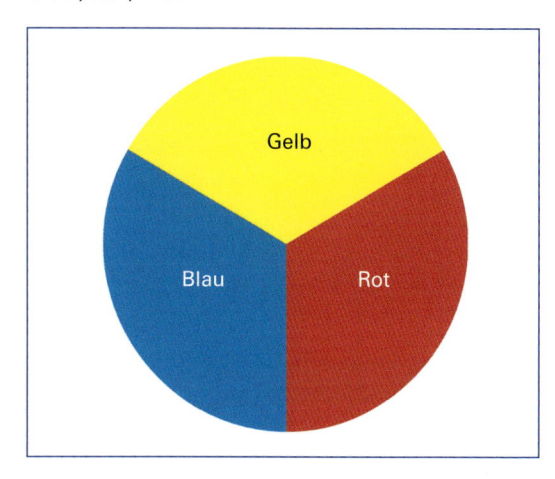

45 Nennen Sie die Farben 2. Ordnung und beschreiben Sie die Entstehung.

Farben 2. Ordnung sind Orange, Grün und Violett.
Sie entstehen durch Mischen zweier benachbarter Grundfarben.

Orange
entsteht durch Mischen von Gelb und Rot.

Grün
entsteht durch Mischen von Gelb und Blau.

Violett
entsteht durch Mischen von Blau und Rot.

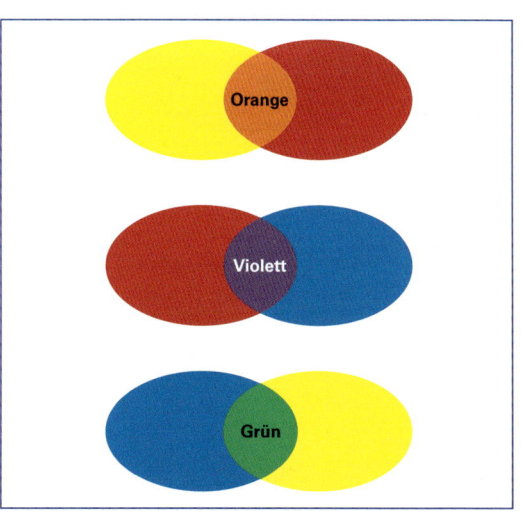

46 Erläutern Sie am Beispiel der Farben des 6-teiligen Farbenkreises den Begriff Komplementärfarben.

Farben, die sich im Farbenkreis gegenüber liegen, nennt man **Komplementärfarben**.
- Die Komplementärfarbe zu Gelb ist Violett.
- Die Komplementärfarbe zu Rot ist Grün.
- Die Komplementärfarbe zu Blau ist Orange.

47 Ordnen Sie den Farben Gelbgrün, Rotorange und Blauviolett die jeweilige Komplementärfarbe im 12-teiligen Farbenkreis zu.

- Die Komplementärfarbe zu Gelbgrün ist Rotviolett.
- Die Komplementärfarbe zu Rotorange ist Blaugrün.
- Die Komplementärfarbe zu Blauviolett ist Gelborange.

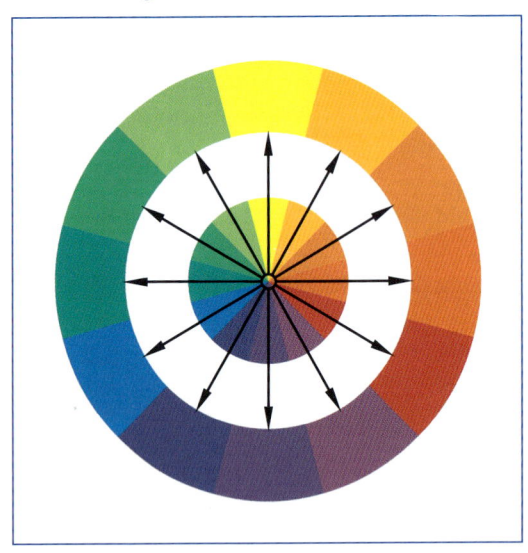

48 Unterscheiden Sie die Begriffe warme Farben und kalte Farben

Warme Farben
haben einen gelben Unterton und enthalten kein Blau.

Kalte Farben
haben einen blauen Unterton und enthalten kein Gelb.

49 Beschreiben Sie die drei Dimensionen, nach denen Farbtöne unterschieden werden.

Farbtöne werden nach folgenden **Dimensionen** unterschieden:
- Buntart (Farbrichtung, Farbton)
- Helligkeit (Tonwert, Dunkelstufe)
- Sättigung (Reinheit, Buntkraft)

50 Nennen Sie die sieben Farbkontraste nach Itten.

Farbekontraste nach Itten sind:
- der Farbe-an-sich-Kontrast
- der Hell-Dunkel-Kontrast
- der Quantitätskontrast
- der Komplementärkontrast
- der Kalt-Warm-Kontrast
- der Simultankontrast
- der Qualitätskontrast

51 Erläutern Sie an einem Beispiel den Farbe-an-sich-Kontrast.

Beim **Farbe-an-sich-Kontrast** werden mindestens drei reine, gesättigte Farben miteinander kombiniert, man erhält eine intensive, bunte, spannungsreiche und eindeutige Farbwirkung.

Beispiel: Rot, Gelb, Blau, eventuell kombiniert mit Schwarz und/oder Weiß.

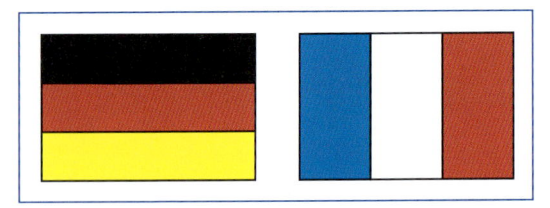

52 Erklären Sie die Wirkung des Hell-Dunkel-Kontrastes.

Werden Farben mit unterschiedlicher Helligkeits- bzw. Dunkelstufe kombiniert, entsteht eine Licht-Schatten-Wirkung.

Wichtige Teile können durch die helle(n) Farbe(n) hervorgehoben, unwichtige Teile durch dunkle Farbe(n) zurückgedrängt werden.

53 Beschreiben Sie die Faktoren, die beim Quantitätskontrast bedeutsam sind.

Zwei Faktoren beeinflussen die Wirkung einer Farbe:
der Helligkeitsgrad sowie die Flächengröße.

Der **Quantitätskontrast** bezieht sich auf das Größenverhältnis der Farbflächen zueinander.
Farben mit hohem Lichtwert benötigen eine kleinere Fläche für ihre Wirksamkeit als Farben mit geringerer Leuchtkraft.

Verhältnis	Gelb : Violett
Lichtwerte	9 : 3 (3 : 1)
Flächenanteile	3 : 9 (1 : 3)

54 Erklären Sie die Wirkungsweise des Simultan-Kontrastes.

Das Auge verlangt zu einer vorhandenen Farbe immer **gleichzeitig (simultan)** die Gegen- bzw. Komplementärfarbe.
Ist diese nicht vorhanden, wird sie produziert, das heißt, die Komplementärfarbe ist nicht real vorhanden, sondern wird nur empfunden.

55 Erläutern Sie das Zustandekommen von Qualitäts-Kontrasten.

Ein **Qualitäts-Kontrast** entsteht, wenn klare und gedämpfte Farben kombiniert werden.

Bei gleichen Farbtonwerten wird eine klare Farbe in der Umgebung gedämpfter Farbe(n) in ihrer Leuchtkraft gesteigert.

Bei unterschiedlichen Farbtonwerten werden die gedämpften Farben aktiviert und lebendiger, die klaren Farben verlieren an Leuchtkraft.

56 Ordnen Sie den nachfolgenden Farben jeweils allgemein übliche Bedeutungen (Assoziationen) zu:
Rot, Gelb, Blau, Orange, Violett, Grün, Schwarz, Weiß, Grau, Braun.

Rot
Blut, Feuer, Liebe, Sinnlichkeit, Macht, Aggression, Alarm

Gelb
Sonne, Licht, Heiterkeit, Wissen, Neid, Misstrauen, Falschheit

Blau
Wasser, Weite, Tiefe, Ruhe, Treue, Entspannung, Ordnung

Orange
Wärme, Reife, Intimität, Energie, Offenheit, Direktheit

Violett
Erhabenheit, Feierlichkeit, Mystik, Faszination, Sensibilität

Grün
Stabilität, Beharrlichkeit, Schutz, Hoffnung, Sicherheit, Harmonie

Schwarz
Nacht, Trauer, Ernst, Eleganz, Geschlossenheit, Individualität

Weiß
Reinheit, Klarheit, Leichtigkeit, Unschuld, Helligkeit

Grau
Nebel, Neutralität, Nüchternheit, Sachlichkeit, Langeweile, Armut

Braun
Natur, Erde, Schmutz, Zurückhaltung, Gemütlichkeit

57 Kennzeichnen Sie Farben, die dem Frühlingstyp zugeordnet werden.

Frühlingsfarben sind warm und klar, zart und leuchtend.

Sie haben einen goldenen Unterton. Blaue Nuancen haben einen leichten Rotstich.

58 Kennzeichnen Sie Farben, die dem Herbsttyp zugeordnet werden.

Herbstfarben sind satt, warm und gedämpft.
Sie haben einen orangenen oder goldenen Unterton.
Blaue Nuancen haben einen starken Rotstich.

59 Kennzeichnen Sie Farben, die dem Sommertyp zugeordnet werden.

Sommerfarben sind kühl und gedämpft, weich und pudrig.
Sie haben einen blauen Unterton.
Rote Nuancen haben einen Blaustich.

60 Kennzeichnen Sie Farben, die dem Wintertyp zugeordnet werden.

Winterfarben sind kühl und klar, intensiv oder pastellig.
Sie haben einen blauen Unterton.
Rote Nuancen haben einen intensiven Blaustich.

61 Nennen Sie Beispiele für Standardfarben.

Standardfarben sind z. B.
Weiß, Schwarz, Marine, Beige, Grau, Braun.

62 Geben Sie Beispiele für pastellige Farbtöne.

Pastellfarben sind z. B.
Vanille, Rosa, Apricot, Lavendel, Lachs, Schilf.

63 Geben Sie fünf Beispiele für Farbtöne, die sich an
Natur, Wald, Laub, Beeren und Feuer orientieren.

Naturfarben sind z. B.
Gold, Ocker, Oliv, Tanne, Curry, Rost, Henna, Kupfer, Sand.

64 Geben Sie fünf Beispiele für neutrale sachliche, zeitlose Farbtöne.

Neutrale Farbtöne sind z. B.
Beige, Sand, Kitt, Ecru, Taupe, Anthrazit, Schiefer.

65 Nennen Sie fünf Rottöne.

Rottöne sind z. B.
Himbeerrot, Scharlachrot, Kirschrot, Signalrot, Granatrot.

66 Nennen Sie fünf Blautöne.

Blautöne sind z. B.
Königsblau, Ultramarin, Tintenblau, Delfter Blau, Royalblau, Bleu.

67 Nennen Sie fünf Grüntöne.

Grüntöne sind z. B.
Smaragdgrün, Pistaziengrün, Giftgrün, Lodengrün, Tannengrün.

68 Nennen Sie fünf Grautöne.

Grautöne sind z. B.
Steingrau, Schiefer, Blei, Blaugrau, Anthrazit.

69 Nennen Sie fünf Brauntöne.

Brauntöne sind z.B.
Kakaobraun, Tabakbraun, Schokoladenbraun, Goldbraun, Sierra.

10 Produktgruppen

1 Beschreiben Sie die Anforderungen an Unterwäsche.

Anforderungen an **Unterwäsche** sind z. B.
- die Haut vor kratzendem Oberstoff schützen
- einen empfindlichen Oberstoff vor den Ausdünstungen der Haut schützen
- bei kalter Witterung wärmen

2 Geben Sie an, welche Bekleidungsteile man der Unterbekleidung zuordnet.

Zur Unterbekleidung zählen Unterhose (z. B. Slip, Schlüpfer, Leggings, Boxershorts, French Knickers), Unterhemd, Bustier, Hemdrock, Unterkleid, Halbrock, Body (Body-Suit, Long-John).

3 Beschreiben Sie fünf Slipformen.

Hüftslip Slip mit hüfthoher Schnittform
Taillenslip Slip mit taillenhoher Schnittform
Rioslip Slip mit V-förmig vertieftem Bund
Tangaslip Knapp hüfthoher Slip, seitlich mit schmalen Verbindungsstegen
Jazzpants Taillenslip mit sehr hohem Beinausschnitt

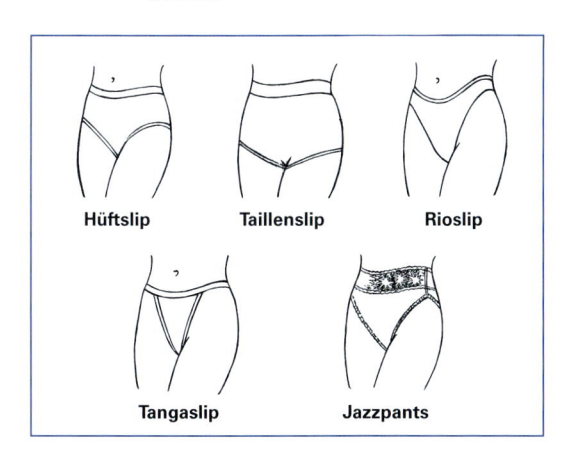

4 Unterscheiden Sie Slip, Schlüpfer, Leggings, Boxershorts, French Knickers.

Slip Unterhose mit abgeschrägtem Beinausschnitt

Schlüpfer Taillenhohe Unterhose mit kurzen, halblangen oder langen Beinen

Leggings Halblange oder lange, eng anliegende Damenschlüpfer, die auch als Oberbekleidung getragen werden.

Boxershorts Weiter geschnittene, bequeme Unterhosen mit kurzen Beinen

French Knickers Weite Damenunterhosen aus effektvollem Material

5 Nennen Sie vier Unterhemdformen.

Unterhemdformen sind z. B. Trägerhemd, Achselhemd, Armhemd, BH-Hemd.

6 Erläutern Sie die Begriffe Body und Bustier.

Body
Anliegende, einteilige Kombination von Oberteil und Hose (z.B. der Body-Suit für Damen, der Long-John für Herren)

Bustier
Miederartig anliegendes Damenunterhemd, das nicht ganz bis zur Taille reicht.

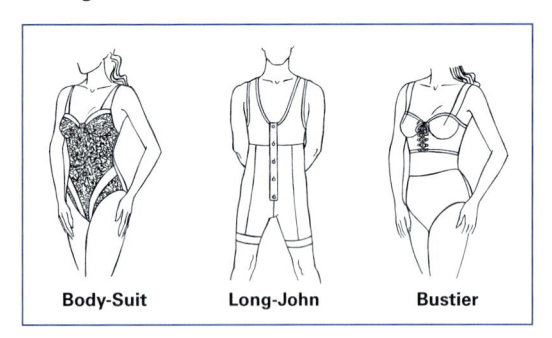

Body-Suit — Long-John — Bustier

7 Beschreiben Sie drei Bekleidungsformen für Nachtbekleidung bzw. Hausbekleidung.

Nachthemd
Einteilige Nachtbekleidung, durchgehend geschnitten, in unterschiedlicher Länge

Sleep-Shirt
Kurze, jugendlich-flotte Variante des Nachthemdes

Schlafanzug
Zweiteilige Nachtbekleidung, bestehend aus Oberteil und kurzer oder langer Hose

Pyjama
Schlafanzug in klassischer Form: Jackenoberteil mit durchgehender Knopfleiste und Hemd- bzw. Reverskragen

Homedress
Bequeme Hausbekleidung, meist als Kombination von Oberteil und Hose

8 Beschreiben Sie vier Büstenhalter-Formen.

Soft-BH
BH ohne Naht und Einlagen, jedoch mit vorgeformten Büstenschalen

Formbügel-BH
Formbügel unterhalb der Büstenschalen geben der Büste Form und Halt.

Trägerloser BH
Büstenhalter ohne Träger bzw. mit abnehmbaren Trägern

Sport-BH
Die Schalen umschließen die Büste vollständig, die Träger sind verstärkt.

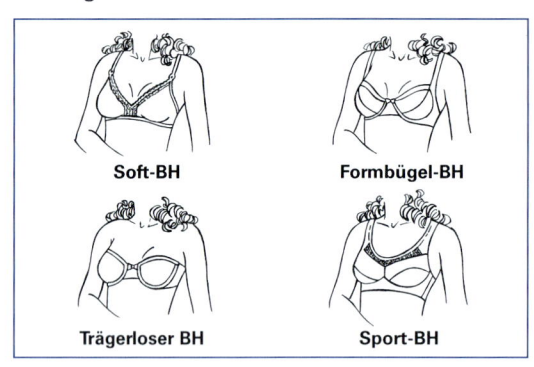

Soft-BH — Formbügel-BH — Trägerloser BH — Sport-BH

9 Unterscheiden Sie Panty, Hüfthalter, Korsett, Korselett.

Panty
Miederhose, die je nach Elastizität und Schnitt Bauch, Hüfte und Oberschenkel stärker oder leichter formt

Hüfthalter
Hüft- und taillenformende Miederware, eventuell mit Strumpfhaltern versehen

Korsett
Formgebender Einteiler aus Hüfthalter und Büstenhalter

Korselett
Leichtere und schmiegsamere Form des Korsetts

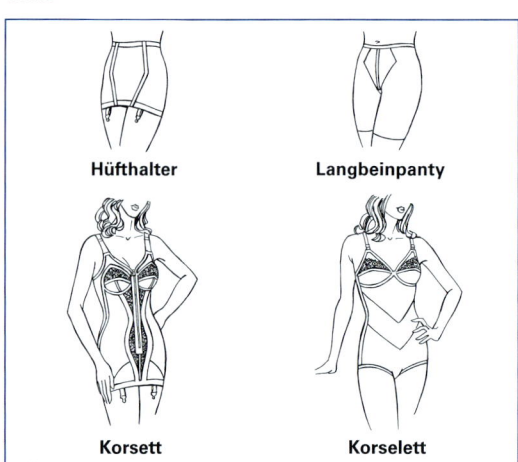

Hüfthalter — Langbeinpanty — Korsett — Korselett

10 Beschreiben Sie die Formen der Badebekleidung für Damen und Herren.

Badeanzug
Einteilige Badebekleidung für Damen aus kräftigerem Material mit hohem Elastananteil

Bikini
Zweiteilige Badebekleidung für Damen, bestehend aus Oberteil und Hose

Badehose
Anliegende Badebekleidung für Herren in kürzerer Form aus Material mit hohem Elastananteil

Badeshorts
Weiter geschnittene Badebekleidung für Herren in längerer Form aus leichterem Material

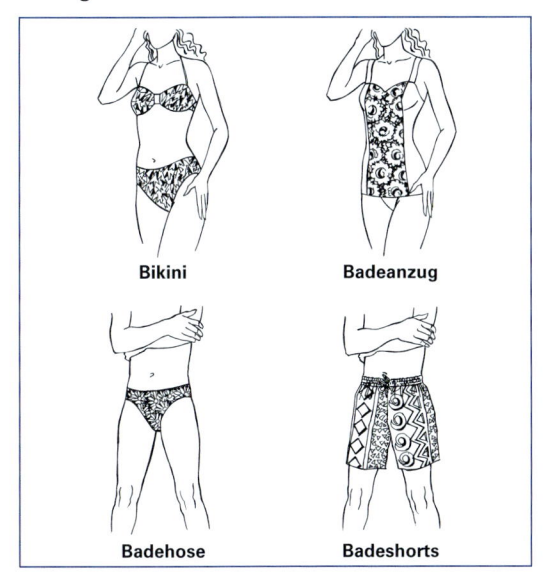

Bikini   Badeanzug

Badehose   Badeshorts

11 Nennen Sie sechs Bekleidungsformen für Säuglinge und Kleinkinder.

Bekleidungsformen für Säuglinge und Kleinkinder sind z.B.:

Flügelhemd, Schlupfhemd, Achselhemd, Windelslip, Strampelanzug, Body.

Flügelhemd   Schlupfhemd   Achselhemd

Windelslip   Strampelanzug   Body

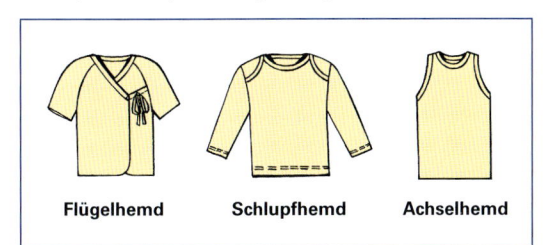

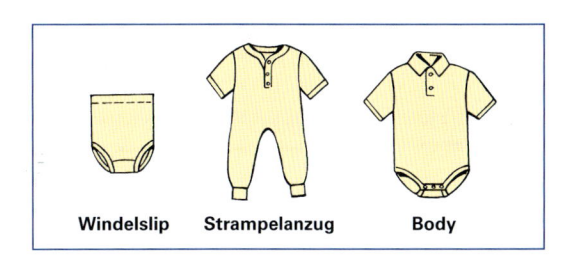

12 Geben Sie vier Beispiele für die Gestaltung des Vorderteiles an Herrenhemden.

Gestaltungsmöglichkeiten für das Vorderteil an **Herrenhemden** sind z.B.:

Frontleiste, verdeckte Knopfleiste, Falten, Passe.

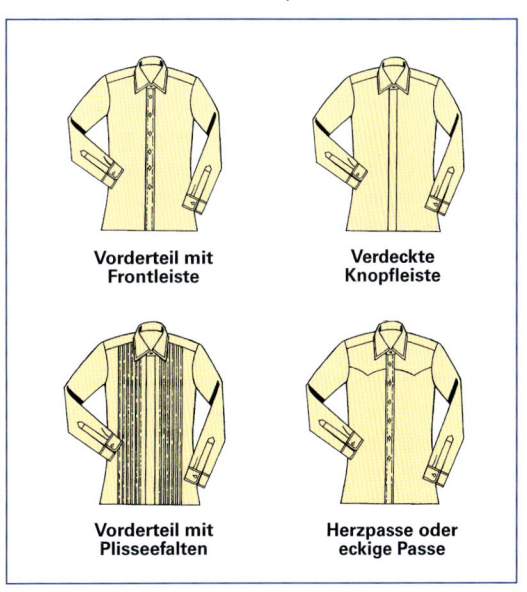

Vorderteil mit Frontleiste   Verdeckte Knopfleiste

Vorderteil mit Plisseefalten   Herzpasse oder eckige Passe

13 Nennen Sie drei Manschettenformen für Herrenhemden.

Manschettenformen für Herrenhemden sind z.B.:

Sportmanschette, Pfeilmanschette, Umschlagmanschette.

Sportmanschette   Pfeilmanschette   Umschlagmanschette

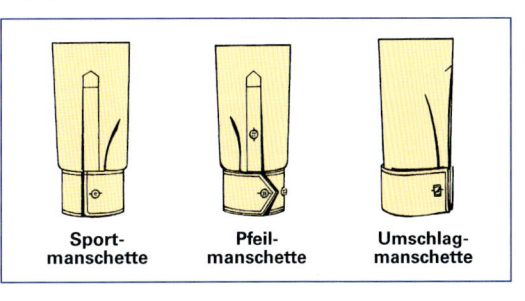

14 Geben Sie vier Beispiele für die Gestaltung des Rückenteiles an Herrenhemden.

Gestaltungsmöglichkeiten für das Rückenteil an Herrenhemden sind z. B.:

Kellerfalte, Quetschfalte, Teilungsnähte, einlegte Falten.

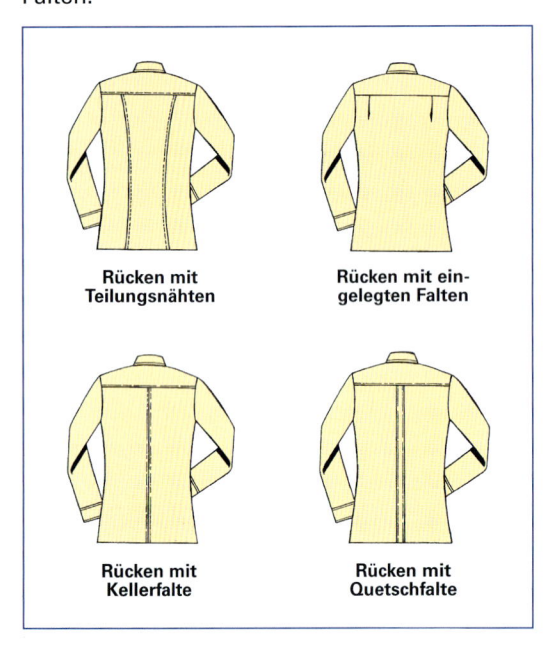

Rücken mit Teilungsnähten
Rücken mit eingelegten Falten
Rücken mit Kellerfalte
Rücken mit Quetschfalte

15 Nennen Sie vier Kragenformen für Herrenhemden.

Kragenformen für Herrenhemden sind z. B.:

Kentkragen, Tab-Kragen, Picadilly-Kragen, Button-Down-Kragen, Lido-Kragen, Klappenkragen.

Kentkragen Tab-Kragen Picadilly-Kragen
Button-down-Kragen Lido-Kragen Klappenkragen

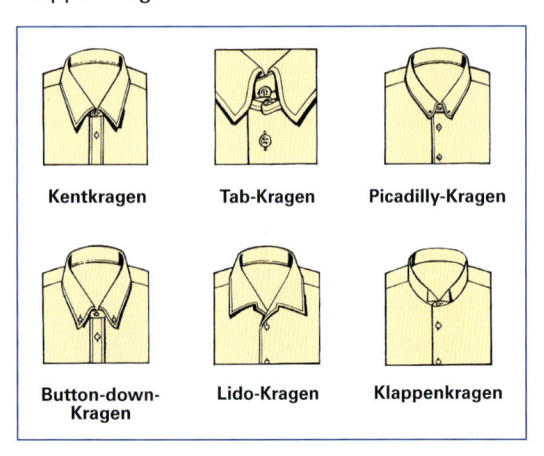

16 Nennen Sie sechs Formen für Berufs- bzw. Arbeitsbekleidung.

Formen der **Berufs- bzw. Arbeitskleidung** sind z. B.:

Arbeitsanzug, Arbeitshose, Berufsmantel, Latzhose, Overall, Arbeitshemd, Arbeitskittel, Kasack, Arbeitsschürze, Schaber, Arbeitsweste.

Sicherheitsanzug mit Latzhose
Arbeitshose mit Werkzeugweste
Overall

Kasack und Berufsmantel
Schaber

17 Nennen Sie geeignete Fasermaterialien und Stoffe für Berufs- bzw. Arbeitsbekleidung.

Geeignete **Fasermaterialien** für Berufs- bzw. Arbeitskleidung sind z. B.:

Baumwolle, Leinen, Polyester, Polyamid bzw. Mischungen dieser Faserstoffe.

Geeignete **Stoffe** sind z. B. Drell, Berufsköper, Cord, Popeline, Gabardine, Kattun, Renforcé.

18 Zählen Sie die acht Bezeichnungen für Rocklängen in richtiger Reihenfolge auf.

Rocklängen in richtiger Reihenfolge:
Supermini – mini – ladymini – mezzo – midi – maxi – fußlang – bodenlang

supermini	mini	ladymini	mezzo	midi	maxi	fußlang	bodenlang
oberschenkellang	kniefrei	knieumspielt	kniebedeckt	wadenlang	wadenbedeckt	knöchelbedeckt	schuhbedeckt

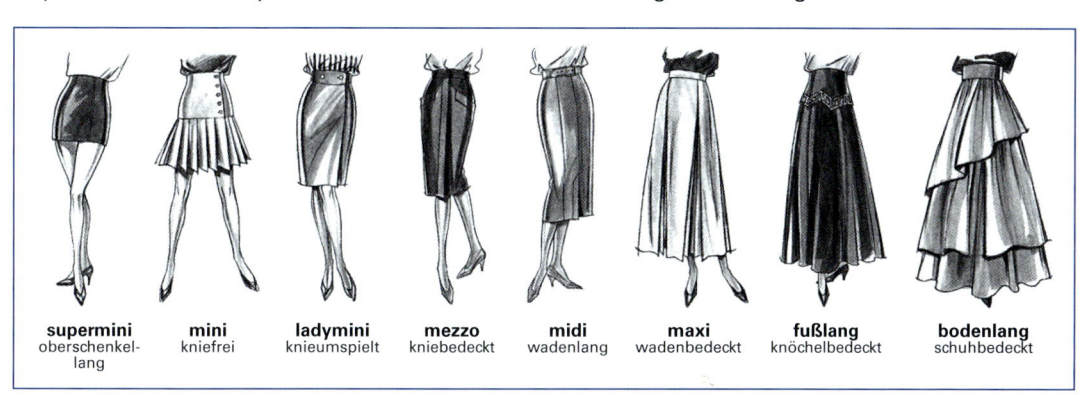

19 Geben Sie Rockformen an, die nach einer bestimmten Silhouette benannt sind.

Rockformen, nach ihrer Silhouette benannt, sind z. B.:

- Enger Rock
- Gerader Rock
- Ausgestellter Rock
- Swingrock
- Kastenrock
- Ballonrock
- Weiter Rock
- Glockenrock

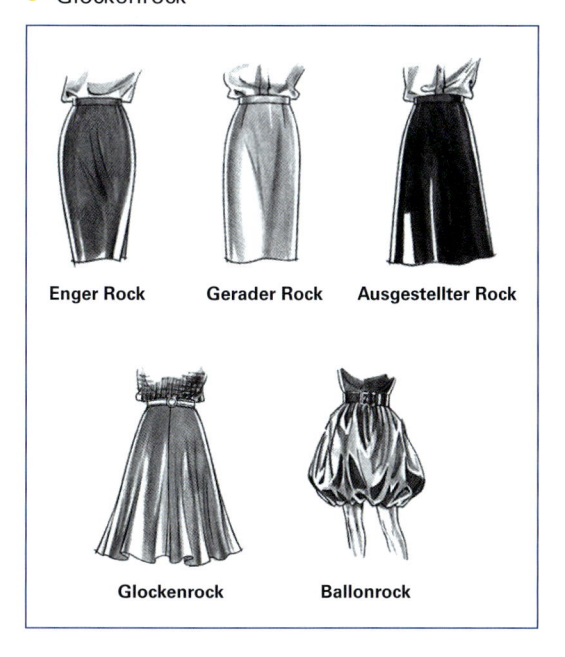

20 Nennen Sie Rockformen, die durch Längsteilungsnähte gestaltet werden.

Mit Längsteilungsnähten gestaltete Rockformen sind z. B.:
Bahnenrock, Kastenrock, Swingrock, Godetrock.

Bahnenrock   Kastenrock   Godetrock

21 Zählen Sie Rockformen auf, die mit Falten gestaltet werden.

Mit **Falten** gestaltete Rockformen sind z. B.:
Rundumfaltenrock, Schirmfaltenrock, Golfrock, Sonnenplisseerock, Schottenrock (Kilt), Rock mit Faltengruppe, Rock mit Faltensaum, Rock mit Kellerfalten.

Enger Rock   Gerader Rock   Ausgestellter Rock

Glockenrock   Ballonrock

Rundumfaltenrock   Rock mit Faltensaum   Rock mit Faltengruppe

22 Geben Sie Rockformen an, bei denen schnitttechnisch eine Querbetonung erreicht wird.

Rockformen mit **schnitttechnischer Querbetonung** sind z. B.:

Stufenrock, Volantrock,
Rock mit Saumrüsche,
Torsorock,
Rock mit Faltensaum,
Sattelrock.

Stufenrock

Volantrock

Sattelrock

Torsorock

23 Nennen Sie Rockformen mit ausschwingender Saumweite.

Rockformen mit **ausschwingender Saumweite** sind z. B.:

Swingrock, Glockenrock,
Godetrock, Sonnenplisseeerock,
Schirmfaltenrock.

Swingrock

Schirmfaltenrock

24 Zählen Sie zwei elegante, zwei sportliche und zwei folkloristische Rockformen auf.

Elegante Rockformen sind z. B.:
Godetrock, Drapierter Rock,
Sonnenplisseerock,
Ballonrock.

Sportliche Rockformen sind z. B.:
Golfrock,
Schottenrock (Kilt),
Sportrock, Hosenrock.

Folkloristische Rockformen sind z. B.:
Stufenrock,
Rock mit Saumrüsche,
Zipfelrock.

Drapierter Rock

Sonnenplisseerock

Golfrock

Schottenrock (Kilt)

Rock mit Saumrüsche

Zipfelrock

10 Produktgruppen

25 Ordnen Sie den nachfolgenden Beschreibungen die entsprechende Blusenform zu:

Ⓐ Bluse mit anliegendem Bundabschluss:
Blousonbluse

Ⓑ Bluse mit angeschnittenem oder angesetztem Hüftteil:
Schößchenbluse

Ⓒ Lässiges Schlupf-Oberteil mit Bundabschluss:
Jumper

Ⓓ Lange, gerade Schlupfbluse, evtl. gegürtet:
Kasack

Blouson-Bluse   Schößchenbluse

Jumper   Kasack

26 Nennen Sie elgante Blusenformen.

Elegante Blusenformen sind z. B.:
Schößchenbluse, Schluppenbluse, Reverskragenbluse, Wickelbluse, Schalkragenbluse.

Schluppenbluse   Wickelbluse

27 Zählen Sie sportliche Blusenformen auf.

Sportliche Blusenformen sind z. B. Hemdbluse, Sportbluse, Polobluse, Kasack.

Hemdbluse   Polobluse   Sportbluse

28 Geben Sie die Merkmale an, die den Folklore-Stil kennzeichnen.

Merkmale für den **Folklorestil** sind z. B.:
- Weite Schnitte
- Eingekräuselte Ärmel und Ausschnitte
- Stickereien
- Bordüren
- Bänderverzierung

Folklore-Bluse

29 Geben Sie Möglichkeiten an, eine Bluse romantisch-verspielt auszugestalten.

Romantisch-verspielt wirken z. B.:
- Rüschen
- Volants
- Fältchen bzw.
- Biesen
- Spitzen
- Stehkragen
- Keulenärmel

Romantik-Bluse

30 Erklären Sie den Begriff Top.

Mit **Top** bezeichnet man kleine Oberteile. Meist haben sie angesetzte oder angeschnittene Träger.

Top

31 Beschreiben Sie das Prinzesskleid.

Das **Prinzesskleid** hat Längsteilungsnähte, die das Oberteil körpernah formen und den Rock mehr oder weniger weit ausschwingen lassen.

Prinzesskleid

32 Nennen Sie vier elegante und zwei sportliche Kleidformen.

Elegante Kleidformen sind z. B.:
Corsagenkleid, Empirekleid, Prinzesskleid, Etuikleid, Dinnerkleid, Torsokleid.

Corsagenkleid *Empirekleid*

Dinnerkleid *Torsokleid*

Sportliche Kleidformen sind z. B.:
Hemdblusenkleid, Mantelkleid.

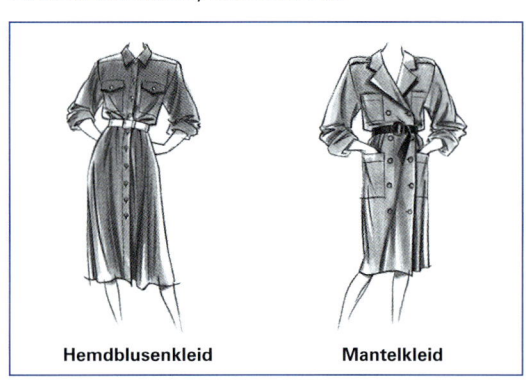

Hemdblusenkleid *Mantelkleid*

33 Geben Sie die Merkmale für ein Dirndl an.

Charakteristische Merkmale eines **Dirndls** sind z. B.:
- Enges Schoßleibchen oder
- Schnürmieder
- Großer Ausschnitt
- Puffärmel
- Weiter Rock
- Schürze
- Rüschenbesatz
- Bandverzierung
- Stickereien

Dirndl

34 Unterscheiden Sie das Shiftkleid von einem Etuikleid.

Während sich das **Etuikleid** figurzeichnend um den Körper schmiegt, ohne ihn einzuengen, weist das **Shiftkleid** einen hemdartigen weiten Schnitt auf und ist ohne Taillierung.

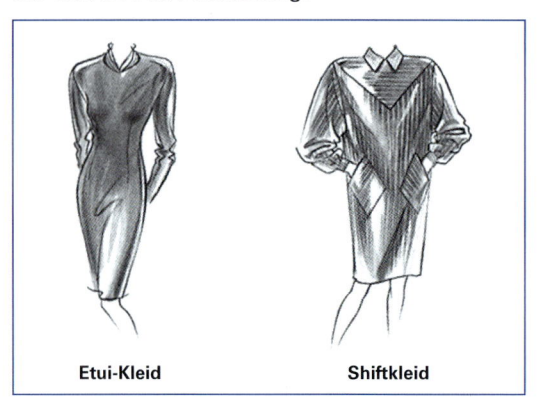

Etui-Kleid *Shiftkleid*

10 Produktgruppen

35 Nennen Sie drei Formen für ein T-Shirt.

T-Shirt-Formen sind z. B.: T-Shirt mit Rundhals, T-Shirt mit Knopfleiste, Achselshirt, T-Shirt mit überschnittenen Schultern.

T-Shirt mit Rundhals — T-Shirt mit Knopfleiste — T-Shirt mit überschnittenen Schultern

36 Definieren Sie den Begriff Sweatshirt.

Mit **Sweatshirt** bezeichnet man langärmelige wärmende Oberteile mit Bundabschluss. Als Material kommt Futterware (linksseitig geraut oder ungeraut) zum Einsatz. Verschiedenste Kragen- und Ausschnittlösungen sind möglich.

Sweatshirt mit Rundhals — Sweatshirt mit Reißverschluss und Kragen

37 Beschreiben Sie ein Polo-Shirt.

Das **Poloshirt** ist ein Oberteil aus Maschenstoff mit einer halben Knopfleiste, Umlegekragen sowie kurzen oder langen Ärmeln mit Bündchenabschluss.

Polo-Shirt

38 Ordnen Sie den nachstehenden Beschreibungen die entsprechende Benennung zu:

Ⓐ Kombination von Pullover und Strickjacke in klassischer Form für Damen:
Twinset

Ⓑ Ärmelloser Pullover als Ergänzung zur Bluse bzw. zum Hemd:
Pullunder

Twinset — Pullunder mit V-Ausschnitt — Pullunder mit Rundhals

39 Geben Sie verschiedenen Kragen- und Ausschnittvarianten für Pullover, Pullunder und Strickjacken an.

Rollkragen, Umlegekragen, Schalkragen, Stehkragen und Reißverschluss (Troyer),
U-Boot-Ausschnitt, V-Ausschnitt, Rundhals.

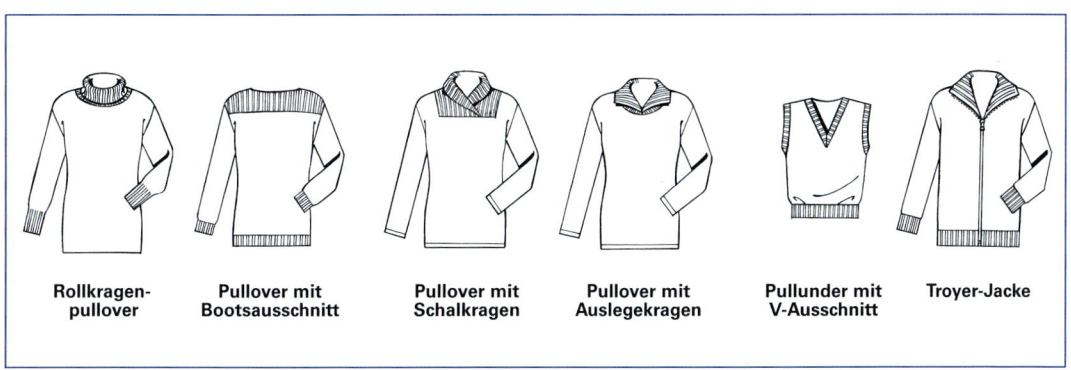

Rollkragenpullover — Pullover mit Bootsausschnitt — Pullover mit Schalkragen — Pullover mit Auslegekragen — Pullunder mit V-Ausschnitt — Troyer-Jacke

40 Nennen Sie sechs Hosen, die ihre Bezeichnung nach ihrer Form erhalten haben.

Hosenformen, nach ihrer Form (Silhouette) benannt, sind z. B.:

Röhrenhose, Gerade Hose,
Ausgestellte Hose (Schlaghose),
Flatterhose, Karottenhose, Keilhose.

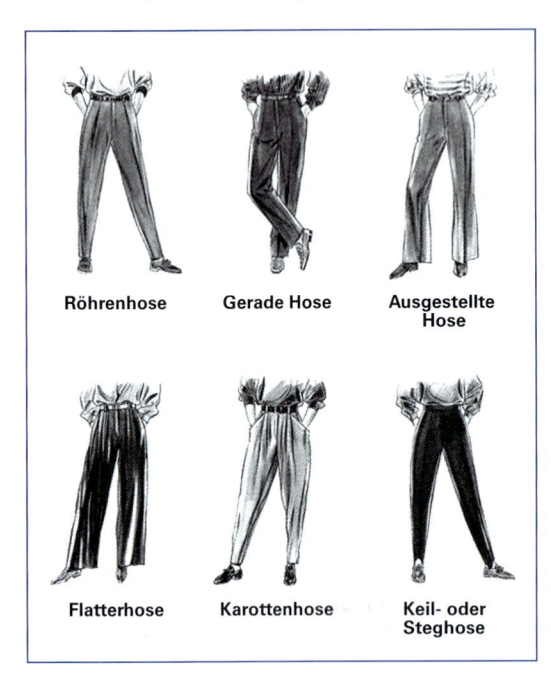

Röhrenhose Gerade Hose Ausgestellte Hose

Flatterhose Karottenhose Keil- oder Steghose

41 Zählen Sie sechs Hosen mit verkürzter Länge auf.

Hosen mit verkürzter Länge sind z. B.:

Shorts, Bermuda-Shorts,
Caprihose (Piratenhose),
Fischerhose (Kulihose),
Gauchohose, Kniebundhose, Knickerbocker.

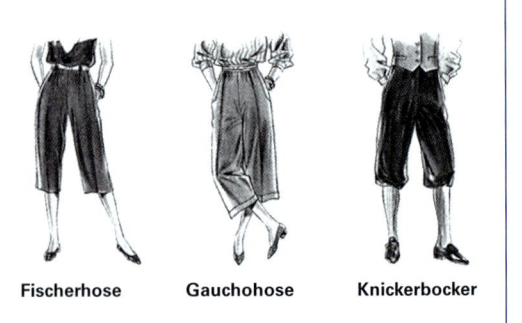

Shorts Bermuda-Shorts Caprihose

Fischerhose Gauchohose Knickerbocker

42 Ordnen Sie den nachfolgenden Beschreibungen die entsprechende Benennung zu:

Ⓐ Hose in gesäßweiter Form, deren Hosenbeine sich zum Knöchel hin verengen:

Karottenhose

Ⓑ Enganliegende und knapp kniebedeckende Hose, evtl. mit Seitenschlitzen:

Caprihose (Piratenhose)

43 Beschreiben Sie die nachstehenden Hosenformen.

Ⓐ **Palazzohose (Pluder-, Haremshose):**
– Sie ist sehr weit und lang geschnitten.
– Durch einen engen Beinabschluss wird die Überlänge geschoppt.

Ⓑ **Kniebundhose:**
– Sie hat eine schmale Schnittform.
– Der Bundabschluss an den Hosenbeinen liegt knapp unterhalb der Knie.

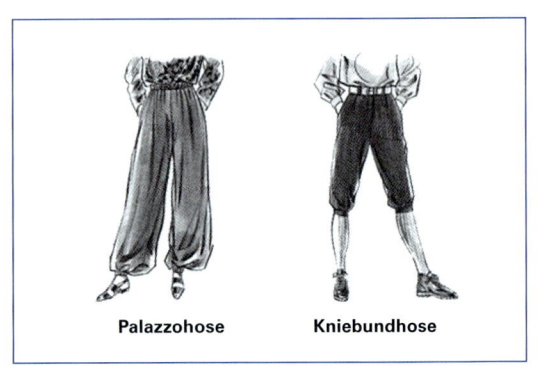

Palazzohose Kniebundhose

10 Produktgruppen

44 Nennen Sie vier sportliche Jackenformen.

Sportliche Jackenformen sind z. B.:
Blouson, Parka, Anorak, Hemdjacke, Safarijacke.

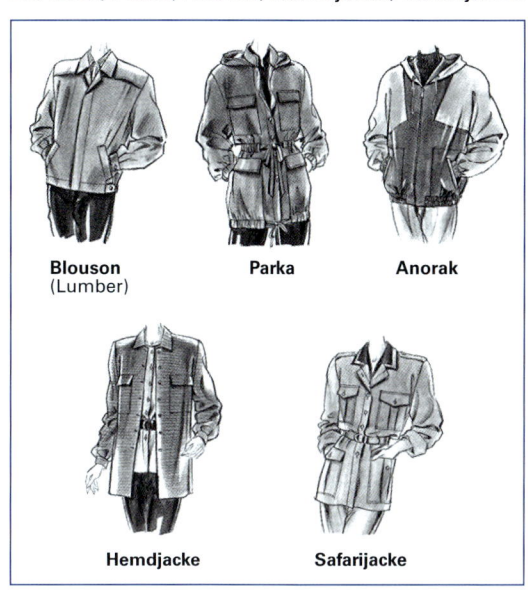

Blouson (Lumber) — Parka — Anorak

Hemdjacke — Safarijacke

45 Ordnen Sie den nachfolgenden Beschreibungen die entsprechende Benennung zu.

Ⓐ Knappes, offenes, taillenkurzes Jäckchen:
   Bolero

Ⓑ Kürzere Jacke mit bequemer Weite und Bundabschluss:
   Blouson

Ⓒ Glockig ausschwingende Jacke:
   Swingerjacke (Zelt-, Windstoßjacke)

Ⓓ Hüftlange Jacke mit kragenlosem, langgezogenem Ausschnitt:
   Cardigan-Jacke

Bolero — Zeltjacke — Cardigan-Jacke

46 Definieren Sie den Begriff Chasuble.

Eine lange schmale Damenjacke ohne Ärmel und meistens verschlusslos wird mit **Chasuble** bezeichnet.

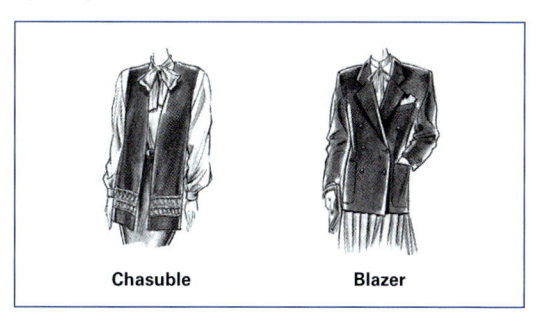

Chasuble — Blazer

47 Beschreiben Sie einen Blazer.

Der **Blazer** ist eine sportlich-elegante Jacken- bzw. Sakkoform mit Reverskragen. Er ist antailliert und hat einen ein- oder zweireihigen Knopfverschluss. Die Taschen können aufgesetzt (sportlich) oder eingearbeitet (elegant) sein.

48 Unterscheiden Sie das Gilet von einem Spenzer.

Das ärmellose und meist kragenlose **Gilet** ist eine taillierte Weste in klassischer Form, reicht knapp über die Taille und hat oft einen Futterrücken.
Auch der **Spenzer** ist taillenkurz und hat einen körpernahen Schnitt. Als Jacke hat er jedoch Ärmel und häufig einen Reverskragen.

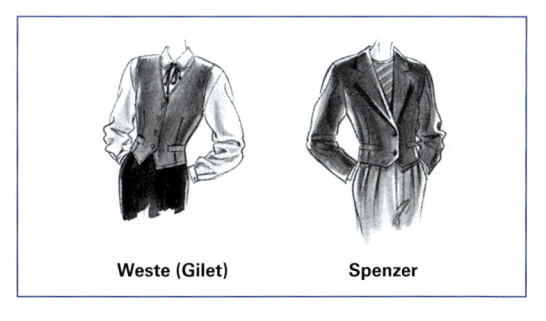

Weste (Gilet) — Spenzer

49 Geben Sie die Möglichkeiten an, ein Kleidungsstück sportlich auszugestalten.

Sportliche Details sind z. B.:

Markante Steppnähte, Schulterklappen, Ärmelriegel,
aufgesetzte Taschen und Reißverschlüsse.

50 Zählen Sie drei elegante und drei sportliche Mantelformen auf.

Elegante Mantelformen:
Redingote, Cape, Blazermantel, Wickelmantel, Swinger (Zeltmantel), Paletot

Sportliche Mantelformen:
Trenchcoat, Sportcoat, Dufflecoat

Redingote   Zeltmantel   Cape

51 Nennen Sie drei Mantelformen für Damen und drei für Herren.

Mantelformen für **Damen**:
Redingote, Swinger (Zeltmantel), Wickelmantel

Mantelformen für **Herren**:
Paletot, Slipon, Ulster

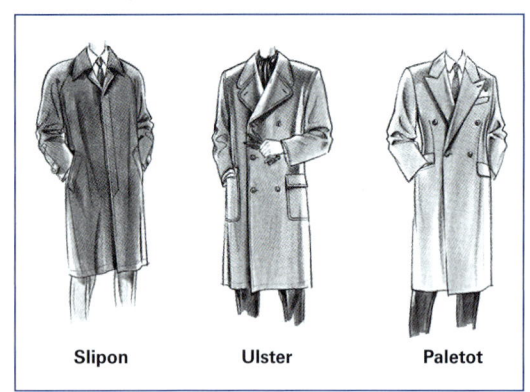

Slipon   Ulster   Paletot

52 Ordnen Sie den nachstehenden Merkmalen die entsprechende Mantelform zu:

Ⓐ Taillierte Schnittform, Längsteilungsnähte, ausgestellte bis ausschwingende Saumweite:
Redingote

Ⓑ Lose Schnittform, gegürtet, Reverskragen, Schultersattel, Ärmelriegel, Schulterklappen:
Trenchcoat

Ⓒ Kurze, kastige Schnittform, aufgesetzte Taschen, Kapuze, evtl. Knebelverschluss:
Dufflecoat

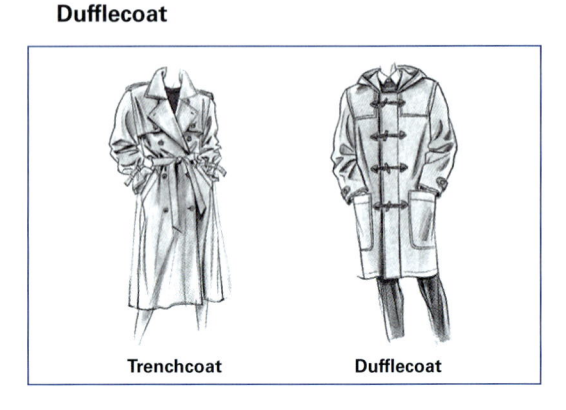

Trenchcoat   Dufflecoat

53 Ordnen Sie den nachfolgenden Definitionen die entsprechende Mantelform zu:

Ⓐ schwerer, wuchtiger Herrenmantel: **Ulster**
Ⓑ weiter, ärmelloser Umhang: **Cape**
Ⓒ Allwettermantel mit Gürtel: **Trenchcoat**
Ⓓ Loser Damenmantel mit glockiger Saumweite: **Swinger (Zeltmantel)**
Ⓔ antaillierter Herrenmantel mit Reverskragen: **Paletot**

54 Zählen Sie jeweils zwei taillierte, zwei lose und zwei gegürtete Mantelformen auf.

Taillierte Mantelformen:
Redingote, Paletot, Blazermantel

Lose Mantelformen:
Hänger, Ulster, Cape, Dufflecoat

Gegürtete Mantelformen:
Trenchcoat, Wickelmantel

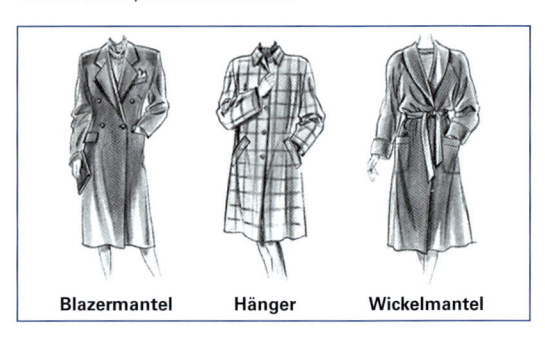

Blazermantel   Hänger   Wickelmantel

55 Nennen Sie die Merkmale eines klassischen Schneiderkostüms.

Merkmale des klassischen **Schneiderkostüms** sind:

- Strenge, herrenmäßige Verarbeitung
- Jacke in antaillierter Schnittform
- Hochwertiges, zeitloses Material
- Ein- oder zweireihig geknöpft
- Schmaler Rock aus dem gleichen Stoff wie die Jacke
- Reverskragen
- Eingearbeitete Taschen
- Zweinahtärmel

Schneider-Kostüm

56 Zählen Sie fünf mögliche Bezeichnungen für mehrteilige Kombinationen der Damenmode auf.

Mehrteilige **Kombinationen der DOB** sind z. B.:

- Kostüm
- Hosenanzug
- Jackenkleid
- Ensemble
- Composé
- Deux-Pièces (Zweiteiler)
- Trois-Pièces (Dreiteiler)
- Complet
- Coordinates
- Separates

57 Erläutern Sie die Begriffe Ensemble und Complet.

Mit **Ensemble** bezeichnet man allgemein eine Zusammenstellung von Kleidungsstücken, die in Stil, Farbe und Material aufeinander abgestimmt sind.

Unter einem **Complet** versteht man die Zusammenstellung von Rock, Kleid, Kostüm oder Hosenanzug mit einem Mantel oder einer längeren Jacke.

Hosen-Ensemble

58 Erklären Sie die Fachbegriffe Deux-Pièces, Trois-Pièces und Jackenkleid.

Mit **Deux-Pièces bzw. Zweiteiler** bezeichnet man zweiteilige Kleider, bestehend aus Rock und Oberteil.

Ein **Trois-Pièces** oder **Dreiteiler** ist z. B. die Kombination von Rock oder Hose, Top und Jäckchen aus dem gleichen Material.

Beim **Jackenkleid** wird ein einteiliges Kleid mit einem Jäckchen aus dem gleichen Material kombiniert.

Trois-Pièces

| Chanelkostüm | Hosenanzug | Composé | Jackenkleid | Deux-Pièces | Complet |

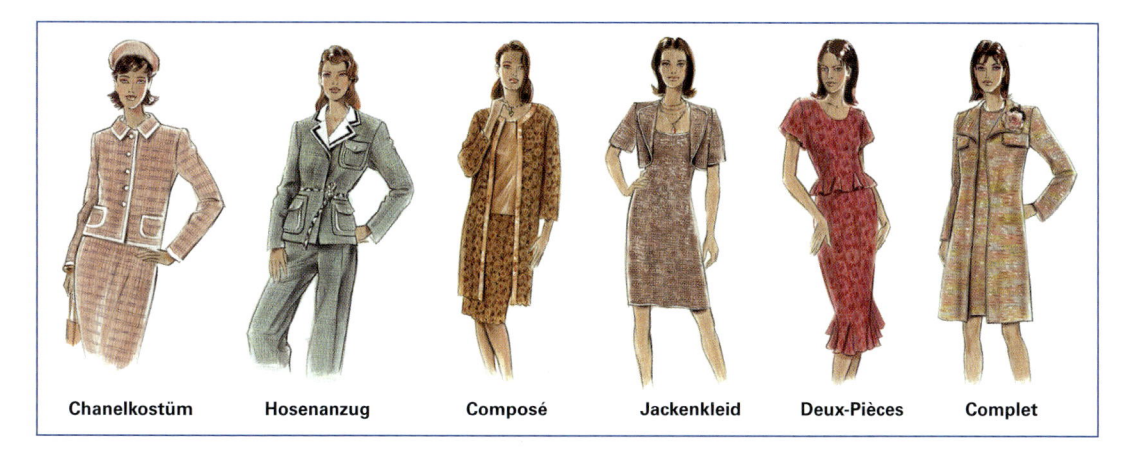

59 Definieren Sie den Begriff Kombination aus der Sicht der HAKA.

Bei der **Kombination** bzw. dem kombinierten Anzug bestehen die Einzelteile (Hose, Sakko, Weste) aus unterschiedlichem Oberstoff, sind jedoch in Farbe, Dessin, Schnitt- und Detailgestaltung aufeinander abgestimmt.

Sportive Kombination mit Einknopfsakko

Junge Kombination mit Jeans

60 Geben Sie drei schnitttechnische Details an, die zur Unterscheidung einzelner Sakkoformen dienen.

Unterschiedliche schnitttechnische Details bei Sakkoformen sind z. B.:

- Zahl der Verschlussreihen (Einreiher, Zweireiher)
- Kantenabstich (gerade, gerundet)
- Reversverlauf (abfallende Fasson, steigende Fasson)
- Taschenart (eingearbeitet, aufgesetzt)
- Zahl der Knöpfe (Einknöpfer, Zweiknöpfer, Dreiknöpfer)

61 Nennen Sie vier Anzugformen.

Anzugformen sind z. B.:

Einreiher, Zweireiher,

Blazeranzug, Businessanzug,

Konferenzanzug,

Trachtenanzug, Freizeitanzug.

Einreiher als Zweiknöpfer

Einreiher als Dreiknöpfer

Einreiher als Vierknöpfer

Businessanzug mit Weste

Trachtenanzug mit Weste

Freizeitanzug im Blousonstil

62 Erklären Sie den Begriff Zweireiher.

Beim **Zweireiher** weisen die zwei Verschlussreihen des Sakkos ein, zwei oder drei Knopfpaare auf.
Der Reversverlauf ist meist steigend und gewölbt, der Kantenabstich gerade.
Die Taschen werden eingearbeitet.

Zweireihiger Blazer mit einem Schließknopf

Zweireiher mit zwei Schließknöpfen

| Cut (Cutaway) | Cut-Kombination | Festliche Kombination | Brautkleid und Hochzeitsanzug | Festlicher Anzug | Dinner-Jacket |

63 Vergleichen Sie den Cut mit einem Frack.

Beim **Cut** verlaufen die Schöße vom Schließknopf aus bogenförmig nach hinten, während beim **Frack** die rückwärtigen Schöße erst am Vorderteilabnäher beginnen, die Vorderteile nur taillenlang sind und nicht geschlosen werden.

Zum dunklen Cut wird meistens eine hellere, dezent gemusterte Hose getragen. Der Frack besteht aus einheitlichem Material mit seidenbelegten Revers und seitlichen Seidenstreifen (Galons) an der Frackhose.

64 Beschreiben Sie einen Smoking.

Der **Smoking** ist aus einheitlichem Material mit seidenbelegten Revers in Schalkragen- oder Spitzfasson und seitlichen Seidenstreifen (Galons) an der aufschlaglosen Hose.

Man ergänzt ihn mit einem Kummerbund oder einer Schärpenweste und der Smokingschleife.

65 Nennen Sie zwei klassische und zwei moderne Gesellschaftsanzüge bzw. -kombinationen für den Herrn.

Klassische Gesellschaftsanzüge sind z. B.:
Smoking, Frack, Cut(away).

Moderne Gesellschaftsanzüge sind z. B.:
Spenzeranzug, Spenzer-Kombination, Partyanzug, Party-Kombiation, Dinner-Jacket.

66 Geben Sie fünf mögliche Bekleidungsformen der DOB für gesellschaftliche Anlässe an.

Damenbekleidung für gesellschaftliche Anlässe sind z. B.:

- Abendkleid
- Partykleid
- Dinnerkleid
- Empirekleid
- Corsagenkleid
- Elegantes Kostüm (z. B. Schößchenkostüm)
- Elegantes Deux-pièces

| Smoking | Abendkleid | Frack |

67 Nennen Sie die Anforderungen an eine funktionelle Sport- und Freizeitbekleidung.

Anforderungen an funktionelle **Sport- und Freizeitbekleidung** sind z. B.:
- Bekleidungsphysiologische Eignung
- Hautverträglichkeit
- Formbeständigkeit
- Bequemlichkeit
- Pflegeleichtigkeit
- Geringes Gewicht
- Zweckmäßigkeit, Funktionalität
- Strapazierfähigkeit
- Problemlose Entsorgung

68 Geben Sie geeignete Materialien für Funktionsunterwäsche an.

Geeignete Materialien für **Funktionsunterwäsche** sind z. B.:
- Einflächige Maschenwaren
- Doppelflächige Maschenwaren
- Zweikomponentengewebe
- Maschenwaren aus Hohlfasern
- Hochelastische Maschenwaren

Klima-Funktionswäsche

Thermowäsche

69 Beschreiben Sie die Aufgaben für funktionelle Outdoor-Bekleidung.

Funktionelle **Outdoor-Bekleidung** hat z. B. folgende Aufgaben:
- Gegen Wind und Nässe isolieren
- Nässe von außen abhalten (wasserabweisend sein)
- Feuchtigkeit von innen nach außen abgeben (luft- und wasserdampfdurchlässig sein)
- Strapazierfähig, pflegeleicht und funktionell ausgestattet sein

70 Nennen Sie geeignete Materialien für funktionelle Outdoor-Bekleidung.

Geeignete Materialien für funktionelle Outdoor-Bekleidung sind z. B.:
- Mikroporös beschichtete Mikrofasergewebe
- Hydrophob ausgerüstete Gewebe
- Membran-Systeme
- Imprägnierte Gewebe

71 Nennen Sie Bekleidungsformen für funktionelle Outdoor-Bekleidung.

Bekleidungsformen für funktionelle Outdoor-Bekleidung sind z. B.:

Sweater, Blouson, Anorak, Parka, Kniebundhose, Treckinghose

Sweater

Trecking-Jacke

Wendeweste

Schlupfanorak

Trecking-Parka mit Kevlar-Besätzen

Expeditions-Daunenjacke

72 Erläutern Sie den Begriff Accessoires.

Mit **Accessoires** bezeichnet man das schmückende Beiwerk (Zubehör), das ein modisches Gesamtbild abrundet, ergänzt und vervollständigt.

73 Nennen Sie sechs verschiedene Accessoires.

Accessoires sind z. B.:

- Kopfbedeckungen (Hüte, Kappen, Mützen)
- Tücher, Schals, Krawatten
- Strümpfe und Schuhe
- Handtaschen und Handschuhe
- Ansteckblumen, Gürtel, Schärpen
- Schmuck, Brillen, Uhren

74 Geben Sie sechs verschiedene Materialien für Kopfbedeckungen an.

Geeignete Materialien für Kopfbedeckungen sind z. B.:

- Filz
- Strohgeflecht
- Leder
- Pelz
- Strickware
- Webware

75 Nennen Sie fünf mögliche Garnituren für Kopfbedeckungen.

Mögliche Garnituren für Kopfbedeckungen sind z. B.:

- Bänder
- Federn
- Schleier
- Kordeln
- Blumen
- Rosetten
- Lederstreifen
- Filzstreifen
- Drapierung

Accessoires der Damenmode

Accessoires der Gesellschaftskleidung für den Herrn

76 Ordnen Sie den abgebildeten Hutformen Ⓐ bis Ⓕ die entsprechende Bezeichnung zu.

Ⓐ Aufschlaghut Ⓑ Glocke Ⓒ Panama Ⓓ Schildmütze Ⓔ Baseballmütze Ⓕ Ballonmütze

77 Ordnen Sie den abgebildeten Kleidformen Ⓐ bis Ⓔ die nachfolgenden Silhouetten zu: A-Linie, Y-Linie, H-Linie, X-Linie, I-Linie.

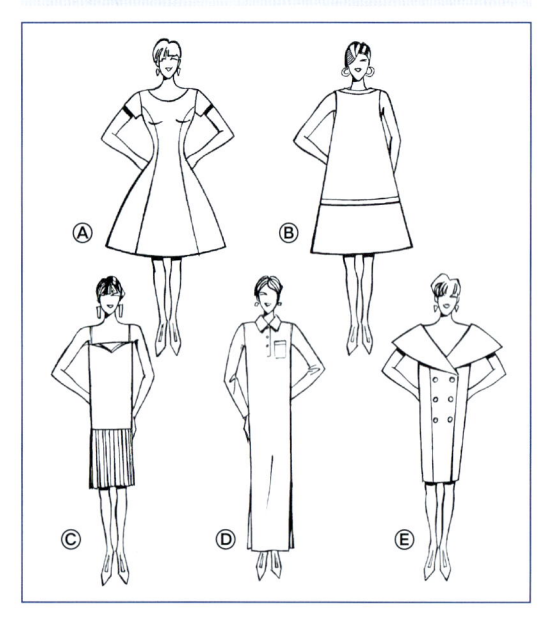

78 Ordnen Sie den abgebildeten Kleidformen Ⓐ bis Ⓔ die nachfolgenden Bezeichnungen zu: Mantelkleid, Etuikleid, Hängerkleid (Shift), Hemdblusenkleid, Prinzesskleid.

79 Ordnen Sie den abgebildeten Mantelformen Ⓐ bis Ⓔ die nachfolgenden Silhouetten zu: V-Linie, Zelt-Linie, Kasten-Linie, X-Linie, O-Linie.

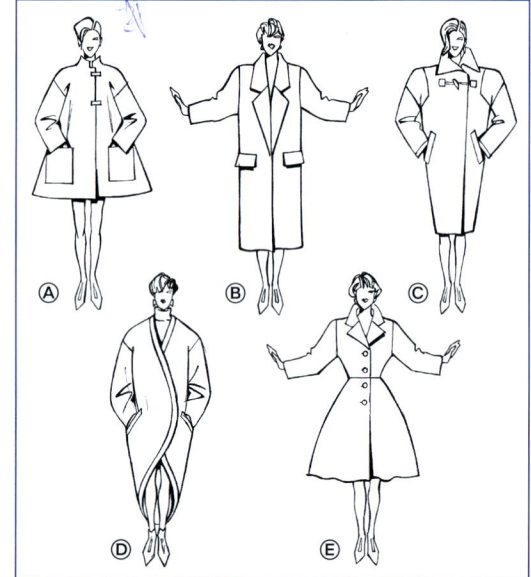

80 Ordnen Sie den abgebildeten Blusenformen Ⓐ bis Ⓔ die nachfolgenden Bezeichnungen zu: Hemdbluse, Schluppenbluse, Schößchenbluse, Top, Kasack(-bluse).

81 Ordnen Sie den abgebildeten Rockformen Ⓐ bis Ⓔ die nachfolgenden Bezeichnungen zu:
Sattelrock, Bahnenrock, Kastenrock, Godetrock, Glockenrock.

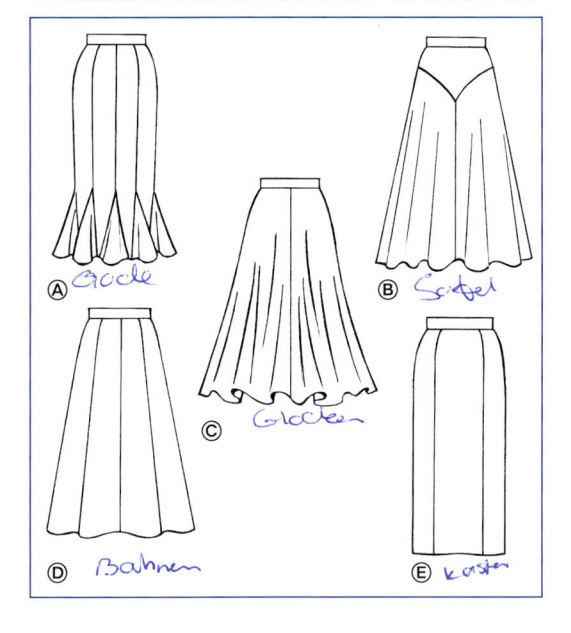

Ⓐ Godet
Ⓑ Sattel
Ⓒ Glocken
Ⓓ Bahnen
Ⓔ Kasten

83 Ordnen Sie den abgebilden Hosenformen Ⓐ bis Ⓔ die nachfolgenden Bezeichnungen zu:
Schlaghose, Caprihose, Karottenhose, Bermudas, Flatterhose (Slacks).

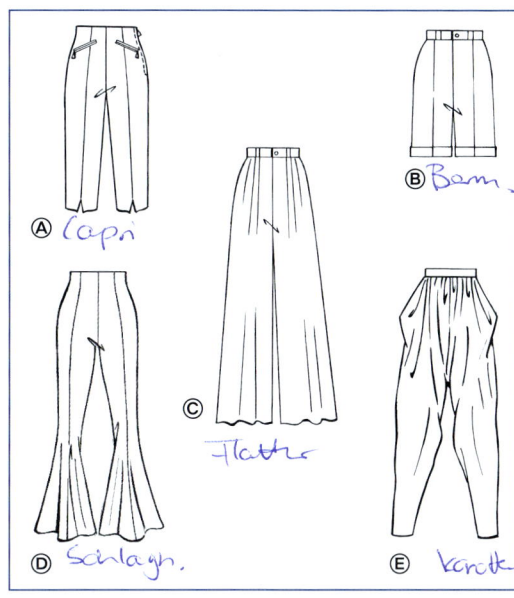

Ⓐ Capri
Ⓑ Berm.
Ⓒ Flatter
Ⓓ Schlagh.
Ⓔ Karotte

82 Ordnen Sie den abgebildeten Maschenartikeln Ⓐ bis Ⓔ die nachfolgenden Bezeichnungen zu:
Pullunder, Polo-Shirt, Sweat-Shirt, Pullover, T-Shirt.

84 Ordnen Sie den abgebildeten Jackenformen Ⓐ bis Ⓔ die nachfolgenden Bezeichnungen zu:
Tailleur-Jacke, Cardigan-Jacke, Bolero, Gilet, Janker.

Ⓐ Janker
Ⓑ Bolero
Ⓒ Gilet

85 Ordnen Sie den abgebildeten Mantelformen Ⓐ bis Ⓔ die nachfolgenden Fachbegriffe zu:
Trenchcoat, Dufflecoat, Slipon, Ulster, Paletot.

87 Ordnen Sie den abgebildeten Mantelformen Ⓐ bis Ⓔ die nachfolgenden Bezeichnungen zu:
Swinger(-mantel), Cape, Hänger, Redingote, Caban

86 Ordnen Sie den abgebildeten Jackenformen Ⓐ bis Ⓔ die nachfolgenden Bezeichnungen zu:
Blouson, Anorak, Parka, Hemdjacke, Safarijacke

88 Ordnen Sie den abgebildeten Bekleidungsformen Ⓐ bis Ⓔ der DOB den entsprechenden Fachbegriff zu:
Composé, Chanelkostüm, Complet, Schneiderkostüm, Deux-Pièces.

89 Ordnen Sie den abgebildeten Sakkoformen Ⓐ bis Ⓔ die nachfolgenden Bezeichnungen zu:
Blazer, Einreiher, Sportsakko, Zweireiher, Freizeitsakko.

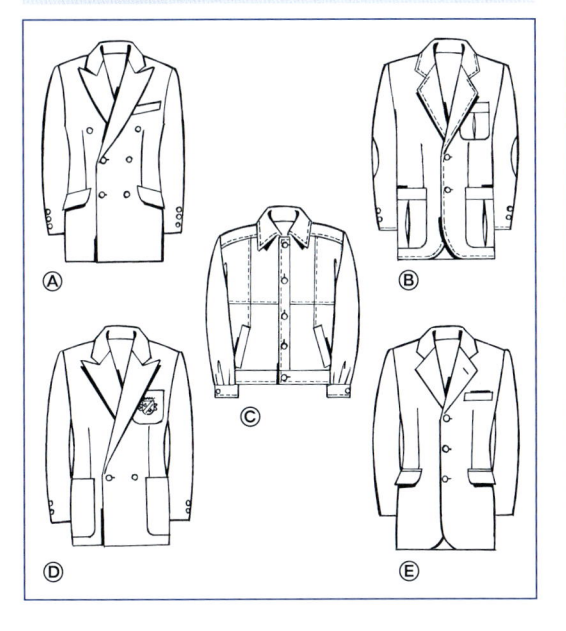

90 Ordnen Sie den abgebildeten Formen der HaKa Ⓐ bis Ⓔ die entsprechenden Fachbegriffe zu:
Frack, Cut(away), Party-Sakko, Smoking, Spenzer-Jacke.

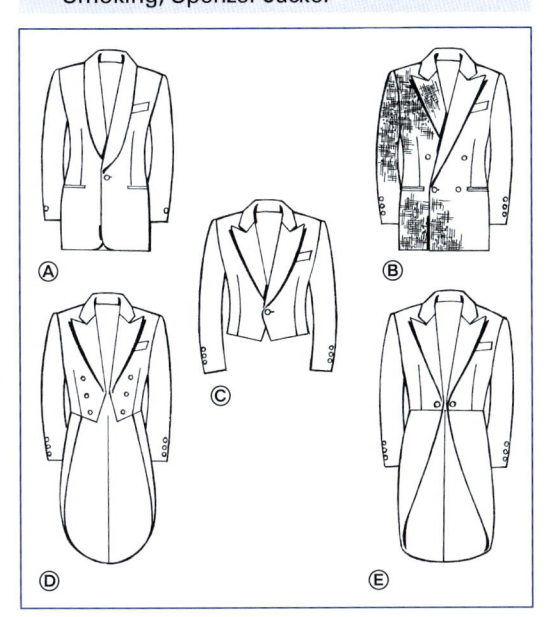

91 Ordnen Sie den abgebildeten Hemdenkragen Ⓐ bis Ⓔ die entsprechenden Fachbegriffe zu:
Klappenkragen, Kentkragen, Button-down-Kragen, Tab-Kragen, Lidokragen.

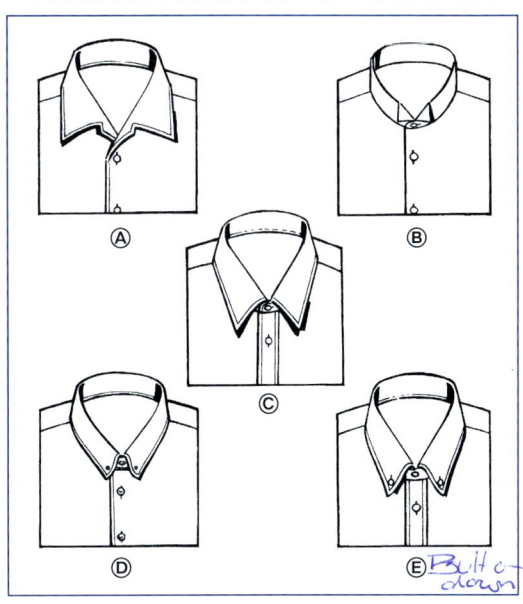

92 Ordnen Sie den abgebildeten Hemdendetails Ⓐ bis Ⓔ die entsprechenden Bezeichnungen zu:
Einsatz, Verdeckte Knopfleiste, Frontleiste, Passe, Plisseefalten.

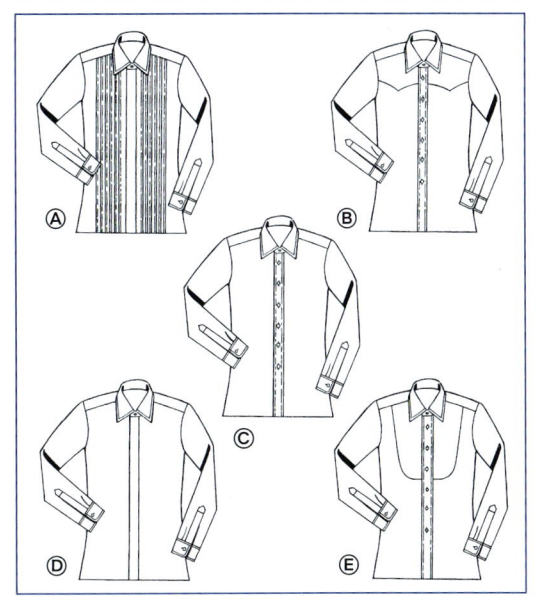

11 Geschichte der Bekleidung

11.1 Ungebundene Aufgaben

1 Geben Sie Stilepochen an, die dem Altertum zugeordnet werden.

Dem **Altertum** zugeordnet werden folgende Stilepochen:

Ägyptisches Altertum, Griechische Antike, Römische Antike, Germanische Vor- und Frühzeit.

2 Ordnen Sie den Stilepochen Romanik, Gotik, Renaissance und Barock die entsprechenden Zeitabschnitte zu.

Romanik	etwa 700 bis 1250
Gotik	etwa 1250 bis 1500
Renaissance	etwa 1500 bis 1640
Barock	etwa 1640 bis 1720

3 Beschreiben Sie das Material der Ägyptischen Tracht.

Material der **ägyptischen Tracht war** feines weißes Leinen.

Die farbig gemusterten oder mit Goldfäden durchsetzte Stoffe waren oft durchsichtig und plissiert.

4 Kennzeichnen Sie die Kalasiris, das Nationalgewand der Ägyptischen Tracht.

Die **Kalasiris** war eine waden- oder knöchellange enge Hülle, mit Schulterband oder Trägern gehalten und mit Ornamenten reich verziert, oder ein Hemdgewand, durchsichtig und fein plissiert, lose oder gegürtet.

5 Erläutern Sie den Begriff Schenti.

Mit **Schenti** bezeichnete man den Lenden- oder Hüftschurz der alten Ägypter.

6 Nennen Sie vier typische Beispiele für das Zubehör zur Ägyptischen Bekleidung.

Zubehör zur Ägyptischen Bekleidung waren beispielsweise:
- Perücke
- Stirnbänder
- Hauben
- Ring- oder Schulterkragen
- Sandalen

Enge Frauenkalasiris und verschiedene Formen des Schenti (Lenden- oder Hüftschurz)

Plissierte Männerkalasiris, über Schenti, enge Frauenkalasiris mit Schulterträger

11 Geschichte der Bekleidung

7 Kennzeichnen Sie die Kleidung zur Zeit der Griechischen Antike.

Die Kleidung zur Zeit der **Griechischen Antike** war luftig und weit und bestand aus kunstvoll um den Körper drapierten Stoffteilen.

Faltenwurf und Gürtung waren individuell, Männer und Frauen trugen gleichartige Kleidung.

8 Beschreiben Sie die Stoffe, aus denen die Kleidung zur Zeit der Griechischen Antike gefertigt wurde.

Die **Stoffe** zur Zeit der Griechischen Antike waren aus Wolle odder Leinen gewebt, später auch aus Baumwolle.

Kräftige Farben und verzierte Kanten waren beliebt.

9 Nennen Sie jeweils drei Gewandformen für Frauen und Männer zur Zeit der Griechischen Antike.

Griechische Gewandformen für **Frauen** waren z. B.:
- Peplos
- Chiton
- Himation

Griechische Gewandformen für **Männer** waren z. B.:
- Chlaina
- Exomis
- Chlamys
- Chiton
- Himation

10 Beschreiben Sie den Peplos.

Der **Peplos** bestand aus einem rechteckigen Wolltuch, das unter den Armen um den Körper gelegt, zu den Schultern hochgezogen und dort mit Spangen, Knoten, Nadeln oder Knöpfen festgehalten wurde.

Den oberen Stoffrand schlug man um, die rechte Seite blieb offen.

Das Gewand wurde lose oder in der Taille gegürtet getragen.

11 Geben Sie die charakteristischen Merkmale des Chitons an.

Charakteristische Merkmale des **Chitons** waren:
- Seitlich durch Nähte geschlossen
- Ärmellos oder mit Scheinärmeln
- Ein- oder mehrfach gegürtet
- Bauschige Faltenüberhänge

12 Unterscheiden Sie die Gewandformen Himation und Chlamys.

Das **Himation,** ein großes Wolltuch in Rechteckform, wurde um den Körper gewickelt.

Die **Chlamys,** ein kürzerer wollener Umhang, wurde über die linke Schulter gelegt und auf der rechten Schulter gehalten.

| Männerchiton | Exomis | Himation | Himation | Chlamys | Gegürteter Pelops | Chiton |

13 Kennzeichnen Sie die Kleidung zur Zeit der Römischen Antike.

Die Kleidung zur Zeit der **Römischen Antike** war aufwändig und repräsentativ, die Frauenkleidung oftmals luxuriös und raffiniert, die Männerkleidung steif und unpersönlich.

Form, Farbe und Verzierungen gaben Aufschluss über Rang und Stand.

14 Nennen Sie jeweils drei Gewandformen für Frauen und Männer zur Zeit der Römischen Antike.

Römische Gewandformen für **Frauen** waren z. B.:
Tunika, Stola, Palla, Paenula.

Römische Gewandformen für **Männer** waren z. B.:
Tunika, Togan, Pallium, Paenula.

15 Beschreiben Sie die Stoffe, aus denen die Kleidung zur Zeit der Römischen Antike gefertigt wurde.

Die **Stoffe** zur Zeit der Römischen Antike waren aus naturfarbener Wolle und hatten farbige Kanten.

Später liebte man sie farbenprächtig und prunkvoll.

Die Frauen bevorzugten leichtere Materialien wie Baumwolle, feines Leinen und die kostbare Seide.

16 Nennen Sie die Merkmale der Tunika.

Merkmale der **Tunika** sind z. B.:
- Hemdartiger Schnitt
- Kopfschlitz
- Öffnungen für die Arme
- Gelegentlich mit Ärmeln
- Meistens gegürtet

17 Nennen und beschreiben Sie das Staats- und Ehrenkleid des römischen Bürgers.

Das Staats- und Ehrenkleid des römischen Bürgers, die **Toga,** bestand aus einem großen ovalen Wolltuch, das der Länge nach gefaltet und in kunstvollen Falten um den Körper drapiert wurde.

18 Erläutern Sie die Begriffe Stola, Palla und Paenula.

Stola
Obergewand der Römerin im Schnitt der Tunika, aus kostbarem Material und reich verziert.

Palla
Übergewand der Römerin; ein rechteckiges Wolltuch, das um den Körper drapiert wurde.

Paenula
Umhang in Oval- oder Rautenform, ringsum geschlossen oder vorne geschlitzt, oftmals mit Kapuze. Schlechtwettermantel für Männer und Frauen.

Römerin in Stola und Palla

Römer in Tunika und Toga

11 Geschichte der Bekleidung

19 Vergleichen Sie die Gewandformen Toga und Pallium.

Die **Toga** wurde in kunstvollen Falten um den Körper drapiert. Die Länge des ovalen Wolltuches entsprach der dreifachen Manneshöhe, die Breite etwa der zweifachen.

Das **Pallium** war praktischer und bequemer. Der rechteckige Umhang wurde um den Körper gewickelt, später nur über die linke Schulter gelegt und auf der rechten Schulter befestigt.

20 Beschreiben Sie die Materialien der Bekleidung zur Zeit der Germanen.

Die Kleidung zur Zeit der **Germanen** war dem kalten nordischen Klima angepasst. Man verwendete Wolle, Leinen und Tierfelle. Webmuster, farbige Kanten und Besätze sowie Fransen dienten als Zierde.

21 Nennen Sie die Bestandteile der Frauenkleidung während der Bronzezeit und während der Eisenzeit.

Die **Frauenkleidung** während der **Bronzezeit** bestand aus Rock, Bluse und Gürtel.

In der **Eisenzeit** kam das Hemdkleid auf, welches man über oder unter einer Ärmelbluse trug. Als Unterbekleidung waren Brust-, Bein- und Schenkelbinden üblich, als Übergewand diente ein großes Tuch.

22 Nennen Sie die Bestandteile der Männerkleidung während der Bronzezeit und während der Eisenzeit.

Als **Männerbekleidung** während der **Bronzezeit** war der Leibrock oder ein Lendenschurz üblich.

In der **Eisenzeit** kam das Beinkleid, die Hose auf, zu der man einen Kittel trug und darunter ein Hemd. Als Übergewand diente ein Mantelumhang.

23 Geben Sie vier typische Beispiele für das Zubehör zur Bekleidung der Germanen.

Typisches **Zubehör** bei den Germanen waren:
Haarnetze, Fell- oder Wollmützen,
Bundschuhe,
prunkvolle Gürtelscheiben und Gewandfibeln.

Germanen zur Bronzezeit
Ⓐ Bluse
Ⓑ Rock
Ⓒ Fransengürtel mit Gürtelscheibe
Ⓓ Leibrock
Ⓔ Mantelumhang
Ⓕ Bundschuhe

Germanen zur Eisenzeit
Ⓐ Hemduntergewand
Ⓑ Ärmelbluse
Ⓒ Hemdkleid
Ⓓ Hose mit Beinbinden
Ⓔ Kittel

24 Zählen Sie die charakteristischen Merkmale der byzantinischen Herrschertracht auf.

Charakteristische Merkmale der **byzantinischen Herrschertracht** waren schwere bunte Seidenstoffe und Brokate, reich bestickt mit Perlen und Edelsteinen. Rangabzeichen spielten eine große Rolle.

Die prunkvolle steife Tracht umhüllte vollständig den Körper und verdeckte die natürlichen Körperformen.

Byzantinische Hoftracht, 6. Jahrhundert, Kaiserin und Gefolge
Ⓐ Stola   Ⓑ Paenula

25 Nennen Sie Unter-, Ober- und Übergewand der byzantinischen Frauenkleidung.

Die **byzantinische Frauenkleidung** bestand aus einer weißen Tunika als Untergewand und einer kurz- oder langärmeligen Stola als Obergewand.

Übergewänder waren die Paenula, ein geschlossener Umhang sowie der auf der rechten Schulter gefibelte Schultermantel.

26 Erklären Sie die Begriffe Dalmatika, Clavi und Tablion.

Dalmatika
Langes, ungegürtetes Hemdgewand mit weiten Ärmeln, den Herrschern und hohen Würdenträgern als Obergewand vorbehalten.

Clavi
Farbige Längsstreifen, die die Vorder- und Rückteile sowie den Ärmelsaum der Dalmatika als Rangabzeichen zierten.

Tablion
Eine in Brusthöhe auf den Mantelumhang aufgenähte Stoffapplikation, die als Rangabzeichen diente. Beim Herrscher war es in Gold und reich ornamentiert, bei hohen Beamten war es purpurfarben.

Vornehme Byzantiner, 6. Jahrhundert
Ⓐ Tunika   Ⓒ Schultermantel mit Tablion
Ⓑ Stola   Ⓓ Kasel (Casula)

27 Geben Sie den Einfluss der Kirche auf die Kleidung der Romanik an.

Die Kleidung der **frühen Romanik** (zur Zeit der Karolinger, etwa 700 bis 1000), wurde stark durch die Kirche beeinflusst, die eine Verhüllung des Körpers forderte.

Die Frauenkleidung war hochgeschlossen, verheiratete Frauen mussten ihre Haare in der Öffentlichkeit bedecken.

28 Beschreiben Sie die Materialien der Bekleidung zur Zeit der Romanik.

Die höfische Kleidung zur Zeit der **Romanik** war farbenfroh, man schätzte feines Leinen, edle Tuche, Samt, Seide und Brokat.

Die Gewandränder zierte man mit kostbaren Borten.

Dem einfachen Volk schreiben jedoch Kleiderverordnungen gröbere Stoffe in dunkleren Farben vor sowie den Verzicht auf Besätze und Schmuck.

11 Geschichte der Bekleidung

29 Erläutern Sie die Entwicklung des Frauenkleides während der Romanik.

In der **Frühromanik** (bis zum 11. Jh.) hatte das Obergewand der Frauen zunächst einen tunikaähnlichen Schnitt, war bodenlang, wurde gegürtet und reich mit Borten verziert.

Allmählich wurde es kürzer und enger, wodurch eine Betonung der weiblichen Formen erreicht wurde. Die Ärmel wurden zum Handgelenk hin stark erweitert.

In der **Spätromanik** (12. Jh.) erhielten Vorder- und Rückenteil einen Formzuschnitt, durch Schnürung passte sich das Oberteil ganz der Körperform an.

Mit eingesetzten Keilen erhielt der Rock eine Saumerweiterung und wurde schleppend. Die vertiefte Taille wurde mit einem Gürtel betont.

Fränkische Hoftracht, 9. Jahrhundert
Ⓐ Hemduntergewand Ⓓ Leibrock
Ⓑ Cotte (Tunika)   Ⓔ Beinlinge
Ⓒ Schultermantel   Ⓕ Bortenverzierung

30 Erklären Sie die Begriffe Surcot (Suckenie) und Tasselmantel.

Surcot (Suckenie)
Bezeichnung für ein kostbares meist ungegürtetes und ärmelloses Obergewand für Frauen und Männer, oftmals mit Pelzbesatz.

Tasselmantel
Halbkreisförmiger Schultermantel, der vorne mit zwei Schmuckplatten (Tasseln) und einer Kette (Fürspan) geschlossen wurde.

31 Beschreiben Sie die Fränkische Männertracht.

Die **Fränkische Männertracht** bestand aus Hemd, Hose, Leibrock und Mantel.

Der Leibrock war knielang, hatte Ärmel und einen Ausschnitt.

Die Hose bestand aus zwei an einem Leibgurt befestigten Beinlingen, über die an den Unterschenkeln Beinbinden gewickelt wurden.

Den Mantel in Rechteckform legte man um die linke Schulter und fibelte ihn auf der rechten.

32 Nennen Sie die Bestandteile der Männerkleidung zur Ritterzeit.

Die Männerkleidung zur **Ritterzeit** bestand aus der Cotte, einem langärmeligen gegürteten Rock in Hemdform, dem kürzeren und ärmellosen Surcot und dem Schnur- oder Tasselmantel.

Strumpfartige Beinlinge dienten als Unterbekleidung.

Vornehme deutsche Frauen und Bürgerin, 12. Jahrhundert
Ⓐ Cotte
Ⓑ Tiefsitzender Gürtel
Ⓒ Tütenärmel
Ⓓ Tasselmantel
Ⓔ Schapel

33 Zählen Sie typische Kopfbedeckungen zur Zeit der Romanik auf.

Typische **Kopfbedeckungen** zur Zeit der Romanik waren für Frauen Kopftücher und das Gebende, für junge Mädchen und Jünglinge das Schapel, für Männer Kappen, turbanähnliche Mützen und Hüte mit hohem spitzem Kopf.

34 Kennzeichnen Sie die Kleidung zur Zeit der Gotik.

Die Kleidung zur Zeit der **Gotik** war anmutig und elegant, kompliziert und aufwändig und wurde von Gewandschneidern gefertigt.

Gestreckte lange Formen, Taillenbetonung und leuchtende Farben waren kennzeichnend.

Die Männerkleidung verlor die Ähnlichkeit mit dem Gewand der Frau.

Fürstin und Edeldame, 14. Jahrhundert
- Ⓐ Cotte
- Ⓑ Hüftgürtel
- Ⓒ Röhrenärmel mit Zaddeln
- Ⓓ Muffe
- Ⓔ Nuschenmantel
- Ⓕ Zackenkrone

35 Geben Sie Beispiele für die Übertreibungen der Burgundischen Mode.

Übertreibungen der **Burgundischen Mode** waren überspitze Kopfbedeckungen und Schuhe, ausgezackte Gewandränder (Zaddeln), Glöckchen- und Schellenzierrat, Wülste und Wattierungen sowie das Mi-parti (z. B. verschiedenfarbige Beinlinge).

36 Beschreiben Sie die Entwicklung des Frauenkleides im 13. und 14. Jahrhundert.

Im **13. Jh.** war das Frauenkleid, die Cotte, durchgehend geschnitten und wurde lose oder gegürtet getragen.

Es hatte einen faltenreichen Rock mit Überlänge, einen breiten Ausschnitt und enganliegende Ärmel oder weite Tütenärmel.

Im **14. Jh.** wurde das Oberteil stark geschnürt, der lang schleppende Rock erweiterte sich erst ab der Hüfte, die man durch einen Gürtel betonte.

Enge Ärmel mit Muffe sowie Hängeärmel kamen in Mode.

Allmählich unterteilte man das Gewand in Rock und Leibchen.

37 Charakterisieren Sie das Frauenkleid der Spätgotik (Burgundische Mode).

Das **Frauenkleid** zur Zeit der Burgundischen Mode (Spätgotik) erhielt eine überschlanke Silhouette. Das knappe Oberteil hatte einen tiefen spitzen Ausschnitt und war häufig mit einem Brustlatz und Schalkragen versehen. Der lang schleppende Rock wurde unter der Brust angesetzt. Die hochgerückte Taillennaht wurde mit einem Gürtel bedeckt. Die langen Ärmel erhielten einen trichterförmigen Abschluss (Muffe).

Burgundische Mode, um 1450

11 Geschichte der Bekleidung

38 Nennen Sie beliebte Ärmelformen zur Zeit der Gotik.

Die **Ärmelmode** zur Zeit der Gotik war sehr vielfältig:
- Enge Röhrenärmel mit Muffe
- Bauschige Beutelärmel mit Armschlitzen
- Sehr lange Tüten- und Hängeärmel
- Offene Flügelärmel

39 Zählen Sie die Bestandteile der Männerkleidung während der Gotik auf.

Bestandteile der **Männerkleidung** zur Zeit der Gotik waren Rock bzw. Wams, kurzer Überrock (Schecke), strumpfähnliche Beinlinge sowie längere Obergewänder (Houppelande, Tappert) und ein Mantelumhang.

40 Beschreiben Sie den Überrock der Männer zur Zeit der Gotik.

Der **Überrock** der Männer zur Zeit der Gotik, die **Schecke,** reichte bis zur Hüfte und war stark tailliert, vorne eng anliegend und geknöpft oder tief ausgeschnitten.

Der Rücken und die Schoßteile wurden in Falten gelegt. Brustpartie und Oberärmel waren stark wattiert, der Kragen reichte bis zum Kinn.

Männerkleidung in Frankreich, Ende des 15. Jahrhunderts
Ⓐ Houppelande
Ⓑ Schecke
Ⓒ Beutelärmel
Ⓓ Tappert
Ⓔ Tütenärmel mit Zaddeln

41 Unterscheiden Sie die Gewandformen Houppelande und Tappert.

Die lange **Houppelande** legte man in der Taille in Falten und gürtete sie. Seitlich war sie geschlitzt, meistens hatte sie einen Stehkragen.

Den ringsum geschlossenen knie- oder knöchellangen **Tappert** trug man meistens ungegürtet.

42 Erläutern Sie die Begriffe Muffe, Zaddeln, Höllenfenster, Mi-parti.

Muffe
Trichterförmige Erweiterung der Ärmel am Handgelenk.

Zaddeln
Ausgeschnittene oder angesetzte Stofflappen an den Gewandrändern.

Höllenfenster
Tiefe Armausschnitte, die meistens bis zur Hüfte reichten und den Blick auf die Taille freigaben.

Mi-parti
Verschiedenfarbige Beinlinge bzw. aus verschiedenfarbigen Stoffen zusammengesetzte Gewandteile.

Höfische Kleidung in England um 1400
Ⓐ Houppelande
Ⓑ Tütenärmel
Ⓒ Surcot (Suckenie)
Ⓓ Höllenfenster
Ⓔ Hängeärmel
Ⓕ Pelzverbrämung
Ⓖ Hörnerhaube
Ⓗ Burgundische Kappe
Ⓘ Schecke (Überrock, Schoßwams)

Burgundische Männerkleidung um 1450

Ⓐ Schecke
Ⓑ Zaddeln
Ⓒ Sendelbinde
Ⓓ Schnabelschuhe mit Trippen
Ⓔ Wams
Ⓕ Beinlinge

43 Kennzeichnen Sie die typischen Kopfbedeckungen zur Zeit der Gotik.

Typische **Kopfbedeckungen** zur Zeit der Gotik waren z. B.:

Für **Frauen**
der Hennin, ein hoher kegelförmiger Hut mit lang flatterndem Schleier, die Hörnerhaube mit ausladenden Wülsten, der Kruseler, die gesteifte Rüschenhaube

Für **junge Mädchen und Jünglinge**
das Schapel, ein Stirn- oder Kopfreifen

Für **Männer**
die Gugel, eine anganliegende Kapuze mit kragenartigem Schulterstück und Schweif, die Sendelbinde, eine Stoffwulst oder flache Kappe mit herabfallenden Stoffstreifen, hohe Filzhüte und Kappen

44 Beschreiben Sie die typische Fußbekleidung des späten Mittelalters.

Die typische **Fußbekleidung** des späten Mittelalters waren Schnabelschuhe mit langen Spitzen, die man außer Haus mit Unterschuhen aus Holz, den sogenannten Trippen trug.

45 Geben Sie die Merkmale der Kleidung der Deutschen Renaissance (Reformationszeit) an.

Die Kleidung zur Zeit der **Deutschen Renaissance (Reformationszeit)** entsprach dem individuellen Geschmack des selbstbewussten und wohlhabenden Bürgertums.

Sie war farbenfroh, aus reich gemusterten kostbaren Stoffen, aufwändig verziert mit Bändern, Borten, Stickereien und Spitzen, sowie mehrfach querbetont durch Puffungen und farbig unterlegte Schlitze.

Deutsche Patrizier, Anfang 16. Jahrh.

46 Beschreiben Sie die Bestandteile der Frauenkleidung zur Zeit der Deutschen Renaissance (Reformationszeit).

Bestandteile der **Frauenkleidung** zur Zeit der **Deutschen Renaissance (Reformationszeit)** waren:

- Enges Leibchen (Mieder), oft geschnürt, mit Brustlatz und breitem Ausschnitt
- Austauschbare, üppige Ärmel
- Weiter, schleppender Oberrock
- Faltenreicher unterer Rock
- Fein gefälteltes Hemd mit Halsrüsche
- Schulterkragen (Goller) aus Samt oder Seide
- Langer weiter Mantel (Schaube) mit Schalkragen und Armschlitzen

Deutsche Patrizier, Anfang 16. Jahrh.

47 Beschreiben Sie die Bestandteile der Männerkleidung zur Zeit der Deutschen Renaissance (Reformationszeit).

Bestandteile der **Männerkleidung** z.Z. der **Deutschen Renaissance (Reformationszeit)** waren:
- Hemd mit gefälteltem Hals- und Ärmelabschluss
- Enganliegendes, hüftlanges Schoßwams
- Knielanger Faltrock mit breit ausladenden Ärmeln
- Weit geschnittene Kniehose
- Pluderhose mit Puffungen und Schlitzen
- Beinlinge, oftmals Mi-parti
- Dekorativer Mantel (Schaube), knie- oder knöchellang, mit weiten Ärmel und Pelzbesatz

48 Nennen Sie die Kennzeichen der Spanischen Mode.

Die **Spanische Mode** drückte die strenge Geisteshaltung der Gegenreformation aus. Farben, Formen und Details waren genauestens vorgeschrieben. Sie war vornehm und prunkvoll, steif und unbequem und oft düster in den Farben.

49 Kennzeichnen Sie die Frauenkleidung zur Zeit der Spanischen Mode.

Kennzeichen der **Frauenkleidung** zur Zeit der **Spanischen Mode** waren:
- Hochgeschlossenes, eng versteiftes Mieder mit Schneppe
- Radförmige Halskrause (Kröse bzw. Mühlsteinkragen) oder Stuartkragen
- Lange, enge Ärmel mit Rüschenabschluss, Puffungen und Wülste am Oberarm, weite Überärmel
- Bodenlanger, kegelförmiger Reif-Unterrock (Vertugado)
- Oberrock ohne Faltenwurf, vorne geöffnet, mit verzierten Kanten und Hüftpolstern
- Mantelähnlich durchgehend geschnittenes Kleid (Ropa)

50 Beschreiben Sie in Stichworten die Männerkleidung zur Zeit der Spanischen Mode.

Kennzeichen der **Männerkleidung** zur Zeit der **Spanischen Mode** waren:
- Kurzer, eng taillierter und wattierter Überrock, hochgeschlossen geknöpft und mit hohem Stehkragen
- Gänsebauch (zugespitztes Bauchpolster am Wams)
- Hohe steife Halskrause (Kröse)
- Lange, wattierte, gepuffte und geschlitzte Ärmel mit Schulterwülsten und Krause am Handgelenk
- Oberschenkelkurze Hose (Kürbishose bzw. Heerpauke), bauschig, stark gepolstert, geschlitzt, mit engem Bundabschluss und wattiertem Latz (Schamkapsel bzw. Braguette)
- Eng anliegende Strumpfhosen oder an Bändern befestigte Beinlinge
- Kurzer, glockig geschnittener Mantel mit hochgestelltem Kragen (Spanisches Mäntelchen)

Spanische Mode in Frankreich, 16. Jahrh.

51 Erläutern Sie die nachstehenden Begriffe: Schneppe, Kröse, Verdugado, Gänsebauch

Schneppe
Spitz zulaufende oder abgerundete Verlängerung der vorderen Taille am Oberteil

Kröse
Radförmige, gesteifte Halskrause

Verdugado
Kegelförmiger Reifrock; Gestell aus biegsamen Gerten unter dem unteren Rock

Gänsebauch
Wattiertes, zugespitztes Bauchpolster am Männerwams

52 Unterscheiden Sie Schuhe und Kopfbedeckungen der Deutschen Renaissance und der Spanischen Mode.

Schuhe
Deutsche Renaissance
Flache Kuhmaulschuhe, weit ausgeschnitten, mit hochgestellten Fersen, vorne rund und übertrieben breit

Spanische Mode
Den Fuß eng umschließende Lederschuhe mit Lochverzierung oder Prägemusterung

Kopfbedeckungen
Deutsche Renaissance
Flaches Barett, reich verziert, oft an einer Kalotte (eng anliegende Kappe) befestigt

Spanische Mode
Toque, kleiner Hut mit schmaler Krempe oder krempenlos; Spanischer Hut, ein hoher Filzhut mit schmalem Rand

53 Kennzeichnen Sie die Französische Mode des Hochbarocks.

Die Französische Mode des **Hochbarocks** (etwa 1670 – 1720) war sehr elegant und luxuriös, die Männerkleidung sogar extravagant und pompös.

Man bevorzugte schwere Stoffe wie Damast, Samt und Brokat und versah die Gewänder überreich mit Garnituren und Stickereien.

Die Spitze wurde zum wichtigsten modischen Attribut.

54 Geben Sie die Merkmale des Frauenkleides zur Zeit der Niederländischen Mode an.

Merkmale des Frauenkleides zur Zeit der **Niederländischen Mode (Frühbarock):**
- Leibchen mit bequemer Weite, kurz gehalten oder mit geschlitzten Schößen
- Großzügiger Ausschnitt, mit flachem Spitzenkragen umrahmt bzw. bedeckt
- Verkürzte bauschige Ärmel mit Spitzenmanschette
- Schleppender Rock, in weiche Falten gelegt, über mehreren Unterröcken
- Kleine Zierschürze

Niederländische Mode, Mitte 17. Jahrh.

55 Nennen Sie die wesentlichen Details der Männerbekleidung zur Zeit der Niederländischen Mode.

Wesentliche Details der Männerbekleidung zur Zeit der **Niederländischen Mode (Frühbarock)** waren:
- Lockeres, hochgeschlossenes Schoßwams, Ärmel mit offenen Nähten
- Reich verziertes Hemd
- Flacher Spitzenkragen
- Ärmel mit Spitzenmanschetten
- Wadenlange Hosen, zunächst weit und unter dem Knie abgebunden, später nach unten röhrenförmig verengt
- Als Überrock ein Lederkoller, ärmellos oder mit eingenestelten Ärmeln

56 Beschreiben Sie die Rheingrafenmode.

Die **Rheingrafenmode** war die barocke Männermode um 1650.

Sie bestand aus einem kurzen, offenen Jäckchen mit knappen Ärmeln sowie einer weiten Rockhose, die nur knapp auf der Hüfte saß, unterhalb der Knie abgebunden und mit Spitzenmanschetten versehen war.

Das bestickte und mit Spitzen verzierte Hemd quoll an Brust, Taille und an den Ärmeln heraus. Alles wurde überreich mit Bandschluppen garniert.

Hoftracht und Rheingrafenmode, Frankreich, Ende 17. Jahrh.
- Ⓐ Manteau mit Schleppe
- Ⓑ Jupe
- Ⓒ Dekolleté
- Ⓓ Kurzes Wams
- Ⓔ Rockhose
- Ⓕ Bandschluppen

57 Erläutern Sie die typischen Merkmale des Mieders am Frauengewand zur Zeit des Hochbarocks (Französische Mode).

Das **Mieder** am Frauengewand zur Zeit des Hochbarocks (Französische Mode) war eng geschnürt und versteift, hatte vorne eine verlängerte Spitze (Schneppe) und wurde über einem reich verzierten Einsatz (Stecker) zusammengehalten.

Der tiefe Ausschnitt (das Dekolleté) wurde mit Borten und Spitzen verziert, die halblangen engen Ärmel hatten mehrfache Spitzenvolants (Engageantes).

58 Beschreiben Sie den Rock am Frauengewand zur Zeit des Hochbarocks (Französische Mode).

Der **Oberrock** am Frauengewand zur Zeit des Hochbarocks (Französische Mode), aus demselben Material wie das Mieder und mit diesem zu einem einheitlichen Obergewand verbunden **(Manteau oder Robe)**, war lang schleppend und vorne geöffnet.

Die Kanten wurden umgeschlagen und seitlich weggerafft. Später wurde er hinten hoch genommen und über Gesäßauflagen (Bouffanten) zum sogenannten Französischen Steiß gebauscht.

Der sichtbare **untere Rock (Jupe)** war aus andersfarbigem Material und reich verziert mit Posamenten, Bändern und Stickereien.

59 Erklären Sie den Begriff Manteau bzw. Robe.

Mit **Manteau bzw. Robe** bezeichnete man das höfische Frauenobergewand zur Zeit des Barocks und Rokokos.

Mieder und Oberrock bestanden aus einheitlichem Material.

Hoftracht zur Fontangezeit, um 1800
- Ⓐ Manteau mit Schleppe
- Ⓑ Französischer Steiß
- Ⓒ Jupe
- Ⓓ Engageantes
- Ⓔ Fontange

**60 Erklären Sie die Begriffe
Justaucorps
und
Culotte.**

Justeaucorps

Zur Barockzeit üblicher eleganter Männerrock.

Er war knielang, eng am Körper anliegend, aus Samt, Seide oder Brokat, mit Tressen und Metallknöpfen verziert.

Unter den breiten Ärmelaufschlägen schauten üppige Spitzenmanschetten heraus.

Zur Zeit des Rokokos wurden die Schöße abstehend.

Culotte

Mäßig weite Kniehose

Meistens aus Samt

Mit seitlichen Knopfschlitzen

61 Nennen und beschreiben Sie die typische Kopfbedeckung der Dame zur Zeit des Hochbarocks.

Die typische Kopfbedeckung der Damen zur Zeit des Hochbarocks war die **Fontange**.

Dies war eine Haube mit steifen, gefältelten Spitzenrüschen, die vorne wie Orgelpfeifen in die Höhe standen.

Französische Adelige am Hof Ludwig XIV., Anfang des 18. Jahrhunderts

62 Zeigen Sie die charakteristischen Merkmale der Rokokomode auf.

Die **Rokokomode** war leicht, anmutig, bisweilen frivol.

Die kostbaren Seidenstoffe waren einfarbig, fein gemustert oder aufwändig bestickt und in den typischen Pastelltönen gehalten.

Die Damenroben wurden in verschwenderischer Fülle garniert mit Volants, Rüschen, Schleifen, Spitzen und Kunstblumen.

63 Beschreiben Sie die Entwicklung des Rockes der Damenmode während der Rokokozeit.

Zur Rokokozeit kam für die Damen aller Gesellschaftsschichten der **Reifrock** auf.

Anfangs war er kuppelförmig, die abgestuften Reifen aus Eisen oder Holz waren mit Wachstuch verbunden.

Später flachte man ihn vorne und hinten ab und erreichte so die typische Ellipsenform.

Das nun aus Fischbein hergestellte Gestell, **Panier** genannt, nahm gewaltige Ausmaße an.

Der untere Rock (Jupe) lag glatt über dem Reifrock und wurde überreich garniert.

Der andersfarbige Oberrock war vorne in Dreieckform geöffnet und hatte verzierte Kanten.

Als später die Mode fußfrei wurde, bauschte man ihn über ein Gestell oder Polster zum sogenannten **Cul de Paris**.

Dame im Reifrock, Mitte des 18. Jahrhunderts

11 Geschichte der Bekleidung

Französische Mode um 1780

Ⓐ Justaucorps
Ⓑ Schoßweste
Ⓒ Abstehende Schöße
Ⓓ Culotte
Ⓔ Weiße Kniestrümpfe
Ⓕ Dreispitz
Ⓖ Stecker
Ⓗ Engageantes
Ⓘ Cul de Paris
Ⓙ Fußfreier Rock

64 Nennen Sie die Merkmale des Oberteiles der Damenmode zur Zeit des Rokokos.

Das **Oberteil** am Frauengewand zur Zeit des Rokokos war miederähnlich eng, vorne in spitzer Schneppe auslaufend und am großzügigen Ausschnitt mit Rüschen verziert, auch der Einsatz (Stecker) hatte einen aufwändigem Ausputz. Die ellbogenlangen Ärmel waren mit mehrfachen Volants (Engageantes) und Schleifen versehen. Darunter wurde ein Schnürleibchen getragen, um die begehrte Wespentaille zu erhalten.

65 Erklären Sie die Begriffe Cul de Paris und Contouche.

Cul de Paris
Gesäßbetonung durch Gestell oder Polster, über die der Oberrock drapiert wurde; auch Pariser Steiß, Französischer Steiß oder Tournüre genannt

Contouche
Haus-, Straßen- und Reisekleid zur Zeit des Rokokos, durchgehend geschnitten, mit tiefen Rückenfalten (sog. Watteau-Falten), auch Schlender genannt

„Die Liebeserklärung"
von Jean-François de Troy

Ⓐ Knielanger Justaucorps
Ⓑ Lange Schoßweste
Ⓒ Halbweite Culotte
Ⓓ Contouche
Ⓔ Watteau-Falten im Rücken

66 Erläutern Sie die Bestandteile der Herrenmode zur Zeit des Rokokos.

Die **Herrenmode** zur Zeit des Rokokos bestand aus einem eleganten, knielangen Überrock (Justaucorps) mit verzierten Kanten, einer langen Schoßweste mit abstehenden Schößen, einem reich verzierten Hemd mit Spitzenjabots und breiten Spitzenmanschetten sowie einer halbweiten Kniehose (Culotte) aus Samt.

67 Beschreiben Sie den Kopfschmuck der Damen während des Rokokos.

Zur Zeit des Rokokos trugen die Damen auf der kleinen Lockenfrisur ein **Spitzenhäubchen** oder einen kleinen **Kopfschmuck** aus Federn, Blumen und Spitzen.
Später wurden die Haare über hohe Gestelle geführt und reich verziert.

68 Unterscheiden Sie die Männerperücke zur Barockzeit und zur Rokokozeit.

Zur **Barockzeit** trugen die Herren die hoch aufgetürmte, langlockige **Allongeperücke**.

Zur **Zeit des Rokokos** drehten die Herren die Seitenhaare ihrer **weiß gepuderten Perücke** zu Rolllocken, toupierten das Stirnhaar sehr hoch und trugen die Nackenhaare im **Haarbeutel** oder als **Zopf**.

69 Beschreiben Sie die Frauenkleidung zur Zeit der Englischen Mode.

Zur Zeit der **Englischen Mode** trugen die Frauen den langen weiten Rock über Gesäßpolster, dazu ein Miederoberteil oder den Caraco, eine kurze frackähnliche Jacke. Der lange Mantel (Redingote) hatte vorne zurückgeschnittene Rockteile, den Ausschnitt bedeckte man mit einem Brusttuch (Fichu).

70 Nennen Sie das charakteristische Merkmal der Frauenkleidung zur Zeit des Directoires und Empires.

Das charakteristische Merkmal der Frauenkleidung zur Zeit des Directoires und des Empires war die hoch bis **unter die Brust gerückte Taille**.

Englische Mode um 1790

Französische Mode um 1800
Ⓐ Hemdkleid (Chemise)
Ⓑ Erhöhte Taille
Ⓒ Großer Ausschnitt
Ⓓ Kurze Puffärmel
Ⓔ Lange Handschuhe

71 Erläutern Sie die Entwicklung des Frauengewandes zur Zeit des Directoires und Empires.

Directoire
Die Frauenkleidung erhielt antike Elemente. Das durchsichtige, faltenreiche, lang schleppende Hemdkleid (Chemise) mit großem Ausschnitt war ärmellos oder hatte kurze Ärmel und wurde unter der Brust durch einen Zugsaum gehalten. Später kamen Oberkleider in Mode, oftmals in Kniehöhe endend als Tunika.

Empire
Die Kleidung wurde wieder sehr prunkvoll. Die Roben aus Samt und schwerer Seide hatten ein hoch sitzendes Corsagenoberteil, kurze Puffärmel und einen steifen, engen und fußfreien Rock.

11 Geschichte der Bekleidung

Empiremode Anfang des 19. Jahrhunderts
- Ⓐ Enges Leibchen (Corsage)
- Ⓑ Erhöhte Taille
- Ⓒ Langer Kaschmirschal
- Ⓓ Canezou
- Ⓔ Schleppe

72 Nennen und beschreiben Sie den Männerrock und die Hose zur Zeit des Empires.

Zur Zeit des Empires erhielt der dunkle Männerrock einen hohen Kragen, breite Schöße und lange enge Ärmel. Allmählich entwickelte er sich zum **Frack,** der zweireihig geknöpft oder offen getragen wurde. Die Taillierung rückte höher. Die langen Beinkleider **(Pantalons),** aus hellen Farben und fußlang, wurden mit Stegen und Hosenträgern straff gehalten. Sie waren sehr eng und hatten eine erhöhte Taille.

Französische Hoftracht und Carrick, Anfang 19. Jahrhundert
- Ⓐ Frack
- Ⓑ Erhöhte Taille
- Ⓒ Zweispitz
- Ⓓ Enge Kniehose
- Ⓔ Zylinder
- Ⓕ Carrick
- Ⓖ Pantalons
- Ⓗ Stiefel

73 Erläutern Sie die Begriffe Gilet, Redingote, Carrick, Spenzer.

Gilet
Enge, kurze Weste, ärmellos, oft mit hochgestelltem Kragen

Redingote
Taillierter Mantel mit vollen oder zurückgeschnittenen Schößen, stets zweireihig geknöpft

Carrick
Mantel mit mehreren Schulterkragen in abgestufter Länge

Spenzer
Kurze, taillierte Überjacke mit Revers, ärmellos oder kurzärmelig

74 Zählen Sie typische Kopfbedeckungen für Damen und Herren zur Zeit des Empires auf.

Typische Kopfbedeckungen zur Zeit des Empires waren für die **Damen** Turbane, Spitzenhauben, antike Helme und die Schute; für die **Herren** der Zylinder.

75 Nennen Sie die charakteristischen Merkmale der Damen- und Herrenmode zur Zeit des Biedermeiers.

Die Kleidung zur Zeit des **Biedermeiers** war phantasievoll, farbenfreudig, die Damenmode sehr aufwändig, die Herrenmode eher unauffällig, elegant und zweckmäßig. Charakteristisch waren Streifen, Karos und Blümchenmuster, kombiniert mit weißer Wäsche. Durch starke Korsettierung wurde die modisch schlanke Taille erreicht.

Biedermeiermode um 1830

76 Beschreiben Sie das Biedermeierkleid um 1830.

Kennzeichnend für das **Biedermeierkleid um 1830** waren:

- Enge, durch Korsett geschnürte Taille
- Weiter, fußfreier Rock, gestützt durch mehrere Unterröcke bzw. durch die Krinoline
- In die Breite gehender Ausschnitt mit Berthe
- Riesige Hammelkeulen-, Schinken- oder Elefantenärmel
- Reiche Verzierung mit Bändern, Schleifen, Stickereien, Volants und Kunstblumen

77 Nennen und erklären Sie die typische Silhouette des Biedermeierkleides.

Für das Biedermeierkleid war die **Sanduhr-Silhouette** typisch:

- Verbreiterte Schultern durch vertieft eingesetzte Ärmel
- Bauschige Keulenärmel
- Enge Schneppen-Taille
- Weiter Rock

78 Erklären Sie die Fachbegriffe Krinoline, Pelerine, Mantilla, Rotonde.

Krinoline	Erst mit Rosshaar, später mit Stahlreifen versehener Unterrock
Pelerine	Kragenförmiger Umhang bzw. großer Schulterkragen am Mantel
Mantille	Umhang, meist in Dreieckform, die Schultern und evtl. den Kopf bedeckend
Rotonde	Langer, rundgeschnittener Mantelumhang für Frauen, auch Wickler genannt

79 Beschreiben Sie den Männerrock und die Hose zur Biedermeierzeit.

Zur **Biedermeierzeit** war der Männerrock (Gehrock, Frack) aus dunklen oder farbigen Wolltuchen, Brust und Schultern wurden wattiert, die knielangen glockigen Schöße wurden in der Taille angesetzt.

Die langen Hosen (Pantalons), bevorzugt aus hellen Stoffen, wurden mit Stegen straff gehalten.

80 Unterscheiden Sie zwischen Gehrock und Frack.

Gehrock
Die knielangen Schöße gehen vorne übereinander, er diente als Tagesanzug.

Frack
Die Schöße sind vorne abgerundet oder eckig ausgeschnitten, er diente als Gesellschaftsanzug und vornehmer Straßenanzug.

81 Erläutern Sie Frisur und Kopfbedeckung für Damen und Herren zur Zeit des Biedermeiers.

Damen

Frisur
Kunstvolle Frisuren mit aufgesteckten Zöpfen, Lockentuffs, Ohrenschnecken, Schmachtlocken

Kopfbedeckung
Schute, ein haubenähnlicher Hut mit breiter Krempe

Herren

Frisur
Gelocktes Haar und Koteletten

Kopfbedeckung
Zylinder

Mantelmode um 1830

Ⓐ **Zylinder**
Ⓑ **Carrick**
Ⓒ **Rotonde (Wickler)**

82 Kennzeichnen Sie die Damen- und Herrenmode zur Zeit des Historismus.

Die **Damenmode** zur Zeit des Historismus war repräsentativ und aufwändig in Material und Ausputz.

Die **Herrenmode** war sachlich, zeitlos und zweckmäßig in unauffälligen dunklen Farben.

83 Beschreiben Sie die Damenmode während des Zweiten Rokokos.

Kennzeichnend für die **Damenmode des Zweiten Rokokos** (Krinolinenzeit) waren:
- Kuppelförmiger Rock mit gewaltigen Ausmaßen, durch die Krinoline gestützt
- Querbetonung durch Volants, Rüschen, Stickereien
- Mieder mit Schneppe, bei Tageskleidung hochgeschlossen, vorne durchgeknöpft und mit Spitzenkragen, bei Gesellschaftskleidung ausgeschnitten und reich verziert
- Pagodenärmel (oben eng, unten glockig erweitert)
- Bauschige Unterärmel

Übergewänder zur Krinolinenzeit (Zweites Rokoko)

84 Zeigen Sie die Entwicklung des Damenkleides während der Gründerjahre auf.

Für das **Damenkleid während der Gründerjahre** war kennzeichnend:
- Oberteil körperbetont bis zu den Hüften, später stark tailliert und längsbetont, schmale Ärmel
- Rock vorne abgeflacht, ab Kniehöhe erweitert, im Rücken faltenreich schleppend
- Oberrock hochgenommen, am Gesäß über ein Gestell gebauscht (Tournüre) und reich garniert
- Tageskleidung mit der Zeit schleppenlos

Besuchskleider 1879 (Gründerjahre)

85 Nennen Sie die Bestandteile der Herrenmode zur Zeit des Historismus.

Die **Herrenmode** zur Zeit des **Historismus** bestand aus dem schwarzen Gehrock bzw. Cutaway mit gestreifter Hose, dem Frack mit weißer Weste, dem Sakko, kombiniert mit gestreifter oder karierter Hose, dem Sakkoanzug aus einheitlichem Material, der Weste, dem Paletot.

86 Geben Sie Kopfbedeckungen für Damen und Herren zur Zeit des Historismus an.

Kopfbedeckungen zur Zeit des Historismus waren für die **Damen** das Teller- oder Kapotthütchen, für die **Herren** Zylinder, Melone und Canotier.

Herrenmode 1875
(Gründerjahre)

87 Beschreiben Sie Sakko und Hose zur Zeit der Gründerjahre.

Zur Zeit des Historismus hatte der **Sakko** durchgehend geschnittene Vorder- und Rückenteile, war wenig tailliert und häufig in zweireihiger Fasson, die Kanten wurden betont.

Die weiter geschnittene **Hose** mit erhöhter Taille war gestreift oder kariert, später aus dem gleichen Material wie der Sakko.

88 Erläutern Sie die Entwicklung der Damen- und Herrenbekleidung vor und nach der Jahrhundertwende.

Die Damen- und Herrenbekleidung vor und nach der **Jahrhundertwende** richtete sich in Stoff, Farbe und Schnitt nach Zweck und Gelegenheit. Beruf, Sport und Freizeitgestaltung nahmen Einfluss.

Reform- und Emanzipationsbestrebungen sollten eine körpergerechtere und zweckmäßigere Frauenkleidung bewirken.

89 Kennzeichnen Sie die Damenmode und die Herrenmode vor der Jahrhundertwende (Belle Epoque).

Die **Damenmode** vor der Jahrhundertwende war luxuriös und verschwenderisch in Material, Verarbeitung und Ausputz, jedoch in dezenten Farben.

Für die **Herrenmode** war der englische Stil ausschlaggebend mit sachlich-korrekten Formen und zurückhaltenden Farben und Dessins.

90 Nennen Sie typische Details des Damenkleides vor der Jahrhundertwende.

Typische Details des Frauenkleides vor der Jahrhundertwende (Belle Epoque) waren:

- **Röcke in schlanker Silhouette:** vorne schmal, im Rücken faltig schleppend
- Der in Bahnen geschnittene **Glockenrock,** an den Hüften eng anliegend, ab den Knien faltenreich aufspringend
- Das **Oberteil** lang und spitz auslaufend, bei Tageskleidung stets hochgeschlossen, mit hohem Stehkragen und üppig gebauschten Ärmeln.
- Später **blusige Oberteile** mit verzierten Einsätzen versehen

91 Geben Sie die Kopfbedeckungen für Damen und Herren um die Jahrhundertwende an.

Kopfbedeckungen zur Zeit der Jahrhundertwende waren für die **Damen** riesige und reich garnierte Wagenradhüte.

Für die **Herren** Filzhut, Melone, Zylinder und Canotier.

Damenmode um 1898
- Ⓐ Stehkragen
- Ⓑ Keulenärmel
- Ⓒ Enge Taille
- Ⓓ Glockenrock

Gesellschaftskleidung um 1910
- Ⓐ Betonte Büste
- Ⓑ Bolero
- Ⓒ Paletot
- Ⓓ Muff

92 Beschreiben Sie den Einfluss des Jugendstiles auf die Damenmode

Der Einfluss des **Jugendstils** auf die Damenmode bewirkte

- eine körpergerechtere und zweckmäßigere Bekleidung,
- weniger geschnürte Taille,
- vereinfachte Formen,
- lebhafte Farben und neue dekorative Muster.

93 Erklären Sie die Begriffe S-Form, Reformkleid, Humpelrock.

S-Form
Leib und Hüfte wurden mit dem Korsett zu einer geraden Front geschnürt, die Brust wurde betont, sodass der Körper von der Seite aus einer S-Form glich.

Reformkleid
Loses Kleid mit weich fließendem Fall; wurde ohne Korsett getragen.

Humpelrock
Langer, sehr enger Rock, in dem man kaum richtig gehen konnte.

94 Beschreiben Sie den Sakkoanzug um die Jahrhundertwende.

Kennzeichnend für den **Sakkoanzug** um die **Jahrhundertwende** waren:

- Mäßig taillierte und ziemlich hochgeschlossene Form
- Später stärker tailliert und mit längeren Revers
- Knöchellange Hosen, nach unten verjüngend, mit Aufschlägen und Bügelfalten

95 Nennen Sie die Anzugformen für besondere Anlässe zur Zeit der Jahrhundertwende.

Anzugformen für besondere Anlässe zur Zeit der Jahrhundertwende:

- Gehrock und Cutaway für besondere Anlässe am Tage
- Smoking als Gesellschaftsanzug für den Abend
- Frack für große offizielle Abendgesellschaften

96 Zeigen Sie die Veränderungen bei der Frauenkleidung nach dem 1. Weltkrieg auf, und begründen Sie diese Entwicklung.

Veränderungen bei der **Frauenkleidung nach dem 1. Weltkrieg** waren auf Grund der Gleichstellung der Frau im Beruf, im privaten und politischen Bereich sowie durch die zunehmende sportliche Betätigung vereinfachte Schnitte und kurze Röcke.

Man verzichtete auf die Betonung der weiblichen Formen, als modisches Ideal galt der knabenhafte Frauentyp (Garçonne).

97 Beschreiben Sie die Entwicklung der Damenmode während der Zwanziger Jahre.

1920
waren die meist einteiligen Kleider knapp wadenlang, die vertiefte Taille locker umspielt und betont.

1924
reichte der Rock nur noch bis zum Knie.

1927
war der Rock kniefrei. Die verlängerten Oberteile hatten einen geraden Schnitt, Busen und Taille blieben unbetont.

Ende der Zwanziger
Jahre wurde die Kleidung wieder figurbetonter, die Röcke wadenlang.

98 Zeigen Sie die schnitttechnischen Veränderungen beim Sakkoanzug während der Zwanziger Jahre auf.

Während der Zwanziger Jahre erhielt der **Sakkoanzug** folgende schnitttechnischen Veränderungen:

Um **1920**
hatte der meist einreihige Sakko eine versteifte Front, eine hohe Taille und steigende Revers, die Hose hatte eine nach unten enger verlaufende Schnittform.

Um **1925**
waren die Sakkos wenig tailliert, die Hosen hatten eine gleichmäßige Beinweite.

Um **1929**
waren die Sakkos mäßig tailliert, an der Hüfte anliegend, an den Schultern breit gepolstert; die Aufschlaghosen hatten einen weiten, geraden Schnitt.

99 Geben Sie sportliche und formelle Bekleidungsformen der Herrenmode der Zwanziger Jahre an.

Sportliche Bekleidungsformen
für die Herren während der Zwanziger Jahre waren Knickerbocker, Sportsakko und Trenchcoat.

Formelle Bekleidungsformen
waren Cutaway, Smoking, Frack, Stresemann.

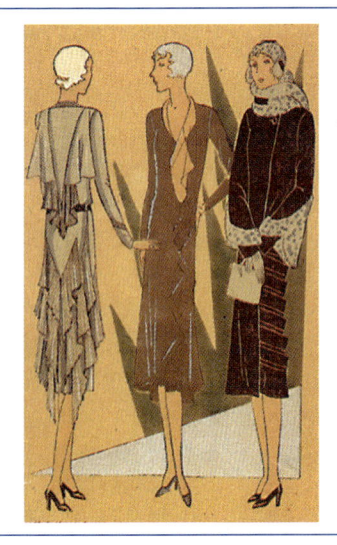

Nachmittagskleider 1925   **Gesellschaftskleidung 1929**   **Herrenmode 1925**

11 Geschichte der Bekleidung

100 Kennzeichnen Sie die Damenmode und die Herrenmode während der Dreißiger Jahre.

Die **Damenmode** der Dreißiger Jahre war sehr feminin, die natürlichen Formen wurden betont; später wurde die Mode strenger und erhielt maskuline Details.

Die **Herrenmode** war konservativ, die Alltagsmode etwas sportlicher.

101 Nennen Sie typische Details des Damenkleides der Dreißiger Jahre.

Typische Details des Damenkleides während der **Dreißiger Jahre** waren:
- Wadenlang
- Taillenbetont
- Hüftschmal
- Glockige Saumweite
- Schulterbetont
- Schrägschnitte
- Drapierungen
- Zipfel- und Wickeleffekte

102 Zeigen Sie die Veränderungen der Damenmode Ende der Dreißiger Jahre auf.

Die Damenmode **Ende der Dreißiger Jahre** kennzeichnen extrem breit gepolsterte Schultern, knielange Röcke, Mäntel mit 7/8-Länge, Uniformdetails wie Schulterklappen, große aufgesetzte Taschen, breite Revers.

103 Beschreiben Sie die Herrenmode der Dreißiger Jahre.

Die **Herrenmode** der Dreißiger Jahre kennzeichnen:
- Taillierte Sakkos, an der Hüfte anliegend, mit betonten Schultern und kurzen breiten Revers
- Zweireiher für besondere Anlässe am Tage
- Gerade Aufschlaghosen mit bequemer Weite
- Als Sportkombinationen Norfolkjacke mit Knickerbocker bzw. Gürtelhose und Blazer

Gesellschaftskleidung 1932

Kostüm 1939

Nachmittagskleid 1939

Sportliche Herrenmode

104 Zeigen Sie die Entwicklung der Kleidermode während der Vierziger Jahre auf.

Während des **Zweiten Weltkrieges** und der **Nachkriegszeit** war wenig Weiterentwicklung der Kleidermode möglich.

Stoffknappheit und angeordnete Einschränkungen machten häufiges Umarbeiten und Zusammenstückeln nötig.

1947 startete die Haute Couture in Paris einen Neubeginn und spielte wieder die dominierende Rolle.

Christian Dior stieg mit seinem **„New Look"** zum Modekönig auf.

Damenmode der frühen Vierziger Jahre

105 Kennzeichnen Sie die Damenmode der frühen Vierziger Jahre.

Die Damenmode während der **frühen Vierziger Jahre** war einfach und zweckentsprechend, aber dennoch kleidsam.

Schmale Formen mit betonten Schultern und kniekurzen Röcken waren kennzeichnend.

Kleider waren taillenbetont, Jacken und Mäntel hatten Uniformdetails.

106 Beschreiben Sie die Damenmode Ende der Vierziger Jahre.

Ende der Vierziger Jahre brachte der **New Look** wadenlange weite Glockenröcke und figurbetonende Oberteile mit runden Schultern.

Kennzeichen der **Engen Linie** bzw. **Bleistiftlinie** waren lange schmale Röcke und eng taillierte Oberteile.

Damenmode 1949:
Kostüm im New Look — *Enge Linie*

107 Nennen Sie die Details der Herrenmode zur Nachkriegszeit.

In der **Nachkriegszeit** wurden die Sakkos länger, an den Schultern stark verbreitert, an den Hüften schmal gehalten.

Die Hosen erhielten einen weiten Schnitt und Aufschläge.

Der Dufflecoat kam auf.

Herrenmode

Modelinien der Fünfziger Jahre

1955: Tulpen-, Kuppel-, Linie
1957: Trapez-, A-, H-, Sacklinie
1958: Tonnenlinie

---

108 Zählen Sie Modelinien der Fünfziger Jahre auf.

Modelinien der Fünfziger Jahre waren z. B.:

Tulpen-, Trapez-, Kuppel-,
Ballon-, Tonnen-, Sacklinie,
A-, H-, V-, Y-, X-, I-Linie

109 Kennzeichnen Sie die Kuppellinie, H-Linie, Befreite Linie.

Kuppellinie
Wippende Röcke und Petticoats

H-Linie
Umspielte Taille, Hüftbetonung, blusige Oberteile

Befreite Linie
Sackähnliche Schnitte, körperunbetont

Mäntel in X- und V-Linie, 1951

Blousonkostüm, 1959

Schneiderkostüm und Zweireiher

110 Beschreiben Sie die Herrenmode der Fünfziger Jahre.

Während der **Fünfziger Jahre** hatten die Sakkos und Mäntel zunächst einen weiten Schnitt ohne Taillierung und breit gepolsterte Schultern. Die Hosen hatten oben bequeme Weite und verengten sich nach unten.

Ab 1955 wurden die Sakkos figurbetonter und erhielten rundere Schultern. Einreiher hatten kurze breite Revers.

Einreiher, 1954

111 Kennzeichnen Sie die Bekleidungsweise der Sechziger Jahre.

Für die Bekleidungsweise der **Sechziger Jahre** waren kennzeichnend:
- Befreiung von Zwängen und Tabus
- Unkonventioneller Kleidstil
- Jugendlichkeit
- Einfluss der Raumfahrt und der abstrakten Kunst (Op-Art)
- Antimoden (Hippiemode, Gammler-Look)

Damenmode der frühen sechziger Jahre:
Prinzesskleid   Hemdblusenkleid

112 Beschreiben Sie die Damenmode der frühen Sechziger Jahre.

Merkmale der Damenmode der **frühen Sechziger Jahre**:
- Feminine, figurbetonende Linie: Prinzesskleid, Etuikleid
- Sportlich-lässiger Stil: Jumperkleid, Shiftkleid, Blousons, lange Westen, Trägerrock, Hemdblusenkleid
- Minirock und Damenhose setzten sich durch.

Courrèges-Stil

113 Geben Sie Beispiele für futuristische und ausgefallene Modevarianten der Damenmode während der Sechziger Jahre.

Futuristische und ausgefallene Modevarianten der **Sechziger Jahre** waren:
- Op-Art und Weltraum-Look
- Geometrische Dessins und Schnittformen
- Kunststofffolie, Lackstoffe
- Maximode
- Transparent-Look
- Hot Pants
- Hosen mit extremer Fußweite (Schlaghosen)

Maximantel und Hosenkombination

114 Zeigen Sie die Entwicklung der Herrenmode in den Sechziger Jahren auf.

In den **frühen Sechziger Jahren** hatten Sakkos und Mäntel einen geraden und bequemen Schnitt.

Ab 1965 wurde die Silhouette figurbetonter, die Sakkos waren teilweise stark tailliert. Bevorzugt wurden schmale aufschlaglose Hosen und kniekurze Mäntel getragen.

Freitzeitanzug, 1964    Einreiher, 1964

115 Erläutern Sie die Merkmale der Kleidermode in den Siebziger Jahren.

Kennzeichnend für die **Siebziger Jahre** waren der individuelle Kleidstil, das Kombinieren von Einzelteilen sowie der Material- und Mustermix.

Bei der **Damenmode** pendelte sich die Rocklänge auf midi ein.

In der **Herrenmode** entwickelte sich neben der konservativen und formellen Kleidung die abwechslungsreiche Freizeit- bzw. Legerkleidung.

Die **Jugend** bevorzugte den Jeans-Stil; Disco-Mode und Punker-Look kamen auf.

Blazermode, 1972

T-Linie, 1979

116 Kennzeichnen Sie Stil- und Trendrichtungen der Damenmode in den Siebziger Jahren.

Stil- und Trendrichtungen der Damenmode in den **Siebziger Jahren** waren:

- Nostalgiemode
- Folklore-Look
- Romantik-Look
- Midilänge
- T-Linie (sachlicher Stil)
- Oversized-Schnitte (lässige Mode)

Jeansmode, 1972

Nostalgiemode, 1979

117 Beschreiben Sie die Herrenmode der Siebziger Jahre.

Die **Herrenmode** der Siebziger Jahre war zunächst geprägt durch

- stark taillierte Sakkos mit schmalen Schultern und breiten Revers,
- gesäßenge Hosen mit großer Fußweite.

Später setzte sich eine Linie durch, die optisch schlank und dennoch bequem war:

- Breitere Schultern,
- langgezogene Revers und schmale Hosen waren kennzeichnend.

Partymode, 1975

Ein- und Zweireiher, 1972

118 Charakterisieren Sie die Kleidermode der Achtziger Jahre.

Charakteristisch für die Kleidermode der **Achtziger** Jahre waren eine große Formenvielfalt, anspruchsvolle Stoffe, aufwändige Verarbeitung und dekorative Details.

Bei der **Herrenmode** galt:
noble Eleganz, klassischer Schnitt und dennoch Bequemlichkeit.

Kennzeichnend für die **Legerkleidung** waren leichte Materialien, lässiger Schnitt und aufwändige funktionelle Details.

In der **Damenmod**e war sowohl der klassisch-elegante Stil als auch der sportlich-funktionelle Stil aktuell. Auch eine betont feminine bzw. extravagante Mode, nostalgische Einflüsse, Stil-Mix sowie variierende Rocklängen waren typisch.

Die **Jugend** bevorzugte einen gepflegten und originellen Kleidstil.

119 Zeigen Sie die Kennzeichen der Herrenmode während der Achtziger Jahre auf.

Kennzeichen der Herrenmode während der **Achtziger Jahre** waren:
- Gemäßigte Taillierung, Schulterbetonung und Reversbreiten
- Bundfaltenhosen
- Stepp- und leichte Hüllenmäntel
- Vielfältige Partymode

120 Nennen Sie Stilrichtungen der Damenmode in den Achtziger Jahren.

Stilrichtungen der Damenmode während der Achtziger Jahre waren:
- Klassisch-elegant
- Feminine Eleganz
- Sportlich-funktionell, lässig
- Nostalgische Einflüsse
- Stilmix
- Sportlich-eleganter Citystil
- Hüllenlook mit Überweite (Oversize)

121 Geben Sie Beispiele für typische Details der Damenmode während der Achtziger Jahre.

Typische Details der Damenmode während der **Achtziger Jahren** waren:
- Einfache, bequeme Schnitte
- Körperumspielende schlanke Silhouette
- Maskuline Formen und Details (City-Mode)
- Voluminös mit extremer Überweite (Hüllenlook)
- Betonte Schulterpartie
- Großzügige Ärmelschnitte
- Neue Proportionen durch extrem unterschiedliche Längen und Weiten

Kostüm in neuer Proportion

Feminine Mode

City-Stil

122 Charakterisieren Sie in Stichworten die Mode der Neunziger Jahre.

Kennzeichnend für die Mode der **Neunziger Jahre** waren z. B.:

- **Ökowelle**
  bzw. der Trend zu Naturfasern

- **Technowelle**
  bzw. das Comeback der synthetischen Chemiefasern

- Funktionelle und bequeme **Outdoor-Mode**

- Erotische **Bodyfashion**

- **Purismus** bzw. **Minimalimus**
  (klassische, schlichte Mode)

- **Retro-Look**
  (femininer Stil der Dreißiger, Vierziger und Fünfziger Jahre)

- **Young-Fashion**
  in Anlehnung an die Sechziger und Siebziger Jahre

- **Lagen-Look**
  (aus Grunge bzw. dem Arme-Leute-Look oder der Second-Hand-Mode entwickelt)

- **Casual-Wear**
  mit Oversized-Schnitten

- **Casual-Eleganz,**
  die Chic mit Komfort verbindet.

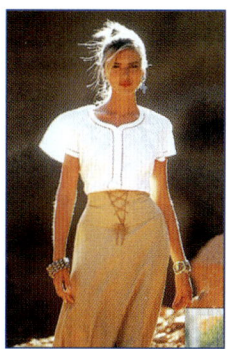

Natur-Look

Transparent-Look

Erotische Mode

Purismus

123 Beschreiben Sie die Entwicklung der Herrenmode in den Neunziger Jahren

Kennzeichnend für die **Herrenmode** der Neunziger Jahre waren z. B.:

- Bequemer, lässiger **Casual-Look**

- Unkomplizierter, maskuliner **Business-Stil**

- **Broken-Suit**
  – Sakko, Hose und Weste sind farblich genau aufeinander abgestimmt,
  – Muster bzw. Gewebestruktur sind jedoch abweichend.

- **High-Tech-Materialien**
  für Mäntel

Casual-Look

Broken-Suit

124 Zeigen Sie den Trend der Damenmode zur Jahrtausendwende auf.

Für den Trend der Damenmode zur **Jahrtausendwende** sind z. B. kennzeichnend:

- Anspruchsvolle Eleganz mit Betonung des Femininen
- Phantasievolle Romantik
- Strenge City-Mode
- Elemente aus der Sport-Wear
- Mode aus interessanten Stoffen, jedoch komfortabel, funktionell und business-like
- Spiel mit Kontrasten und Materialien

A-Linie

Hose mit Überlänge

Lagenlook

125 Erläutern Sie die nachfolgen Begriffe: Bodyfashion, Broken-Suit, Cross Dresing, Lagenlook, Livestyle, Purismus, Wellness.

Fachbegriff	Erläuterung
Bodyfashion	Enge, provozierende, erotische Mode
Broken-Suit	Sakko, Hose und Weste sind farblich genau aufeinander abgestimmt, Muster bzw. Gewebestruktur sind jedoch abweichend.
Crossdressing	Mix von Kleidungsstücken, die traditionell nicht zueinander gehören
Lagenlook	Bekleidungsteile mit abgestuften Längen werden übereinander getragen.
Lifestyle	Altersunabhängige Identifizierung mit bestimmten Lebensformen und Erlebniswelten
Purismus	Klassische Mode mit schlichten Schnitten, geraden Formen, Unifarbigkeit, jedoch in hochwertigen Materialien und perfekter Verarbeitung (auch: Minimalismus)
Wellness	Wohlfühlen

Empire-Linie

Jacke mit „Innenleben"

Casual Look

11 Geschichte der Bekleidung

126 Ordnen Sie jeweils Gewandformen der Griechischen und Römischen Antike zu, und geben Sie an, ob sie von Frauen, Männern oder von beiden Geschlechtern getragen wurden.

Gewand-formen	Frauen	Männer	Frauen und Männer
Griechische Antike	Peplos	Chlaina Exomis	Chiton Himation
Römische Antike	Stola Palla	Toga Pallium	Tunika Paenula

127 Erklären Sie den Begriff Schneppe, und nennen Sie Stilepochen, in denen eine Schneppe üblich war.

Mit **Schneppe** bezeichnet man die spitz zulaufende oder abgerundete Verlängerung der vorderen Taille an Vorderteilen von Frauenkleidern.
Sie war in folgenden Stilepochen üblich:
- Spanische Mode
- Barock
- Rokoko
- Biedermeier
- Gründerjahre
- Jahrhundertwende

128 Zählen Sie Stilepochen auf, in denen das Frauenkleid eine Schleppe hatte.

In folgenden Stilepochen hatte das Frauenkleid eine **Schleppe**:
Gotik, Barock, Directoire, Empire, Gründerjahre.

129 Nennen Sie Stilepochen, in denen der Rock des Frauenkleides eine Stütze erhielt, und geben Sie den Fachbegriff für diese Stütze an.

In folgenden Stilepochen hatte der **Rock** des Frauengewandes eine **Stütze**:

Spanische Mode	Verdugado
Barock	Tournüre, Cul de Paris
Rokoko	Panier, Tournüre, Cul de Paris
Biedermeier	Krinoline
Zweites Rokoko	Krinoline
Gründerjahre	Tournüre, Cul de Paris

130 Zeichnen Sie die Silhouette des Frauengewandes zur Zeit der Burgundischen Mode, der Spanischen Mode, des Rokokos, des Empires, des Biedermeiers und der Jahrhundertwende.

Silhouetten des Frauengewandes:

Burgundische Mode — Spanische Mode

Rokoko — Empire

Biedermeier — Jahrhundertwende

131 Vergleichen Sie die Ärmel am Frauengewand zur Zeit
der Gotik, der Deutschen Renaissance,
des Barocks, des Biedemeiers und
der Gründerjahre.

Ärmel zur Zeit der **Gotik:**

Anliegende Röhrenärmel mit trichterförmiger Erweiterung (Muffe), kurze Ärmel mit am Rückenteil lang herab hängenden Stoffstreifen (Hängeärmel), Tütenärmel mit sehr großer Weite am Handgelenk, bauschige Beutelärmel mit Armschlitzen, offene Flügelärmel

Ärmel zur Zeit der **deutschen Renaissance:**

Üppige Ärmel, die eingenestelt wurden und austauschbar waren, mehrfache Unterteilungen und Puffungen durch Abschnürungen und Zwischenstreifen, Schlitze mit andersfarbigem Stoff unterlegt, Manschetten- und Rüschenabschluss.

Ärmel zur Zeit des **Barocks:**

Halblange enge Ärmel mit mehrfachen Spitzenvolants (Engageantes)

Ärmel zur Zeit des **Biedermeiers:**

Riesige Hammelkeulen-, Schinken- oder Elefantenärmel, mit Fischbeingestellen gestützt, vertieft eingesetzt, vom Ellbogen bis zum Handgelenk eng; später am Ansatz eng und unten gebauscht

Ärmel zur Zeit der **Gründerjahre:**

Keulenärmel, üppig gebauscht am Einsatz, am Handgelenk eng

132 Zählen Sie für vier Stilepochen Mantelformen auf.

Romanik
Tasselmantel, Schnurmantel

Gotik
Nuschenmantel

Deutsche Renaissance
Schaube

Empire
Redingote, Carrick

Biedermeier
Rotonde (Wickler), Carrick, Redingote

133 Ordnen Sie den nachstehenden Fachbegriffen die entsprechende(n) Stilepoche(n) zu
und geben Sie jeweils eine kurze Beschreibung:
Pluderhose,
Heerpauke,
Culotte,
Pantalons.

Pluderhose

Stilepoche

Deutsche Renaissance

Beschreibung

Knielang,
mit Puffungen und Schlitzen versehen

Heerpauke (Kürbishose)

Stilepoche

Spanische Mode

Beschreibung

Oberschenkellang,
bauschig und gepolstert,
manchmal geschlitzt,
mit engem Bundabschluss

Culotte

Stilepochen

Barock, Rokoko

Beschreibung

Mäßig weite Kniehose aus Samt mit seitlichem Verschluss

Pantalons

Stilepochen

Empire, Biedermeier

Beschreibung

Helle, lange Beinkleider,
mit Stegen und Hosenträgern straff gehalten, erhöhte Taille

134 Nennen Sie zu den nachstehenden Fachbegriffen die entsprechende Stilepoche und bringen Sie sie zeitlich in die richtige Reihenfolge: Robe, Reformkleid, Kalasiris, Chemise, Cotte, Peplos.

Fachbegriff	Stilepoche
Kalasiris	Ägyptisches Altertum
Peplos	Griechische Antike
Cotte	Romanik, Gotik
Robe	Barock, Rokoko
Chemise	Directoire, Empire
Reformkleid	Jugendstil

135 Definieren Sie die nachstehenden Fachbegriffe und nennen Sie die dazugehörige(n) Stilepoche(n):
Engageantes, Gänsebauch, Goller, Petticoat, Stecker.

Engageantes

Definition

Ärmelabschluss in Form von mehrfachen Spitzenvolants oder Rüschen

Stilepoche

Barock, Rokoko

Gänsebauch

Definition

Nach unten spitz verlaufende Verlängerung der Brustwattierung am Wams

Stilepoche

Spanische Mode

Goller

Definition

Breiter Schulterkragen zum ausgeschnittenen Leibchen

Stilepoche

Deutsche Renaissance (Reformationszeit)

Petticoat

Definition

Steifer, kuppelförmiger Unterrock, meistens gestuft und verziert

Stilepoche

Fünfziger Jahre

Stecker

Definition

Verzierter Einsatz am Miedervorderteil in Dreieckform

Stilepochen

Barock, Rokoko

136 Erläutern Sie die folgenden Fachbegriffe der Herrenmode, und geben Sie die dazugehörige(n) Stilepoche(n) an: Schecke, Surcot, Faltrock, Justaucorps, Spenzer.

Schecke

Erklärung

Kurzer, stark taillierter Oberrock für jüngere Männer

Stilepochen

Gotik, Burgundische Mode

Surcot

Erklärung

Obergewand, meist ärmellos und ungegürtet, oft pelzverbrämt

Stilepochen

Romanik, Gotik

Faltrock

Erklärung

Knielanger Männerrock mit in Falten gelegten Schößen

Stilepoche

Deutsche Renaissance (Reformationszeit)

Justaucorps

Erklärung

Eleganter, knielanger, eng am Körper anliegender Männerrock aus Samt oder Brokat und Tressenverzierung

Stilepochen

Barock, Rokoko

Spenzer

Erklärung

Kurze, taillierte Überjacke mit Revers, ärmellos oder kurzärmelig

Stilepoche

Empire

137 Stellen Sie in einer Tabelle für nachstehende Stilepochen die typischen Kopfbedeckungen für Frauen und Männer zusammen.

Zeitalter	Frauen	Männer
Romanik		
	Kopftuch, Gebende, Schapel	Kappen, Spitzhut, Mützen, Schapel
Gotik		
	Hennin, Hörnerhaube, Kruseler, Schapel	Burgundische Kappe, Gugel, Turban, Sendelbinde Schapel
Deutsche Renaissance		
	Barett	Barett
Spanische Mode		
	Toque	Spanischer Hut
Barock		
	Fontange	Allongeperücke und Dreispitz
Rokoko		
	Spitzenhäubchen	Dreispitz
Empire		
	Turban, Spitzenhauben, Helme, Schute	Zylinder
Biedermeier		
	Schute	Zylinder
Gründerjahre		
	Teller- bzw. Kapotthütchen	Zylinder, Melone, Canotier
Jahrhundertwende, Jugendstil		
	Wagenradhut	Zylinder, Melone, Canotier
Zwanziger Jahre		
	Topfhut, Turban	Filzhut, Homburg, Mützen, Kappen

138 Ordnen Sie den nachstehenden Moderichtungen das entsprechende Jahrzehnt zu und geben Sie eine kurze Erklärung:
Op Art, Nostalgiemode,
Mode à la garçonne, New Look.

Op Art

Jahrzehnt

Sechziger Jahre

Erklärung

Futuristische Mode, geometrisch-abstrakte Muster, Optische Kunst

Nostalgiemode

Jahrzehnt

Siebziger Jahre

Erklärung

Femininer Stil in Anlehnung an die Dreißiger Jahre

Mode à la garçonne

Jahrzehnt

Zwanziger Jahre

Erklärung

Knabenhafter Frauentyp als modisches Ideal

New Look

Jahrzehnt

Vierziger Jahre

Erklärung

Neue, betont feminine Damenmode nach dem 2. Weltkrieg von Christian Dior

139 Zählen Sie Stilepochen auf, in denen das Frauengewand hochgeschlossen war, sowie Stilepochen, in denen es ein Dekolleté hatte.

Hochgeschlossene Frauengewänder waren z.B. üblich zur Zeit der Romanik, der Spanischen Mode und die Tageskleidung zur Zeit des Biedermeiers und der Gründerjahre.

Ein **Dekolleté** hatte das Frauengewand zur Zeit des Barocks, des Rokokos, des Empires.

140 Erläutern Sie die nachfolgenden Fachbegriffe für historische Kopfbedeckungen und nennen Sie die entsprechende(n) Stilepoche(n).

Schapel

Erklärung

Stirn- oder Kopfreifen aus Metall oder Blumen

Stilepochen

Romantik, Gotik

Gebende

Erklärung

Um Stirn und Kopf geschlungenes Leinenband, ergänzt mit einem Schapel

Stilepoche

Romantik

Hennin

Erklärung

Hoher, kegelförmiger Hut mit lang flatterndem Schleier

Stilepoche

Gotik

Barett

Erklärung

Flache Kopfbedeckung, mit Federn und Schnüren reich garniert

Stilepoche

Deutsche Renaissance

Fontange

Erklärung

Haube mit steifen, gefälteten Spitzenrüschen, die vorne wie Orgelpfeifen in die Höhe stehen

Stilepoche

Barock

Schute

Erklärung

Haubenähnlicher Hut mit breiter Krempe und reich verziert, mit Bindebändern unter dem Kinn gehalten

Stilepochen

Empire, Biedermeier, Zweites Rokoko

141 Ordnen Sie die nachstehenden Fußbekleidungen den entsprechenden Stilepochen zu: Sandalen, Schnabelschuhe, Kuhmaulschuhe, Stöckelschuhe, Kreuzbandschuhe, Stiefeletten, Pumps.

Fußbekleidung	Stilepochen
Sandalen	Ägyptisches Altertum, Griechische Antike, Römische Antike
Schnabelschuhe	Gotik, Burgundische Mode
Kuhmaulschuhe	Deutsche Renaissance (Reformationszeit)
Stöckelschuhe	Barock, Rokoko
Kreuzbandschuhe	Directoire, Empire, Biedermeier
Stiefeletten	Biedermeier, Gründerjahre Zweites Rokoko,
Pumps	Jahrhundertwende, Jugendstil

142 Zeigen Sie an zwei Beispielen Parallelen zwischen Baustil und Bekleidung auf.

Gotik (Burgundische Mode)

Baustil

Betonung der Vertikalen, starke senkrechte Untergliederung, hochragende Türme, Spitzbogen

Bekleidung

Überschlanke Silhouette: hochgerückte Taille, knappes Oberteil und lang schleppender Rock, Schalkragen; hochragende Kopfbedeckung (Hennin) mit flatterndem Schleier, Schnabelschuhe mit langen Spitzen

Deutsche Renaissance (Reformationszeit)

Baustil

Betonung der Horizontalen, starke waagerechte Untergliederung, Säulen- und Bogenkonstruktionen

Bekleidung

In die Breite gehende Ausschnitte, tief eingenestelte üppige Ärmel, die durch Abschnürungen, Zwischenstreifen und Puffungen mehrfach unterteilt waren, Querbetonung der Kanten durch breite Borten und Blenden; flaches Barett als Kopfbedeckung, breite Kuhmaulschuhe

143 Stellen Sie an zwei Beispielen dar, wie der Zeitgeist die Bekleidung beeinflusst.

Die Lösungen der nachfolgenden Aufgaben befinden sich auf den Seiten 164 und 165.

Stilepoche Spanische Mode

Zeitgeist

Die strenge Geisteshaltung der Gegenreformation schrieb Farben, Formen und Details genauestens vor.

Die Haut musste immer bedeckt sein, die weiblichen Formen wurden negiert.

Bekleidung

Die Kleidung war steif, unbequem und oft düster in den Farben.

Das Mieder war immer hochgeschlossen und wurde stark versteift, um den Oberkörper flach zu pressen.

Die steifen Halskrausen und der abstehende Reifrock (Verdugado) sorgten für geziemende Distanz.

Hohe Stelzenschuhe (Chopinen) verhinderten einen Blick auf die Beine.

144 Ordnen Sie den Fachbegriffen
Schapel,
Cotte,
Gebende,
Tasselmantel,
Surcot (Suckenie)
den entsprechenden Buchstaben zu.

Deutscher Fürst und deutsche Frauen, 13. Jh.

Stilepoche Rokoko

Zeitgeist

Die Lebensformen der höfischen Gesellschaft lockerten und verfeinerten sich, in der Haltung und in den Gebärden zeigte sich eine heitere, bisweilen frivole, leicht gekünstelte Wesensart.

Die charakteristische überladene Prunkfülle mit spielerisch wucherndem Dekor zeigte sich auch bei der Bekleidungsweise.

Bekleidung

Das Dékolleté der Damenroben wurde sehr groß, durch die enge Schnürung wurden die weiblichen Formen betont.

Der weit ausladende Reifrock (Panier) sowie die abstehenden Schöße des Männerrocks (Justaucorps), die verschwenderische Fülle von Garnierungen und die extreme Perückenmode waren typisch für den übermütigen Lebensstil dieser Zeit.

145 Ordnen Sie den Fachbegriffen
Muffe,
Schecke,
Mi-parti,
Zaddeln,
Hennin
den entsprechenden Buchstaben zu.

Burgundische Hoftracht um 1450

11 Geschichte der Bekleidung

146 Ordnen Sie den Fachbegriffen
Barett
und
Schaube
den entsprechenden Buchstaben zu.

Deutsche Patrizier, Anfang 16. Jh.

147 Ordnen Sie den Fachbegriffen
Gänsebauch,
Schneppe,
Kröse,
Heerpauke
den entsprechenden Buchstaben zu.

Spanische Edelleute, Ende 16. Jh

148 Ordnen Sie den Fachbegriffen
Justaucorps,
Allonge,
Engageantes,
Stecker,
Culotte
den entsprechenden Buchstaben zu.

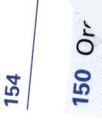

Französische Adelige am Hof Ludwig XIV., Anfang 18. Jh

149 Ordnen Sie den Fachbegriffen
Manteau,
Jupe (über Panier),
Schneppe,
Dékolleté
den entsprechenden Buchstaben zu.

Dame im Reifrock, Mitte 18. Jh

A Thematisch gegliederte Fragen und Antworten

Ordnen Sie den Fachbegriffen
Tunika,
Spenzer,
Pantalons
den entsprechenden Buchstaben zu.

152 Welche Bezeichnung für die mit © gekennzeichnete Ärmelform ist üblich?
Sackärmel,
Tütenärmel,
Pagodenärmel,
Schinkenärmel,
Hängeärmel.

Deutsche Empiremode um 1800

Krinolinenmode (Zweites Rokoko) 1860

151 Ordnen Sie den Fachbegriffen
Berthe,
Schute,
Pantalons
den entsprechenden Buchstaben zu.

153 Welche Bezeichnung ist für die mit © gekennzeichneten Gesäßbetonung üblich?
Contouche,
Jupe,
Krinoline,
Tournüre,
Schneppe

Biedermeiermode um 1830

Gesellschaftskleider 1882

154 Ordnen Sie den Fachbegriffen
Paletot,
Cutaway,
Melone
den entsprechenden Buchstaben zu.

Herrenmode 1875

155 Mit welchem Begriff wird die mit Ⓒ gekennzeichnete Körperbetonung umschrieben?
Schlanke Linie,
S-Form,
Sanduhr-Silhouette,
Cul de Paris.

Damenmode um die Jahrhundertwende

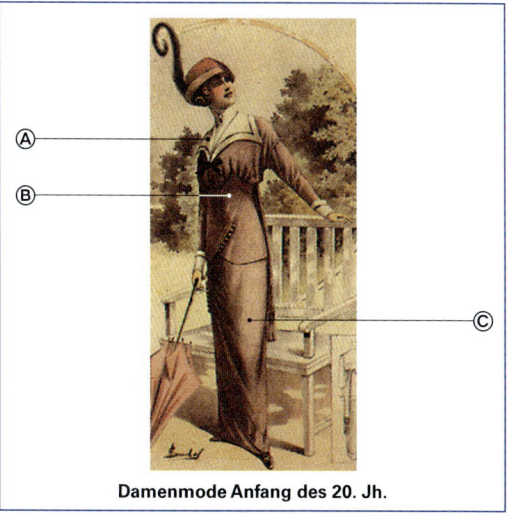

156 Ordnen Sie der mit Ⓒ gekennzeichneten Rockform den entsprechenden Fachbegriff zu:
Krinoline,
Jupe,
Tunika,
Tournüre,
Humpelrock.

Damenmode Anfang des 20. Jh.

157 Ordnen Sie der mit Ⓑ gekennzeichneten Hutform den entsprechenden Fachbegriff zu:
Toque, Schute, Wagenrad, Kapotte, Kalotte.

158 Ordnen Sie dem mit Ⓖ gekennzeichneten Oberteil den entsprechenden Fachbegriff zu:
Shirt, Jumper, Hänger, Blouson, Kasack.

Gesellschaftskleidung 1910

Sportliche Damen- und Herrenmode 1926

159 Ordnen Sie den nachfolgend aufgeführten Baustilen die entsprechende Abbildung von Ⓐ bis Ⓕ zu und bringen Sie sie in die richtige zeitliche Reihenfolge:
Baustil des Barocks, des Klassizismus, der Renaissance, Griechischer Baustil, Gotischer Baustil, Romanischer Baustil.

11 Geschichte der Bekleidung

160 Ordnen Sie den nachfolgenden Silhouetten Ⓐ bis Ⓕ die entsprechende Modeepoche zu und bringen Sie sie in die richtige zeitliche Reihenfolge:

Empire, Gotik, Biedermeier, Rokoko, Jahrhundertwende, Spanische Mode.

161 Ordnen Sie den nachfolgenden Silhouetten Ⓐ bis Ⓕ die entsprechende Modeepoche zu und bringen Sie sie in die richtige zeitliche Reihenfolge:

Spanische Mode, Biedermeier, Barock, Gotik, Romanik, Deutsche Renaissance.

11.2 Gebundene (multiple choice) Aufgaben

Die Lösungen der nachfolgenden Aufgaben 1 bis 50 befinden sich auf Seite 165.

1. Wie nannte man das Nationalgewand der Ägypter/-innen im Altertum?

   Ⓐ Chiton
   Ⓑ Cotte
   Ⓒ Kalasiris
   Ⓓ Tunika
   Ⓔ Robe

2. Welcher der nachfolgenden Begriffe kennzeichnet keine Gewandform der Griechischen Antike?

   Ⓐ Chiton
   Ⓑ Himation
   Ⓒ Chlamys
   Ⓓ Pallium
   Ⓔ Peplos

3. Welcher der nachstehenden Begriffe kennzeichnet keine Gewandform der Römischen Antike?

   Ⓐ Palla
   Ⓑ Tunika
   Ⓒ Peplos
   Ⓓ Toga
   Ⓔ Pallium

4. Wie nannte man das Staats- und Ehrenkleid des römischen Bürgers im antiken Rom?

   Ⓐ Toque
   Ⓑ Toga
   Ⓒ Exomis
   Ⓓ Talar
   Ⓔ Robe

5. Welcher der nachfolgend aufgeführten Begriffe für Frauengewänder war üblich zur Zeit der Griechischen Antike?

   Ⓐ Tunika
   Ⓑ Peplos
   Ⓒ Cotte
   Ⓓ Kalasiris
   Ⓔ Robe

6. Welcher der nachfolgend aufgeführten Begriffe für Frauengewänder war üblich zur Zeit der Römischen Antike?

   Ⓐ Tunika
   Ⓑ Peplos
   Ⓒ Kalasiris
   Ⓓ Cotte
   Ⓔ Chemise

7. Welche Bezeichnung gebrauchte man im Mittelalter für verschiedenfarbige Beinlinge?

   Ⓐ Clavi
   Ⓑ Engageantes
   Ⓒ Mi-parti
   Ⓓ Zaddeln
   Ⓔ Trippen

8. In welcher Modeepoche hatten die Gewandränder ausgeschnittene oder angesetzte Stofflappen?

   Ⓐ Romanik
   Ⓑ Barock
   Ⓒ Gotik
   Ⓓ Renaissance
   Ⓔ Empire

9. Welche der nachstehenden Gewandformen war nicht zur Zeit der Romanik üblich?

   Ⓐ Tasselmantel
   Ⓑ Cotte
   Ⓒ Surcot
   Ⓓ Culotte
   Ⓔ Suckenie

10. Zu welcher Zeit erreichte man durch die Korsettierung bei der Damenmode eine S-Form?

    Ⓐ um 1810
    Ⓑ um 1830
    Ⓒ um 1850
    Ⓓ um 1870
    Ⓔ um 1900

11 Welche Ärmelform war typisch für das Biedermeierkleid?

Ⓐ Röhrenärmel
Ⓑ Schinkenärmel
Ⓒ Tütenärmel
Ⓓ Sackärmel
Ⓔ Volantärmel

12 Welche der nachstehenden Männerhosen war zur Zeit der Spanischen Mode üblich?

Ⓐ Pantalons
Ⓑ Pluderhose
Ⓒ Kürbishose
Ⓓ Culotte
Ⓔ Rheingrafenhose

13 Welche der nachstehenden Männerhosen war zur Barock- und Rokokozeit üblich?

Ⓐ Pantalons
Ⓑ Kürbishose
Ⓒ Heerpauke
Ⓓ Pluderhose
Ⓔ Culotte

14 Welche der nachstehenden Männerhosen war üblich zur Zeit des Empires und Biedermeiers?

Ⓐ Pantalons
Ⓑ Heerpauke
Ⓒ Pluderhose
Ⓓ Culotte
Ⓔ Kürbishose

15 Wie nannte man den Mantel zur Zeit der Deutschen Reformation?

Ⓐ Carrick
Ⓑ Schaube
Ⓒ Paletot
Ⓓ Tasselmantel
Ⓔ Rotonde

16 Welche Bezeichnung war für die verlängerte Spitze des Oberteiles beim Damenkleid üblich?

Ⓐ Stecker
Ⓑ Schneppe
Ⓒ Muffe
Ⓓ Kröse
Ⓔ Engageantes

17 In welcher Modeepoche wurde das Oberteil des Frauenkleides mit einem Stecker (Einsatz) versehen?

Ⓐ Romanik
Ⓑ Empire
Ⓒ Rokoko
Ⓓ Biedermeier
Ⓔ Spanische Mode

18 Welche Bezeichnung gebrauchte man zur Zeit der Spanischen Mode für die großen gesteiften Halskrausen?

Ⓐ Muffe
Ⓑ Schneppe
Ⓒ Kröse
Ⓓ Engageantes
Ⓔ Stecker

19 Wie nannte man die trichterförmige Erweiterung des Ärmels am Handgelenk zur Zeit der Gotik?

Ⓐ Muffe
Ⓑ Schneppe
Ⓒ Kröse
Ⓓ Stecker
Ⓔ Engageantes

20 Wie nannte man den Mantel mit mehreren Schulterkragen zur Zeit des Empires und Biedermeiers?

Ⓐ Schaube
Ⓑ Tasselmantel
Ⓒ Paletot
Ⓓ Carrick
Ⓔ Rotonde

21 In welcher Modeepoche wurde ein Reifrock getragen?

Ⓐ Rokoko
Ⓑ Empire
Ⓒ Romanik
Ⓓ Jugendstil
Ⓔ Gotik

22 In welcher Modeepoche erhielt das Frauenkleid eine Gesäßbetonung?

Ⓐ Barock
Ⓑ Spanische Mode
Ⓒ Burgundische Mode
Ⓓ Biedermeier
Ⓔ Empire

23 Wie nannte man die Stütze des Rockes zur Zeit des Biedermeiers?

Ⓐ Panier
Ⓑ Verdugado
Ⓒ Krinoline
Ⓓ Cul de Paris
Ⓔ Tournüre

24 Wie nannte man den Reifrock zur Zeit der Spanischen Mode?

Ⓐ Panier
Ⓑ Verdugado
Ⓒ Krinoline
Ⓓ Cul de Paris
Ⓔ Tournüre

25 Wie nannte man den Reifrock zur Zeit des Rokokos?

Ⓐ Panier
Ⓑ Verdugado
Ⓒ Krinoline
Ⓓ Cul de Paris
Ⓔ Tournüre

26 Welche Bezeichnung war zur Zeit der Romanik für das Frauenkleid üblich?

Ⓐ Chemise
Ⓑ Cotte
Ⓒ Manteau
Ⓓ Ropa
Ⓔ Contouche

27 Welche Kopfbedeckung war bei den Damen zur Zeit des Biedermeiers beliebt?

Ⓐ Barett
Ⓑ Hennin
Ⓒ Schute
Ⓓ Topfhut
Ⓔ Toque

28 Welche der nachstehenden Gewandformen wurde in der Griechischen Antike nicht von Männern getragen?

Ⓐ Chiton
Ⓑ Exomis
Ⓒ Chlamys
Ⓓ Peplos
Ⓔ Himation

29 Welche der nachstehenden Gewandformen wurde in der Antike nicht von Frauen getragen?

Ⓐ Peplos
Ⓑ Stola
Ⓒ Toga
Ⓓ Chiton
Ⓔ Himation

30 Welche der nachstehenden Gewandformen wurde in der Römischen Antike nicht von Männern getragen?

Ⓐ Toga
Ⓑ Tunika
Ⓒ Pallium
Ⓓ Palla
Ⓔ Paenula

11 Geschichte der Bekleidung

31 Welcher der nachstehenden Begriffe kennzeichnet keine historische Mantelform?

Ⓐ Himation
Ⓑ Carrick
Ⓒ Manteau
Ⓓ Schaube
Ⓔ Rotonde

32 In welcher Epoche bezeichnete man den Männerrock mit Schecke?

Ⓐ Romanik
Ⓑ Gotik
Ⓒ Barock
Ⓓ Spanische Mode
Ⓔ Empire

33 Welche Bezeichnung für das Frauenkleid war zur Zeit des Barocks üblich?

Ⓐ Robe
Ⓑ Ropa
Ⓒ Jupe
Ⓓ Rotonde
Ⓔ Cotte

34 In welcher Zeit kam für die Damenmode der Humpelrock auf?

Ⓐ um 1830
Ⓑ um 1850
Ⓒ um 1890
Ⓓ um 1910
Ⓔ um 1925

35 In welcher Zeit galt als modisches Ideal für die Damenmode die „Garçonne"?

Ⓐ zur Zeit des Empires
Ⓑ in den 50er Jahren
Ⓒ in den 70er Jahren
Ⓓ zur Zeit des Jugendstiles
Ⓔ in den 20er Jahren

36 In welcher der nachstehend aufgeführten Modeepochen war das Frauenkleid **nicht** hochgeschlossen?

Ⓐ Gründerjahre
Ⓑ Spanische Mode
Ⓒ Rokoko
Ⓓ Romanik
Ⓔ Jahrhundertwende

37 In welcher der nachstehend aufgeführten Modeepochen wurde das Frauenkleid hochgeschlossen getragen?

Ⓐ Rokoko
Ⓑ Barock
Ⓒ Empire
Ⓓ Spanische Mode
Ⓔ Directoire

38 In welcher der nachstehenden Modeepochen wurde die Taille der Frau an der natürlichen Stelle betont?

Ⓐ Zwanziger Jahre
Ⓑ Empire
Ⓒ Burgundische Mode
Ⓓ Directoire
Ⓔ Biedermeier

39 In welcher der nachstehenden Modeepoche wurde die Taille der Frau **nicht** an der natürlichen Stelle betont?

Ⓐ Burgundische Mode
Ⓑ Rokoko
Ⓒ Spanische Mode
Ⓓ Biedermeier
Ⓔ Gründerjahre

40 In welcher der nachstehenden Modeepoche hatte das Frauenkleid **keine** Schleppe?

Ⓐ Burgundische Mode
Ⓑ Spanische Mode
Ⓒ Barock
Ⓓ Empire
Ⓔ Gründerjahre

41 Wie bezeichnet man eine am Boden aufliegende Verlängerung des Hinterrockes am Frauenkleid?

Ⓐ Schneppe
Ⓑ Stecker
Ⓒ Berthe
Ⓓ Schleppe
Ⓔ Krinoline

42 Welcher der nachstehenden Begriffe gehört **nicht** zur Biedermeiermode?

Ⓐ Berthe
Ⓑ Schute
Ⓒ Krinoline
Ⓓ Muffe
Ⓔ Pelerine

43 Welcher der nachstehenden Begriffe gehört **nicht** zur Burgundischen Mode?

Ⓐ Hennin
Ⓑ Schnabelschuhe
Ⓒ Schleppe
Ⓓ Schneppe
Ⓔ Brustlatz

44 Welcher der nachstehenden Begriffe gehört **nicht** zur Kleidung der Deutschen Renaissance (Reformationszeit)?

Ⓐ Schaube
Ⓑ Goller
Ⓒ Schneppe
Ⓓ Barett
Ⓔ Kalotte

45 Welche Bezeichnung gebrauchte man im Mittelalter für ausgezackte Gewandränder?

Ⓐ Clavi
Ⓑ Engageantes
Ⓒ Mi-parti
Ⓓ Zaddeln
Ⓔ Braguette

46 Welche der nachstehenden Kopfbedeckungen wurde **nicht** zur Zeit der Burgundischen Mode getragen?

Ⓐ Barett
Ⓑ Gugel
Ⓒ Hennin
Ⓓ Hörnerhaube
Ⓔ Kruseler

47 Wie bezeichnet man den Männerrock zur Zeit des Barocks und Rokokos?

Ⓐ Wams
Ⓑ Faltrock
Ⓒ Justaucorps
Ⓓ Schecke
Ⓔ Spenzer

48 Wie bezeichnet man den kurzen Männerüberrock zur Zeit der Burgundischen Mode?

Ⓐ Schecke
Ⓑ Justaucorps
Ⓒ Spenzer
Ⓓ Faltrock
Ⓔ Wams

49 Welche Ärmelform war **nicht** zur Zeit der Burgundischen Mode üblich?

Ⓐ Hängeärmel
Ⓑ Röhrenärmel
Ⓒ Sackärmel
Ⓓ Schinkenärmel
Ⓔ Tütenärmel

50 Welcher der nachstehenden Begriffe kennzeichnet **keinen** Bestandteil der Barockmode?

Ⓐ Französischer Steiß
Ⓑ Stecker
Ⓒ Dekolleté
Ⓓ Puffärmel
Ⓔ Engageantes

12 Lösungen der Zuordnungsaufgaben und Multiple-choice-Aufgaben

Abschnitt 3: Textile Flächen

71 Ⓐ Maschenstäbchen, Ⓑ Linke Maschenseite, Ⓒ Rechte Maschenseite, Ⓓ Maschenreihe, Ⓔ Henkel, Ⓕ Flottung, Ⓖ Schussfaden, Ⓗ Stehfaden

72 Ⓐ Interlock, Ⓑ Rechts/Rechts, Ⓒ Trikotlegung, Ⓓ Rechts/Links rechte Warenseite, Ⓔ Rechts/Links linke Warenseite, Ⓕ Fransenlegung, Ⓖ Atlaslegung, Ⓗ Links/Links, Ⓘ Tuchlegung

Abschnitt 5: Warenkunde

10 A Schotten, B Madras, C Glencheck, D Pepita, E Vichy, F Fil à fil, G Vogelauge, H Hahnentritt

11 A Pikeeware, B Futterware, C Webstrickware, D Henkelplüsch

12 A Façonné, B Ajour, C Cloqué, D Ombré, E Figuré, F Dégradé, G Rayé, H Moiré

13 A Bouclé, B Cheviot, C Whipcord, D Flausch, E Shetland, F Marengo, G Loop, H Tweed

14 A Baumwolle, B Polyester, C Polyamid, D Viskose, E Seide

15 A Polyacryl, B Viskose, C Polyamid, D Leinen, E Wolle

16 A Taft, B Gabardine, C Shetland, D Batist, E Georgette

17 A Marengo, B Twist, C Brokat, D Tweed, E Loop

18 A Jacquard, B Trikotine, C Charmeuse, D Croisé, E Ottoman

19 A Tuch, B Glasbatist, C Chintz, D Duvetine, E Gaufré

20 A Imprägnieren, B Merzerisieren, C Kalandern, D Gaufrieren, E Krumpfen

21 A Sanitized, B Silikon, C Scotchgard, D Eulan, E Eulan asept

22 A Ombré, B uni, C changeant, D rayé, E imprimé

23 A Single-Jersey, B Serge, C Zefir, D Crêpe de chine, E Ratiné

24 A Trenchcoat, B Slipon, C Wickelmantel, D Dufflecoat, E Paletot, F Hänger, G Swinger

Abschnitt 7: Bekleidungsherstellung

51

A	B	C	D	E
Flachbett-Nähmaschine	Sockel-Nähmaschine	Block-Nähmaschine	Freiarm-Nähmaschine	Armabwärts-Nähmaschine
e	c	b	a	d

52

A	B	C	D	E	F	G	H
g	f	h	e	a	c	b	d

53

A	B	C	D
Doppelkettenstich (DKS) Stichtyp 401	Doppelsteppstich (DSS) Stichtyp 301	Imitierter Sicherheitsstich Stichtyp 103	Echter Sicherheitsstich Stichtyp 406
g	a	h	b
E	**F**	**G**	**H**
Doppelsteppstich zwei Arbeitsgänge Stichtyp 301.301	Zweinadel-Doppelkettenstich Stichtyp (401.401)	Blind-Einfachkettenstich Stichtyp 103	Zweinadel-Einfachkettenstich Stichtyp 406
c	d	e	f

54

A	B	C	D	E	F
i	a	b	c	f	h
G	**H**	**I**	**J**	**K**	**L**
l	k	g	d	j	e

Abschnitt 9: Produktgestaltung

37 Ⓐ Herzausschnitt Ⓑ Carmenausschnitt Ⓒ Römerfalten Ⓓ U-Boot-Ausschnitt
   Ⓔ Neckholder Ⓕ V-Ausschnitt

38 Ⓐ Schluppenkragen Ⓑ Bubikragen Ⓒ Kelchkragen Ⓓ Wimpelkragen
   Ⓔ Matrosenkragen Ⓕ Dachkragen

39 Ⓐ Paspeltasche Ⓑ Pattentasche Ⓒ Schräge Leistentasche
   Ⓓ Paspelierte Pattentasche

40 Ⓐ Miedergürtel Ⓑ Bindegürtel Ⓒ Tunnelgürtel Ⓓ Schnallengürtel

41 Ⓐ Rüsche Ⓑ Jabot Ⓒ Volant Ⓓ Drapierung

42 Ⓐ Keulenärmel Ⓑ Trompetenärmel Ⓒ Ballonärmel Ⓓ Puffärmel

43 Ⓐ Perlen- und Paillettenstickerei Ⓑ Soutache- und Kordelverzierung
   Ⓒ Wattestepperei Ⓓ Applikation

Abschnitt 10: Produktgruppen

77 A-Linie Ⓑ Y-Linie Ⓔ H-Linie Ⓒ X-Linie Ⓐ I-Linie Ⓓ

78 Mantelkleid Ⓓ Etuikleid Ⓔ Hängerkleid (Shift) Ⓑ Hemdblusenkleid Ⓒ
   Prinzesskleid Ⓐ

79 V-Linie Ⓒ Zelt-Linie Ⓐ Kasten-Linie Ⓑ X-Linie Ⓔ O-Linie Ⓓ

80 Hemdbluse Ⓒ Schluppenbluse Ⓐ Schößchenbluse Ⓔ Top Ⓑ Kasack(-bluse) Ⓓ

81 Sattelrock Ⓑ Bahnenrock Ⓓ Kastenrock Ⓔ Godetrock Ⓐ Glockenrock Ⓒ

82 Pullunder Ⓐ Polo-Shirt Ⓓ Sweat-Shirt Ⓔ Pullover Ⓑ T-Shirt Ⓒ

83 Schlaghose Ⓓ Caprihose Ⓐ Karottenhose Ⓔ Bermudas Ⓑ Flatterhose (Slacks) Ⓒ

84 Tailleur-Jacke Ⓔ Cardigan-Jacke Ⓓ Bolero Ⓑ Gilet Ⓒ Janker Ⓐ

85 Trenchcoat Ⓒ Dufflecoat Ⓐ Slipon Ⓔ Ulster Ⓑ Paletot Ⓓ

86 Blouson Ⓒ Anorak Ⓓ Parka Ⓐ Hemdjacke Ⓔ Safarijacke Ⓑ

87 Swinger (-Mantel) Ⓔ Cape Ⓒ Hänger Ⓓ Redingote Ⓑ Caban Ⓐ

88 Composé Ⓔ Chanelkostüm Ⓐ Complet Ⓓ Schneiderkostüm Ⓑ Deux-Pièces Ⓒ

89 Blazer Ⓓ Einreiher Ⓔ Sportsakko Ⓑ Zweireiher Ⓐ Freizeitjacke Ⓒ

90 Frack Ⓓ Cut(away) Ⓔ Party-Sakko Ⓑ Smoking Ⓐ Spenzer-Jacke Ⓒ

91 Klappenkragen Ⓑ Kentkragen Ⓒ Button-down-Kragen Ⓔ Tab-Kragen Ⓓ Lidokragen Ⓐ

92 Einsatz Ⓔ Verdeckte Knopfleiste Ⓓ Frontleiste Ⓒ Passe Ⓑ Plisseefalten Ⓐ

Abschnitt 11.1: Geschichte der Bekleidung: Zuordnungsaufgaben

144 Schapel Ⓔ Cotte Ⓐ Gebende Ⓓ Tasselmantel Ⓒ Surcot (Suckenie) Ⓑ

145 Muffe Ⓕ Schecke Ⓖ Mi-parti Ⓘ Zaddeln Ⓗ Hennin Ⓐ

146 Barett Ⓙ Schaube Ⓑ

12 Lösungen zu Teil A

147 Gänsebauch Ⓖ   Schneppe Ⓓ   Kröse Ⓐ   Heerpauke Ⓗ

148 Justaucorps Ⓐ   Allonge Ⓕ   Engageantes Ⓙ   Stecker Ⓚ   Culotte Ⓓ

149 Manteau Ⓓ   Jupe (über Panier) Ⓔ   Schneppe Ⓒ   Décolleté Ⓐ

150 Tunika Ⓒ   Spenzer Ⓕ   Pantalons Ⓗ

151 Berthe Ⓑ   Schute Ⓐ   Pantalons Ⓙ

152 Sackärmel, Tütenärmel, **Pagodenärmel** ⊗, Schinkenärmel, Hängeärmel

153 Contouche, Jupe, Krinoline, **Tournüre** ⊗, Schneppe

154 Paletot Ⓑ   Cutaway Ⓒ   Melone Ⓕ

155 Schlanke Linie, **S-Form** ⊗, Sanduhr-Silhouette, Cul de Paris

156 Krinoline, Jupe, Tunika, Tournüre, **Humpelrock** ⊗

157 Toque, Schute, **Wagenrad** ⊗, Kapote, Kalotte

158 Shirt, **Jumper** ⊗, Hänger, Blouson, Kasack

159 Griechischer Baustil Ⓑ   Romanischer Baustil Ⓐ   Gotischer Bausteil Ⓕ   Baustil der Renaissance Ⓓ   Baustil des Barocks Ⓔ   Baustil des Klassizismus Ⓒ

160 Gotik Ⓕ   Spanische Mode Ⓔ   Rokoko Ⓓ   Empire Ⓒ   Biedermeier Ⓐ   Jahrhundertwende Ⓑ

161 Romanik Ⓒ   Gotik Ⓔ   Deutsche Renaissance Ⓐ   Spanische Mode Ⓕ   Barock Ⓓ   Biedermeier Ⓑ

Abschnitt 11.2: Geschichte der Bekleidung: Multiple-choice-Aufgaben

1 Ⓒ	2 Ⓓ	3 Ⓒ	4 Ⓑ	5 Ⓑ
6 Ⓐ	7 Ⓒ	8 Ⓒ	9 Ⓓ	10 Ⓔ
11 Ⓑ	12 Ⓒ	13 Ⓔ	14 Ⓐ	15 Ⓑ
16 Ⓑ	17 Ⓒ	18 Ⓒ	19 Ⓐ	20 Ⓓ
21 Ⓐ	22 Ⓐ	23 Ⓒ	24 Ⓑ	25 Ⓐ
26 Ⓑ	27 Ⓒ	28 Ⓓ	29 Ⓒ	30 Ⓓ
31 Ⓒ	32 Ⓑ	33 Ⓐ	34 Ⓓ	35 Ⓔ
36 Ⓒ	37 Ⓓ	38 Ⓔ	39 Ⓐ	40 Ⓑ
41 Ⓓ	42 Ⓓ	43 Ⓓ	44 Ⓒ	45 Ⓓ
46 Ⓐ	47 Ⓒ	48 Ⓐ	49 Ⓓ	50 Ⓓ

Teil B: Lernfeldorientierte Aufgaben zur Materialauswahl mit Lösungsvorschlägen

1 Materialauswahl für ein Kapuzenjäckchen

Ein Konfektionär für Kinderkleidung möchte das abgebildete Kapuzenjäckchen in zwei Stoffvarianten anbieten.

1 Schlagen Sie zwei geeignete **Maschenwaren** (Handelsbezeichnungen) vor und begründen Sie Ihre Entscheidung.

2 Beschreiben Sie den jeweiligen Flächenaufbau und die Erkennungsmerkmale.

3 Maschenwaren werden häufig aus einer Baumwoll-/Polyestermischung hergestellt.
Stellen Sie dar, weshalb diese **Mischung** Vorteile gegenüber der gleichen textilen Fläche aus reiner Baumwolle hat.

4 Bei der **Konfektionierung von Maschenwaren** gibt es verschiedene Arbeitsverfahren, z.B. Zuschnitt und Konfektionierung aus Meterware wie bei Geweben aber auch die Fully-fashioned-Produktion.
Erklären Sie den Begriff Fully-fashioned und begründen Sie, warum bei dem Kapuzenjäckchen die Konfektionierung aus Meterware zum Einsatz kommt.

5 Bei der Konfektionierung von Maschenware werden hauptsächlich Maschinen mit 3-Faden-Überwendlichstich mit Stichloch-Bindung (Stichtyp 504) eingesetzt.
Begründen Sie, weshalb dies eine rationelle Verarbeitung ist.

6 Planen Sie für diesen Artikel den **Garneinsatz** und begründen Sie Ihre Entscheidung.

7 Der Nadelvorrat für die Überwendlichmaschinen ist nahezu aufgebraucht.
Geben Sie zwei Gesichtspunkte an, die bei der Nachbestellung zu beachten sind.

Lösungsvorschlag

① **Nicki oder Scherplüsch; Futterware**
Maschenware ist dehnbarer als Webware und ermöglicht mehr Bewegungsfreiheit. Nicki und Futterware sind besonders weich, voluminös und schmiegsam.

② **Nicki oder Scherplüsch**
In eine Rechts-/Links-Maschenware wird ein zusätzlicher Faden eingearbeitet, der in Schlingen gelegt wird. Die Schlingenköpfchen werden aufgeschnitten. Es entsteht eine samtartige Oberfläche.

Futterware
In eine Rechts/Links-Maschenware wird ein zusätzlicher weicher, voluminöser Faden eingearbeitet, der auf der linken Warenseite verläuft. Die Oberseite wirkt fein, die Unterseite ist oft aufgeraut und deshalb besonders weich und voluminös.

③ Das Baumwoll/Polyester-Gemisch ist formstabiler als reine Baumwolle und hat ein geringeres Gewicht. Die Mischung trocknet schneller.

1 Materialauswahl für ein Kapuzenjäckchen

④ Bei **Fully-fashioned** werden entweder einzelne Schnittteile oder komplette Bekleidungsstücke formgerecht gestrickt.

Anwendung:
Hochwertige Maschenoberbekleidung, z.B. Pullover, Strickjacken, Strickkleider.

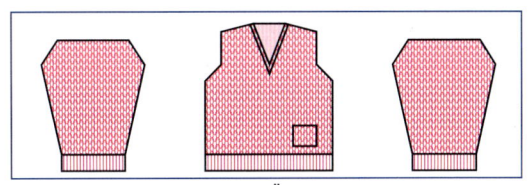

Fully-fashioned- Körper- und Ärmelteile

Aus **Meterware** werden preiswerte Massenartikel bzw. T-Shirts, Sweatshirts, Kinderkleidung, Unter- und Nachtwäsche konfektioniert. Diese Produktionsart ist also auch bei dem Kapuzenjäckchen üblich.

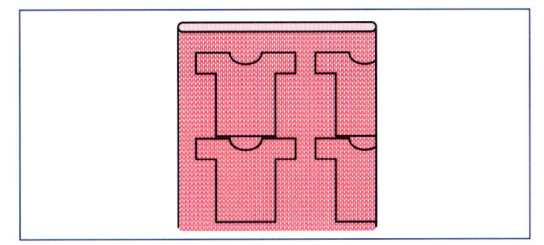

Meterware

⑤ Mit **Stichtyp 504,** einem 3-Faden-Überwendlichstichtyp, werden die Nähte in einem einzigen Arbeitsgang geschlossen und gleichzeitig versäubert.

Die Naht ist elastisch. Der notwendige Lagenschluss ist gewährleistet, da auf der Warenunterseite an der Einstichstelle der Nadel eine Verbindung zwischen Nadel- und Greiferfaden erfolgt.

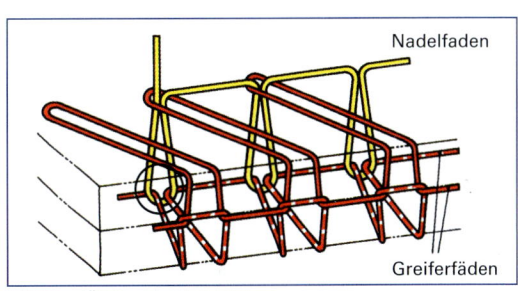

3-Faden-Überwendlichstich (Stichtyp 504) mit Stichloch-Bindung

⑥ Für die Schließ- und Versäuberungsnähte ist ein **Texturiertes Nähgarn (Bauschgarn)** geeignet. Das besonders weiche Nähgarn aus texturierten Polyesterfilamenten schmiegt sich gut um die Schnittkanten.
Garnfeinheit Nm 100 oder Nm 120.

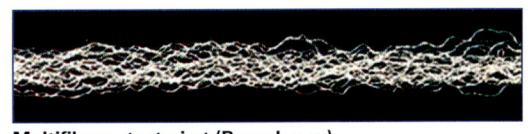

Multifilgarn, texturiert (Bauschgarn)

Für die übrigen Näharbeiten ist ein **Polyester-Umspinnungszwirn** geeignet. Er ist zugfest und hält vielen Wäschen stand.
Garnfeinheit: Nm 120.

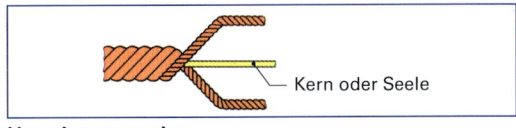

Umspinnungszwirn

⑦ Bei empfindlichem Nähgut, z.B. Maschenware, werden **Nadeln mit Kugelspitzen** eingesetzt, um Maschensprengschäden zu vermeiden.
Die Nadelstärke sollte nicht höher als Nm 80 sein.

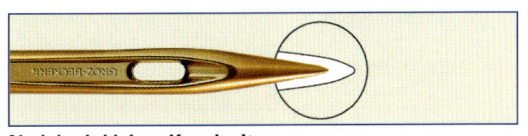

Nadel mit kleiner Kugelspitze

2 Materialauswahl für eine Folklorebluse

Ein Blusenkonfektionär nimmt die nachfolgend abgebildete Bluse in zwei verschiedenen Stoffvarianten in die kommende Kollektion auf, für das Thema Landhausmode das Modell „Edelweiß" und für das Thema Holiday-Wear das Modell „Sunset".

1. Geben Sie die gemeinsamen und die unterschiedlichen **Anforderungen** an den Oberstoff an, die bei der Materialauswahl für beide Blusen zu berücksichtigen sind.

2. Wählen Sie für die Blusen beider Themen je einen geeigneten **Oberstoff** aus, geben Sie Rohstoff, Bindung, und Besonderheiten an begründen Sie Ihre Wahl.

3. Die Volant-Rüsche wird bei beiden Blusen am Saum verziert. Schlagen Sie jeweils einen **schmückenden Besatz** vor und beschreiben ihn.

4. Skizzieren und beschreiben Sie, wie der Besatz bei den beiden Modellen verarbeitet wird.

5. Schlagen Sie für das Aufnähen der Besätze bei beiden Modellen je eine geeignete maschinelle **Nähgutführung** vor, sodass auf Heften oder Stecken verzichtet werden kann.

6. Erstellen Sie für beide Blusen ein **Pflegeetikett** und begründen Sie Ihre Entscheidung.

Lösungsvorschlag

① **Gemeinsame Anforderungen**
weich fallend, schmiegsam, leicht, luftdurchlässig, gute Feuchtigkeitsaufnahme

Unterschiedliche Anforderungen	Modell Edelweiß	Modell Sunset
	traditionell, natürlich	pflegeleicht, schnelle Wäsche, knitterarm
② Oberstoff	Käseleinen	Borkenkrepp
	Faserstoff Baumwolle; Leinwandbindung mit geringer Gewebedichte; flammenartige Verdickungen der Garne in Kette und Schuss; matt.	Faserstoff z. B. Viskose; Leinwandbindung; baumrindenartige Struktur; bei Verwendung von Filamenten glatt und kühl.
Besonderheiten	Aufgrund der Garnunregelmäßigkeiten im Käseleinen wirkt die textile Fläche leinenähnlich. Das Material ist nicht knitterfrei und muss feucht gebügelt werden.	Viskose ist normalerweise knitteranfällig. Durch die baumrindenartige Struktur muss der Borkenkrepp kaum gebügelt werden. Dies ist bei Kleidung für den Urlaub wichtig.

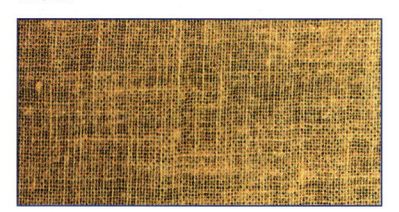

2 Materialauswahl für eine Folklorebluse 169

	Modell Edelweiß	**Modell Sunset**
③ Schmückender Besatz	**Klöppelspitze** Flechtspitze aus Baumwolle oder Leinen, wirkt rustikal. 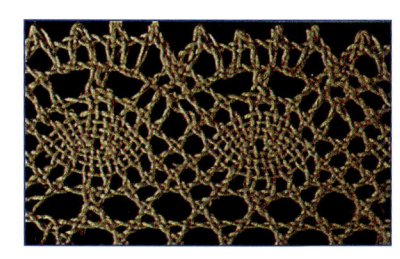	**Paillettenband** Band, in das in gleichen oder unregelmäßigen Abständen Pailletten eingearbeitet sind; wirkt elegant. 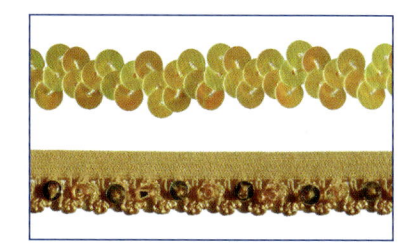
④ Kantenverarbeitung	Die Klöppelspitze wird an der Kante angenäht. 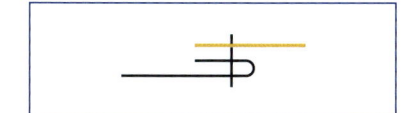	Das Paillettenband wird an der Kante aufgenäht oder untergenäht. 
⑤ Nähgutführung	Der Rüschensaum kann mit Hilfe eines Führungsapparates eingeschlagen werden. Das Annähen der Klöppelspitze kann mit Hilfe eines Kantenlineals zum Führen entlang einer Linie erfolgen.	Das Aufnähen des Paillettenbandes wird mit Hilfe eines Bandaufnähfußes erleichtert.
	Kantenlineal	Bandaufnähfuß
⑥ Pflegeetikett	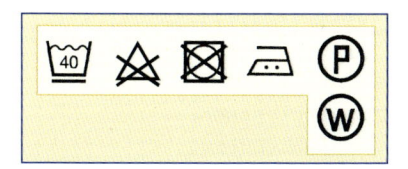	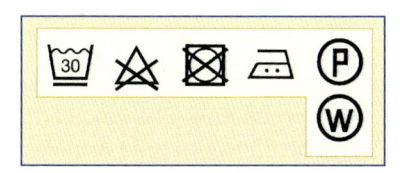
Begründung	Wegen der Klöppelspitze sollte die Baumwollbluse nur mit reduzierter Mechanik gewaschen werden.	Da die Nassfestigkeit von Viskose eingeschränkt ist, empfiehlt sich reduzierte Waschmechanik.

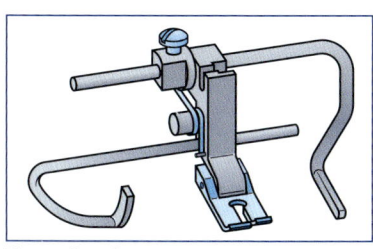

③ Materialauswahl für eine Outdoor-Kombination

Bei einem Sportbekleidungshersteller sind Sie als Assistentin der Produktentwicklerin für die Planung einer Outdoor-Kombination, bestehend aus Hose und Jacke, verantwortlich, die sich zum Bergwandern eignet.

1 Beschreiben Sie die körperliche Beanspruchung, die beim Bergwandern entstehen kann.

2 Leiten Sie daraus ab, welche **Anforderungen** an diese Outdoor-Kombination gestellt werden.

3 Geben Sie an, welche Kriterien Sie bei der **Auswahl des Oberstoffes** berücksichtigen.

4 Stellen Sie Ihre Überlegungen dar, mit welchen **gestalterischen Details** Bequemlichkeit und Zweckmäßigkeit bei diesen funktionellen Kleidungsstücken erreicht werden können.

Outdoor-Jacke

5 Von der Messe hat die Einkäuferin zwei mögliche Stoffvarianten für den Oberstoff mitgebracht, ein dichtes **Baumwollgewebe** und ein **Mikrofasergewebe**, beide wasserabweisend imprägniert (hydrophob ausgerüstet).

Vergleichen Sie beide Oberstoffe bezüglich ihrer Eignung.

6 Damit die Jacke wasserdicht ist, entscheidet man sich für ein **Membransystem**.

Beschreiben Sie den Aufbau und die Funktionsweise eines Membransystems.

7 Geben Sie zwei **Gestaltungs- bzw. Verarbeitungshinweise** hinsichtlich des von Ihnen gewählten Membransystems an.

8 Geben Sie eine Empfehlung ab, welche **Bekleidungsschichten** in der Regel unter der Jacke getragen werden.

Erläutern Sie deren Funktion und Flächenkonstruktion.

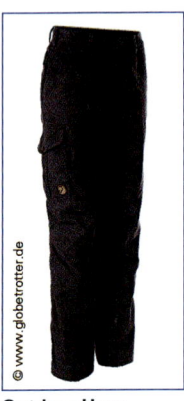

Outdoor-Hose

Lösungsvorschlag

① Bergwandern ist eine körperlich anstrengende Sportart. Teilweise sind große Höhenunterschiede zu bewältigen. Man trägt in der Regel einen Rucksack. Beim Steigen kommt der Körper stark ins Schwitzen. Oft ist mit Wind und Regen, evtl. sogar Schnee zu rechnen.

② Die Kleidung sollte winddicht, wasserabweisend bzw. wasserdicht jedoch luft- und wasserdampfdurchlässig sein, außerdem leicht, scheuerbeständig und reißfest, sowie ausreichend Bewegungsfreiheit gewährleisten.

③ Es ist darauf zu achten, dass der Oberstoff dicht gewebt und etwas elastisch ist, einen festen, jedoch nicht zu steifen Griff aufweist, sowie schmutzunempfindlich und gut zu pflegen ist.

④ **Bequemlichkeit** und **Zweckmäßigkeit** werden gewährleistet durch
- vorgeformte Knie, Ellenbogen und Sitzpartie (Abnäher),
- verstellbare Hosen- und Ärmelsäume (Klettverschlüsse),
- einen in der Weite variablen Hosenbund (elastische Segmente),
- abnehmbare Hosenbeine (Längs- und Querreißverschlüsse),
- eine Jacke mit verschließbaren Lüftungsschlitzen (Achsel, Rücken),
- genügend viele Taschen für Handy, GPS, Wanderkarte, Taschenmesser, usw.

3 Materialauswahl für eine Outdoor-Kombination

5 • Dicht gewebte und hydrophob (wasserabweisend) imprägnierte **Baumwollgewebe** sind relativ steif.
Im Laufe der Zeit lässt die wasserabweisende Wirkung nach, die Baumwollfasern saugen sich voll, das Gewebe wird dadurch relativ schwer. Ausreichender Nässeschutz ist nicht mehr gewährleistet.

• Obwohl auch hydrophob ausgerüstete **Mikrofasergewebe** sehr dicht gewebt werden können, sind sie leicht und geschmeidig. Jedoch verringert sich auch hier der wasserabweisende Schutz im Laufe der Zeit. Da die Fasern jedoch keine Feuchtigkeit aufnehmen, ist die Gewichtszunahme relativ gering

Um den Nässeschutz zu erneuern, muss bei beiden Geweben nachimprägniert werden.

6 **Membranen** sind hauchdünne Folien mit mikroskopisch feinen Poren oder porenlos. Diese werden mit einem Trägermaterial oder dem Oberstoff fest verbunden (kaschiert bzw. laminiert).
Membransysteme sind lang anhaltend oder dauerhaft wasserdicht und dennoch wasserdampfdurchlässig.

Imprägniertes Gewebe  **Gewebe mit aufkaschierter Membran** 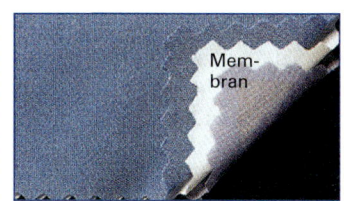 **Gewebe mit Membran als Liner (Zwischenlage)**

7 An den Nähten wird die Membran zerstochen. An diesen Stellen kann Wasser eindringen. Es müssen deshalb feine Nadeln eingesetzt und die Nähte mit speziellen Bändern verschweißt werden. Zudem sollte bereits bei der Schnittgestaltung darauf geachtet werden, die Anzahl der Nähte möglichst gering zu halten. Reißverschlüsse müssen wasserdicht bzw. verdeckt eingearbeitet sein.

8 **Schicht 1**
Die **Unterwäsche** muss für einen optimalen Feuchtigkeitstransport von innen nach außen sorgen und den Körper warm und trocken halten. Besonders geeignet ist Funktionsunterwäsche aus Polyester, Polyamid oder Polypropylen.

Schicht 2
Das **Outdoorhemd** übernimmt die Feuchtigkeit aus der innersten Schicht, leitet sie nach außen weiter und wirkt klimatisierend. Geeignet sind glatte oder geraute Web- oder Maschenwaren aus Baumwolle, Modal, Mikrofasergarnen (Polyester, Polyamid) oder Mischungen.

Schicht 3
Je nach Witterungsverhältnissen bzw. Wärmebedürfnis wird ein **Oberteil** aus einer flauschigen Maschenware getragen, z.B. ein Fleece aus Polyester-Mikrofasern.

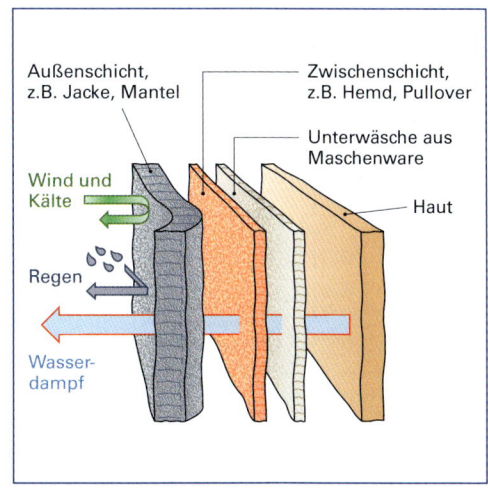

Zwiebelschalenprinzip

4 Materialauswahl für einen Hosenanzug

Frau Fischer möchte einen Hosenanzug zur Maßanfertigung in Auftrag geben.
Zur Veranschaulichung ihrer Vorstellungen hat sie die abgebildeten Bilder mitgebracht.

1. Bei der Beratung fallen die Begriffe Blazer, Gilet, Bundfaltenhose und Hemdbluse. Beschreiben Sie diese Bekleidungsformen.

2. Die Kundin wünscht sich ein komplettes Outfit in zwei Varianten:
   - Einen **eleganten Hosenanzug** aus einheitlichem Material mit kontrastierender Weste und effektvoller Bluse für besondere Geschäftsanlässe.
   - Eine **klassische dreiteilige Kombination** mit passender Bluse für den Büroalltag.

   Sie beraten die Kundin bei der **Materialauswahl,** schlagen für die einzelnen Bestandteile jedes Outfits einen geeigneten Oberstoff vor und beschreiben die Merkmale bzw. Eigenschaften.

3. Für die **Blusen** werden neben einer Hemdbluse folgende Formen in die engere Wahl genommen: Schluppenbluse, Wickelbluse, Poloblouse, Reverskragenbluse, Schalkragenbluse.
   Sie geben die Unterscheidungsmerkmale der einzelnen Modelle an und beurteilen, für welches Outfit sie geeignet sind.

4. Im Warenbestand des Ateliers befinden sich folgende Einlagematerialien:
   Roßhaareinlage, Baumwoll-Fixiereinlage, Polyquick, Klötzelleinen, kettverstärkte Vlieseinlage, Watteline.
   Beschreiben Sie die einzelnen Materialien und geben Sie an, ob und wie Sie in der Jackenfertigung eingesetzt werden können.

5. Bei der Wahl des **Futterstoffes** für Jacke und Weste werden sowohl optische als auch zweckmäßige Gesichtspunkte beachtet.
   Machen Sie für jedes Outfit einen Vorschlag und begründen Sie diesen.

Lösungsvorschlag

① **Modellbeschreibungen**

Fachbegriff	Beschreibung
Blazer	Allgemeinbezeichnung für eine Damenjacke in Form eines Herrensakkos. Antaillierte Form mit Reverskragen, ein- oder zweireihig geknöpft, eingearbeitete (elegant) oder aufgesetzte (sportlich) Taschen.
Gilet	Knapp über die Taille reichende Weste im Herrenstil (klassisch), geknöpft, tailliert, ärmellos und oft mit Futterrücken, evtl. Rückenspange.
Bundfaltenhose	Klassische Hosenform mit bequemer Weite in der Vorderhose durch eingelegte Falten, gerader Beinverlauf.
Hemdbluse	Bluse im Herrenhemdstil mit geradem oder tailliertem Schnitt, Hemdkragen, Manschettenärmeln, Knopfleiste, evtl. Schulterpassen.

4 Materialauswahl für einen Hosenanzug

② **Materialvorschläge**

- **Stilrichtung Elegant**

Jacke und Hose:	*Charmelaine*	Weicher Kammgarnstoff in Atlasbindung mit einer matten und einer glänzenden Warenseite.
Weste:	*Jacquard*	Durch Wechsel von Kett- und Schussatlas gemustertes Gewebe, Ton in Ton oder mit Farbeffekten.
Bluse:	*Crêpe de chine*	Fließendes leichtes Seidengewebe in Leinwandbindung mit Kreppgarnen im Schuss und wenig gedrehter Kette.

- **Stilrichtung Klassisch**

Jacke:	*Glencheck*	Buntgewebe mit Grund- und Überkaros aus unterschiedlichen Kleinmustern.
Hose und Weste:	*Tropical (Cool Wool)*	Kammgarngewebe in Leinwandbindung aus hart gedrehten Zwirnen, leicht und knitterunempfindlich.
Bluse:	*Popeline*	Leinwandbindiges Gewebe mit feinen Querrippen durch sehr feine, dichte Kette und gröberes Schussgarn.

③ **Blusenformen**

Blusenform	Beschreibung
Schluppenbluse	Feminine Bluse, deren Bänder des Halsabschlusses locker gebunden oder geknotet werden. Sie ist für das elegante Outfit geeignet.
Wickelbluse	Durch die losen und locker übereinandergelegten Vorderteile wirkt sie elegant, ist aber unter einer Weste weniger geeignet.
Polobluse	Sportliche Bluse mit typisch kleinem Umlegekragen und halber Knopfleiste aus Maschenstoff. Sie ist für beide Outfits nicht geeignet.
Reverskragenbluse	Knopfleiste und offener Reverskragen ergeben eine klassische Bluse, die für beide Outfits geeignet ist.
Schalkragenbluse	Feminine Bluse mit länglich gerundetem Reverskragen, Oberkragen und Beleg gehen nahtlos ineinander über; für das elegante Outfit geeignet.

④ **Einlagematerialien**

Rosshaareinlagen	Haareinlagen sind schwer und in Querrichtung sprungelastisch. Sie gehören zu den typischen Einlagen für Herrensakkos.
Baumwoll-Fixiereinlage	Mittlere bis leichte Webeinlage z.B. für Kleinteile wie Patten, Leisten, Kantenabstich und als Formfixierung im Armlochbereich.
Polyquick	Schmiegsame Webeinlage in Kreuzköperbindung, leicht geraut. Sie eignet sich für die Frontfixierung des Blazers.
Klötzelleinen	Die ungeleimte, aber dennoch steife Webeinlage wird in der Herrenschneiderei verwendet (Bund, Kleinteile usw.).
Kettverstärkte Vlieseinlage	Die durch Kettwirkfäden verstärkte Einlage ist relativ formstabil. Sie wird unter Anderem für die Fixierung von Belegen und Armloch eingesetzt.
Watteline	Die lockere, weiche, geraute Einlage in Trikotlegung wird an der Ärmeleinsatznaht zur Auspolsterung der Armkugel mitgenäht.

⑤ **Mögliche Futterstoffe**

- **Elegant**

Jacke:	*Pongé*	Weich, schmiegsam, glatt, elegant, leicht
Weste:	*Faconné*	Effektvoll durch Web- und evtl. auch Farbmusterung

- **Klassisch**

Jacke:	*Taft*	Fest, dicht, strapazierfähig, unauffällig
Weste:	*Changeant*	Dezent in unterschiedlichen Farben schillernd

5 Materialauswahl für einen Trenchcoat

Ein Bekleidungshersteller mit dem Label „Bohemia" ist für seine Mantelvielfalt bekannt. Das Kollektionsthema „City" beinhaltet verschiedene Mantelmodelle. Das dargestellte Modell ist aus Popeline hergestellt und gefüttert. Es enthält das abgebildete Materialetikett.

1. Geben Sie die **Stilrichtung** des Mantels an und erstellen Sie eine **Modellbeschreibung**.
2. Der **Oberstoff** besteht aus zwei Faserkomponenten. Geben Sie zwei Gründe an, weshalb diese beiden Faserstoffe miteinander gemischt sind.
3. Geben Sie eine Möglichkeit an, wie die beiden Faserarten im Garn- bzw. Flächenaufbau verarbeitet sind.
4. Beschreiben Sie den Warencharakter und die Herstellung von Popeline.
5. Wählen Sie zwei weitere Stoffe aus, in denen der Mantel angeboten werden kann, ohne seinen Charakter zu verlieren. Beschreiben Sie diese Stoffe.
6. Nennen und beschreiben Sie eine typische **Veredlungsmaßnahme**, die für die Verbesserung der Gebrauchseigenschaften des Mantels sinnvoll ist.
7. Schlagen Sie drei **Knopfarten** vor, die für diesen Mantel geeignet sind und beurteilen Sie die jeweiligen Eigenschaften.
8. Der Mantel soll mit einem **effektvollen Innenfutter** ausgestattet werden. Wählen Sie zwei entsprechende Futterstoffe aus und beschreiben Sie diese.
9. Erstellen Sie für den Mantel die **Materialstückliste**. Welche weiteren Angaben sind für die **Materialbedarfsliste** erforderlich?
10. Beschreiben Sie die Problematik, die sich beim **Nähen** von Popeline ergeben kann und schlagen Sie deren Abhilfe vor.

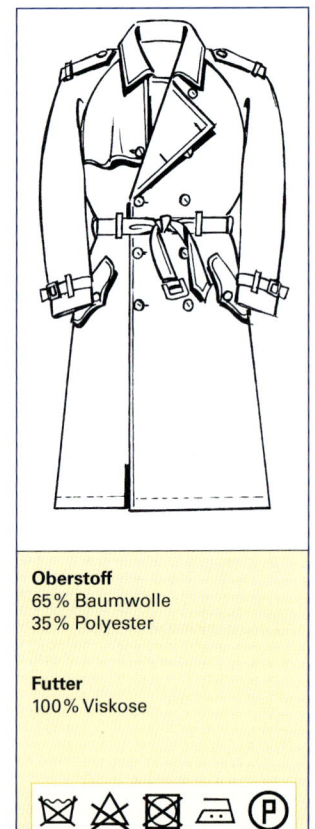

Oberstoff
65 % Baumwolle
35 % Polyester

Futter
100 % Viskose

Lösungsvorschlag

① **Stilrichtung:** sportlich, leger

Modellbeschreibung
- leicht ausgestellte Form
- Schnallengürtel zum Binden
- zweireihig geknöpft, 5 Knopfpaare
- breite offene Revers
- geknöpfte Schulterklappen mit Riegel
- einseitiger Schultersattel, geknöpft
- geknöpfte Pattentaschen
- Raglanärmel mit Riegel und Schlaufen

② Durch die **Fasermischung** erfolgt eine Verbesserung der Gebrauchseigenschaften:
- Der Baumwollanteil bewirkt eine natürliche Optik und einen angenehmen Griff.
- Durch Beimischung von Polyester ist der Mantel knitterarm und hat ein niedrigeres Gewicht.

③ In **Kette** und **Schuss** werden Spinnfasergarne verwendet, bei denen Polyester- und Baumwollfasern gemischt sind.

④ **Popeline** ist ein festes und dichtes, leinwandbindiges Gewebe mit feinen Querrippen, die durch eine sehr dicht eingestellte feine Kette und ein gröberes Schussgarn entstehen.

⑤ **Gabardine:**
Gewebe in ausgeprägter Steilgrat-Köperbindung, dicht, strapazierfähig, glatte Oberfläche.
Black Denim:
Strapazierfähiges Baumwollgewebe in Kettköper-Bindung, weißer Schuss und schwarze Kette.

⑥ Eine typische Veredlungsmaßnahme ist die **Imprägnierung,** eine Wasser abweisende Ausrüstung. Dabei werden die Textilien mit Chemikalien getränkt oder besprüht. Sie erschweren das Eindringen von Wasser.

⑦ **Polyesterknopf** hornähnliche Optik möglich, haltbar, wasch-, hitze- und reinigungsbeständig
Metallknopf sportiv, haltbar, reinigungsbeständig
Lederknopf effektvoll, empfindlich gegen Feuchtigkeit

⑧ **Burberry:** Köperbindiges Gewebe aus Spinnfasergarnen mit effektvollem Farbkaro, weich, warmhaltend.
Croisé changeant rayé: Köperbindiges Gewebe aus Filamentgarnen, verschiedenfarbig schillernd mit effektvollem Webstreifen, glatt, fest, glänzend.

⑨ **Materialstückliste**

			Kollektion	City
			Modell	Wien
			Artikel-Nr.	MA906
			Saison	So 2011
			Schnitt-Nr.	8175
Pos.	Artikel-Nr.:	Bezeichnung	Menge/Stück	Einzel-/Gesamtpreis
1		Oberstoff	3.20 m	
2		Innenfutter	3.00 m	
3		Taschenfutter		
4		Einlage	2.40 m	
5		Fixierband	3,80 m	
6		Aufhängerband	1	
7		Firmenetikett	1	
8		Material- und Pflegeetikett	1	
9		Größenetikett	1	
10		Nähgarn		
11		Knopflochgarn		
12		Absteppgarn		
13		Knöpfe	11 Stück (10 + 1)	
14		Knöpfe	5 Stück (4 + 1)	
15		Schließe	1	
16		Schließe	2	

Die **Materialbedarfsliste** enthält zusätzlich Artikelbezeichnungen, Artikelnummern (Bestellcode), Einzel- und Gesamtpreise.

⑩ **Nähprobleme**: Aufgrund der hohen Gewebedichte neigt Popeline zum Verdrängungskräuseln. Abhilfe bringt die Verwendung feiner Nadeln und dünner Nähzwirne beim Bearbeiten der Schließ- und Absteppnähte.

6 Materialauswahl für ein Abendkleid

Die Bekleidungsfirma „Dimod" hat sich auf Abend- und Event-Mode spezialisiert und konnte in der vergangenen Saison mit dem abgebildeten Kleid sehr gute Verkaufszahlen erreichen.
Das aus Spitze angefertigte Modell soll weiterhin Bestandteil der Kollektion bleiben, aber auch in anderen Materialien und Ausschmückungen umgesetzt werden. Außerdem sollen weitere Modelle ergänzt werden.
Als Jungdesignerin im Kollektionsentwicklungsteam planen und präsentieren Sie die nachfolgenden Aufgaben.

1. Sie beschäftigen sich mit dem vorliegenden Modell bezüglich Kleidform bzw. Silhouette, Merkmale, Details, Material und Ausschmückung und notieren sich die entsprechenden **Fachbegriffe**.

2. Das Cocktailkleid ist aus schwarzer Tüllspitze und farblich kontrastierend unterlegt. Sie machen drei Vorschläge für den **Stoff des Unterkleids**. Außerdem wählen Sie aus den aktuellen Stoffkollektionen drei weitere mögliche **Oberstoffe** für dieses Modell aus und beschreiben diese.

3. Als Kanten- und Nahtverzierung wurde bei dem abgebildeten Spitzenkleid eine schmale Rüsche gewählt. Sie skizzieren zwei mögliche **Rüschenarten** mit Querschnitt und legen die jeweilige Verarbeitungsart fest. Sie zeigen außerdem drei **alternative Verzierungsmöglichkeiten** für dieses Modell auf

4. Für die neuen Modelle wählen Sie drei **Kleidformen** in unterschiedlicher Silhouette aus, die für ein kurzes festliches Kleid geeignet sind und zeigen jeweils die **Merkmale** auf. Sie überlegen sich abwechslungsreiche **Details** und machen jeweils einen Vorschlag für das **Material** und die **Ausschmückung**. Die Ergebnisse stellen Sie in einer Tabelle zusammen.

Lösungsvorschlag

① **Modellbeschreibung**

- **Kleidform, Silhouette**   Etuikleid, Slim-Linie
- **Merkmale**   Körpernahe Linienführung, Empire-Effekt, Längs-Teilungsnähte
- **Details**   Carré-Ausschnitt, kurze schmale Ärmel
- **Material**   Spitze, farbig unterlegt
- **Ausschmückung**   Kanten- und Nahtbetonung mit Rüsche

② **Materialvorschläge**

- **für das Unterkleid:**   Leichttaft, Crêpe de chine, Satin
- **für den Oberstoff:**

Ätzsamt   Brodé   Flockprint

Ätzsamt
Weiches Samtgewebe aus Filamentgarnen mit kurzem, dichtem, niedergelegten Flor und jacquardähnlicher Musterung, häufig zusätzlich bedruckt. Der Flor wird stellenweise weggeätzt, der durchscheinende Grund wird sichtbar.

Brodé
Gewebe (z.B. Doupion, Organza) mit plastischen Musterstellen, die durch nachträgliches Besticken entstehen.

Flockprint
Gewebe (z.B. Organza, Taft) mit einer samtartigen plastischen Musterung, die durch Beflocken entsteht.

③ Rüschenverzierung

Rüschenart	Skizze mit Querschnitt	Verarbeitung
Einseitige Rüsche		Aus doppeltem Stoff gearbeitet und in der Kante bzw. Naht eingenäht (zwischen gefasst)
Zweiseitige Rüsche		Aus einfachem Stoff mit gekurbelten Schnittkanten oder aus einem Band gefertigt und an der Kante bzw. auf der Naht aufgenäht

Alternative Verzierungsmöglichkeiten: Naht- und Kantenbetonung durch Paspelierung, Aufnähen von Soutache oder Posamentenborte, Samt- oder Satinband

④ Modellvarianten

Kleidform, Silhouette	Merkmale	Details	Material	Ausschmückung
Shiftkleid, I-Linie	schmale, gerade Linienführung, Taille unbetont	großzügiger Rundhals- und Armausschnitt (Trägeroptik), seitlicher Schlitz	Crêpe Georgette	All over mit Pailletten bestickt, einfarbige Ausschnittblenden
Prinzesskleid, X-Linie	durchgehende Schnittform, ausschwingende Längsteilungsnähte, Taille umspielt	doppelte Flügelärmel, tiefgezogener V-Ausschnitt, asymmetrischer Rocksaum	Satin	Ausschnittgestaltung mit Volant
Corsagenkleid, Ballon-Linie	eng anliegendes, versteiftes Oberteil, bauschiger Rock mit engem Saumabschluss	Schulterfrei, Corsagen-Oberteil mit Wickeleffekt	Taft	Drapierung am Oberteil

Teil C: Projektaufgaben mit Lösungsvorschlägen

1 Fachbegriffe und Abkürzungen

Die bei der Bekleidungsherstellung verwendeten **Fachbegriffe** sind sehr vielfältig und größtenteils ungenormt. Mit Hilfe der nachfolgenden **Systematik** sind insbesondere bei mathematischen Aufgaben zeit- und platzsparende Lösungen möglich.

- Das System soll einfache und verständliche Abkürzungskombinationen ermöglichen.
- Die Abkürzungskombinationen werden gelesen, wie man die Begriffskombinationen spricht.
- Bei den Abkürzungskombinationen stehen die Kurzzeichen ohne Zwischenraum oder Punkt.
- Mathematische Vorgaben werden weitgehend beachtet.

Richtungen, Positionen, Beträge

a	außen/äußere/r/s	...A	Abstand	N	Feinheit (Formelzeichen)
at	aufzuteilend/e/r/s	A...	Fläche (mathematisch)	r...	Radius (mathematisch)
ge	geschlossene/r/s	B	Breite	S	Strecke
i	innen, innere/r/s	D	Durchmesser	T	Tiefe
o	oben, obere/r/s	F	Faktor (mathematisch)	te (t_e)	Zeit je Einheit
of	offen/e/r/s	H	Höhe	U	Umfang
re	restlich/e/r/s	I	Inhalt	W	Weite
s	seitlich, seitliche/r/s	L	Länge	Z	Zahl, Anzahl
u	unten, untere/r/s	M	Mitte	Σ	(Epsilon) Summe

Alphabetisch geordnete Fachbegriffe

Ä	Ärmel	Ga	Garn	Rs	Rüsche	Üt	Übertritt
Ba	Basis	Ka	Kante	Sa	Saum	Ut	Untertritt
Bi	Biese	Kno	Knopf	Sch	Schlinge	V	Verschluss
Bl	Blende	Knl	Knopfloch	Sl	Schlitz	Vb	Verbrauch
Bo	Borte	Mu	Muster/Motiv	St	Stoff	Vo	Volant
Bu	Bund	N	Naht	Sti	Stich	Vs	Verschnitt
Bü	Bündchen	Pa	Passe	Str	Streifen	Zg	Zugabe
Fa	Falte	Rap	Rapport	Te	Teil		
G	Größe	Ro	Rock		(Schnittteil, Stück)		

Beispiele für gebräuchliche Abkürzungskombinationen

aU	äußerer Umfang	KF	Kräuselfaktor	TaU	Taillenumfang
A_{St}	Fläche des Stoffs	KW	Kräuselweite	TaW	Taillenweite
AnNL	Ansatznahtlänge	KStrL	Kurzstreifenlänge		(TaU +TaWZg)
ÄSaW	Ärmelsaumweite		(Schrägstreifen)	uKaA	unterer Kantenabstand
atS	aufzuteilende Strecke	NäLe	Nähleistung	VStrL	Vollstreifenlänge
BuU	Bundumfang		(Nähgeschwindigkeit)		(Schrägstreifen)
EZg	Eckenzugabe	NäZt	Nähzeit	ZFa	Zahl der Falten
EW	Einhalteweite	NL	Nahtlänge	ZKno	Zahl der Knöpfe
FaA	Faltenabstand	NZg	Nahtzugabe	ZKnl	Zahl der Knopflöcher
Fal	Falteninhalt	oKaA	oberer Kantenabstand	ZStr	Zahl der Streifen
FaT	Faltentiefe	r_{TaW}	Radius zur Taillenweite	ZTe	Zahl der Teile
geWHü	geschlossene Weite Hüfte	reStrB	restliche Streifenbreite	ΣKnlL	Summe der
HgW	Handgelenkweite	SaZg	Saumzugabe		Knopflochlängen
HüU	Hüftumfang	SchBa	Schlingenbasis	ΣMuG	Summe der
HüW	Hüftweite	SlL	Schlitzlänge		Mustergrößen
	(HüU + HüWZg)	StiDi	Stichdichte	ΣRap	Summe der Rapporte
KnoD	Knopfdurchmesser	StB	Stoffbreite	ΣSchA	Summe der Schlingen-
KnlL	Knopflochlänge	StL	Stofflänge		abstände

Projekt 2 Grafische Darstellung

In einer Frauenumfrage zum Thema Modeinteresse wurden die im Kreisdiagramm dargestellten Ergebnisse ermittelt.

Beantworten Sie hierzu folgende Fragen:

1 Wie viel Prozent der Frauen kann man als modeinteressiert bezeichnen?
2 Wie viel Prozent der Frauen hält sich in Sachen Mode wenigstens auf dem Laufenden?
3 Wie viel Prozent der Frauen hat ein geringes Interesse an der Mode?
4 Welche Auswirkungen hat diese Umfrage auf modeerzeugende Betriebe?
5 Nennen Sie Gründe, weshalb es relativ viele Frauen gibt, die sich wenig oder kaum für Mode und Bekleidung interessieren.
6 Durch welche Maßnahmen könnte erreicht werden, dass sich noch mehr Frauen für Mode interessieren?

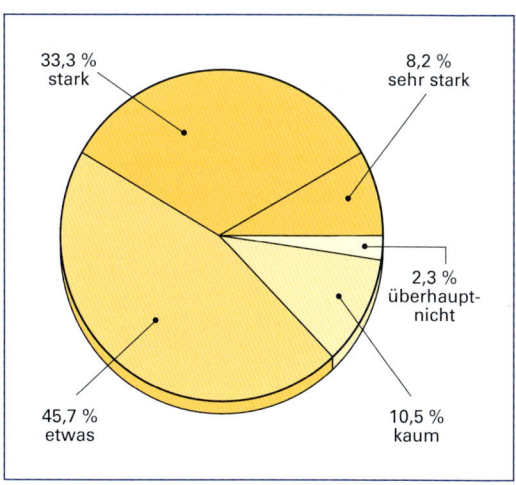

Interesse von Frauen an Mode

- 33,3 % stark
- 8,2 % sehr stark
- 2,3 % überhauptnicht
- 45,7 % etwas
- 10,5 % kaum

Lösungsvorschlag

① 8,2 % aller Frauen sind sehr stark an der aktuellen Mode interessiert. Rechnet man noch 33,3 % stark an Mode interessierte Frauen dazu, kommt man auf 41,5 % modeinteressierte Frauen.

② Ein sehr großer Teil der Frauen, nämlich 45,7 %, interessieren sich etwas für die Mode.

③ 10,5 % der Frauen interessiert es kaum und 2,3 % der Frauen überhaupt nicht, wie die Trends in der Mode liegen.

Rechnet man diese beiden Gruppen zusammen, so kommt man auf einen Prozentsatz von 12,8 % nicht an Mode interessierter Frauen.

④ Es ist im Interesse der modeerzeugenden Betriebe, den Prozentsatz an modeinteressierten Frauen zu erhöhen, um die Umsätze zu steigern. Da jedoch nur 2,3 % aller Frauen überhaupt nicht an Mode interessiert sind, besteht kein Grund zur Sorge.

⑤ • Diese Frauen haben einen eigenen individuellen Geschmack.
- Viele Frauen können sich die neue Mode nicht leisten.
- Die aktuelle Mode trifft den Geschmack der Frauen nicht.

⑥ • Neue Marketingstrategien.
- Mode, bei der für jeden Geschmack etwas dabei ist.
- Ein gutes Preis-Leistungs-Verhältnis.

Projekt ③ Fasermischung/Flächenbezogene Masse

Suchen Sie aus einer Stoffkollektion ein **Beispiel** für eine Fasermischung mit **drei** Faserstoffen aus.

1. Ermitteln Sie aus den Prozentangaben das **Mischungsverhältnis**.
2. Geben Sie die nach dem TKG möglichen **Rohstoffgehaltsangaben** an und belegen Sie diese durch Angabe der einzelnen Paragrafen.
3. Errechnen Sie aus der Masse in g/m² und der Stoffbreite die **Masse in g/m**.
4. Stellen Sie durch Untersuchung von Kette und Schuss in Verbindung mit den erforderlichen Prüfmethoden die **Herstellungsart** dieser Fasermischung fest.
5. Erläutern Sie die **Erkennung** der einzelnen Faserstoffe mittels Brennprobe bzw. sonstiger Prüfmethoden.
6. Beschreiben Sie den **Warencharakter** (Griff, Fall, Oberflächenstruktur, Glanz, Porenvolumen).
7. Geben Sie mögliche **Einsatzgebiete** an.
8. Suchen Sie aus Abbildungen ein geeignetes Modell aus und erstellen Sie hierzu eine **Technische Zeichnung** (Vorder- und Rückenansicht).

    Ergänzen Sie diese mit einer **Modellbeschreibung**.
9. Ordnen Sie diesem Modell ein **Material- und Pflegeetikett** mit den entsprechenden Symbolen zu.
10. **Dokumentieren** Sie die einzelnen Aufgabenteile in einer ansprechenden Form.

Lösungsvorschlag

① **Berechnung des Mischungsverhältnisses**

Gegebene Daten:
Beispiel für Fasermischung
64 % Polyester (PES)
32 % Wolle (WO)
 4 % Elastan (EL)

Gesuchte Daten:
Mischungsverhältnis

Lösung in Tabellenform:

Sorten	Anteile in %	Kürzungszahl	Anteile
PES	64	4	16
WO	32	4	8
EL	4	4	1

⇒ Mischungsverhältnis PES : WO : EL = 16 : 8 : 1

② **Mögliche Rohstoffgehaltsangaben:**   § 5 (1)   64 % Polyester   § 5 (2.2)   64 % Polyester
                                                    32 % Wolle   32 % Wolle
                                                     4 % Elastan   Elastan

③ **Berechnung der flächenbezogenen Masse**

Gegebene Daten:
Masse/m²   200 g
Stoffbreite   1,50 m

Gesuchte Daten:
Masse/m

Lösung:

Länge	Breite	Fläche	Masse
1 m	1 m	1 m²	200 g
1 m	1,50 m	1,5 m²	x

$$x = \frac{200 \text{ g} \cdot 1{,}50 \text{ m}^2}{1 \text{ m}^2} = 300 \text{ g}$$

⇒ Masse/m = 300 g

④ **Herstellungsart der Fasermischung:**

In Kette und Schuss Spinnfasergarne in Polyester/Wollfasermischung sowie vereinzelt Filamentgarne aus Elastan.

⑤ Fasererkennung:

	Brennprobe	*Weitere Prüfmethode*
Polyester	schmilzt in der Nähe der Flamme, Schmelze ist fadenziehend, Rückstand unzerreibbar, glänzend	ist **hitzebeständiger** als Polyamid, welches sich bei der Brennprobe gleich verhält
Wolle	brodelt mit kleiner Flamme, Geruch nach verbranntem Horn, zerreibbare Schlacke	ist **weniger glänzend** als Seide, welche sich bei der Brennprobe gleich verhält
Elastan	schrumpft, schmilzt, unzerreibbarer Rückstand	ist **hochelastisch**

⑥ Warencharakter:

Der *Bi-Stretch-Tropical*
- ist dehnfähig und elastisch in beide Richtungen
- ist knitterarm und pflegeleicht
- hat einen körnigen Griff und eine leinenähnliche Oberflächenstruktur
- hat ein geringes Porenvolumen

⑦ Einsatzgebiete:
- Röcke
- Hosen
- Blazer
- Westen

⑧ Technische Zeichnung
(Technische Modellskizze)

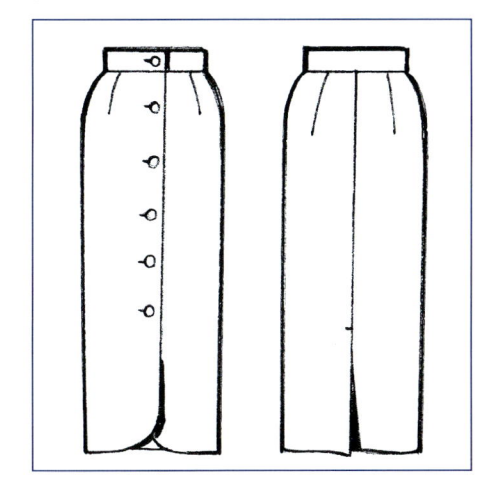

Modellbeschreibung:
- gerade Schnittform
- mit Taillenabnähern
- in der vorderen Mitte durchgeknöpft
- die Verschlusskanten sind abgerundet
- in der hinteren Mitte mit Naht und
- einseitigem Gehschlitz
- Bund mit Knopf

⑨ Material- und Pflegeetikett

Oberstoff:	64 %	Polyester
	32 %	Wolle
	4 %	Elastan
Futter:	100 %	Polyamid

Projekt 4 Garne

Bei einer Hosenverarbeitung kommen folgende Garne zum Einsatz:

Bauschgarn	Polyester	Nm 120/3
Pikiergarn	Polyester	Nm 120/2
Knopflochgarn	Polyester	Nm 30 (3)
Obergarn	Polyester	Nm 100/3

1. Beschreiben Sie die verschiedenen Garne.
2. Erläutern Sie die einzelnen Garnnummern.
3. Erklären Sie, wie sich bei tex und Nm Garnnummer und Garnfeinheit zueinander entwickeln.
4. Zählen Sie Anforderungen an Nähgarne auf.
5. Wählen Sie eine Hosenform aus, fertigen Sie eine technische Zeichnung an (Vorder- und Rückenansicht) und ergänzen Sie diese mit einer Modellbeschreibung.
6. Ordnen Sie den aufgeführten Garnarten die einzelnen Näharbeitsgänge zu.
7. Wählen Sie einen Oberstoff aus und erstellen Sie ein Material- und Pflegeetikett.

Lösungsvorschlag

① **Garnbeschreibung**

Bauschgarn	Zwirn aus texturierten Filamentgarnen; voluminös, hochelastisch
Pikiergarn	Zwirn aus glatten Filamentgarnen; dünn, dicht
Knopflochgarn	Zwirn aus glatten Filamentgarnen oder aus schappegesponnenen Spinnfasergarnen; dick, glatt, fest
Obergarn	Zwirn aus Spinnfasergarnen; gleichmäßig, stabil

② **Erläuterung der Garnnummern**

Nm 120/3	Einzelgarnfeinheit: 120 m Länge auf 1 g Masse; Fachung des Zwirnes: 3
Nm 120/2	Einzelgarnfeinheit: 120 m Länge auf 1 g Masse; Fachung des Zwirnes: 2
Nm 30(3)	„Theoretische" Zwirnfeinheit: 30 m Länge auf 1 g Masse; Fachung des Zwirnes: 3
Nm 100/3	Einzelgarnfeinheit: 100 m Länge auf 1 g Masse; Fachung des Zwirnes: 3

③ **Zusammenhang zwischen Garnnummer und Feinheit:**

tex: Je niedriger die Nummer, desto höher ist die Feinheit.

Nm: Je höher die Nummer, desto höher ist die Feinheit.

④ **Anforderungen an Nähgarne:**
- Gleichmäßigkeit
- Festigkeit
- Härte
- Elastizität

⑤ **Technische Zeichnung** (Technische Modellskizze)

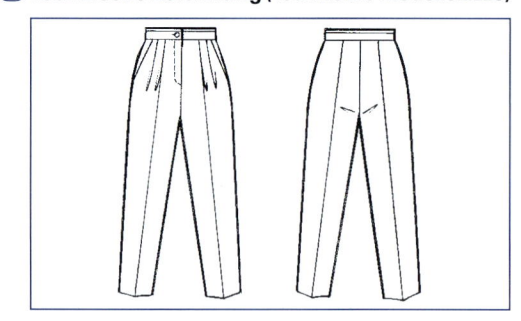

Modellbeschreibung:
Bundfaltenhose mit seitlichen Eingriffstaschen, Vorderreißverschluss, Bund mit Knopf. Die Beinweite wird zum Knöchel hin schmaler.

⑥
Garnart	Näharbeitsgang
Bauschgarn	Kantenversäuberung
Pikiergarn	Blindstichsäume
Knopflochgarn	Knopflöcher
Obergarn	Schließnähte, Taschen-, Bundverarbeitung, RV, Annähen von Knöpfen

⑦ **Oberstoff:** *Crêpe aus Mikrofasergewebe*

Etikett:

62 % Polyester
38 % Cupro

Projekt 5 Nähtechnik

Sie arbeiten einen ungefütterten engen Rock.

1. Zählen Sie alle maschinellen Näharbeitsgänge auf und ordnen Sie den Stichtyp zu, mit dem Sie die Naht arbeiten.
2. Zeichnen Sie für jeden Stichtyp das Nahtsymbol.
3. Schätzen Sie die einzelnen Nahtlängen und ermitteln Sie den Nähgarnbedarf (benützen Sie hierzu die Tabelle).
4. Zählen Sie Gestaltungsmöglichkeiten für einen engen Rock auf.
5. Fertigen Sie eine technische Zeichnung an.
6. Wählen Sie einen Oberstoff aus.
7. Listen Sie alle Zutaten für den Rock auf.
8. Erstellen Sie ein Materialetikett mit Angabe der Pflegesymbole.

DIN 61400	Stichtyp	Stichbild	Nahtbild	Garnbedarf pro 1 m Naht
101	Einfachkettenstich			3,80 m
301	Doppelsteppstich			2,80 m
401	Doppelkettenstich			4,80 m
406	Zweinadel-Doppelkettenstich			11,40 m
504	Dreifaden-Überwendlichstich			13,80 m
602	Zweinadel-Überdeckkettenstich mit Legefaden			18,60 m

Lösungsvorschlag

① Näharbeitsgang	Stichtyp	② Nahtsymbol
Schnittkanten versäubern	Überwendlichstich, dreifädig	
Seitennähte schließen Hintere Mittelnaht schließen Abnäher schließen Bund aufsetzen Reißverschluss einnähen	Doppelsteppstich Doppelsteppstich Doppelsteppstich Doppelsteppstich Doppelsteppstich	
Saum nähen	Blind-Einfachkettenstich	
Knopfloch nähen	Doppelsteppstich	
Knopf annähen	Einfachkettenstich	

Stichtyp	Nahtlänge	Garnbedarf pro 1 m Naht	③ Garnbedarf$_{gesamt}$
Doppelsteppstich	4,00 m	2,80 m	**11,20 m**
Überwendlichstich	5,00 m	13,80 m	**69,00 m**
Blind-Einfachkettenstich	1,00 m	4,50 m	**4,50 m**
DSS für Knopfloch	0,05 m	2,80 m	**0,14 m**
EKS für Knopfannähnaht	0,02 m	3,80 m	**0,08 m**

④ **Gestaltungsmöglichkeiten**
- Schlitze
- Teilungsnähte
- Bundfalten
- Einzelfalten
- Knopfleiste
- Wickeleffekt

⑥ **Oberstoff:** *Gabardine*

⑦ **Zutaten:**
- Bundeinlage
- Aufhängerband
- 1 Reißverschluss
- 1 Knopf
- Nähgarn
- Überwendlichgarn

⑤ **Technische Zeichnung**
(Technische Modellskizze)

⑧ **Materialetikett:**

100% Baumwolle

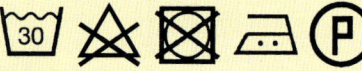

Projekt 6 Kleinteile

Eine Tischdecke erhält eine Kantenverzierung durch Applikationen in Form von Dreiecken. Die Basis (Grundseite) und die Höhe der Dreiecke betragen jeweils 5 cm. Es werden insgesamt 54 Dreiecke benötigt. Der zur Verfügung stehende Stoff liegt in einer Breite von 60 cm vor.

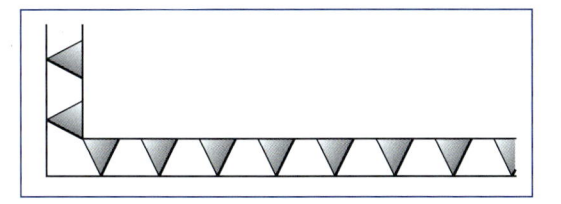

1 Ermitteln Sie den **Stoffbedarf,** wenn die Dreiecke nur in *einer* Richtung zugeschnitten werden können. (Höhe = Kettrichtung)
2 Ermitteln Sie den **Stoffbedarf** für die Dreiecke, wenn **zwei** Zuschneiderichtungen möglich sind.
3 Veranschaulichen Sie die Ergebnisse von 1. und 2. durch einen **Zuschneideplan** im Maßstab 1 : 5.
4 **Konstruieren** Sie ein Dreieck in Originalgröße und **bemaßen** Sie es.
5 Erläutern Sie den Begriff **Applikation**.
6 Nennen Sie verschiedene Befestigungstechniken für Applikationen.

Lösungsvorschlag

Berechnung des Stoffbedarfs

Gegebene Daten:

Länge$_{Teil}$	LTe	5 cm
Breite$_{Teil}$	BTe	5 cm
Zahl der Teile$_{gesamt}$	ZTe$_{ges}$	54
Stoffbreite	StB	60 cm

Gesuchte Daten:

1. Zuschnitt in *einer* Richtung: Stofflänge$_1$ StL$_1$
2. Zuschnitt in *zwei* Richtungen: Stofflänge$_2$ StL$_2$

Lösung

① **Zuschnitt in *einer* Richtung**

Zahl der Teile$_{Stoffbreite}$
= Stoffbreite : Länge$_{Teil}$
= 60 cm : 5 cm
= 12

Zahl der Teile$_{Stofflänge}$
= Zahl der Teile$_{gesamt}$: Zahl der Teile$_{Stoffbreite}$
= 54 : 12
= 4,5 ⇒ 5

Stofflänge 1
= Zahl der Teile$_{Stofflänge}$ · Breite$_{Teil}$
= 5 · 5 cm
= **25 cm**

② **Zuschnitt in *zwei* Richtungen**

Zahl der Teile$_{Stoffbreite}$/1
= Stoffbreite : Länge$_{Teil}$
= 60 cm : 5 cm
= 12

Zahl der Teile$_{Stofflänge}$ /2
= Zahl der Teile$_{Stoffbreite}$/1 – 1
= 12 – 1
= 11

Zahl der Teile$_{Stoffbreite}$/gesamt
= Zahl der Teile$_{Stoffbreite}$/1 + Zahl der Teile$_{Stoffbreite}$/2
= 12 + 11
= 23

Zahl der Teile$_{Stoffläge}$
= Zahl der Teile$_{gesamt}$: Zahl der Teile$_{Stoffbreite}$/gesamt
= 54 : 12
≈ 2,3 ⇒ 3

Stofflänge 2
= Zahl der Teile$_{Stofflänge}$ · Breite$_{Teil}$
= 3 · 5 cm
= **15 cm**

③ Zuschneidepläne M 1:5

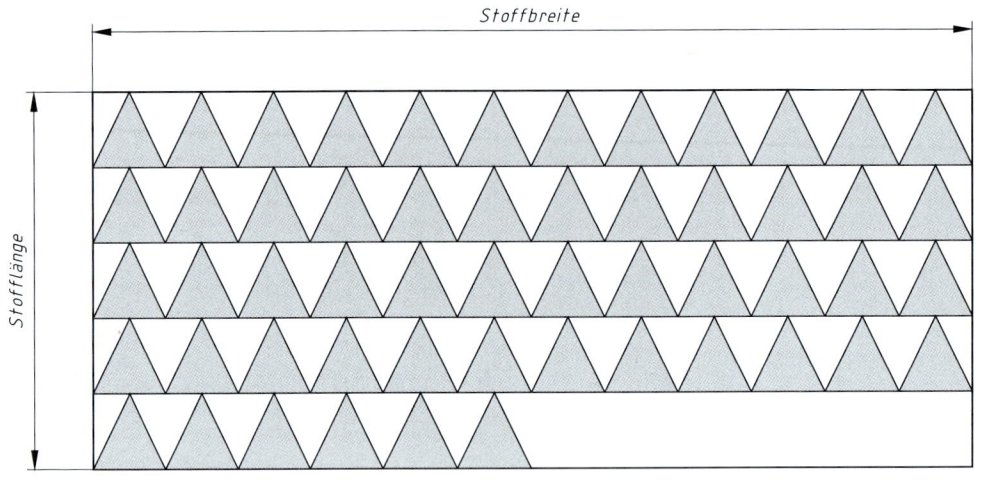

Stoffbreite / *Stofflänge*

Zuschnitt in **eine** Richtung

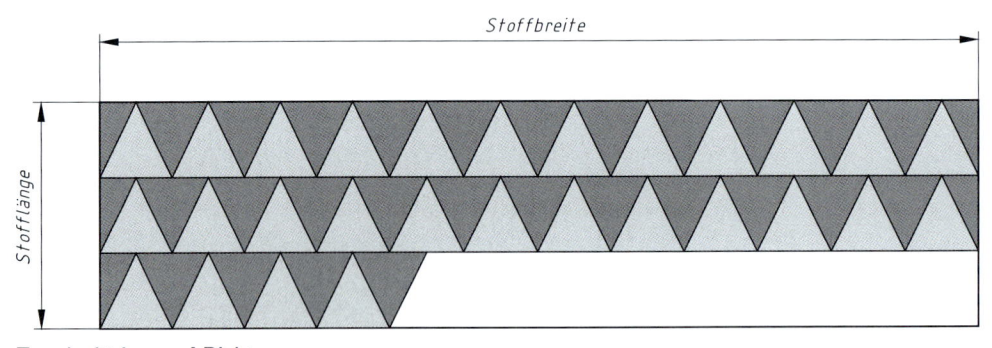

Stoffbreite / *Stofflänge*

Zuschnitt in **zwei** Richtungen

④ Konstruktion mit Bemaßung M 1:1

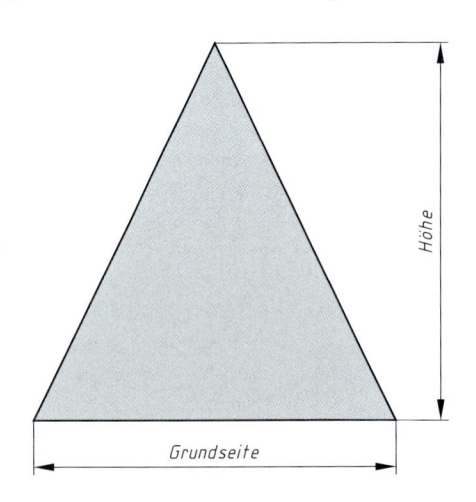

Höhe / *Grundseite*

⑤ Definition

Bei der Applikationstechnik wird eine Verzierung auf einen Grundstoff aufgearbeitet, wobei sich der Besatzstoff in Farbe bzw. Material abhebt.

⑥ Befestigungstechniken

- maschinell,
    - z. B. mit Zickzackstich, mit Steppstich
- von Hand,
    - z. B. mit Knopflochstich, mit Festonstich
- mit Fixiervlies usw.

Projekt 7 Verschlüsse (1)

Ein Rock in schmaler Schnittform erhält eine seitliche Knopfleiste mit waagerechten Knopflöchern.

Das oberste Knopfloch wird 3 cm von der Taillennaht entfernt, das unterste Knopfloch 33 cm von der Saumkante entfernt eingearbeitet.

Die Rocklänge beträgt 73 cm, die Knopflochlänge 2 cm. Als Knopflochabstand sind ungefähr 9 cm vorgesehen.

1 **Berechnen** Sie die Zahl der Knopflöcher sowie den genauen Knopflochabstand.

2 Fertigen Sie eine **Entwurfsskizze** und ergänzen Sie den Rock mit einem passenden Oberteil.

3 Erstellen Sie aus dem Grundschnitt im Maßstab 1 : 5 die **Schnittteile** für den Vorderrock. Zeichnen Sie die Knopflöcher sowie den Knopfsitz ein.

Der Abstand der Verschlusskante zur vorderen Mitte beträgt 12 cm. Für Über- und Untertritt sind jeweils 2 cm, für den angeschnittenen Beleg jeweils 5,5 cm zu berücksichtigen.

4 Wählen Sie einen **Oberstoff**, das **Futter** und die sonstigen **Zutaten** aus.

5 Erstellen Sie ein **Materialetikett** mit Angabe der Pflegesymbole.

Lösungsvorschlag

① Berechnung

Gegebene Daten:

oberer Kantenabstand	oKaA	3 cm
unterer Kantenabstand	uKaA	33 cm
Verschlusslänge	VL	73 cm
Knopflochabstand	KnlA	etwa 9 cm
(Knopflochlänge	KnlL	2 cm)

Gesuchte Daten:
- Zahl der Knöpfe
- Genauer Knopflochabstand

Lösung in Teilschritten

Aufzuteilende Strecke
= Verschlusslänge – oberer Kantenabstand – unterer Kantenabstand
= 73 cm – 3 cm – 33 cm
= 37 cm

Zahl der Abstände
= Aufzuteilende Strecke : Knopflochabstand
= 37 cm : 9 cm
≈ 4,1   ⇒   4

Zahl der Knopflöcher
= Zahl der Abstände + 1
= 4 + 1
= **5**

Knopflochabstand
= Aufzuteilende Strecke : Zahl der Abstände
= 37 cm : 4
= **9,25 cm**

② Entwurf

③ **Schnittteile für den Vorderrock M 1:5**

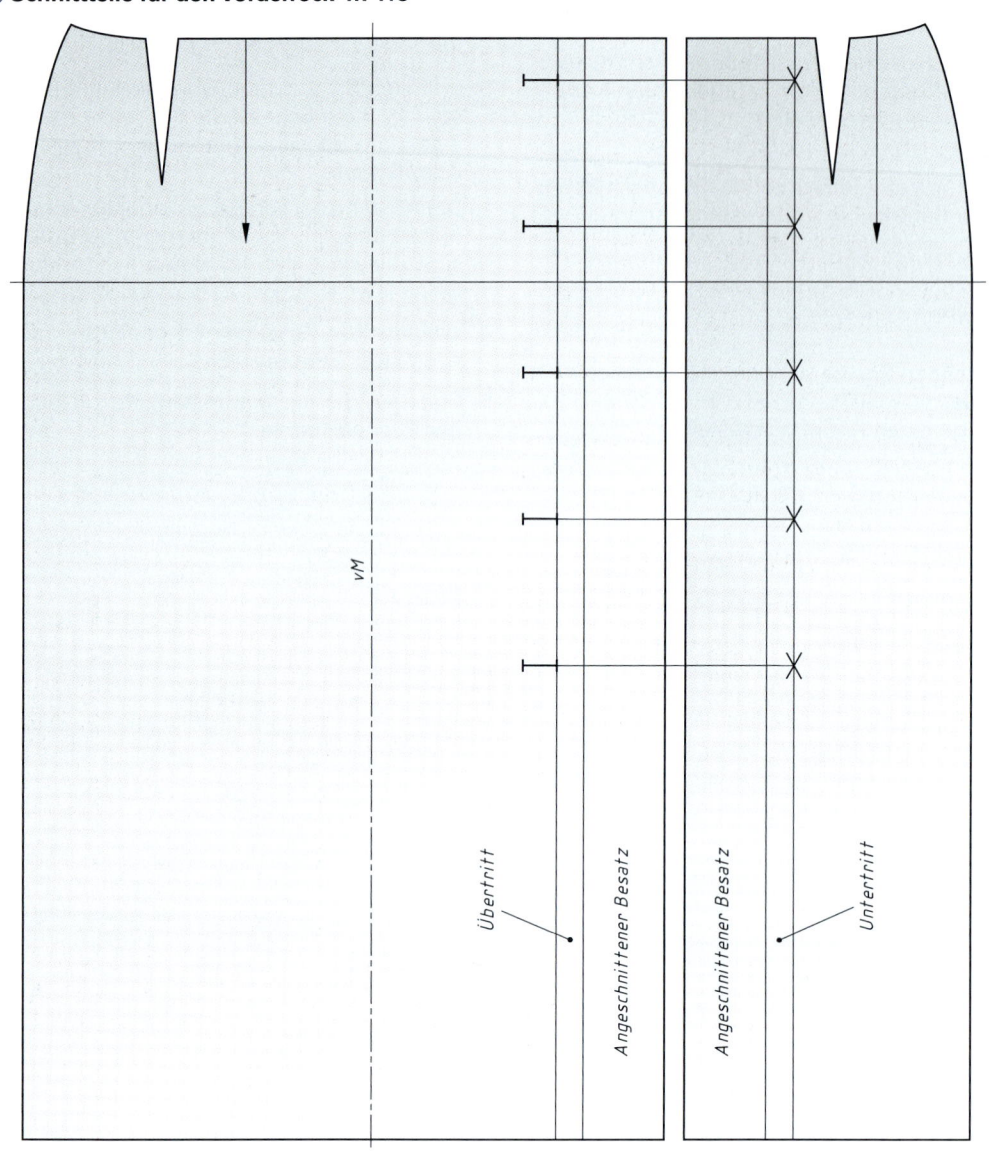

Übertritt
Angeschnittener Besatz
Angeschnittener Besatz
Untertritt
vM

④ **Oberstoff:** *Sandkrepp*
Futter: *Taft*

Zutaten:
- Einlage zur Verstärkung der Verschlusskanten
- Bundeinlage
- Obergarn
- Versäuberungsgarn
- Knopflochgarn
- Aufhängerband
- 5 Knöpfe
- 1 Bundverschluss

⑤ **Materialetikett mit Pflegesymbolen**

Oberstoff:	55 % Schurwolle
	45 % Polyester
Futter:	100 % Acetat

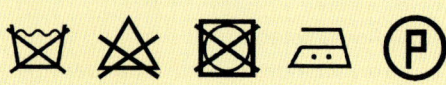

Projekt 8 Verschlüsse (2)

Eine ungefütterte Blusenjacke mit Rundhalsausschnitt erhält an beiden Verschlusskanten 6 cm breite Blenden mit Längsknopflöchern (Knopfsitz am oberen Knopflochende) und aufgesetzte Seitentaschen.

Die Verschlusslänge beträgt 67 cm, die Länge der vier Knopflöcher jeweils 2 cm. Das oberste Knopfloch soll 3 cm vom Halsloch entfernt beginnen, das unterste Knopfloch 20 cm von der Saumkante entfernt enden.

1 Fertigen Sie eine **technische Zeichnung** (Liegedarstellung) an.

2 **Konstruieren** Sie die beiden Verschlusskanten im Maßstab 1:4. Zeichnen Sie die Knopflöcher und den Knopfsitz ein. **Bemaßen** Sie die Kanten normgerecht.

3 **Berechnen** Sie den Knopflochabstand.

4 **Berechnen** Sie den Knopfabstand.

5 Wählen Sie einen geeigneten **Oberstoff** aus und begründen Sie die Wahl.

6 Erstellen Sie das **Materialetikett** mit Angabe der Pflegekennzeichen.

7 Listen Sie die erforderlichen **Näharbeitsgänge** auf und ordnen Sie die entsprechenden Maschinen zu.

Lösungsvorschlag

① **Technische Zeichnung**

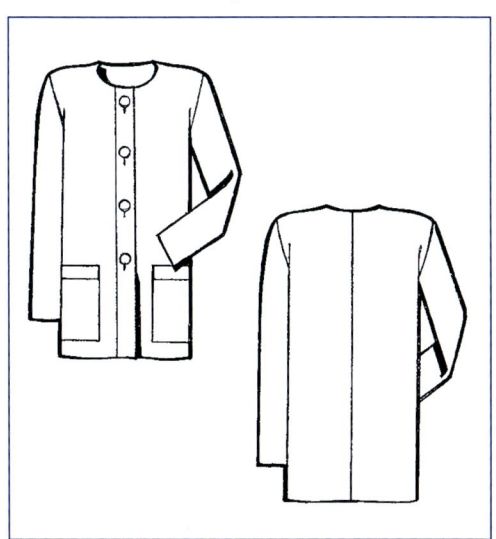

② **Konstruktion und Bemaßung der Verschlusskanten M 1:4**

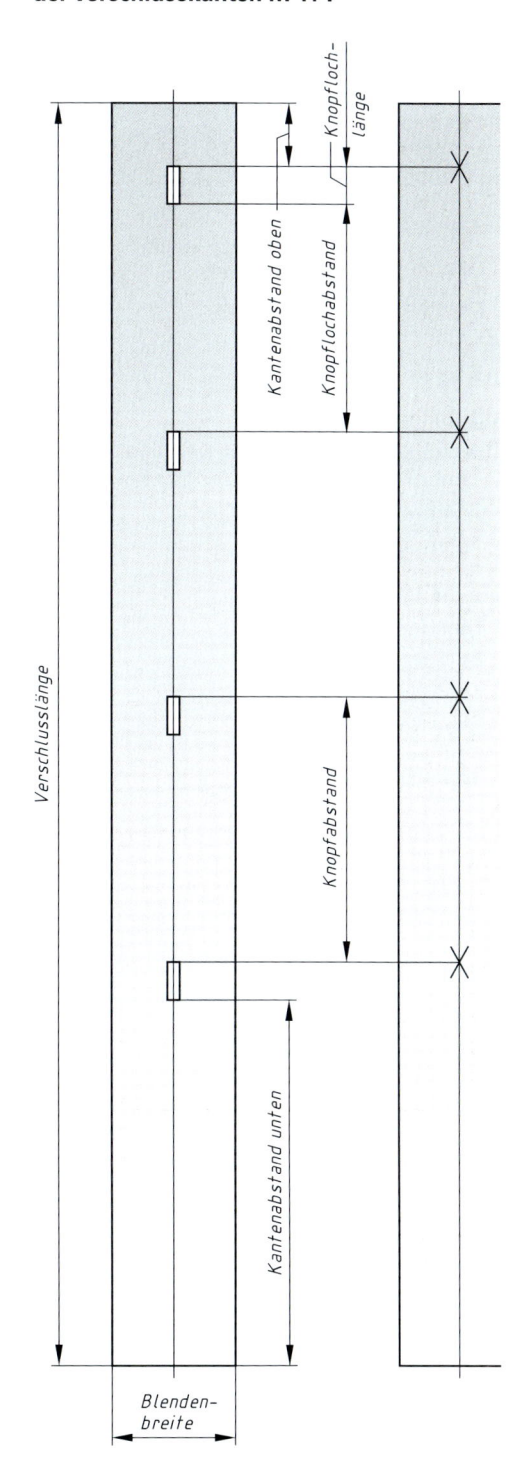

Berechnung

Gegebene Daten

Verschlusslänge	VL	67 cm
Zahl der Knopflöcher	ZKnl	4
Knopflochlänge	KnlL	2 cm
oberer Kantenabstand	oKaA	3 cm
unterer Kantenabstand	uKaA	20 cm
Blendenbreite	BlB	6 cm

Gesuchte Daten

③ Knopflochabstand KnlA

④ Knopfabstand KnA

Lösung in Teilschritten

Aufzuteilende Strecke
= Verschlusslänge − oberer Kantenabstand
  − Knopflochlänge − unterer Kantenabstand
= 67 cm − 3 cm − 2 cm − 20 cm
= 42 cm

Zahl der Rapporte
= Zahl der Knopflöcher − 1
= 4 − 1
= 3

Rapport
= Aufzuteilende Strecke : Zahl der Rapporte
= 42 cm : 3
= 14 cm

③ **Knopflochabstand**
= Rapport − Knopflochlänge
= 14 cm − 2 cm
= **12 cm**

④ **Knopfabstand**
≙ Rapport
= **14 cm**

⑤ **Oberstoff: Webstrickware**

Begründung:
Der Stoff ist weich, dehnfähig und kann ungefüttert verarbeitet werden.

⑥ **Materialetikett und Pflegekennzeichnung**

Oberstoff: 100 % Schurwolle

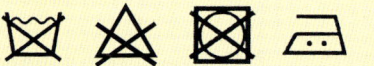

⑦ Näharbeitsgang	Betriebsmittel
01 Schnittkanten an allen Teilen versäubern	Überwendlichstichmaschine (ÜWM)
02 Hintere Mittelnaht schließen	Doppelsteppstichmaschine (DSSM)
03 Brustabnäher steppen	DSSM
04 Brust-, Schulter-, Ärmelnähte schließen	DSSM
05 Schulternähte an Besatz schließen	DSSM
06 Besatz an Innenkante Doppelblende annähen	DSSM
07 Blende ansetzen und Halsloch verstürzen	DSSM
08 Ärmel einnähen	DSSM
09 Ärmeleinsatznaht versäubern	ÜWM
10 Saumkante an Blende verstürzen	DSSM
11 Ärmelsäume und Jackensaum fertigen	Blindstichmaschine (BlM)
12 Blende an Toscheneingriff steppen	DSSM
13 Taschenblende seitlich verstürzen	DSSM
14 Taschen aufsteppen	DSSM
15 Knopflöcher einarbeiten	Knopflochautomat (KnlM)
16 Knöpfe annähen	Knopfannähautomat (KnoM)
17 Schulterpolster einnähen	Riegelautomat (RiM)

Projekt 9 Verschlüsse (3)

Eine taillierte Kostümjacke mit V-Ausschnitt und abgerundeten Verschlusskanten erhält einen Schlingenverschluss mit 12 Knöpfen.

Der oberste Knopf sitzt am Ausschnittende, der unterste Knopf auf Taillenhöhe.

Die Entfernung vom ersten bis zum letzten Knopf beträgt 22 cm.

Als Schlingenbasis sind 1,5 cm vorgesehen.

1. Fertigen Sie eine **Entwurfszeichnung** für das Kostüm.
2. Geben Sie verschiedene **Taillierungsmöglichkeiten** an.
3. Ordnen Sie diesem Modell die entsprechende **Stilrichtung** sowie eine **Zielgruppe** zu.
4. Wählen Sie drei geeignete **Oberstoffe** aus und beschreiben Sie diese.
5. Nennen Sie geeignete **Knopfmaterialien** bzw. Knopfarten.
6. Nennen Sie **Materialien,** aus denen die Schlingen gearbeitet werden könnten.
7. **Berechnen** Sie den Knopfabstand.
8. Berechnen Sie den Schlingenabstand.
9. Die Schlingen sollen aus Schrägstreifen gefertigt werden. Erläutern Sie die einzelnen **Arbeitsschritte**.
10. Sammeln Sie **Modebilder** zu Schlingenverschlüssen.

Lösungsvorschlag

① **Entwurfszeichnung**

② **Taillierungsmöglichkeiten:**
- Teilungsnähte vom Armloch (Wiener Nähte), von der Schulter
- Taillenabnäher, Brustabnäher
- Seitliche Taillierung

③ **Stilrichtung:** elegant
   Zielgruppe: anspruchsvolle Damenmode

④ **Oberstoffe:**
- *Cloqué:*
  Doppelgewebe mit reliefartiger, blasiger Oberseite und einem Kreppuntergewebe
- *Matelassé:*
  Doppelgewebe mit einer gemusterten und durch Füllschüsse aufgepolsterten rechten Warenseite
- *Jacquard:*
  Gewebe mit formenreicher Musterung, erreicht durch Wechsel von Kett- und Schussatlas

⑤ **Knöpfe:**
- Halbkugeln,
- Kugeln aus Kunststoff bzw. mit Stoff überzogen

⑥ Materialien für Schlingen:

- Soutache
- Kordel
- Hutgummi
- Schrägstreifen

Berechnung

Gegebene Daten

Zahl der Knöpfe	ZKn	12
Aufzuteilende Strecke	atS	22 cm
Schlingenbasis	SchBa	1,5 cm

Gesuchte Daten

⑦ Knopfabstand	KnA
⑧ Schlingenabstand	SchA

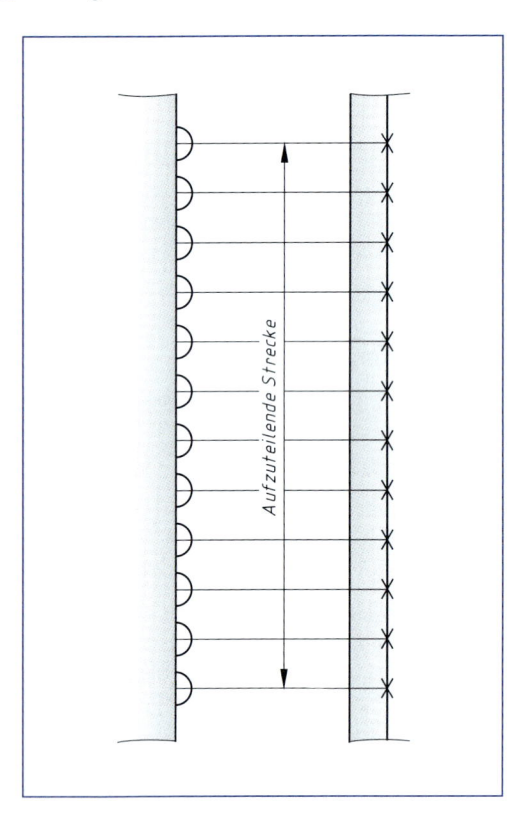

Lösung in Teilschritten

Zahl der Abstände
= Zahl der Knöpfe – 1
= 12 – 1
= 11

⑦ Knopfabstand
= Aufzuteilende Strecke : Zahl der Abstände
= 22 cm : 11
= **2 cm**

Summe der Schlingenabstände
= Aufzuteilende Strecke – (Zahl der Knöpfe – 1) · Schlingenbasis
= 22 cm – (12 – 1) · 1,5 cm
= 5,5 cm

⑧ Schlingenabstand
= Summe der Schlingenabstände : Zahl der Abstände
= 5,5 cm : 11
= **0,5 cm**

⑨ Arbeitsschritte:

- Stoffecke so einschlagen, dass Kettrichtung auf Schussrichtung zu liegen kommt
- Schrägstreifenbreite parallel zum diagonalen Anschnitt abmessen
- erforderliche Streifenanzahl zuschneiden
- Streifen ggf. im Geradfadenlauf zusammensetzen
- Streifen in Längsrichtung rechts auf rechts legen und zusammennähen, dabei das Nahtende trichterförmig aussteppen
- Naht beschneiden
- den Schlauch wenden und die Naht an die innere Kante legen
- entsprechende Streifenlängen für die Schlingen abschneiden

⑩ Modebilder

Projekt 10 Blenden (1)

1 Erläutern Sie die Begriffe **Einfache Blende** und **Doppelblende**.

2 Zeichnen Sie den **Querschnitt** einer einfachen Blende und einer Doppelblende. (Blendenbreite 3 cm, Nahtzugabe 1 cm/Kante)

3 Für eine Blendenverzierung steht ein Stoffstück von 90 cm Breite und 20 cm Länge zur Verfügung. Es werden insgesamt 4,20 m einfache Blende in einer Breite von 2,5 cm benötigt. Als Nahtzugabe sind 0,5 cm je Kante zu berücksichtigen.
Berechnen Sie, ob das Stoffstück für diesen Blendenbesatz ausreicht sowie die eventuelle restliche Streifenbreite.

4 Zeichnen Sie einen **Zuschneideplan** im Maßstab 1:10 und bemaßen Sie ihn normgerecht.

5 Sammeln Sie **Modebilder** aus Katalogen, Modezeitschriften, Kollektionen usw. zum Thema Blendenverarbeitung.

Lösungsvorschlag

① Eine *einfache Blende* wird verstürzt auf einen Grundstoff aufgenäht.
Die *Doppelblende* wird an eine Kante angesetzt.

② **Querschnitt**$_{\text{Einfache Blende}}$

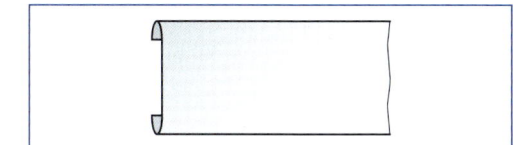

Querschnitt$_{\text{Doppelblende}}$

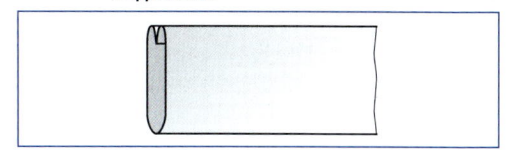

③ **Berechnung**

Gegebene Daten

Blendenart:	*Einfache Blende*	
Stoffbreite	StB	90 cm
Stofflänge$_{\text{vorhanden}}$	StL$_{\text{vorh}}$	20 cm
Blendenlänge	BlL	420 cm
Blendenbreite	BlB	2,5 cm
Nahtzugabe/Kante	NZg	0,5 cm

Gesuchte Daten
- Stofflänge$_{\text{benötigt}}$ StL$_{\text{ben}}$
- Restliche Streifenbreite reStrB

Lösungsvorschlag in Teilschritten

Zahl der Streifen
= Blendenlänge : (Stoffbreite − 2 · Nahtzugabe)
= 420 cm : (90 cm − 2 · 0,5 cm) ≈ 4,7 ⇒ 5

Streifenbreite
= Blendenbreite + 2 · Nahtzugabe
= 2,5 cm + (2 · 0,5 cm) = 3,5 cm

Stofflänge benötigt
= Zahl der Streifen · Streifenbreite
= 5 · 3,5 cm = 17,5 cm

Stofflänge vorhanden
= 20 cm ⇒ **Das Stoffstück reicht aus**

Restliche Streifenbreite
= Stofflänge vorhanden − Stofflänge benötigt
= 20 cm − 17,5 cm = **2,5 cm**

④ **Zuschneideplan M 1 : 10**

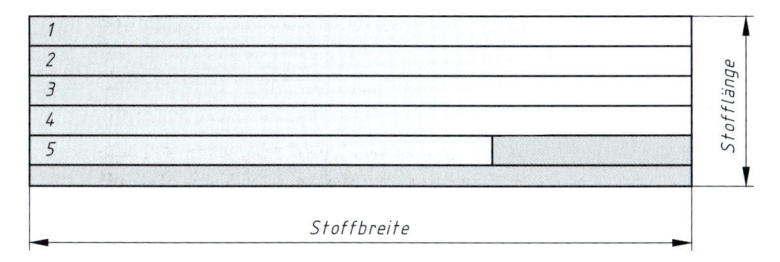

⑤ **Modebilder**

Projekt 11 Blenden (2)

1. Berechnen Sie die **Streifenbreite** für eine einfache Blende und für eine Doppelblende bei einer Blendenbreite von 3 cm und einer Nahtzugabe von 0,5 cm je Kante.

2. Schneiden Sie aus kariertem Papier Streifen der errechneten Streifenbreite und falzen Sie die **Papierstreifen** zur fertigen Blende.

3. Bilden Sie bei den gefalzten Papierstreifen jeweils eine **Briefecke** (90°-Winkel) und markieren Sie die Nahtlinien.

4. **Konstruieren** Sie den Schnitt für eine aufgesetzte Tasche mit angeschnittenem Besatz am Tascheneingriff nach folgenden Maßen und bemaßen Sie ihn.

   - Schnittbreite   17 cm
   - Schnitthöhe   22 cm

   (Besatzbreite 3 cm, Nahtzugabe 1 cm/Kante).

5. **Entwerfen** Sie eine Jacke, deren Seitentaschen eine solche Blendenverzierung aufweist.

6. Die aufgesetzte Tasche soll an drei Kanten mit einer 3 cm breiten Blende verziert werden.

   Ermitteln Sie die **Gesamtlänge** für eine aufgesetzte einfache Blende bzw. für eine angesetzte Doppelblende durch Messen und durch Berechnung.

7. Berechnen Sie die jeweiligen Maße der genähten Tasche **(Fertigmaße)**.

② **Papierstreifen** mit
③ **Briefecke**

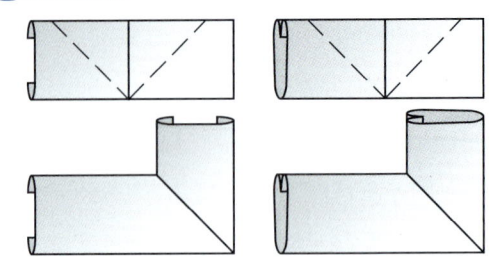

④ **Konstruktion M 1:3**

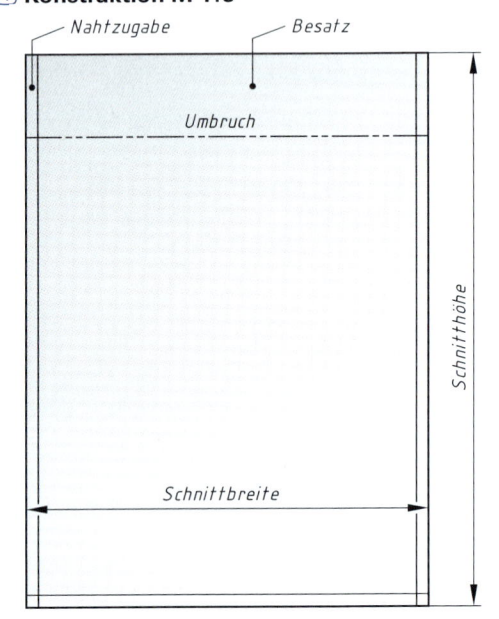

⑤ **Entwurf**

Lösungsvorschlag

① **Berechnung der Streifenbreite**

Einfache Blende

Streifenbreite
= Blendenbreite + 2 · Nahtzugabe
= 3 cm + 2 · 0,5 cm
= **4 cm**

Doppelblende

StrB
= 2 · BlB + 2 · NZg
= 2 · 3 cm + 2 · 0,5 cm
= **7 cm**

Projekt 11: Blenden (2)

Einfache Blende (aufgesetzte Blende)

⑥ Blendenlänge gesamt

Umfang
= 2 · Höhe + Breite
= 2 · (22 cm – 3 cm – 1 cm) + (17 cm – 2 · 1 cm)
= 51 cm

Blendenlänge gesamt
= Umfang + 2 · Nahtzugabe
= 51 cm + 2 · 1 cm
= **53 cm**

⑦ Fertigmaße der Tasche

Höhe
= Schnitthöhe – Besatzbreite – Nahtzugabe
= 22 cm – 3 cm – 1 cm
= **18 cm**

Breite
= Schnittbreite – 2 · Nahtzugabe
= 17 cm – 2 · 1 cm
= **15 cm**

Fertige Tasche M 1:3

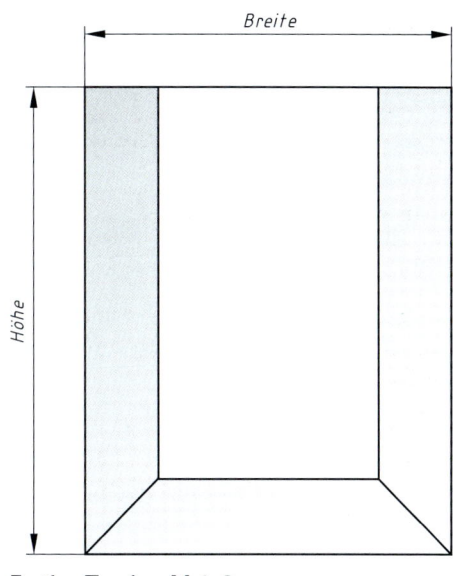

Doppelblende (angesetzte Blende)

⑥ Blendenlänge gesamt

Umfang
= 2 · Höhe + Breite
= 2 · (22 cm – 3 cm – 1 cm) + (17 cm – 2 · 1 cm)
= 51 cm

Blendenlänge gesamt
= Umfang + 2 · Eckenzugabe + 2 · Nahtzugabe
= 51 cm + 2 · 2 · 3 cm + 2 · 1 cm
= **65 cm**

⑦ Fertigmaße der Tasche

Höhe
= Schnitthöhe – Besatzbreite – Nahtzugabe + Blendenbreite
= 22 cm – 3 cm – 1 cm + 3 cm
= **21 cm**

Breite
= Schnittbreite – 2 · Nahtzugabe + 2 · Blendenbreite
= 17 cm – 2 · 1 cm + 2 · 3 cm
= **21 cm**

Fertige Tasche M 1:3

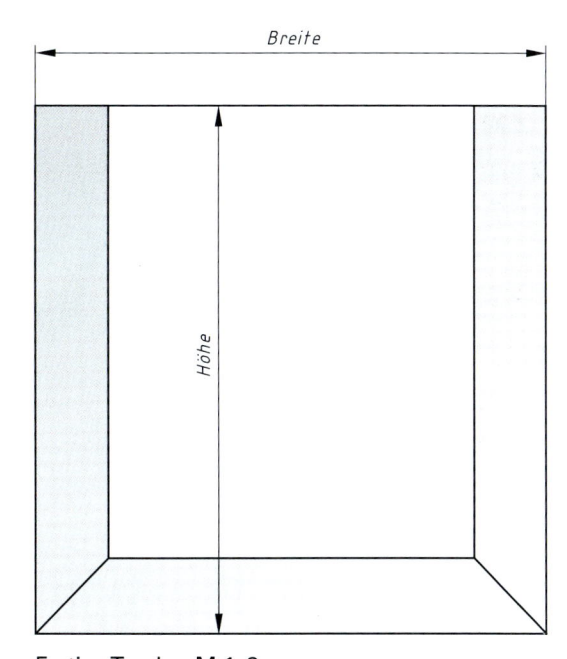

Projekt 12 Rüschen

1 **Skizzieren** Sie verschiedene Rüschenarten.

2 Nennen Sie zu jeder Rüschenart die **Verarbeitungsmöglichkeiten**.

3 Geben Sie fünf Beispiele für **Rüschenverzierung**.

4 **Entwerfen** Sie eine Bluse mit Rüschenbesatz an der Verschlusskante und/oder am Kragen und an den Manschetten.

5 Schätzen Sie die Rüschenbreite
sowie
die gesamte **Rüschenlänge** für die entworfene Bluse.

6 Geben Sie die Rüschenart an und stellen Sie die Verarbeitung an einem **Querschnitt** dar.

7 **Berechnen** Sie den Stoffbedarf für die Rüsche

bei Stoffbreite 90 cm,
Nahtzugabe von 1 cm je Kante
und einem Kräuselfaktor von 2,5.

8 Zeichnen Sie den **Zuschneideplan** für den Rüschenbesatz im Maßstab 1 : 10.

Lösungsvorschlag

① **Rüschenarten**

Einseitige Rüsche

Rüsche mit Köpfchen

Zweiseitige Rüsche

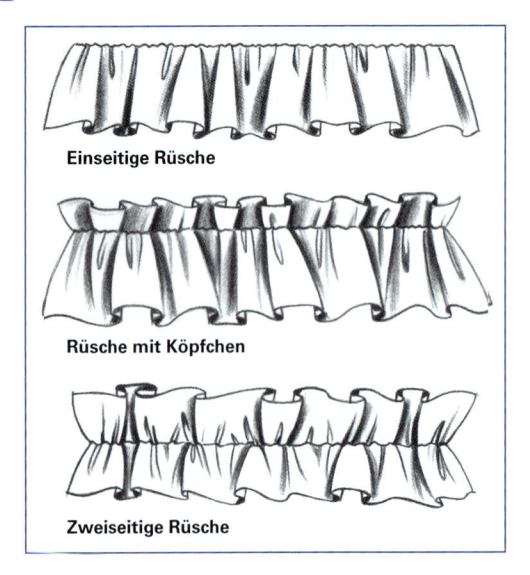

② **Verarbeitungsmöglichkeiten**

Einseitige Rüsche
- aus einfachem Stoff mit Saum
- aus doppeltem Stoff
- aus einfachem Stoff, gekurbelt

Rüsche mit Köpfchen
- aus einfachem Stoff mit Saum, Köpfchen aus doppeltem Stoff
- aus einfachem Stoff, gekurbelt; Köpfchen aus einfachem Stoff, gekurbelt

Zweiseitige Rüsche
- aus doppeltem Stoff
- aus einfachem Stoff, gekurbelt

③ **Möglichkeiten der Rüschenverzierung**
- Kantenverzierung an Rocksäumen, Kragen, Ärmelabschlüssen, Verschlusskanten, Passen, Ausschnitten bei Blusen und Folklorekleidern
- Kantenverzierung an Kissenhüllen, Gardinen.

④ **Entwurf**

Projekt 12: Rüschen

⑤ Geschätzte Maße

Geschlossene Weite$_{vordere\ Kanten}$
  geW_{vk} je 52 cm

Geschlossene Weite$_{Manschette}$
  geW_{Man} je 28 cm

Rüschenbreite   RsB   4 cm

⑥ Rüschenart

Einfache Rüsche aus doppeltem Stoff

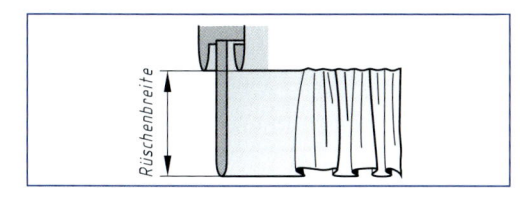

⑦ Berechnung der Stofflänge

Gegebene Daten
Stoffbreite   StB   90 cm
Nahtzugabe/Kante   NZg   1 cm
Kräuselfaktor   KF   2,5

Gesuchte Daten
Stofflänge StL

⑧ Zuschneideplan M 1 : 10

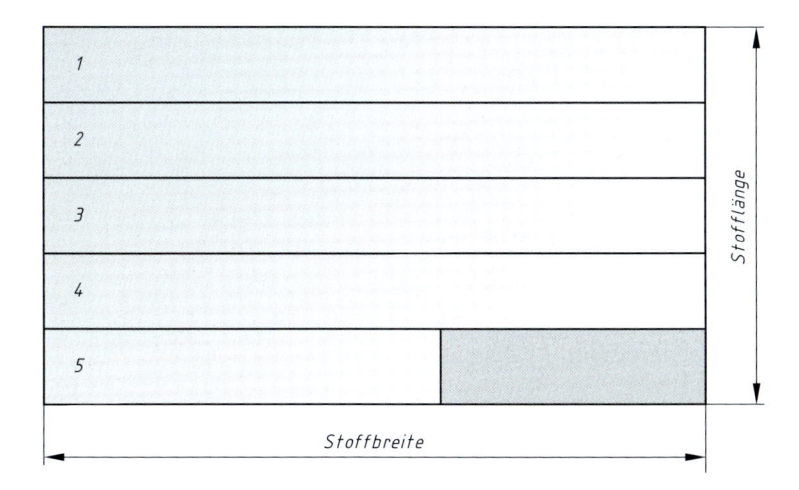

Lösung in Teilschritten

Geschlossene Weite$_{gesamt}$
= 2 · Geschlossene Weite$_{vordere\ Kanten}$
  + 2 · Geschlossene Weite$_{Manschetten}$
= 2 · 52 cm + 2 · 28 cm
= 160 cm

Offene Weite
= Geschlossene Weite$_{gesamt}$ · Kräuselfaktor
= 160 cm · 2,5
= 400 cm

Streifenbreite
= 2 · Rüschenbreite + 2 · Nahtzugabe
= 2 · 4 cm + 2 · 1 cm
= 10 cm

Zahl der Streifen
= Offene Weite : (Stoffbreite – 2 · Nahtzugabe)
= 400 cm : (90 cm – 2 · 1 cm)
≈ 4,6   ⇒   5

Stofflänge
= Zahl der Streifen · Streifenbreite
= 5 · 10 cm
= 50 cm = **0,50 m**

Projekt 13 Falten (1)

1. Erläutern Sie die Begriffe **Normalfalten** und **Sparfalten**.
2. Schneiden Sie einen 3 cm breiten und 30 cm langen Streifen aus kariertem Papier und **falzen** Sie ihn nach folgenden Angaben zu einseitig gelegten Falten: Faltenabstand 2 cm, Faltentiefe 1,5 cm.
3. Benennen Sie die **Faltenart** die entstanden ist und ermitteln Sie durch **Zählen** bzw. **Messen** und durch **Berechnung**: Falteninhalt, Zahl der Falten, Geschlossene Weite.
4. Falzen Sie einen weiteren Streifen mit den gleichen Maßen zu **Normalfalten** mit 2 cm Faltenabstand und ermitteln Sie durch Zählen bzw. Messen sowie durch Berechnung: Falteninhalt, Geschlossene Weite, Zahl der Falten.
5. **Definieren** Sie die Begriffe Faltenabstand, Faltentiefe und Geschlossene Weite und kennzeichnen Sie diese an einer Skizze.
6. **Dokumentieren** Sie Ihre Lösungen schriftlich und kleben Sie die Papiermodelle auf.

Lösungsvorschlag

① Bei **Normalfalten** entspricht die Faltentiefe dem Faltenabstand, bei **Sparfalten** ist die Faltentiefe kleiner als der Faltenabstand.

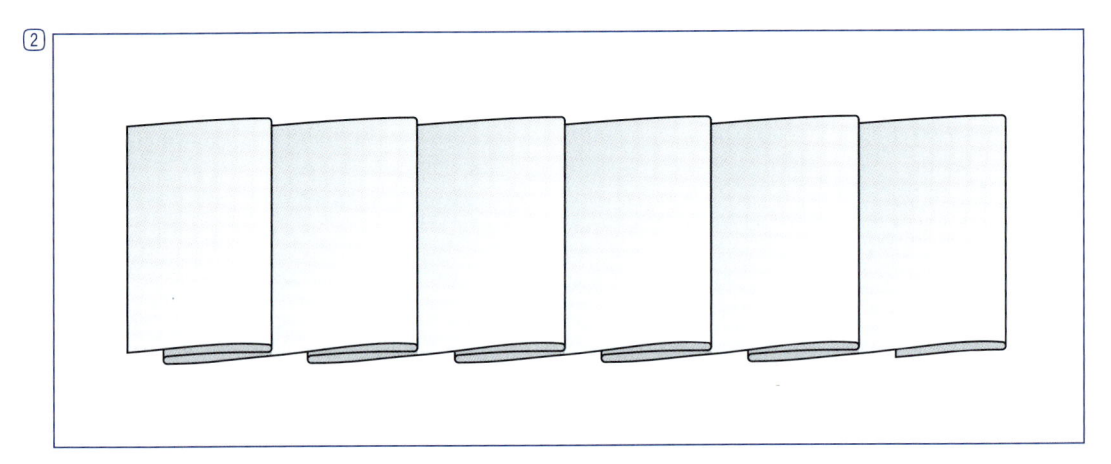

②

③ Faltenart: **Sparfalten**

Falteninhalt
= 2 · Faltentiefe
= 2 · 1,5 cm
= **3 cm**

Zahl der Falten
= Offene Weite : (Faltenabstand + Falteninhalt)
= 30 cm : (2 cm + 3 cm)
= **6**

Geschlossene Weite
= Zahl der Falten · Faltenabstand
= 6 · 2 cm
= **12 cm**

④ Faltenart: **Normalfalten**

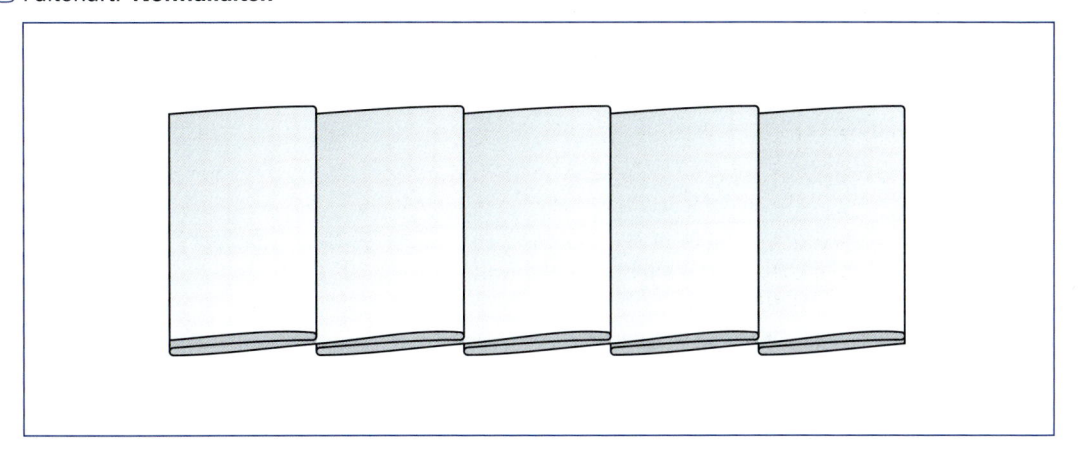

Falteninhalt
= 2 · Faltentiefe (bzw. Faltenabstand)
= 2 · 2 cm
= **4 cm**

Geschlossene Weite
= Offene Weite : 3
= 30 cm : 3 cm
= **10 cm**

Zahl der Falten
= Geschlossene Weite : Faltenabstand
= 10 cm : 2 cm
= **5**

⑤ **Faltenabstand:**
Abstand von Faltenaußenbruch zu Faltenaußenbruch bei der geschlossenen Falte

Faltentiefe:
Abstand von Faltenaußenbruch zu Falteninnenbruch

Geschlossene Weite:
Gesamte Länge der aneinander gereihten Falten

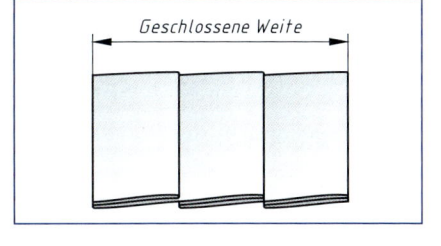

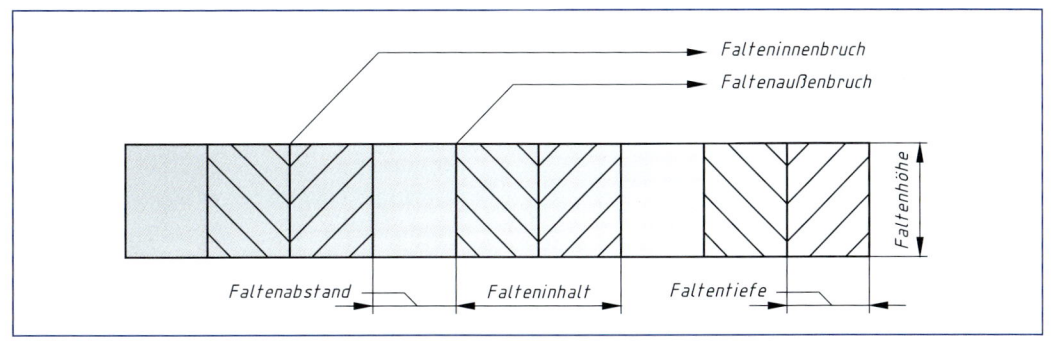

Projekt 14 Falten (2)

1 Skizzieren Sie ein Faltenteil mit **einseitig gelegten** Normalfalten nach folgenden Maßen:
   - Zahl der Falten   6 cm
   - Geschlossene Weite 15 cm
   - Faltenhöhe   4 cm

2 Skizzieren Sie ein Faltenteil mit **zweiseitig gelegten** Sparfalten nach folgenden Maßen:
   - Faltenabstand   3 cm
   - Geschlossene Weite 12 cm
   - Faltenhöhe   5 cm
   - Faltentiefe   1 cm

3 **Entwerfen** Sie einen Rock mit einem angesetzten Faltenteil aus einseitig gelegten Falten.

4 Das Faltenteil soll mit Sparfalten gearbeitet werden. Geben Sie die erforderlichen Maße für das Teil an und berechnen Sie den **Stoffbedarf** bei einer Stoffbreite von 140 cm, einer Nahtzugabe von 1 cm je Kante und einer Saumzugabe von 3 cm.

5 Zeichnen Sie einen **Zuschneideplan** für das Teil im Maßstab 1:10 und bemaßen Sie ihn normgerecht.

6 Berechnen Sie den **Materialpreis** für den gesamten Rock, wenn für das obere Rockteil 40 cm Oberstoff benötigt werden (Meterpreis 19,50 €) und für die Zutaten einschließlich Futter insgesamt 10,20 € veranschlagt werden.

Lösungsvorschlag

① **Einseitig gelegte Normalfalten**

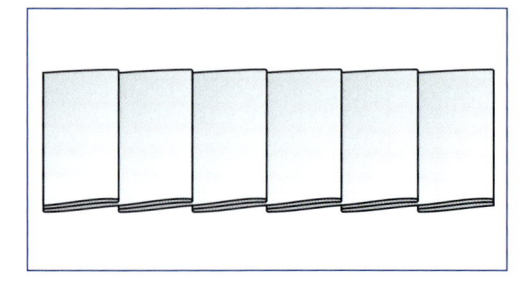

② **Zweiseitig gelegte Sparfalten**

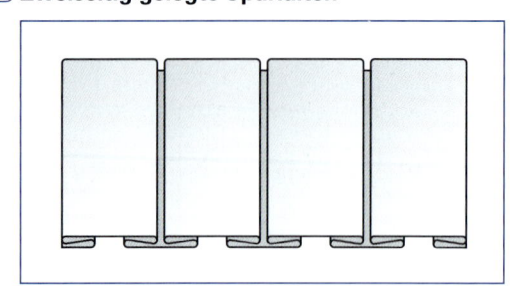

③ **Entwurf**

④ **Berechnung des Stoffbedarfs**

Gegebene Daten

Geschlossene Weite	geW	98 cm
Zahl der Falten	ZFa	28
Faltentiefe	FaT	3 cm
Faltenhöhe	FaH	16 cm
Stoffbreite	StB	140 cm
Nahtzugabe/Kante	NZg	1 cm
Saumzugabe	SaZg	3 cm

Gesuchte Daten

Stofflänge	StL	

Projekt 14: Falten (2)

Lösung in Teilschritten

Offene Weite

= Geschlossene Weite
 + (Zahl der Falten · Falteninhalt)

= Geschlossene Weite
 + (Zahl der Falten · 2 · Faltentiefe)

= 98 cm + (28 · 2 · 3 cm)

= 266 cm

Zahl der Streifen

= Offene Weite : (Stoffbreite – 2 · Nahtzugabe)

= 266 cm : (140 cm – 2 · 1 cm)

≈ 1,93 ⇒ 2

Streifenbreite

= Faltenhöhe + Nahtzugabe + Saumzugabe

= 16 cm + 1 cm + 3 cm

= 20 cm

Stofflänge

= Zahl der Streifen · Streifenbreite

= 2 · 20 cm

= 40 cm = **0,40 m**

⑤ **Zuschneideplan**

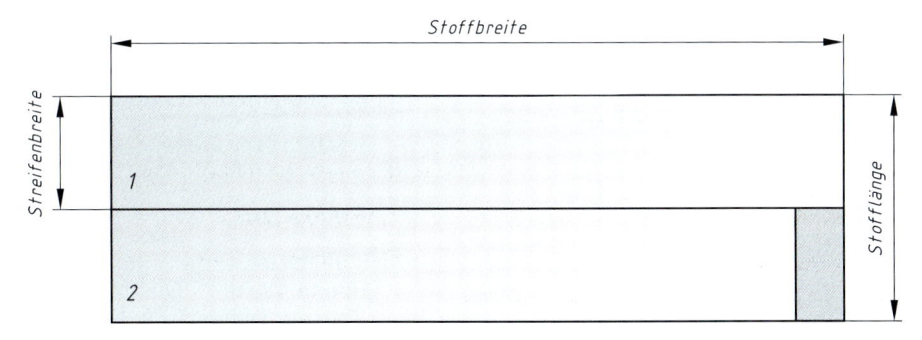

⑥ **Berechnung des Materialpreises**

Gegebene Daten

Stofflänge$_{Oberes\ Rockteil}$	StL_{ObRt}	0,40 m
Stofflänge$_{Faltenteil}$	StL^{FT}	0,40 m
Meterpreis	Pr/m	19,50 €/m
Preis$_{Zutaten}$	Pr_{Zt}	10,20 €/m

Gesuchte Daten

Gesamtpreis Pr_{ges}

Lösung in Teilschritten

Stofflänge$_{gesamt}$

= Stofflänge$_{Oberes\ Rockteil}$ + Stofflänge$_{Faltenteil}$

= 0,40 m + 0,40 m

= 0,80 m

Preis$_{Stück}$

= Stofflänge · Meterpreis

= 0,80 m · 19,50 €/m

= 15,60 €

Preis$_{gesamt}$

= Preis$_{Stück}$ + Preis$_{Zutaten}$

= 15,60 € + 10,20 €

= **25,80 €**

Projekt 15 Falten (3)

Für einen Faltenrock stehen 1,80 m Stoff in einer Breite von 1,30 m zur Verfügung. Die Hüftweite soll 110 cm, die Taillenweite 86 cm betragen. Es sind 20 Falten vorgesehen, als Nahtzugabe sind 1,5 cm je Kante zu berücksichtigen. Die geschnittene Rocklänge beträgt 80 cm (einschließlich der Zugaben für Saum und Bundnaht). Für den Bund wird ein Streifen mit 10 cm Breite benötigt.

1. **Berechnen** Sie: Faltenabstand und Faltentiefe an der Hüfte, Faltenabstand und Faltentiefe an der Taille sowie den Reststoff.

2. Erstellen Sie zur Aufgabe 14.1 einen **Zuschneideplan** im Maßstab 1 : 25.

3. **Berechnen** Sie den Stoffbedarf, wenn der Rock an der Hüfte in Normalfalten gelegt wird.

4. Erstellen Sie zur Aufgabe 14.3 einen **Zuschneideplan** im Maßstab 1 : 25.

5. Fertigen Sie eine **technische Zeichnung** für den Rock an.

6. Wählen Sie den Oberstoff und das Futter für den Rock aus. Beschreiben Sie diese Materialien und begründen Sie die **Materialauswahl**.

7. Entwickeln Sie ein **Materialetikett** für diesen Rock mit den entsprechenden **Pflegesymbolen**.

8. Listen Sie die erforderlichen Zutaten auf.

9. Ordnen Sie den einzelnen **Näharbeitsgängen** für diesen Rock die entsprechenden Maschinen zu.

Lösungsvorschlag

① **Berechnung**

Gegebene Daten

Stofflänge$_{gesamt}$	StL$_{ges}$	180 cm
Stoffbreite	StB	130 cm
Geschlossene Weite$_{Hüfte}$	geWHü	110 cm
Geschlossene Weite$_{Taille}$	geWTa	86 cm
Zahl der Falten	ZFa	20
Nahtzugabe/Kante	NZg	1,5 cm
Streifenbreite	StrB	80 cm
Stofflänge$_{Bund}$	Stl$_{Bu}$	10 cm

Gesuchte Daten

- Faltenabstand$_{Hüfte}$ FaAHü
- Faltentiefe$_{Hüfte}$ FaTHü
- Faltenabstand$_{Taille}$ FaATa
- Faltentiefe$_{Taille}$ FaTTa
- Stofflänge$_{Rest}$ StL$_{Re}$

Lösung in Teilschritten

Stofflänge$_{Rock}$
= Stofflänge$_{gesamt}$ − Stofflänge$_{Bund}$
= 180 cm − 10 cm
= 170 cm

Zahl der Streifen
= Stofflänge$_{Rock}$: Streifenbreite
= 170 cm : 80 cm
= 2,125 ⇒ 2

Offene Weite
= Zahl der Streifen
 · (Stoffbreite − 2 · Nahtzugabe)
= 2 · (130 cm − 2 · 1,5 cm)
= 254 cm

Faltenabstand$_{Hüfte}$
= Geschlossene Weite$_{Hüfte}$: Zahl der Falten
= 110 cm : 20
= **5,5 cm**

Faltentiefe$_{Hüfte}$
= (Offene Weite − Geschlossene Weite$_{Hüfte}$)
 : Zahl der Falten : 2
= (254 cm − 110 cm) : 20 : 2
= **3,6 cm**

Faltenabstand$_{Taille}$
= Geschlossene Weite$_{Taille}$: Zahl der Falten
= 86 cm : 20
= **4,3 cm**

Faltentiefe$_{Taille}$
= (Offene Weite − Geschlossene Weite$_{Taille}$)
 : Zahl der Falten : 2
= (254 cm − 86 cm) : 20 : 2
= **4,2 cm**

Stofflänge$_{Rest}$
= Stofflänge$_{Rock}$ − Zahl der Streifen · Streifenbreite
= 170 cm − 2 · 80 cm
= 10 cm = **0,10 m**

Projekt 15: Falten (3)

② Zuschneideplan M 1 : 25

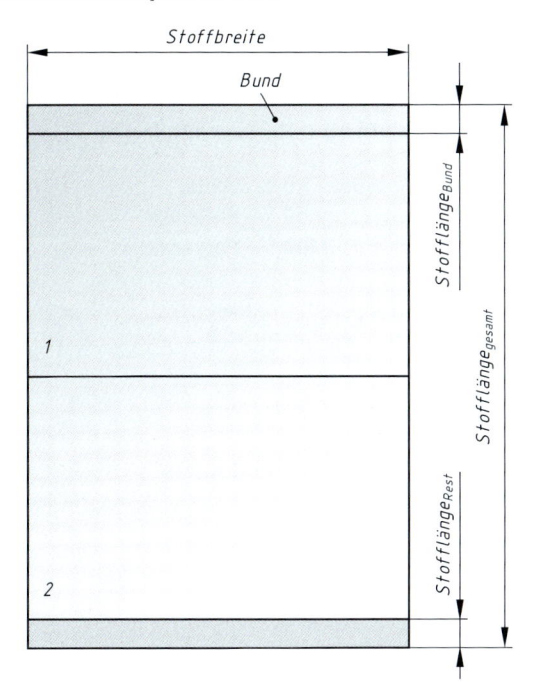

Stofflänge_Rock

= Zahl der Streifen · Streifenbreite

= 3 · 80 cm

= 240 cm

Stofflänge_gesamt

= Stofflänge_Rock + Stofflänge_Bund

= 240 cm + 10 cm

= 250 cm = **2,50 m**

④ Zuschneideplan M 1 : 25

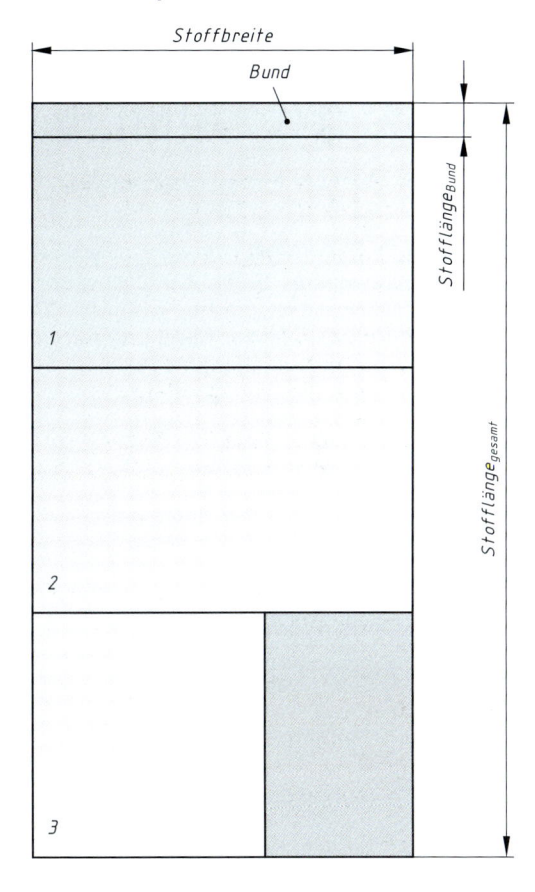

③ Berechnung des Stoffbedarfs

Gegebene Daten

Faltenart: *Normalfalten an der Hüfte*

Geschlossene Weite_Hüfte	geWHü	110 cm
Stoffbreite	StB	130 cm
Nahtzugabe/Kante	NZg	1,5 cm
Streifenbreite	StrB	80 cm
Stofflänge_Bund	Stl_Bu	10 cm

Gesuchte Daten

Stofflänge   StL

Lösung in Teilschritten

Offene Weite

= 3 · Geschlossene Weite_Hüfte

= 3 · 110 cm

= 330 cm

Zahl der Streifen

= Offene Weite : (Stoffbreite – 2 · Nahtzugabe)

= 330 cm : (130 cm – 2 · 1,5 cm)

≈ 2,6   ⇒   3

⑤ Technische Zeichnung
(Technische Modellskizze)

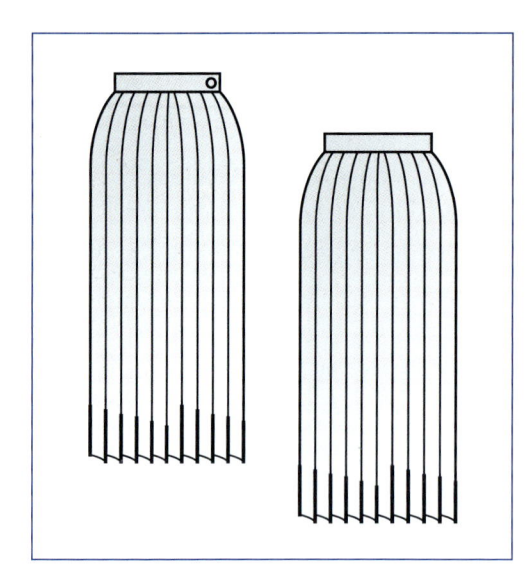

⑥ Oberstoff: *Gabardine*
Sportlich-elegantes Gewebe mit ausgeprägtem Steilkörpergrat, dicht, strapazierfähig, glatte Oberfläche; in der Mischung mit Polyester waschbar und faltenbeständig.

Futter: *Charmeuse*
Glatte Kettenwirkware in Tuch-Trikotlegung; längs formstabil, jedoch querelastisch.

⑦ Materialetikett mit Pflegesymbolen

Obermaterial: 50 % Wolle
50 % Polyester
Futter: 100 % Polyamid

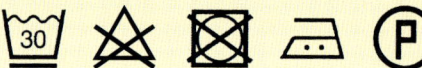

⑧ Materialstückliste für Zutaten
- Nähgarn für Überwendlicharbeiten
- Nähgarn für Blindsticharbeiten
- Nähgarn für sonstige Näharbeiten
- 90 cm Bundeinlage
- Aufhängerband
- 1 Reißverschluss, 20 cm
- 1 Knopf
- 1 Materialetikett
- 1 Größenetikett

⑨

Position	Näharbeitsgang	Betriebsmittel
1	Schnittkanten versäubern	Überwendlichstichmaschine
2	Saum fertigen	Blindstichmaschine
3	Nähte schließen	Doppelsteppstichmaschine
4	Reißverschluss einnähen	Doppelsteppstichmaschine
5	Futter fertigen	Doppelsteppstichmaschine
6	Bund aufsetzen	Doppelsteppstichmaschine
7	Knopfloch einnähen	Knopflochatomat
8	Knopf annähen	Knopfannähautomat

Projekt 16 Glockenrock

Ein echter Glockenrock aus einem Vollkreisring wird in der vorderen Mitte mit einer Verschlussleiste mit waagerechten Knopflöchern, in der hinteren Mitte mit einer Naht gearbeitet nach folgenden Maßen:

Rocklänge	78 cm
Nahtzugabe/Kante	1 cm
Taillenweite	72 cm
Saumzugabe	1 cm
Stoffbreite	110 cm
Übertritt/Untertritt	2 cm
Knopflochlänge	2,2 cm
Angeschnittener Besatz	5,5 cm

1 Fertigen Sie eine **Entwurfszeichnung** für den Rock.
2 Der Rock wird mit 5 Knöpfen geschlossen. Der oberste Knopf soll 2 cm von der Taillennaht, der unterste Knopf 26 cm von der Saumkante entfernt sein.
 Berechnen Sie den **Knopfabstand**.
3 Schlagen Sie drei passende **Oberteile** vor und begründen Sie die Wahl.
4 Skizzieren Sie einen **Zuschneideplan**.
5 Ermitteln Sie die erforderliche **Stofflänge**.
6 Berechnen Sie die Breite des **Reststreifens**.
7 Konstruieren Sie die **Schnitt-Teile** für den halben Rock im Maßstab 1 : 10 und zeichnen Sie den Knopfsitz bzw. die waagerechten Knopflöcher ein.
8 Wählen Sie drei Oberstoffe für diesen Rock aus sowie jeweils einen geeigneten Futterstoff, beschreiben Sie diese und entwickeln Sie jeweils ein Materialetikett mit Angabe der Pflegesymbole.
9 Schlagen Sie drei Knopfmaterialien vor und beschreiben Sie diese.

Lösungsvorschlag

① Entwurfszeichnung

② Berechnung des Knopfabstandes

Gegebene Daten

Verschlusslänge	VL	78 cm
Zahl der Knöpfe	ZKno	5
oberer Kantenabstand	oKaA	2 cm
unterer Kantenabstand	uKaA	26 cm

Gesuchte Daten
Knopfabstand KnoA

Lösung in Teilschritten

Aufzuteilende Strecke
= Verschlusslänge – oberer Kantenabstand – unterer Kantenabstand
= 78 cm – 2 cm – 26 cm
= 50 cm

Zahl der Abstände
= Zahl der Knöpfe – 1
= 5 – 1
= 4

Knopfabstand
= Aufzuteilende Strecke : Zahl der Abstände
= 50 cm : 4
= **12,5 cm**

③ Oberteile

Hemdbluse
Sie passt zum sportlichen Charakter des Rokkes.

Shirt-Bluse
Das sportlich-legere Oberteil aus Maschenstoff ist bequem.

Oberteil in Westenform
Das taillierte Oberteil reicht knapp über die Taille und passt dadurch zu einem Glockenrock.

④ Zuschneideplan

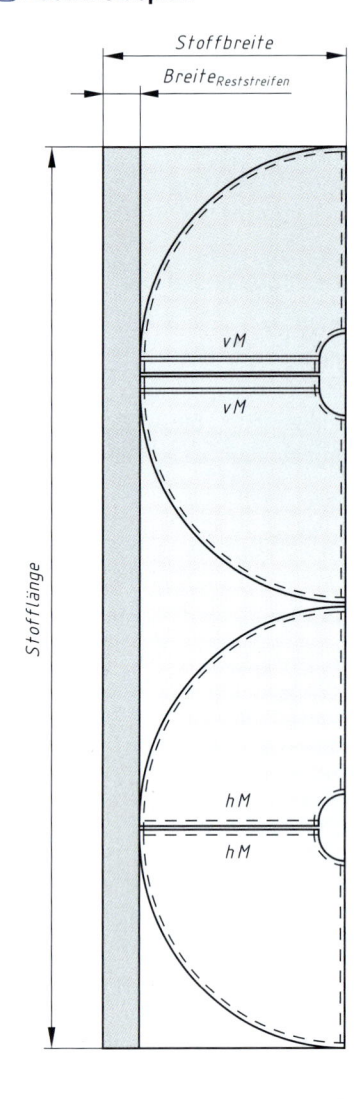

Berechnung der Stofflänge und der Reststreifenbreite

Gegebene Daten

Rocklänge	RoL	78 cm
Nahtzugabe/Kante	NZg	1 cm
Taillenweite	TaW	72 cm
Saumzugabe	SaZg	1 cm
Stoffbreite	StB	110 cm
Übertritt/Untertritt	$B_{Üb}$	2 cm
Besatzbreite	B_{Bes}	5,5 cm

Gesuchte Daten

⑤ **Stofflänge** StL

⑥ **Breite**$_{Reststreifen}$ BRStr

Lösung

Radius$_{Taillenweite}$

$$r = \frac{U}{2 \cdot \pi}$$

$$r_{TaW} = \frac{TaW}{2 \cdot \pi}$$

$$= \frac{72 \text{ cm}}{2 \cdot \pi}$$

$$\approx 11,5 \text{ cm}$$

Radius$_{Saumweite}$

r_{SaW}
$= r_{TaW} + RoL$
$= 11,5 \text{ cm} + 78 \text{ cm}$
$= 89,5 \text{ cm}$

Stofflänge

$= 4 \cdot (r_{SaW} + \text{Saumzugabe}) + 2 \cdot \text{Breite}_{Besatz}$
$\quad + 2 \cdot \text{Breite}_{Über./Untertritt} + 2 \cdot \text{Nahtzugabe})$
$= 4 \cdot (89,5 \text{ cm} + 1 \text{ cm}) + 2 \cdot 5,5 \text{ cm}$
$\quad + 2 \cdot 2 \text{ cm} + 2 \cdot 1 \text{ cm}$
$= 379 \text{ cm} = \textbf{3,79 m}$

Breite$_{Reststreifen}$

$= \text{Stoffbreite}$
$\quad - (r_{SaW} + \text{Nahtzugabe} + \text{Saumzugabe})$
$= 110 \text{ cm} - (89,5 \text{ cm} + 1 \text{ cm} + 1 \text{ cm})$
$= \textbf{18,5 cm}$

Projekt 16: Glockenrock

⑦ **Schnitt-Teile M 1:10** (ohne Naht- und Saumzugabe)

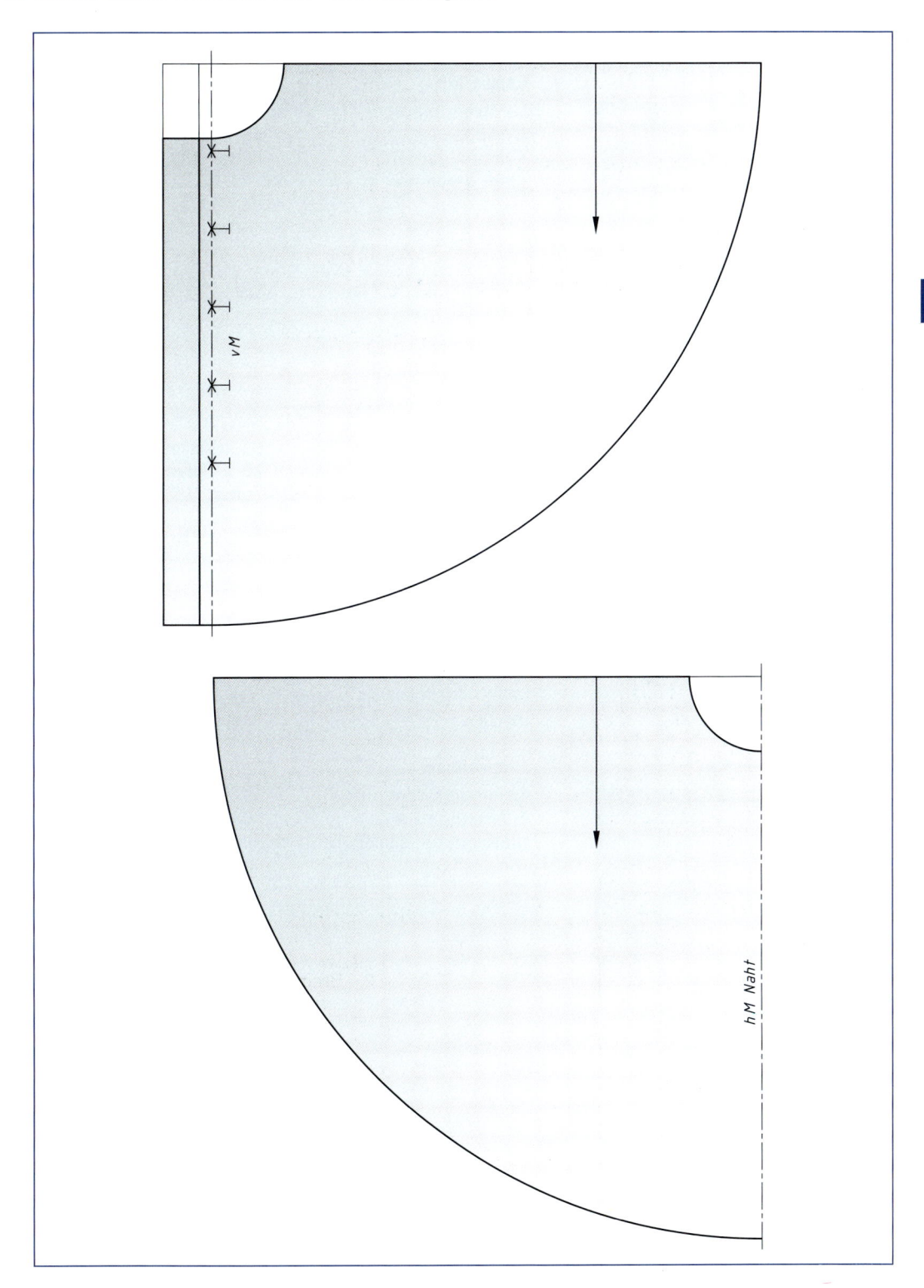

⑧ Mögliche Oberstoffe, Futterstoffe und Etiketten

Oberstoff	Futterstoff	Material- und Pflegeetikett
Popeline  Leinwandbindiges Gewebe mit Querrippenoptik, dicht, fester Griff, klares Oberflächenbild	**Leicht-Taft** Leinwandbindiges Gewebe aus Filamentgarnen, glatt, geschmeidig	55 % Polyester 45 % Schurwolle Futter: 100 % Viskose 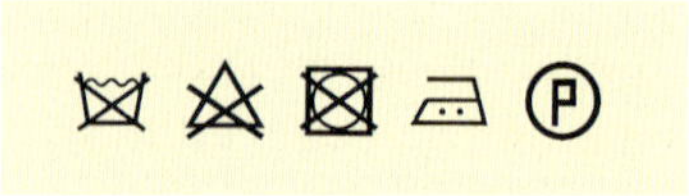
Gabardine  Dichtes, festes Gewebe mit ausgeprägtem Steilköpergrat, klares Oberflächenbild	**Taft** Leinwandbindiges Gewebe aus Filamentgarnen, dicht, etwas steif, leicht querrippig	80 % Viskose 20 % Polyester Futter: 100 % Polyamid 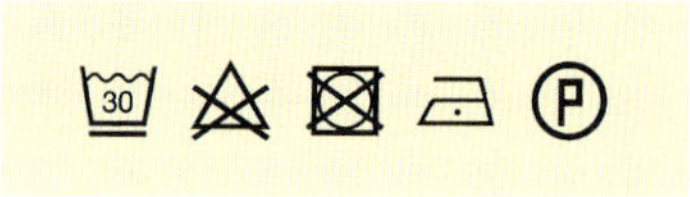
Veloursleder-Imitat  Schmiegsames Gewebe mit samtähnllicher Oberfläche; kurzer Rauflor, stumpfe Optik	**Charmeuse** Kettenwirkware aus Filamentgarnen, glatt, querelastisch und maschinenfest	50 % Baumwolle 50 % Polyester Futter: 100 % Polyester 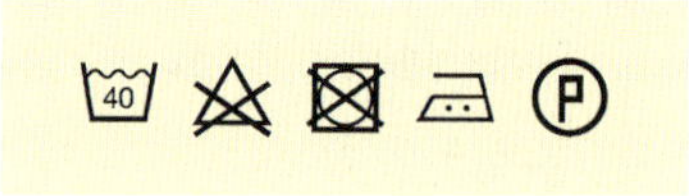

⑨ **Polyesterknopf:** haltbar, wasch-, hitze- und reinigungsbeständig, z.B. als Perlmutt- oder Hornimitat erhältlich

Metallknopf: haltbar, wasch-, hitze- und reinigungsbeständig, unterstreicht z.B. die sportliche Stilrichtung

Perlmuttknopf: effektvoll, glänzend und schillernd, unterstreicht die elegante Stilrichtung

Projekt 17 Volants

1 Ein Oberteil wird mit einem Volant versehen, der aus zwei Kreisringen gearbeitet werden soll.
   Ansatzweite   70,0 cm
   Volantbreite   10,0 cm
   Saumzugabe   0,5 cm
   Berechnen Sie den **Stoffverbrauch**.

2 Am Saum soll der Volant mit einer Litze besetzt werden. Berechnen Sie den **Litzenbedarf** (auf volle 10 cm runden).

3 Fertigen Sie eine **Entwurfszeichnung** für ein solches Oberteil mit Volantbesatz.

4 Zeichnen Sie einen **Zuschneideplan** im Maßstab 1 : 5 und bemaßen Sie ihn.

5 Ermitteln Sie den Verschnitt in Prozent. Berücksichtigen Sie hierbei den unter 1 ermittelten Stoffverbrauch sowie für die Taillennaht eine Nahtzugabe von 1 cm.

6 Wählen Sie einen geeigneten **Stoff** für das Oberteil aus und begründen Sie Ihre Wahl.

Lösungsvorschlag

Berechnung des Stoffverbrauchs und des Litzenbedarfs

Gegebene Daten

Ansatzweite   AnW   70 cm
Volantbreite   VoB   10 cm
Saumzugabe   SaZg   0,5 cm

Gesuchte Daten

① • **Stofflänge**   StL
  • **Stoffbreite** StB

② • **Bortenlänge** BoL

Lösung in Teilschritten

Radius$_{\text{Ansatzweite}}$

$r = \dfrac{U_i}{2 \cdot \pi}$

$r_{\text{AnW}} = \dfrac{\text{AnW}}{2 \cdot 2 \cdot \pi}$

$\phantom{r_{\text{AnW}}} = \dfrac{70 \text{ cm}}{2 \cdot 2 \cdot \pi}$

$\phantom{r_{\text{AnW}}} \approx 5{,}6 \text{ cm}$

Radius$_{\text{Saumweite}}$

$r_{\text{SaW}} = r_{\text{AnW}} + \text{VoB}$

$\phantom{r_{\text{SaW}}} = 5{,}6 \text{ cm} + 10 \text{ cm}$

$\phantom{r_{\text{SaW}}} = 15{,}6 \text{ cm}$

Stofflänge

$= 2 \cdot (r_{\text{SaW}} + \text{Saumzugabe})$
$= 2 \cdot (15{,}6 \text{ cm} + 0{,}5 \text{ cm})$
$= \mathbf{32{,}2 \text{ cm}}$

Stoffbreite

$= 4 \cdot (r_{\text{SaW}} + \text{Saumzugabe})$
$= 4 \cdot (15{,}6 \text{ cm} + 0{,}5 \text{ cm})$
$= \mathbf{64{,}4 \text{ cm}}$

Saumweite

$= 2 \cdot U_{\text{außen}}$
$= 2 \cdot 2 \cdot r_{\text{SaW}} \cdot \pi$
$\approx 196 \text{ cm}$

Bortenlänge

$\triangleq$ Saumweite
$= 196 \text{ cm} \Rightarrow \mathbf{2{,}00 \text{ m}}$

③ **Entwurfszeichnung**

④ **Zuschneideplan M 1:5**

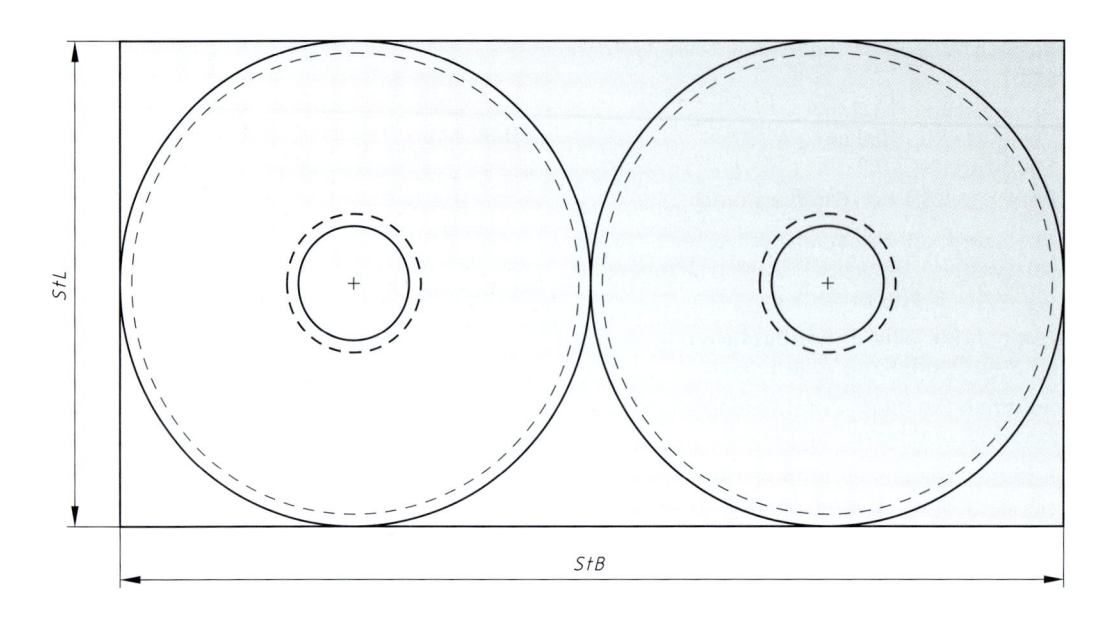

⑤ **Berechnung des Verschnitts**

Radius$_{außen}$ (r_a)	= Radius$_{SaW}$ + Saumzugabe	= 15,6 cm + 0,5 cm	= 16,1 cm
Radius$_{innen}$ (r_i)	= Radius$_{AnW}$ − Nahtzugabe	= 5,6 cm − 1 cm	= 4,6 cm
Fläche$_{Quadrat}$ (A_{Qu})	= Stofflänge · Stoffbreite	= 32,2 cm · 64,4 cm	= 2073,68 cm²
Fläche$_{Kreis\ innen}$ (A_{iK})	= π · r_i^2	= π · (4,6 cm)² ≈ 66,44 cm²	
Fläche$_{Kreis\ außen}$ (A_{aK})	= π · r_a^2	= π · (16,1 cm)² ≈ 813,92 cm²	
Fläche$_{Volant}$ (A_{Vo})	= A_{aK} − A_{iK}	= 813,92 cm² − 66,44 cm²	= 747,48 cm²
Fläche$_{Verschnitt}$ (A_{Vs})	= A_{Qu} − 2 · A_{Vo}	= 2073,68 cm² − 2 · 747,48 cm²	= 578,72 cm²

$$\text{Verschnitt (Vs) in \%} = \frac{100 \cdot A_{Vs}}{A_{Qu}} = \frac{100\ \% \cdot 578{,}72\ \text{cm}^2}{2073{,}68\ \text{cm}^2} \approx \mathbf{27{,}91\ \%}$$

⑥ **Stoff: *Crêpe georgette***
Das fließende, leicht transparente Material ist gut geeignet für eine Bluse mit Volantbesatz.

Teil D: Beispiel einer Abschlussprüfung für Änderungsschneider/-in

1 Prüfungsvorgaben

Die Ziele und Inhalte einer Berufsausbildung in einem anerkannten Ausbildungsberuf werden durch die entsprechende Ausbildungsordnung des Bundes geregelt. Der nachfolgende Auszug informiert über die Modalitäten der Abschlussprüfung zum Änderungsschneider/zur Änderungsschneiderin. Grundlage des fachlich und zeitlich darauf abgestimmten Rahmenlehrplans für den berufsbezogenen Unterricht an der Berufsschule sind bei diesem Ausbildungsberuf die aufgeführten 10 Lernfelder.

Verordnung über die Berufsausbildung zum Änderungsschneider/zur Änderungsschneiderin (Auszug)

§ 9 Gesellenprüfung/Abschlussprüfung

(3) Der Prüfling soll im schriftlichen Teil der Prüfung in den Prüfungsbereichen Änderungen, Auftragsbearbeitung sowie Wirtschafts- und Sozialkunde praxisbezogene Aufgaben bearbeiten. Es kommen Aufgaben insbesondere aus folgenden Gebieten in Betracht:

1. im Prüfungsbereich **Änderungen**
   a) Werk-, Hilfsstoffe und Zubehör sowie Materialeigenschaften
   b) Näh- und Bügeltechniken
   c) Leistungs- und materialbezogene Techniken
   d) Geräte, Maschinen und Zusatzeinrichtungen
   e) Qualitätssicherung

2. im Prüfungsbereich **Auftragsbearbeitung**
   a) Kundenberatung
   b) Änderungsmöglichkeiten
   c) Arbeitsplanung
   d) Kalkulation und Abrechnung

3. im Prüfungsbereich **Wirtschafts- und Sozialkunde**
   allgemeine wirtschaftliche und gesellschaftliche Zusammenhänge der Berufs- und Arbeitswelt.

(4) In der schriftlichen Prüfung ist von **folgenden zeitlichen Höchstwerten** auszugehen bzw.
(6) innerhalb des schriftlichen Teils der Prüfung sind die Prüfungsbereiche **wie folgt zu gewichten:**

1. Prüfungsbereich Änderungen	120 min	**50 Prozent**
2. Prüfungsbereich Auftragsbearbeitung	60 min	**30 Prozent**
3. Prüfungsbereich Wirtschafts- und Sozialkunde	60 min	**20 Prozent**

**RAHMENLEHRPLAN
für den Ausbildungsberuf Änderungsschneider/-in (Auszug)**

Teil V: Übersicht über die Lernfelder im 1. Jahr, 2. Jahr

1 Auswählen eines Werkstoffes für ein einfaches Bekleidungsstück
2 Nähen eines Kleinteils
3 Bügeln eines Werkstückes
4 Zuschneiden von Werk- und Hilfsstoffen
5 Konstruieren einer Bekleidungsgrundform
6 Einarbeiten von fertigungstechnischem Zubehör in ein Bekleidungsstück
7 Zurichten von Kleinteilen und Großstücken
8 Ändern von Werkstücken
9 Gestalten von Details
10 Aufarbeiten von Bekleidung

2 Prüfbereich Auftragsbearbeitung

Vorgegebene Zeit: 60 m

Aufgabe 1

Die Kundin König möchte die langen Manschettenärmel einer Hemdbluse wie bei der nebenstehenden Abbildung in kurze Aufschlagärmel mit geknöpftem Riegel abändern lassen.

Sie legen fest, welche Maßangaben für die Abänderung erforderlich sind.

Aufgabe 2

Aus dem Reststoff sollen zwei aufgesetzte Brusttaschen mit festgesteppetem Einschlag und geknöpfter Patte gefertigt werden.

Die Tasche wird schmalkantig aufgesteppt; die Patte wird verstürzt angenäht und an der Ansatznaht 7 mm breit abgesteppt, um den Nahteinschlag zu verdecken.

Modellabbildung

Sie vervollständigen die vorliegenden Schnitte von Tasche und Patte zu Zuschneideschablonen mit den erforderlichen Zugaben und Markierungen nach folgenden Angaben:

- Einschlagbreite: 2,0 cm
- Nahtzugabe: 1,0 cm
- Nahtzugabe für die Pattenansatznaht: 0,5 cm
- Knopfdurchmesser: 1,5 cm
- Abstand Tascheneingriff zur oberen Pattenkante: 1,5 cm

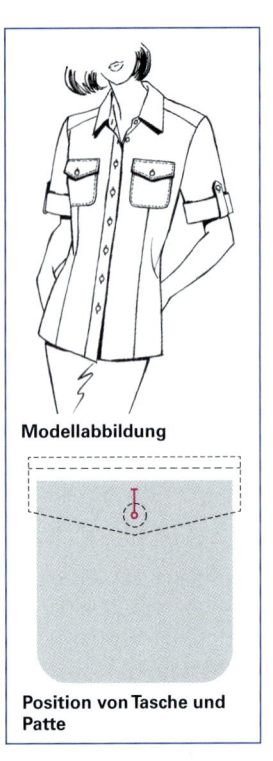

Position von Tasche und Patte

Aufgabe 3

Nach dem Erstellen der Zuschneideschablonen listen Sie die weiteren Arbeitsgänge auf, die für das Fertigen der Brusttaschen erforderlich sind. Die Ärmel sind bereits abgeschnitten und aufgetrennt.

Aufgabe 4

Die Kundin möchte für die Änderung nicht mehr als 40,00 € ausgeben. Überprüfen Sie, ob dies mit den nachfolgenden Angaben realisierbar ist.

- Garnpauschale 1,00 €
- Geschätzter Zeitaufwand 2 h
- Lohnkosten/h 7,50 €/h
- Gemeinkosten 70 %
- Gewinn 5 %
- Mehrwertsteuer 19 %

3 Prüfbereich Änderungen

Vorgegebene Zeit: 120 m

Teil 1: Ungebundene Aufgaben

Verlangt: alle Aufgaben

Aufgabe 1

Bei Ihrer Tätigkeit sind auch die Hinweise auf dem Material- und Pflegeetikett zu beachten.

Die Bluse weist nebenstehendes Etikett auf.

Welche Bedeutung kommt den einzelnen Symbolen zu?

70 % Baumwolle
30 % Polyester

Der Lösungsvorschlag befindet sich auf den Seiten 217 bis 220

Aufgabe 2

Die Bluse der Kundin ist aus Seersucker gefertigt. Beschreiben Sie diesen Stoff hinsichtlich Aussehen, Herstellung (Garnart, Bindung, Ausrüstung), und Eigenschaften.

Aufgabe 3

Der Blusenstoff ist ein Mischgewebe aus Baumwolle und Polyester. Geben Sie die Eigenschaften der beiden Faserstoff-Komponenten an.

Aufgabe 4

Zur Ausführung der Näharbeiten an der Bluse stehen zwei Nähgarne zur Auswahl:

Polyestergarn 120/3 und Baumwollgarn 100/3. Begründen Sie, welches Garn besser geeignet ist.

Aufgabe 5

Da die Knöpfe nicht mehr ausreichen, werden neue benötigt. Im Knopfvorrat des Änderungsateliers gibt es Perlmutt-, Polyester- und Metallknöpfe.

Sie beraten die Kundin in Bezug auf Aussehen und Haltbarkeit der einzelnen Knopfmaterialien.

Aufgabe 6

Frau König entscheidet sich für die Polyesterknöpfe zu einem Stückpreis von 0,35 €. Die Bluse wird mit 8 Knöpfen geschlossen, ein Ersatzknopf ist vorgesehen.

Ermitteln Sie anhand der Modellzeichnung die erforderliche Gesamtzahl an Knöpfen sowie den Preis.

Aufgabe 7

Zur Qualitätssicherung stellen Sie Überlegungen an, welche Prüfvorgänge bei diesem Auftrag nötig sind.

Listen Sie diese in einer Checkliste auf.

Aufgabe 8

Das Sortiment an Bändern wird ergänzt.

Es werden Stoßband, Schrägband, Aufhängerband und Nahtband in verschiedenen Farben bestellt.

Geben Sie die Merkmale und den Einsatz der einzelnen Bänder an.

Aufgabe 9

Der Rechnungsbetrag des Großhändlers für die Bänder lautet über 252,00 €.

- Die ursprüngliche Rechnungssumme betrug 280,00 €. Wie viel Prozent Rabatt wurden eingeräumt?
- Welcher Betrag muss überwiesen werden, wenn 3% Skonto berücksichtigt werden dürfen?

Aufgabe 10

Für Saumarbeiten schafft die Änderungsschneiderei eine Blindstichmaschine an.

Für eine Maschine mit Einfachkettenstich (EKS) wird ein durchschnittlicher Nähgarnverbrauch von 3,80 m je m Naht veranschlagt, für eine Maschine mit Doppelsteppstich (DSS) 2,80 m je m Naht.

Ermitteln Sie den Mehrverbrauch an Garnmaterial für die Maschine mit EKS in %.

Teil 2: Gebundene Aufgaben   Verlangt: 25 von 30 Aufgaben

Hinweis: Bei jeder Aufgabe ist nur *eine* Lösung richtig

1. Mit welchen Einflussgrößen zusammen wird ein gutes Bügelergebnis bewirkt?

   Ⓐ Temperatur, Dampf, Druck
   Ⓑ Wärme, Druck, Zeit
   Ⓒ Wärme, Dampf, Druck, Zeit, Kühlung
   Ⓓ Temperatur, Feuchtigkeit, Kühlung
   Ⓔ Temperatur, Druck Feuchtigkeit, Kühlung

2. Bei welchem der genannten Faserstoffe muss im Allgemeinen die niedrigste Bügeltemperatur eingestellt werden?

   Ⓐ Wolle
   Ⓑ Seide
   Ⓒ Viskose
   Ⓓ Polyamid
   Ⓔ Leinen

Der Lösungsvorschlag befindet sich auf den Seiten 217 bis 220

3 Welcher Hinweis trifft für das abgebildete Bügelsymbol zu?

Ⓐ Dampfbügeln erlaubt
Ⓑ Mäßig heiß bügeln
Ⓒ Nicht heiß bügeln
Ⓓ Bügeltuch empfohlen
Ⓔ Bügeltemperatur bis 150° möglich

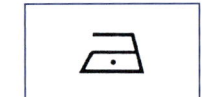

4 Wie wird der Begriff Stichdichte definiert?

Ⓐ Anzahl der Stiche pro Naht
Ⓑ Anzahl der Stiche pro Teil
Ⓒ Anzahl der Stiche pro cm Naht
Ⓓ Anzahl der Stiche pro m Naht
Ⓔ Höchstmögliche Stichanzahl pro cm

5 Welcher Faktor erhöht die Gefahr des Verdrängungskräuselns beim Steppen einer Naht?

Ⓐ Feines Nähgarn
Ⓑ Glatte Gewebeoberfläche
Ⓒ Hohe Gewebedichte
Ⓓ Feine Nadelstärke
Ⓔ Lose Bindungseinstellung

6 An welchem Maschinenteil lässt sich bei der Doppelsteppstichmaschine die Unterfadenspannung verstellen?

Ⓐ Am Greifer
Ⓑ Am Stichstellenhebel
Ⓒ Am Transporteur
Ⓓ An der Schraube der Spulenkapsel
Ⓔ An der Fadenanzugsfeder

7 Welcher Vorteil ist beim Bügeln mit der Dampfabsaugung verbunden?

Ⓐ Eine Glanzbildung auf dem Bügelgut wird vermieden.
Ⓑ Der Dampf kann wieder verwendet werden.
Ⓒ Das Bügelgut kann schneller erkalten, die Form wird gefestigt.
Ⓓ Der Flor erhält eine Glanzbildung.
Ⓔ Druckstellen werden vermieden.

8 Mit welchen Einflussgrößen können textile Materialien beim Fixieren miteinander verbunden werden?

Ⓐ Temperatur und Feuchtigkeit
Ⓑ Temperatur, Feuchtigkeit und Druck
Ⓒ Wärme, Druck und Zeit
Ⓓ Wärme, Feuchtigkeit und Zeit
Ⓔ Wärme, Reibung und Druck

9 An der Nähmaschine reißt ständig der Nadelfaden. Welche Ursache kann vorliegen?

Ⓐ Die Spannung des Spulenfadens ist zu lose.
Ⓑ Der Druck des Nähfußes ist zu stark.
Ⓒ Die Nadel ist falsch eingefädelt.
Ⓓ Die Nadelstärke ist zu groß.
Ⓔ Das Nähgut ist zu fein.

10 Bei welchem Arbeitsgang ist der Einsatz einer Freiarm-Nähmaschine vorteilhaft?

Ⓐ Beim Einarbeiten von Reißverschlüssen.
Ⓑ Beim Annähen von Knöpfen.
Ⓒ Beim Säumen von schlauchförmigem Nähgut.
Ⓓ Beim Schließen von Gesäßnähten.
Ⓔ Beim Aufsetzen von Taschen.

11 Welche Folgen hat es, wenn die Maschinennadel so eingesetzt wird, dass die Hohlkehle von der Greiferspitze abgewandt ist?

Ⓐ Die Oberfadenschlinge wird vom Greifer nicht erfasst.
Ⓑ Die Nadel bricht ab.
Ⓒ Es findet kein Transport statt.
Ⓓ Der Faden reißt.
Ⓔ Es bildet sich keine Oberfadenschlinge.

12 Ein Futtersaum ist zu befestigen. Welcher Stichtyp ist geeignet?

Ⓐ Überwendlichstich
Ⓑ Einfachkettenstich
Ⓒ Doppelkettenstich
Ⓓ Doppelsteppstich
Ⓔ Blindstich

Der Lösungsvorschlag befindet sich auf den Seiten 217 bis 220

Prüfbereiche Änderungen – Teil 2

13 Welche Bezeichnung ist für eine Einfach-Kappnaht auch noch üblich?

Ⓐ Rechts-Links-Naht
Ⓑ Doppelnaht
Ⓒ Französische Naht
Ⓓ Übergesteppte Naht
Ⓔ Ausgesteppte Naht

14 Welchen Stichtyp verwendet man vorzugsweise beim Annähen von Stoßbändern?

Ⓐ Einfachkettenstich
Ⓑ Einfachsteppstich
Ⓒ Blindstich
Ⓓ Doppelkettenstich
Ⓔ Überwendlichstich

15 Worüber gibt die Bezeichnung einer Nähmaschinennadel Auskunft, z.B. Nm 80, Nm 90?

Ⓐ Über die Spitzenform
Ⓑ Über die Schaftlänge
Ⓒ Über den Schaftdurchmesser
Ⓓ Über die Kolbenlänge
Ⓔ Über die Öhrbreite

16 Wie wird die mit nachfolgender Symbolik dargestellte Legeart korrekt bezeichnet?

Ⓐ Links auf Rechts gelegt
Ⓑ Rechts auf Rechts gelegt
Ⓒ Zick-Zack gelegt
Ⓓ Paarig gelegt
Ⓔ Doppelt gelegt

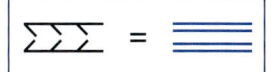

17 Welche Aussage trifft auf einen Schrägstreifen zu?

Ⓐ Ein Stoffstreifen mit schräger Musterung
Ⓑ Ein schräg aufgesetzter Stoffstreifen
Ⓒ Ein im diagonalen Fadenlauf zugeschnittener Gewebestreifen
Ⓓ Ein geflochtenes Einfassband
Ⓔ Ein dehnfähiges Band aus Kettenwirkware

Der Lösungsvorschlag befindet sich auf den Seiten 217 bis 220

18 Für welchen Arbeitsgang ist der abgebildete Zweinadel-Doppelkettenstich besonders geeignet?

Ⓐ Für Gesäßnähte an Hosen
Ⓑ Zum Schließen von Taschenbeuteln
Ⓒ Für Saumnähte an Maschenwaren
Ⓓ Zum Aufnähen von Taschen
Ⓔ Zum Einnähen von Ärmeln

19 Welches Nahtbild zeigt eine Einfassnaht?

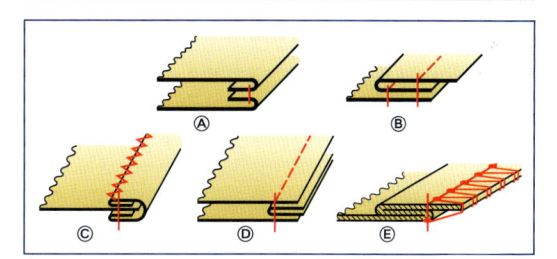

20 Welches Nahtbild zeigt eine Doppelkappnaht?

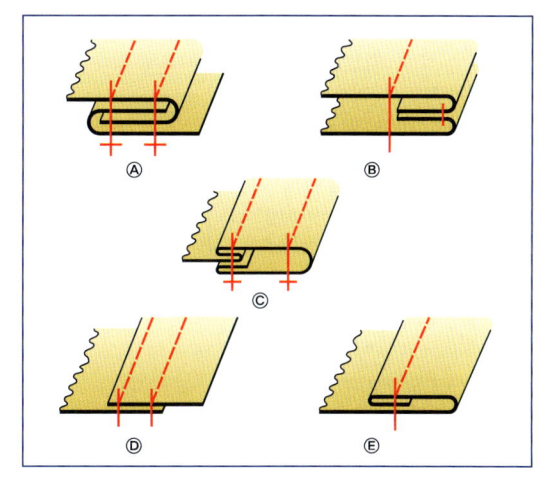

21 Welche der aufgeführten Maßnahmen dient zur Umweltentlastung?

Ⓐ Düngung mit Pflanzenschutzmitteln
Ⓑ Schädlingsbekämpfung mit Chemikalien
Ⓒ Sortenreinheit der Materialien
Ⓓ Aufwendige chemische Prozesse bei der Chemiefaserherstellung
Ⓔ Einsatz von Verpackungsmaterial für den Transport

22 Welcher Hinweis zum Anbringen eines Fingerschutzes an Nähmaschinen ist richtig?

Ⓐ Er ist nur an Nähautomaten vorgeschrieben.
Ⓑ Er ist nur bei Maschinen mit hoher Nähleistung vorgeschrieben.
Ⓒ Er ist grundsätzlich vorgeschrieben.
Ⓓ Er ist nur bei Maschinen mit Positionierantrieb vorgeschrieben.
Ⓔ Das Anbringen ist persönlich freigestellt

23 Welche Unfallverhütungsmaßnahme muss beim Nadelwechsel an einer Nähmaschine beachtet werden?

Ⓐ Der Motor muss ausgeschaltet sein.
Ⓑ Der Motor muss eingeschaltet sein.
Ⓒ Die Maschine muss zum Stillstand gekommen sein.
Ⓓ Der Motor muss ausgeschaltet und die Maschine zum Stillstand gekommen sein.
Ⓔ Der Stoffdrücker muss abgesenkt sein.

24 Welche Bezeichnung für die abgebildete Arbeitsplatzgestaltung ist korrekt?

Ⓐ Statische Arbeitsplatzgestaltung
Ⓑ Psychologische Arbeitsplatzgestaltung
Ⓒ Sicherheitstechnische Arbeitsplatzgestaltung
Ⓓ Ergonomische Arbeitsplatzgestaltung
Ⓔ Informationstechnische Arbeitsplatzgestaltung

25 Welche der aufgeführten Hilfsmaßnahmen trifft bei Bewusstlosigkeit bzw. auf die Abbildung zu?

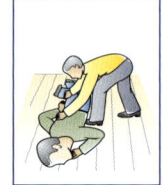

Ⓐ Ansprechen und Fragen stellen
Ⓑ Schocklagerung
Ⓒ Stabile Seitenlagerung
Ⓓ Ermutigen und Trösten
Ⓔ Mund-zu-Mund-Beatmung

Der Lösungsvorschlag befindet sich auf den Seiten 217 bis 220

26 Wofür wird das abgebildete Monofilgarn eingesetzt?

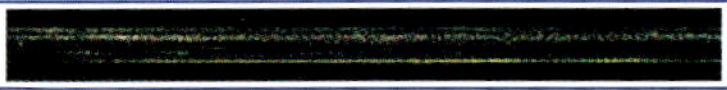

Ⓐ Als Knopflochseide
Ⓑ Für Bauschgarne
Ⓒ Für transparente Nähgarne
Ⓓ Für Überdecknähte
Ⓔ Für Ziernähte

27 Wie nennt man die Aufmachungsart der abgebildeten Nähgarne?

Ⓐ Scheibenspulen
Ⓑ Fußspulen
Ⓒ Konische Kreuzspulen
Ⓓ Zylindrische Kreuzspulen
Ⓔ Kingspulen

28 Woraus werden Perlmuttknöpfe gewonnen?

Ⓐ Aus dem Kern einer Palmenart
Ⓑ Aus einer Muschelschale
Ⓒ Aus Kasein
Ⓓ Aus einer Gesteinsart
Ⓔ Aus geschliffenem Bleiglas

29 Welche Bezeichnung ist für einen mit Stoff unterlegten Gehschlitz üblich?

Ⓐ Sparfalte
Ⓑ Quetschfalte
Ⓒ Kellerfalte
Ⓓ Dior-Falte
Ⓔ Einfache Falte

30 Welche Manschettenform zeigt die Abbildung?

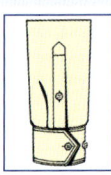

Ⓐ Sportmanschette
Ⓑ Umschlagmanschette
Ⓒ Formmanschette
Ⓓ Pfeilmanschette
Ⓔ Doppelmanschette

4 Lösungsvorschlag

zu 2 Prüfbereich Auftragsbearbeitung

Aufgabe ①

Erforderliche **Maßangaben** sind:

- Fertige Ärmellänge
- Fertige Ärmelweite
- Aufschlagbreite
- Riegellänge
- Riegelbreite
- Höhe der Spitze

Aufgabe ②

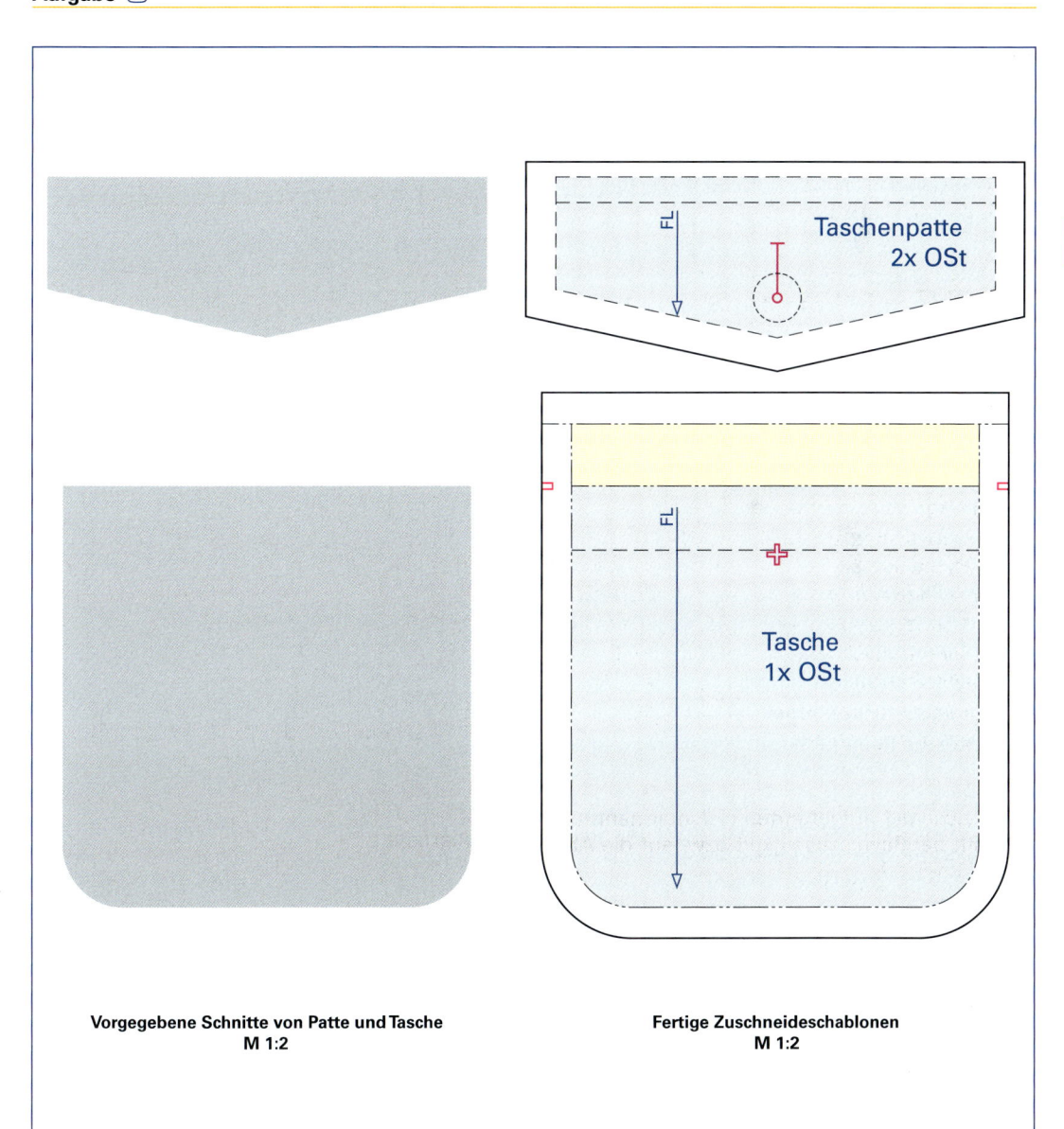

Vorgegebene Schnitte von Patte und Tasche
M 1:2

Fertige Zuschneideschablonen
M 1:2

Aufgabe ③

Pos.	Fertigungsschritte
1	Pattenteile entsprechend der Schablone zuschneiden
2	Patten fertigen: Teile verstürzen, Verstürznähte beschneiden, Patten wenden und absteppen
3	Knopflöcher einzeichnen und arbeiten
4	Brusttaschen entsprechend der Schablone zuschneiden und Einschlagbreite markieren
5	Einschlag am Tascheneingriff mit Nahtzugabe feststeppen
6	Nahtzugaben umbügeln
7	Taschenposition markieren und Taschen aufsteppen
8	Pattenposition markieren und Patten aufsteppen

Aufgabe ④: Kalkulation

Garnpauschale		1,00 €
Lohnkosten	2 h · 7,50 €/h	15,00 €
Gemeinkosten	15,00 € · 70/100	10,50 €
Selbstkosten		26,50 €
Gewinn	26,50 € · 5/100	1,33 €
Nettopreis		27,83 €
Mehrwertsteuer	27,83 € · 19/100	5,29 €
Bruttopreis		**33,11 €**

→ **Die Preisvorgabe der Kundin kann eingehalten werden.**

zu ❸ Prüfbereich Änderungen — Teil 1: Ungebundene Aufgaben

Aufgabe ①

Textilpflege:
- die Bluse bei einer Temperatur von max. 40 Grad im Schonwaschgang waschen
- nicht bleichen
- nicht im Trockner trocknen
- bei mittlerer Hitze bügeln
- chemische Reinigung und Nassreinigung sind möglich

Aufgabe ②

Bei Seersucker handelt es sich um einen Baumwollstoff aus einfachen Spinnfasergarnen in Leinwandbindung mit borkigen Längsstreifen. Er wird stellenweise mit Lauge behandelt, sodass an diesen Stellen das Gewebe schrumpft. Die unbehandelten Stellen werfen Blasen. Der Stoff muss nicht gebügelt werden.

Aufgabe ③

Der Baumwollanteil trägt dazu bei, dass das Gewebe feuchtigkeitsaufnehmend und dadurch hautfreundlich ist. Der Polyesteranteil bewirkt, dass das Gewebe schneller trocknet und ein geringeres Gewicht hat.

Aufgabe ④

Das Polyestergarn ist besser geeignet, da es feiner, reißfester und haltbarer ist als das Baumwollgarn.

Aufgabe 5

Perlmuttknöpfe
Aussehen: Haben einen edlen Glanz und schillern verschiedenfarbig.
Haltbarkeit: Sind temperaturbeständig, jedoch schlag- und bruchempfindlich.

Polyesterknöpfe
Aussehen: Es gibt sie in vielfältigen Formen und Farben.
Haltbarkeit: Sind sehr haltbar und beständig gegen Hitze und Chemikalien.

Metallknöpfe
Aussehen: Es gibt sie silber-, gold- oder messingfarben, sie können verziert sein.
Haltbarkeit: Sind unempfindlich gegen Schlag, Druck und Hitze, können jedoch rosten.

Aufgabe 6

Gesamtzahl der Knöpfe = 8 (Verschlusskante) + 2 (Taschen) + 2 (Ärmelriegel) + 1 Ersatzknopf = **13**

Preis der Knöpfe = 13 St. · 0,35 €/St. = **4,55 €**

Aufgabe 7

Checkliste Qualitätssicherung		
Kontrollvorgang	**Vorgabe eingehalten**	**Nachbesserung erforderlich**
Gleichmäßigkeit der Ärmellänge		
Gleichmäßigkeit des Ärmelaufschlags		
Form und Platzierung der Riegel		
Qualität der Taschenfertigung		
Platzierung der Knöpfe und Knopflöcher		
Gleichmäßigkeit bei den Abstepparbeiten		

Aufgabe 8

Stoßband
Merkmale: stabiles Band in Köperbindung mit Wulst auf einer Seite
Einsatz: bei Herrenhosen zur Verstärkung von Hosensäumen

Schrägband
Merkmale: im schrägen Fadenlauf zugeschnittenes Band aus unterschiedlichen Materialien, flach oder vorgefalzt
Einsatz: zum Einfassen von Kanten (z.B. Befestigen von Nahteinschlägen), zum Paspelieren

Aufhängerband
Merkmale: schmales Band mit festen Kanten, häufig in Atlasbindung
Einsatz: bei Jacken und Mänteln im hinteren Kragenbereich, bei Röcken meist seitlich

Nahtband
Merkmale: meist köperbindiges Band aus Baumwolle oder Viskose mit festen Kanten
Einsatz: zur Befestigung von Schnittkanten (z.B. bei der Saumverarbeitung), zur Sicherung von Nähten

Aufgabe 9

Rechnungssumme	280,00 €		≙	100%
− Rechnungsbetrag	252,00 €			
= **Rabatt**	28,00 €		≙	x
	x = 100% : 280,00 € · 28,00 €	=		**10%**
Rechnungsbetrag	100%		≙	252,00 €
− Skonto	3%			
= **Zahlungsbetrag**	97%		≙	x
	x = 252,00 € :100 % · 97% =			**244,44 €**

Aufgabe 10

Nähgarnverbrauch EKS	3,80 m/m Naht			
− Nähgarnverbrauch DSS	2,80 m/m Naht		≙	100%
Mehrverbrauch bei EKS	1,00 m/m Naht		≙	x
	x = 100% : 2,80 m · 1,00 m =			**35,7%**

zu ❸ Prüfbereich Änderungen — Teil 2: Gebundene (multiple-choice) Aufgaben

1 ⇒ Ⓒ		16 ⇒ Ⓑ	
2 ⇒ Ⓓ		17 ⇒ Ⓒ	
3 ⇒ Ⓒ		18 ⇒ Ⓒ	
4 ⇒ Ⓒ		19 ⇒ Ⓒ	
5 ⇒ Ⓒ		20 ⇒ Ⓐ	
6 ⇒ Ⓓ		21 ⇒ Ⓒ	
7 ⇒ Ⓒ		22 ⇒ Ⓒ	
8 ⇒ Ⓒ		23 ⇒ Ⓓ	
9 ⇒ Ⓒ		24 ⇒ Ⓓ	
10 ⇒ Ⓒ		25 ⇒ Ⓑ	
11 ⇒ Ⓐ		26 ⇒ Ⓒ	
12 ⇒ Ⓓ		27 ⇒ Ⓓ	
13 ⇒ Ⓓ		28 ⇒ Ⓑ	
14 ⇒ Ⓓ		29 ⇒ Ⓓ	
15 ⇒ Ⓒ		30 ⇒ Ⓓ	

Teil E: Beispiel einer Abschlussprüfung für Maßschneider/-in

1 Prüfungsvorgaben

Der nachfolgende Auszug informiert über die Modalitäten der Abschlussprüfung zum Maßschneider/ zur Maßschneiderin. Grundlage des fachlich und zeitlich darauf abgestimmten Rahmenlehrplans für den berufsbezogenen Unterricht an der Berufsschule sind die aufgeführten 14 Lernfelder.

Verordnung über die Berufsausbildung zum Maßschneider/zur Maßschneiderin (Auszug)

§ 10 Gesellenprüfung

(3) Der Prüfling soll im schriftlichen Teil der Prüfung in den Prüfungsbereichen Planung und Fertigung, Gestaltung und Konstruktion sowie Wirtschafts- und Sozialkunde geprüft werden. In den Prüfungsbereichen Planung und Fertigung sowie Gestaltung und Konstruktion sind fachliche Probleme mit verknüpften technologischen, mathematischen und gestalterischen Inhalten zu bewerten und zu lösen. Dabei sollen die Sicherheit und der Gesundheitsschutz bei der Arbeit, der Umweltschutz sowie Qualität sichernde Maßnahmen einbezogen werden. Es kommen Aufgaben insbesondere aus folgenden Gebieten in Betracht:

1. im Prüfungsbereich **Planung und Fertigung**

   Auswählen von Werk- und Hilfsstoffen sowie Zutaten für Bekleidung, Planen der Fertigungsschritte sowie Erstellen von Planungsunterlagen. Dabei soll der Prüfling zeigen, dass er Werkzeuge und Maschinen auswählen, Materialeigenschaften berücksichtigen und Verarbeitungstechniken anwenden kann.

2. im Prüfungsbereich **Gestaltung und Konstruktion**

   Bestimmen, Konstruieren und Modifizieren von Schnittteilen, Erstellen von Entwurfszeichnungen und technischen Zeichnungen. Dabei soll der Prüfling zeigen, dass er die Grundlagen der Farb- und Formgebung sowie Gestaltungstechniken anwenden und modische sowie historische Gesichtspunkte berücksichtigen kann.

3. im Prüfungsbereich **Wirtschafts- und Sozialkunde**

   allgemeine wirtschaftliche und gesellschaftliche Zusammenhänge der Berufs- und Arbeitswelt.

(4) In der schriftlichen Prüfung ist von **folgenden zeitlichen Höchstwerten** auszugehen bzw.

(6) innerhalb des schriftlichen Teils der Prüfung sind die Prüfungsbereiche **wie folgt zu gewichten:**

1. Prüfungsbereich	**Planung und Fertigung**	150 min	50 Prozent
2. Prüfungsbereich	**Gestaltung und Konstruktion**	120 min	30 Prozent
3. Prüfungsbereich	**Wirtschafts- und Sozialkunde**	60 min	20 Prozent

RAHMENLEHRPLAN
für den Ausbildungsberuf Maßschneider/Maßschneiderin (Auszug)

Teil V: Übersicht über die Lernfelder im 1. Jahr, 2. Jahr, 3. Jahr

1. Auswählen eines Werkstoffes für ein einfaches Bekleidungsstück
2. Nähen eines Kleinteils
3. Bügeln eines Werkstücks
4. Zuschneiden von Werk- und Hilfsstoffen
5. Konstruieren einer Bekleidungsgrundform
6. Einarbeiten von fertigungstechnischem Zubehör in ein Bekleidungsstück
7. Gestalten von Kleinteilen
8. Abwandeln von Bekleidungsgrundschnitten
9. Fertigen eines Großteils
10. Verändern und Aufarbeiten von Bekleidung
11. Gestalten von Bekleidung
12. Entwerfen von Bekleidung
13. Konstruieren und Abwandeln von Grundschnitten für Großteile
14. Qualität sichern bei der Fertigung von Kombinationen und Gesellschaftskleidung

E Beispiel einer Abschlussprüfung für Maßschneider/-in

Der Abschlussprüfung für Maßschneider/-in liegt nachstehender Kundenauftrag zugrunde. Sie besteht aus den beiden Prüfbereichen **Gestaltung und Konstruktion** sowie **Planung und Fertigung**. Der Lösungsvorschlag wird im Anschluss an den Aufgabenteil aufgeführt.

Kundenauftrag

Frau Röder, Kundin des Maßateliers „La Couture", bevorzugt feminin-elegante Mode. Zur neuen Saison möchte sie sich mehrere Teile fertigen lassen, die miteinander kombinierbar sind.

Nach ausführlicher Information über die aktuellen Modetrends und eingehender Beratung entscheidet sie sich für ein klassisches **Ensemble im Chanel-Stil**, bestehend aus Kostüm, Hose, zwei Blusen und einer längeren Jacke.

Für Rock und Kostümjacke wird ein Bouclé ausgewählt. Er ist typisch für den Chanel-Stil. Die Jacke soll wie das abgebildete Modell einfarbige Satin-Blenden erhalten.

Für die Hose und die längere Jacke ist ein Gewebe im gleichen Gelbton wie die Blenden vorgesehen.

Eine Langarmbluse mit Schluppenkragen sowie eine Kurzarmbluse sollen das Ensemble vervollständigen.

Als Junggesellin im Atelier „La Couture" werden Sie in die Planung und Fertigung dieses Auftrags mit einbezogen und erhalten schnitttechnische und gestalterische Aufgaben übertragen.

2 Prüfbereich Gestaltung und Konstruktion

Vorgegebene Zeit: 90 m

Aufgabe 1 *Schnittmodifikation*

Die Einzelheiten des Modellschnitts für die Schluppenbluse werden mit der Kundin besprochen und in einer Skizze festgelegt:

- Verdeckte Knopfleiste mit 6 Längsknopflöchern
- Aufspringende Taillenabnäher
- Formmanschetten mit Schlingenverschluss

Ihre Aufgabe ist es, den Vorderteil-Grundschnitt zum **Modellschnitt** zu entwickeln und mit den erforderlichen Beschriftungen und Markierungen zu versehen.

Vorgaben:

• Halsausschnitt:	Vertiefung an der vorderen Mitte	2,0 cm	
	Erweiterung an der Schulter	1,0 cm	
• Kürzung des Vorderteils		7,0 cm	
• Verdeckte Knopfleiste:	Über- bzw. Untertritt	1,5 cm	
• Knopflochlänge		1,5 cm	
• Abgenähte Abnäherlänge	oberhalb der Taille	6,0 cm	
	unterhalb der Taille	10,0 cm	

Modellzeichnung

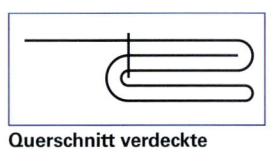

Querschnitt verdeckte Knopfleiste

Der Lösungsvorschlag befindet sich auf den Seiten 226 bis 233

Aufgabe 2 Konstruktion und Berechnung

Als Verschluss für die 14 cm breite Formmanschette mit einer Handgelenkweite von 21 cm werden sechs Knöpfe und Schlingen gewählt. Die erste und die letzte Schlinge sollen mit der Kante abschließen, als Schlingenbasis und für den Untertritt sind 1,5 cm vorgesehen.
Sie konstruieren den **Manschettenschnitt** ohne Nahtzugaben und ergänzen die **Markierungen** für den Knopfsitz und die Schlingen. Die erforderliche Berechnung hierzu muss nachvollziehbar sein.

Aufgabe 3 Berechnung

Der Schluppenkragen in einer Gesamtlänge von 2,00 m wird im Geradfadenlauf zugeschnitten, gedoppelt, am Halsloch angesetzt und an den Bindebändern verstürzt. Es stehen vom Blusenstoff 36 cm in einer Breite von 120 cm zur Verfügung. Als Nahtzugabe wird 1 cm je Kante berücksichtigt.
Sie berechnen die mögliche fertige **Kragenbreite**.

Aufgabe 4 Modellentwurf

Die Kundin wünscht sich die zum Chanel-Kostüm im Stil passende **Kurzarmbluse** mit einem Schlitzverschluss in der hinteren Mitte.
Sie dürfen einen Entwurf erstellen und verwenden hierzu die betriebsübliche Figurine.
Sie beschreiben Ihren Entwurf und benennen die einzelnen Details fachgerecht.

Aufgabe 5 Formgestaltung

Als Vervollständigung des Ensembles ist neben dem Kostüm und den Blusen eine Hose und eine längere Jacke vorgesehen.
Sie unterscheiden in diesem Zusammenhang die Begriffe **Complet** und **Composé**.
Außerdem machen Sie einen Vorschlag für die Gestaltung der Hose und der Jacke.

Aufgabe 6 Farbgestaltung

Bei der Stoffauswahl für das Kostüm hat sich Frau Röder für den Bouclé in Multicolor entschieden. Für die Blenden bzw. die Hose und die längere Jacke sind unifarbene Gewebe in einem Gelbton vorgesehen.
Nun gilt es, die Farben für die Blusen auszuwählen, wobei diese in den Farben des Bouclés gehalten, aber unterschiedlich sein sollen.
Sie erklären die Begriffe **Multicolor** und **uni**. Dann zählen Sie alle Farbtöne auf, aus denen dieser Oberstoff besteht und machen Vorschläge für die Farbe der Blusen und geben jeweils eine Begründung.

Aufgabe 7 Berechnung

In die Verschlussblende der Kostümjacke werden fünf senkrechte Knopflöcher mit einer Länge von 2 cm eingearbeitet. Die Blendenlänge an der vorderen Mitte beträgt 55 cm. Das oberste Knopfloch beginnt 1 cm vom Halsloch entfernt, das unterste Knopfloch endet 12 cm von der Saumkante.
Sie ermitteln den **Zwischenabstand der Knopflöcher,** die **Kantenabstände** und den **Zwischenabstand der Knöpfe,** die jeweils in der Knopflochmitte sitzen. Dabei achten Sie auf eine fachkundige Darstellungsweise.

Aufgabe 8 Stilelemente

Während der Beratung interessiert sich die Kundin nicht nur für die typischen **Merkmale der Chanel-Mode,** sondern möchte auch wissen, seit wann dieser Stil zu den Modetrends zählt und warum. Sie beschreiben die unkomplizierten Modelle der Modeschöpferin Coco Chanel, die bereits nach dem Ersten Weltkrieg den Frauen zu mehr Bewegungsfreiheit verhalf, unter Anderem durch den Verzicht auf ein Korsett.
Während der Unterhaltung kommen Sie auf Epochen zu sprechen, deren modisches Ideal ein Korsett verlangte und gehen auf die Begriffe **Sanduhrsilhouette** und **S-Form** ein. Schließlich erwähnen Sie auch noch beispielhaft, wie das Korsett bzw. Schnürmieder auch Bestandteil der **aktuellen Mode** ist.

Der Lösungsvorschlag befindet sich auf den Seiten 226 bis 233

3 Prüfbereich Planung und Fertigung   Vorgegebene Zeit: 120 m

Aufgabe 1   Materialauswahl

Bei der Wahl des Materials für die Blusen entscheidet sich Frau Röder für einen Crêpe de Chine. In der Stoffkollektion wird er sowohl aus Seide als auch aus Polyester angeboten. Sie möchte eine Bluse am Tag der standesamtlichen Trauung ihrer Tochter tragen. Die andere Bluse soll auch bei Theaterbesuchen während ihrer Kulturreisen zum Einsatz kommen.

Sie beschreiben den Warencharakter eines **Crêpe de Chine** und erstellen für beide Blusen ein Anforderungsprofil, um die Kundin hinsichtlich des Fasermaterials beraten zu können.

Aufgabe 2   Materialauswahl

Sowohl für die verdeckte Knopfleiste und den Schlingenverschluss an den Formmanschetten bei der Schluppenbluse als auch für die Kostümjacke sind Knöpfe auszuwählen.

Sie schlagen geeignete **Knopfarten** (Form und Material) vor und begründen Ihre Auswahl.

Aufgabe 3   Planungsunterlagen

Bevor die Blusen gefertigt werden können, sind **nähtechnische Überlegungen** erforderlich. Sie planen die Kriterien bei der Auswahl

- der Nähmaschinennadel
- des Nähgarns
- der Stichlänge
- der Fadenspannung
- des Transporteurs
- des Füßchendruck

Sie stellen außerdem für die neue Auszubildende einige wichtige Verhaltensmaßregeln für die Einhaltung der **Arbeitssicherheit** am Näharbeitsplatz zusammen.

Aufgabe 4   Berechnung

Die Kundin möchte eine Kostenveranschlagung für die Schluppenbluse, die aus Crêpe de chine in reiner Seide gearbeitet werden soll.

Sie erstellen eine Kalkulation für den **Brutto-Lieferpreis** nach folgenden Vorgaben unter Berücksichtigung des aktuellen Mehrwertsteuersatzes.

- *Zeitbedarf:*   Meisterin   2,0 h
                 Gesellin   0,5 h
                 Auszubildende   3,0 h
- *Stundensätze:* Meisterin   25,00 €
                   Gesellin   15,00 €
                   Auszubildende   10,00 €
- Gemeinkosten 90 %   • Gewinnzuschlag 10 %   • Materialgesamtkosten (Listenpreis) 70,00 €

Aufgabe 5   Materialauswahl

Frau Röder hat für das Kostüm den abgebildeten **Bouclé** ausgewählt. Es handelt sich dabei um ein Mischgewebe, das sich wie folgt zusammensetzt:
6 % Baumwolle, 8 % Polyamid,
80 % Schurwolle, 6 % Viskose.

Sie beschreiben die Erkennungsmerkmale dieser textilen Fläche und der verwendeten Garne und zeigen drei Gründe auf, die für diese Fasermischung sprechen.

Sie geben zwei mögliche Rohstoffgehaltsangaben an, die nach dem Textilkennzeichnungsgesetz (TKG) korrekt sind.

Der Lösungsvorschlag befindet sich auf den Seiten 226 bis 233

Prüfbereich Planung und Fertigung

Aufgabe 6 Materialauswahl

Das Kostüm wird mit einem **Taft-Changeant** aus 54 % Viskose und 46 % Polyester abgefüttert.
Sie erklären der Kundin die Handelsbezeichnung und weisen auf zwei Vorzüge eines Futters mit dieser Faserstoff-Kombination gegenüber einem reinen Viskosefutter hin.
Anhand eines Pflegeetiketts geben Sie Pflegehinweise für das Kostüm und begründen diese.

Aufgabe 7 Fertigungsschritte

Typisch für den Chanel-Stil ist die Kantenbetonung. Während Frau Röder bei der Gestaltung des Kostüm die unifarbigen Blenden (Modell A) gewählt hat, ist sie sich bei der längeren Jacke noch unschlüssig.
Sie geben zu den **Kantengestaltungen** der abgebildeten Modelle fachkundige Erläuterungen.

Modell A   Modell B   Modell C   Modell D

Aufgabe 8 Fertigungsschritte

Frau Röder möchte gerne, dass die Kanten der kragenlosen und gefütterten Jacke eingefasst werden. Außerdem entscheidet sie sich für Nahttaschen.
Sie verdeutlichen ihr den Unterschied zwischen den einzelnen **Verarbeitungstechniken** beim Einfassen anhand der nachfolgenden Querschnitt-Zeichnungen und begründen, welche Varianten geeignet sind.

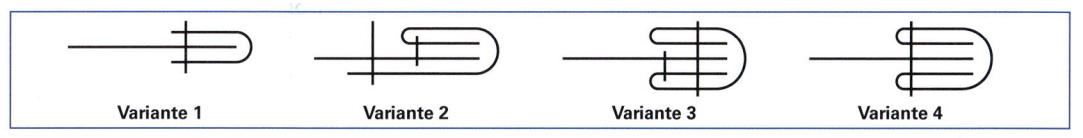

Variante 1   Variante 2   Variante 3   Variante 4

Aufgabe 9 Berechnung

Für das Einfassen wird Tresse verwendet. Sie ermitteln den **Bedarf** nach den aufgeführten Angaben (auf volle 10 cm gerundet) sowie den **Kostenaufwand**.

- Halslochumfang   40 cm
- Vordere Kantenlänge   85 cm
- Saumweite   100 cm
- Ärmelsaumweite   30 cm
- Höhe der Seitenschlitze 20 cm
- Näh-, Nahtzugabe insgesamt 20 cm
- Meterpreis der Tresse   2,90 €

Aufgabe 10 Planungsunterlagen

Bei Einfassarbeiten an sichtbaren Kanten und bei der Verarbeitung von Nahttaschen sind wichtige Gesichtspunkte zu beachten. Sie stellen Überlegungen für **qualitätssichernde Maßnahmen** an.

Der Lösungsvorschlag befindet sich auf den Seiten 226 bis 233

4 Lösungsvorschlag

zu 2 Gestaltung und Konstruktion

Aufgabe 1 *Schnittmodifikation*

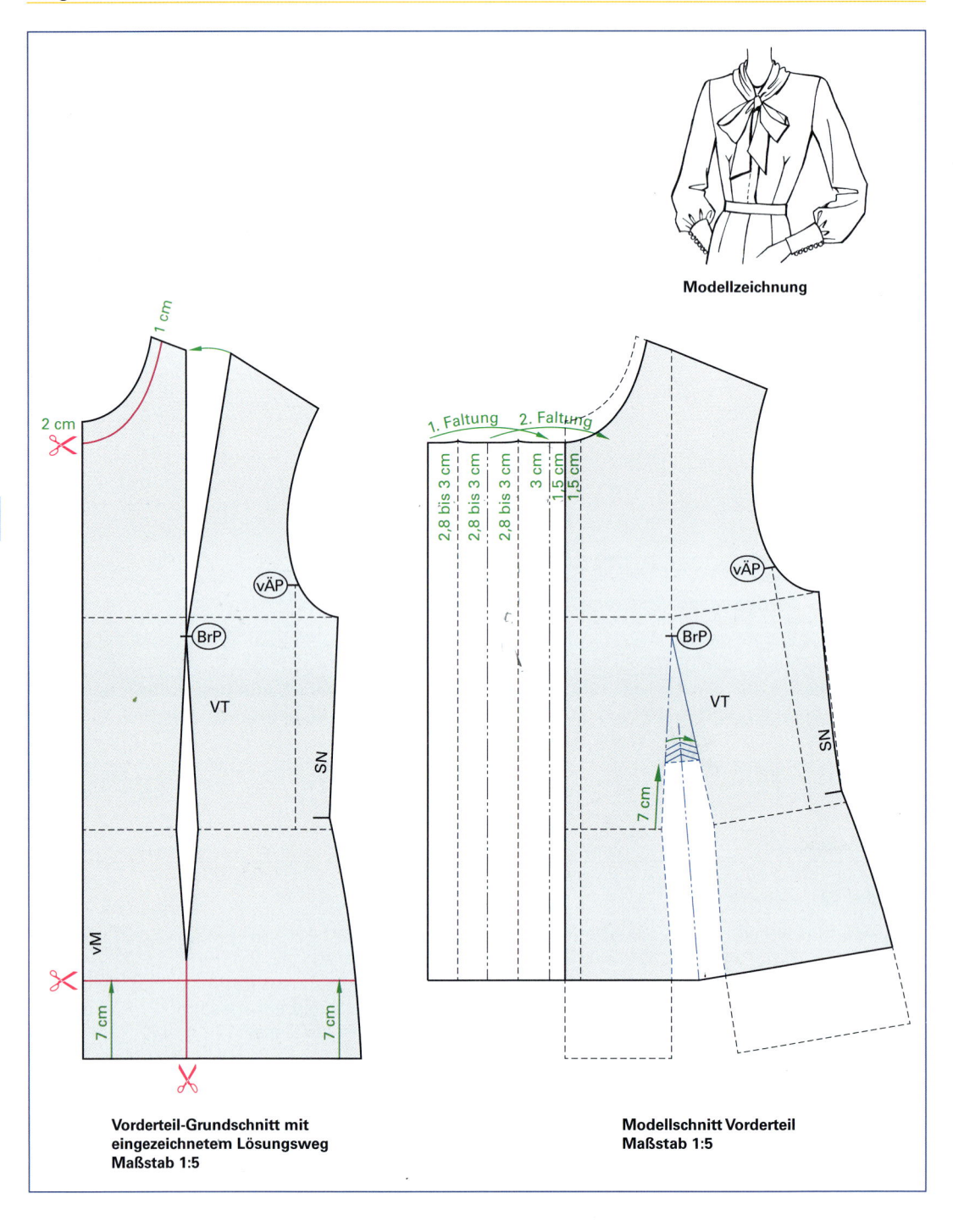

Modellzeichnung

Vorderteil-Grundschnitt mit eingezeichnetem Lösungsweg
Maßstab 1:5

Modellschnitt Vorderteil
Maßstab 1:5

Aufgabe ② Konstruktion und Berechnung

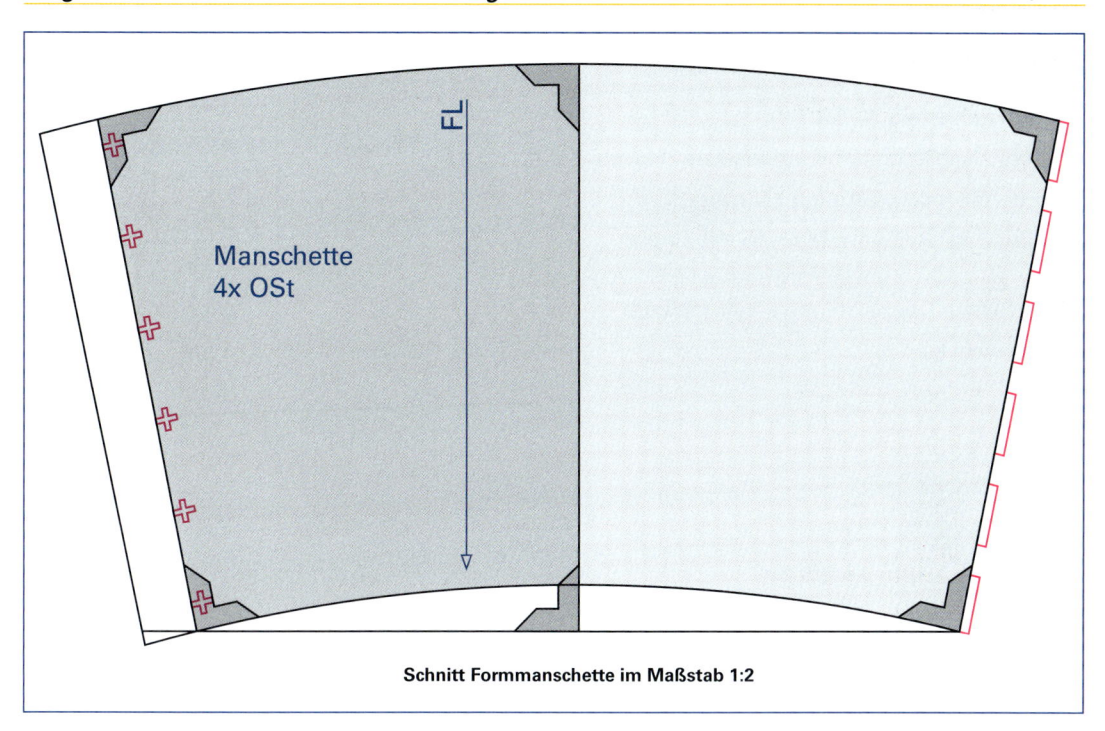

Manschette
4x OSt
FL

Schnitt Formmanschette im Maßstab 1:2

Aufzuteilende Strecke:
= Verschlusslänge – Zahl der Schlingen · Schlingenbasis = 14 cm – 6 · 1,5 cm = 5 cm

Zahl der Schlingenabstände:
= Zahl der Schlingen – 1 = 6 – 1 = 5

Schlingenabstand:
= Aufzuteilende Strecke : Zahl der Schlingenabstände = 5 cm : 5 = **1 cm**

Kantenabstand der Knöpfe:
≙ 1/2 Schlingenbasis = 1,5 cm : 2 = **0,75 cm**

Knopfabstand:
= Schlingenabstand + 1/2 Schlingenbasis (= Rapport) = 1 cm + 1,5 cm : 2 = **1,75 cm**

Aufgabe ③ Berechnung

Zahl der Streifen:
= Gesamtlänge : (Stoffbreite – 2 · Nahtzugabe) = 2,00 m : (120 cm – 2 · 1 cm) ≈ 1,69 → 2

Streifenbreite:
= Stofflänge : Zahl der Streifen = 36 cm : 2 = 18 cm

Fertige Kragenbreite:
= (Streifenbreite – 2 · Nahtzugabe) : 2 = (18 cm – 2 · 1 cm) : 2 = **8 cm**

Aufgabe ④ Modellentwurf

Modellbeschreibung
Kurzarmbluse

- Leicht taillierte Schnittform
- Rundhalsausschnitt mit aufgesetzter Formblende
- Vorderteil mit gesteppten Fältchen
- Rückteil mit Reißverschluss in Mittelnaht
- Glatt eingesetzter kurzer Ärmel mit geschlitzter Doppelblende als Abschluss
- Seitenschlitze

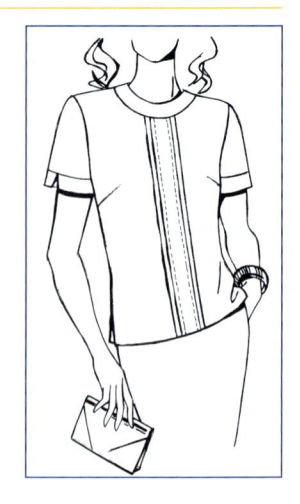

Aufgabe ⑤ Formgestaltung

Unter einem **Complet** versteht man die Zusammenstellung von Rock, Kleid, Kostüm oder Hosenanzug mit einem Mantel oder einer längeren Jacke aus einheitlichem Stoff.

Bei einem **Composé** bestehen die Einzelteile einer Kombination aus verschiedenen, jedoch aufeinander abgestimmten Stoffen, die das andere Teil auch noch ausschmücken können.

Für die **Hose** ist eine klassische Schnittform mit geradem Verlauf der Hosenbeine und Bügelfalten geeignet. Abnäher oder Bundfalten, Paspeltaschen oder seitliche Eingriffstaschen sind mögliche schnitttechnische Details.

Bei der kragenlosen **Jacke** ist eine körpernahe Linienführung in leicht ausgestellter Form mit Längs-Teilungsnähten und glatt eingesetzten Ärmeln stilgerecht. Nahttaschen und Seitenschlitze sind passende Details.

Aufgabe ⑥ Farbgestaltung

- Mit **Multicolor** bezeichnet man Stoffe, die vielfarbige bunte Garneffekte aufweisen.
  Uni(color) ist der Fachbegriff für einfarbig, ungemustert.

- **Farbtöne des Oberstoffs:** Ecru (Wollweiß), Honiggelb, Schilfgrün, Terra, Marine

Blusenfarbe	Wirkung
Ecru (Wollweiß)	Vornehmer, dezenter Farbton, für eine klassische Bluse sehr gut geeignet
Honiggelb	Warmer Farbton, harmonisch zur gesamten Farbwirkung des Bouclés, Ton in Ton zur Blendenverarbeitung und zu den ergänzenden Bekleidungsteilen
Schilfgrün	Kontrastierender Farbton, jedoch dezent in der Farbintensität
Terra	Farbintensive Gesamtwirkung in Kombination mit Multicolor und Honiggelb
Marine	Harter, dunkler Farbton, weniger geeignet

Prüfbereich Gestaltung und Konstruktion – Lösungsvorschlag

Aufgabe 7 Berechnung

Aufzuteilende Strecke:
= Verschlusslänge – Kantenabstand oben – Kantenabstand unten
 – Zahl der Knöpflöcher · Knopflochlänge = 55 cm – 1 cm – 12 cm – 5 · 2 cm = 32 cm

Zahl der Knopflochabstände: = Zahl der Knopflöcher – 1 = 5 – 1 = 4

Knopflochabstand:
= Aufzuteilende Strecke : Zahl der Knopflochabstände = 32 cm : 4 = **8 cm**

Kantenabstand des obersten Knopfes:
= Kantenabstand des obersten Knopfloches + 1/2 Knopflochlänge = 1 cm + 2 cm : 2 = **2 cm**

Kantenabstand des untersten Knopfes:
= Kantenabstand des untersten Knopfes + 1/2 Knopflochlänge = 12 cm + 2 cm : 2 = **13 cm**

Zahl der Knopfabstände: = Zahl der Knopflöcher = 4

Knopfabstand:
= (Verschlusslänge – Kantenabstand des obersten Knopfes
 – Kantenabstand des untersten Knopfes) : Zahl der Knöpfe = (55 cm – 2 cm – 13 cm) : 4 = **10 cm**
oder:
= Rapport = Knopflochabstand + Knopflochlänge = 8 cm + 2 cm = **10 cm**

Aufgabe 8 Stilelemente

Mode nach dem 1. Weltkrieg:
- Vereinfachte, lockere Schnitte
- Gerade Silhouette
- Dehnbare Stoffe
- Gekürzte Röcke

Sanduhrsilhouette:
Typische Silhouette der Biedermeiermode um 1840:
- Wuchtige Ärmel mit vertieftem Ansatz
- Wespentaille durch starke Korsettierung
- Weit ausladender fußfreier Rock

S-Form (auch Senkrückenlinie):
Typische Silhouette der Mode um 1900. Durch das Korsett wurde die Bauchpartie weggeschnürt, das Gesäß, Leib und Hüfte wurden dadurch zu einer geraden Front, die Brust wurde betont. Der Körper glich von der Seite einer S-Form.
Der Oberkörper wurde nach vorne gedrückt, die Taille rückte etwas tiefer. Es entstand ein Hohlkreuz, das Gesäß wurde betont.

Aktuelle Mode:
- Schnürmieder als modisches Oberteil der Young Fashion, wird auch über Shirts und Blusen getragen
- Miederoberteile bzw. Corsagen bei Braut- und Abendmode
- Miederoberteile bei Trachten- und Landhausmode
- Korsett bzw. Mieder als Bestandteil der vielfältigen Dessous-Mode

zu ❸ Planung und Fertigung

Aufgabe ① Materialauswahl

Warencharakter: *Crêpe de chine*
- Leichtes, leinwandbindiges Gewebe aus Filamentgarnen
- glatter Griff und fließender Fall
- feine plastische Wirkung durch Kreppgarne im Schuss und wenig gedrehte Kette (Halbkrepp)

Anforderungsprofile: *Bluse für die standesamtliche Trauung*
- die Bluse soll festlich wirken
- pflegerische Gesichtspunkte stehen nicht im Vordergrund

Bluse für Kulturreisen
- die Bluse soll elegant wirken
- die Bluse sollte nicht stark knittern
- problemlose Reinigung

Fasereigenschaften: *Seide*
- edler, zurückhaltender Glanz
- das Einarbeiten von Schweißblättern ist vorteilhaft
- aufwendige Textilpflege

Polyester
- etwas stärkerer, künstlich wirkender Glanz
- unkomplizierte Textilpflege
- muss kaum gebügelt werden

Für die standesamtliche Trauung könnte sich die Kundin für die Seidenbluse entscheiden, für die Kulturreisen sollte sie besser die Bluse aus Polyester wählen.

Aufgabe ② Materialauswahl

Knöpfe für die verdeckte Knopfleiste
- Flache, runde Zweilochknöpfe aus Polyester; tragen nicht auf und sind pflegeleicht

Knöpfe für den Schlingenverschluss an der Formmanschette
- Kugelförmige Perlmuttknöpfe oder Glasknöpfe schillern bzw. glänzen und wirken somit edel, sind aber schlag- und stoßempfindlich
- Stoffüberzogene Knöpfe in Halbkugelform wirken dezent und sind dennoch ein Hingucker, neigen jedoch bei der Pflege zum Ausfransen bzw. Rosten
- Synthetische Kugelknöpfe ermöglichen eine unkomplizierte Pflege

Knöpfe für die Kostümjacke
Typisch für den Chanelstil sind:
- Goldfarbene Metallknöpfe mit Verzierung
- Perlkugelknöpfe
- Schmuckknöpfe mit Kristall- und Strassbesatz
- Posamentenknöpfe mit Kordelbesatz

Aufgabe ③ Planungsunterlagen

Nähtechnische Überlegungen
- Eine möglichst feine **Nadel** (Nm 60) mit Rundspitze auswählen, damit keine Fadenzüge und keine zu großen Nadeleinstiche entstehen.
- Ein möglichst feines **Nähgarn** (Nm 120 oder Nm 150) verwenden, damit ein schönes Nahtbild gewährleistet ist.
- Die **Fadenspannung** möglichst gering einstellen, um Spannungskräuseln zu vermeiden.
- Eine nicht zu große **Stichlänge** wählen (maximal 2,5 mm) für einen guten Lagenschluss.

- Der **Transporteur** sollte eine feine Verzahnung (Rautenverzahnung) aufweisen, um das feine Gewebe nicht zu schädigen.
- Ein möglichst geringer **Füßchendruck** verhindert, dass der Stoff nicht unnötig stark gegen den Transporteur gedrückt wird.

Verhaltensregeln am Näharbeitsplatz
- Umrüstung, Wartung und Reinigung nur bei ausgeschalteter und zum Stillstand gekommener Maschine bzw. bei Unterbrechung der Stromzufuhr vornehmen.
- Auf funktionsgerechte Stellung des Fingerschutzes und des Augenschutzes achten.
- Ein Schutzbügel am Fadengeber muss vorhanden sein.
- Nadeln in einem Behälter oder Nadelkissen aufbewahren.
- Lange Haare zusammenbinden.

Aufgabe 4   Berechnung

Meisterin	2,0 h à 25,00 €		=	50,00 €
Gesellin	0,5 h à 15,00 €		=	30,00 €
Auszubildende	3,0 h à 10,00 €		=	7,50 €
Lohnkosten			=	87,50 €
Gemeinkosten	90 %	87,50 € · 90/100	=	78,75 €
Selbstkosten			= 166,25 €	166,25 €
Gewinn	10 %	166,25 € · 10/100	=	16,63 €
Nettofertigungspreis			=	182,88 €
Mehrwertsteuer	19 %	182,88 € · 19/100	=	34,75 €
Bruttofertigungspreis			=	217,63 €
Bruttomaterialpreis (Listenpreis)			=	70,00 €
Brutto-Lieferpreis			=	**287,63 €**

Aufgabe 5   Materialauswahl

Warencharakter Bouclé
- Gewebe mit noppiger, knotiger Oberfläche, bedingt durch Schlingenzwirne
- Lockere Gewebestruktur
- Meist Leinwandbindung

Eigenschaften der Fasermischung
- Bedingt durch den hohen Schurwollanteil ist das Gewebe wenig anfällig gegen Knitterfalten.
- Polyamid und Baumwolle sind sehr reißfest und geben damit dem offen strukturierten Gewebe die nötige Festigkeit und auch Formbeständigkeit.
- Viskose wird häufig als glänzende Faser hergestellt, dadurch entsteht ein Matt-Glanz-Effekt in der textilen Fläche.

Mögliche Rohstoffgehaltsangaben

80 % Schurwolle	oder	80 % Schurwolle
8 % Polyamid		8 % Polyamid
6 % Baumwolle		Baumwolle
6 % Viskose		Viskose

Aufgabe ⑥ Materialauswahl

Futterstoff: *Taft-Changeant (Taft changeant)*

Taft ist die Bezeichnung für ein dicht gewebtes leinwandbindiges Filamentgewebe mittlerer Stärke, leicht querrippig.

Mit **Changeant** wird ein Gewebe bezeichnet, bei dem in Kette und Schuss andersfarbige Garne verarbeitet sind. Dadurch erhält der Stoff je nach Lichteinfall einen schillernden, irisierenden Glanz.

Vorzüge der Faserstoff-Kombination
- Das Futter wird durch den Polyesteranteil weicher und anschmiegsamer, aber auch strapazierfähiger (reiß- und scheuerfester); es knittert weniger und wird pflegeleichter.
- Durch den hohen Viskose-Anteil bleibt das angenehme Trageempfinden und die Feuchtigkeitsaufnahme erhalten.

Pflegehinweise

Der hohe Wollanteil im Oberstoff und die Abfütterung machen eine chemische Reinigung erforderlich.
Das Bügeln ist mit mittlerer Temperaturstufe möglich.

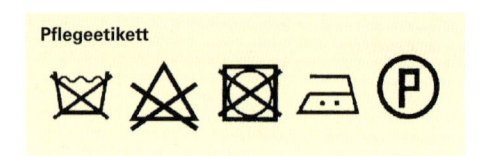

Aufgabe ⑦ Fertigungsschritte

Modell A: Der Rundhalsausschnitt, die geraden Verschlusskanten und die geknöpften Seitentaschen erhalten eine Kantenverzierung durch aufgesetzte breite Blenden in einer Effektfarbe.

Modell B: Der Cardigan-Ausschnitt, die abgerundeten Verschlusskanten sowie die gerundeten und geknöpften Pattentaschen weisen als Kantenverzierung eine aufgesetzte Posamentenborte auf.

Modell C: Der Reverskragen sowie die Verschlusskanten sind abgerundet und haben wie die aufgesetzten und gerundeten Seitentaschen eine Kanteneinfassung in einer Effekt-farbe.

Modell D: Die hochgeschlossene Jacke mit geraden Verschlusskanten, die aufgesetzten und gerundeten Taschen sowie die offenen Ärmelschlitze haben eine angesetzte Fransenborte als Kantenabschluss.

Aufgabe 8   Fertigungsschritte

Variante 1:
Einfassband offenkantig

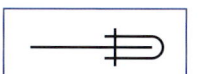

Diese Technik ist bei Verwendung von Tresse gut geeignet. Tresse passt sich gerundeten Kanten an.
Die Verarbeitung zeigt auch linksseitig ein sauberes Bild.
Futter und Oberstoff können zusammen eingefasst werden (rationell).

Variante 2:
Einfassband beidseitig eingeschlagen

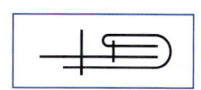

z. B. Einfassen mit Schrägstreifen in zwei Arbeitsgängen.
Diese Technik ist gut geeignet.
Die etwas aufwendige Verarbeitung zeigt auch linksseitig ein sauberes Bild.
Futter und Oberstoff können zusammen eingefasst werden.

Variante 3:
Einfassband einseitig eingeschlagen

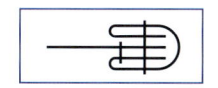

z.B. Einfassen mit Schrägstreifen in zwei Arbeitsgängen.
Diese Technik ist nur bedingt geeignet. Futter und Oberstoff können nicht zusammen eingefasst werden. Das Futter müsste nachträglich anstaffiert werden.

Variante 4:
Einfassband beidseitig eingeschlagen

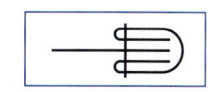

z.B. Einfassen mit Schrägstreifen in einem Arbeitsgang und Einsatz eines Kappers.
Diese Technik ist gut geeignet. Die rationelle Verarbeitung zeigt auch linksseitig ein sauberes Bild.
Futter und Oberstoff können zusammen eingefasst werden.

Aufgabe 9   Berechnung

Halslochumfang		=	40,0 cm	
Vordere Kantenlänge	2 · 85,0 cm	=	170,0 cm	
Saumweite		=	100,0 cm	
Ärmelsaumweite	2 · 30,0 cm	=	60,0 cm	
Seitenschlitze	4 · 20,0 cm	=	80,0 cm	
Näh- und Nahtzugabe		=	20,0 cm	
Gesamtlänge		=	470,0 cm	**= 4,70 m**
Preis Tresse	Gesamtlänge · Meterpreis	=	4,70 m €· 2,90 €/m	**= 13,63 €**

Aufgabe 10   Qualitätssicherung

Qualitätssichernde Maßnahmen bei Einfassarbeiten:
- Bei der Verarbeitung von Schrägband darauf achten, dass keine Zusammensetznähte erforderlich sind.
- Die Einfassnähte müssen an allen Stellen die gleiche Breite aufweisen.
- Das Band muss spannungsfrei verarbeitet werden, damit sich die Kanten nicht ausziehen oder wellen.
- Bei Eckenbildung muss das Band sorgfältig und gleichmäßig gelegt werden (Briefecken).

Qualitätssichernde Maßnahmen bei der Verarbeitung von Nahttaschen:
- Die Taschen müssen auf gleiche Höhe gearbeitet werden.
- Der Tascheneingriff darf nicht aufspringen und nicht wellen.
- Die Ansatznaht des Taschenbeutels muss verdeckt sein.

Teil F: Beispiel einer Abschlussprüfung für Modenäher/-in

1 Prüfungsstruktur

Die Abschlussprüfung der Modenäher (nach zweijähriger Ausbildung) gliedert sich in fachliche und allgemein bildende Prüfungsteile:

- Technologie
- Technische Mathematik
- Gestaltung und Konstruktion
- Wirtschafts- und Sozialkunde

Die Aufgaben der einzelnen Fächer sind jeweils unterteilt in ungebundene, d.h. frei formulierbare Aufgabenstellungen und gebundene (sog. multiple choice) Aufgaben. Von den vorgegebenen fünf Auswahlantworten ist nur eine Antwort richtig.

In der Tabelle sind alle wichtigen Details sowie die Schwerpunktthemen der fachlichen Prüfungsteile aufgeführt.

Prüfungsaufgabenstruktur schriftliche Prüfung Modenäher

Prüfungsfach	Aufgabenanzahl		Zeit in min	Gewichtung in %
	gebunden	ungebunden		
Technologie Teil 1 und Teil 2	60 (65)	3	120	75 : 25
Technische Mathematik	12	3	75	67 : 33
Gestaltung und Konstruktion, Teil 1 und Teil 2	10	2	90	50 : 50

Gliederung der schriftlichen Prüfung Modenäher

Technologie	gebunden	ungebunden
1 Werk-, Hilfsstoffe, Zubehör	23	
2 Spezialmaschinen	10	1
3 Wärmebehandlungsmaschinen	12	1
4 Zuschneidemaschinen	8	1
5 Aufbau- und Ablauforganisation	2	
6 Betriebsorganisation	4	
7 Arbeitssicherheit	6	

Technische Mathematik	gebunden	ungebunden
1 Fachspezifische Kenndaten	4	1
2 Produkt	4	1
3 Leistung	4	1

Gestaltung und Konstruktion	gebunden	ungebunden
1 Schablonen	4	1
2 Technische Zeichnungen: Kleinteile	4	1
3 Technische Zeichnungen: Nahtbilder	2	

2 Technologie

Vorgabezeit: 120 Minuten;   *Hilfsmittel:* Fadenzähler
Von den 65 gebundenen Aufgaben müssen 60 bearbeitet werden.

Gebundene Aufgaben (multiple choice)

1 Bezeichnen Sie den Stoff in nachfolgendem Bild fachgerecht.

Ⓐ Spitzköper
Ⓑ Mehrgratköper
Ⓒ Fischgratköper
Ⓓ Kreuzköper
Ⓔ Steilgratköper

2 Das abgebildete Gütezeichen kennzeichnet den Stoff in vorhergehendem Bild. Welche Eigenschaft trifft auf diesen Stoff zu?

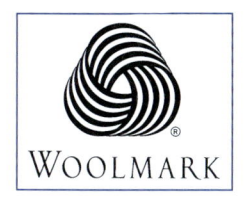

Ⓐ Sehr gute Scheuerfestigkeit
Ⓑ Geringes Wärmerückhaltevermögen
Ⓒ Geringe Feuchtigkeitsaufnahme
Ⓓ Geringer Knitterwiderstand
Ⓔ Gute Formbarkeit

3 Wie heißt die Bindungsbezeichnung für den Stoff in folgendem Bild?

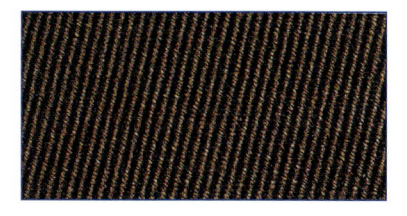

Ⓐ Kreuzköper
Ⓑ Fischgratköper
Ⓒ Steilgratköper
Ⓓ Mehrgratköper
Ⓔ Zickzackköper

4 Wodurch entsteht bei dem in folgendem Bild abgebildeten Changeant der schillernde Effekt?

Ⓐ Durch unterschiedlich dicke Filamentgarne in Kette und Schuss
Ⓑ Durch den Einsatz von Viskosefasern
Ⓒ Durch den Einsatz von Filamentgarnen
Ⓓ Durch den Einsatz einer farbigen Kette und eines andersfarbigen Schusses
Ⓔ Durch den gleichmäßigen Wechsel von verschiedenen Kett- und Schussfäden

5 Wie wurde die nachfolgend dargestellte Einlage hergestellt?

Ⓐ Durch Kulierwirken
Ⓑ Durch Bondieren
Ⓒ Durch Kettenwirken
Ⓓ Durch Verkleben
Ⓔ Durch Weben.

Die Lösungen der Aufgaben 1 bis 65 befinden sich auf Seite 257

6 Wodurch entsteht die florale Musterung des in folgendem Bild dargestellten Damastes?

Ⓐ Durch Einsatz der Leinwandbindung
Ⓑ Durch Einprägen der Musterung
Ⓒ Durch Einsatz von Köpergraten in Z-Richtung
Ⓓ Durch Aufdrucken der Musterung
Ⓔ Durch mustermäßigen Wechsel von Kett- und Schussatlas

7 Welche Handelsbezeichnung trifft auf den Stoff in folgendem Bild zu?

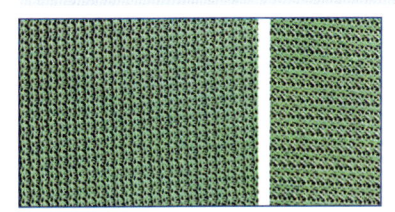

Ⓐ Atlas
Ⓑ Charmeuse
Ⓒ Satin
Ⓓ Façonné
Ⓔ Damast

8 Welche Eigenschaft erhält man durch den Einsatz des in nachfolgendem Bild dargestellten Plaid-Futterstoffes?

Die Lösungen der Aufgaben 1 bis 65 befinden sich auf Seite 257

Ⓐ Er klebt nicht auf der Haut.
Ⓑ Er ist sehr saugfähig.
Ⓒ Er hat ein sehr gutes Wärmerückhaltevermögen.
Ⓓ Er ist sehr elastisch.
Ⓔ Er ist glatt und glänzend.

9 Welche der genannten Fasern ist kochfest?

Ⓐ Baumwolle
Ⓑ Viskose
Ⓒ Seide
Ⓓ Acetat
Ⓔ Polyacryl

10 Welche Wolle wird mit Mohairwolle bezeichnet?

Ⓐ Die Wolle von Schafen, die zum ersten Mal geschoren werden.
Ⓑ Die Wolle von weiblichen Schafen
Ⓒ Die Haare der Angora-Ziege
Ⓓ Die Haare des Angora-Kaninchens
Ⓔ Die Wolle von Schultern und Seiten der Schafe

11 Welche der genannten Eigenschaften trifft auf Leinen zu?

Ⓐ Große Temperaturempfindlichkeit
Ⓑ Großes Feuchtigkeitsaufnahmevermögen
Ⓒ Große Dehnbarkeit
Ⓓ Großer Knitterwiderstand
Ⓔ Großes Wärmerückhaltevermögen

12 Welche der genannten Chemiefasern besteht nicht aus synthetischen Polymeren?

Ⓐ Viskose
Ⓑ Polyester
Ⓒ Polyurethan
Ⓓ Polyacryl
Ⓔ Polyamid

2 Technologie

13 Welcher textile Faserstoff hat die geringste Feuchtigkeitsaufnahme?

Ⓐ Baumwolle
Ⓑ Wolle
Ⓒ Seide
Ⓓ Polyacryl
Ⓔ Flachs (Leinen)

14 Was wird mit dem Begriff „tex" bezeichnet?

Ⓐ Eine Maßeinheit für die Angabe der Reißfestigkeit von Garnen
Ⓑ Ein natürlicher Rohstoff
Ⓒ Ein System zur Feinheitsbezeichnung von Garnen
Ⓓ Ein Pflegekennzeichen
Ⓔ Ein texturiertes Garn

15 Welche der nachstehenden Bilder zeigen einstufige Zwirne?

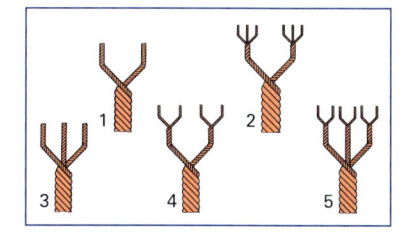

Ⓐ Bilder 3 und 5
Ⓑ Bilder 3 und 4
Ⓒ Bilder 2 und 4
Ⓓ Bilder 1 und 2
Ⓔ Bilder 1 und 3

16 Welche Aussage über den Zwirn Nm 120/3 ist richtig?

Ⓐ 100 m des aufgewickelten Zwirns wiegen 120 Gramm mal 3.
Ⓑ 100 m des dreifachen Zwirns wiegen 120 Gramm.
Ⓒ 120 m des einzelnen Garns eines dreifachen Zwirns wiegen 1 Gramm.
Ⓓ 1000 m des einzelnen Garns eines dreifachen Zwirns wiegen 120 Gramm.
Ⓔ 120 m des einzelnen Garnes eines dreifachen Zwirns wiegen 3 Gramm.

17 Woran erkennt man Schusssamt?

Ⓐ Die Florfäden haben keine bestimmte Lage.
Ⓑ Die Florfäden hängen an den Schussfäden.
Ⓒ Die Florfäden hängen an den Kettfäden.
Ⓓ Die Webkante ist verstärkt.
Ⓔ Das Gewebe ist aufgeraut.

18 Welches Bindungskurzzeichen ist für die nachstehende Patronenzeichnung richtig?

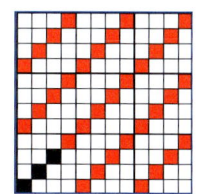

Ⓐ 20–05 01–01–01
Ⓑ 20–01 03–01–01
Ⓒ 20–01 05–01–05
Ⓓ 20–02 01–01–01
Ⓔ 20–01 01–01–01

Die Lösungen der Aufgaben 1 bis 65 befinden sich auf Seite 257

19 Was versteht man unter Maschenreihe?

Ⓐ Rechte Maschen
Ⓑ Nebeneinanderliegende Maschen
Ⓒ Eine Bindungstechnik
Ⓓ Übereinanderliegende Maschen
Ⓔ Einen farbig eingestrickten Faden

20 Was wird durch die Ausrüstung „Scotchgard" erreicht?

Ⓐ Waschechter Prägeeffekt
Ⓑ Beständig fixierter Glanz
Ⓒ Fleckschutz
Ⓓ Dauerhafte Appretur
Ⓔ Samtähnliches Aussehen.

21 Welche Legung der Kettengewirke ist in dem Bindungsbild dargestellt?

Ⓐ Einmaschige Franse
Ⓑ Trikotlegung
Ⓒ Zweimaschige Franse
Ⓓ Tuchlegung
Ⓔ Atlaslegung

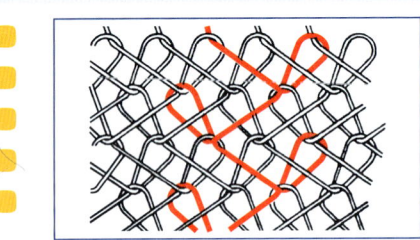

22 Welche der abgebildeten Knöpfe (Bilder Ⓐ bis Ⓔ) bezeichnet man als Perlmuttknöpfe?

Ⓐ Ⓑ Ⓒ Ⓓ Ⓔ

23 Welcher Arbeitsgang kann mit der abgebildeten Vorrichtung ausgeführt werden?

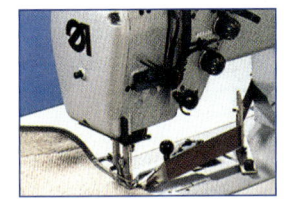

Ⓐ Zuführen eines Reißverschlusses
Ⓑ Aufnähen von Applikationen
Ⓒ Biesen nähen
Ⓓ Einfassen von Kanten
Ⓔ Steppen von Kanten

24 Für welche der nachfolgend aufgeführten Aufgaben ist der abgebildete Nähfuß besonders geeignet?

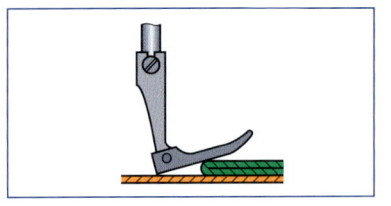

Ⓐ Sichere Stichbildung bei Übergängen
Ⓑ Nähen von gebogenen Schließnähten
Ⓒ Schnelles Nähen langer Nähte
Ⓓ Einnähen von Ärmeln
Ⓔ Verstürzen von Kragen

Die Lösungen der Aufgaben 1 bis 65 befinden sich auf Seite 257

2 Technologie

25 Wozu dient die hinter der Nadel arbeitende zusätzliche Transporteinrichtung?

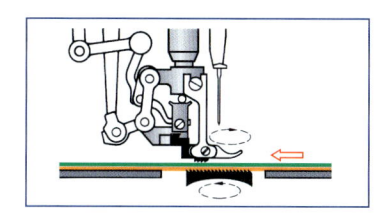

Ⓐ Zum Erreichen besonders glatter Nähte
Ⓑ Zum Einhalten von Mehrweite der oberen Stofflage
Ⓒ Zum Sichern von Nahtanfang und Nahtende
Ⓓ Zum Stofftransport und gleichzeitigen Kantenabschneiden
Ⓔ Zum Einhalten von Mehrweite der unteren Stofflage

26 Für welche Näharbeit ist die abgebildete Nähgutführung zweckmäßig?

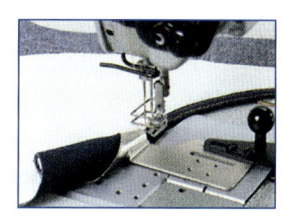

Ⓐ Annähen von Stoßband
Ⓑ Aufsetzen von Applikationen
Ⓒ Einrigeln von Schulterpolstern
Ⓓ Verarbeitung von Saumkanten
Ⓔ Einsetzen von Ärmeln

27 Welcher Stichtyp ist für das Versäubern von Schnittkanten geeignet?

Ⓐ Doppelkettenstich
Ⓑ Doppelsteppstich
Ⓒ Überwendlichkettenstich
Ⓓ Einfachkettenstich
Ⓔ Blindstich

28 Für welches Material ist der mit Teflon beschichtete Nähfuß besonders geeignet?

Ⓐ Baumwolle
Ⓑ Lederimitat
Ⓒ Wolle
Ⓓ Seide
Ⓔ Rips

29 Wie heißt der mit ⑤ gekennzeichnete Teil der Nähmaschinennadel?

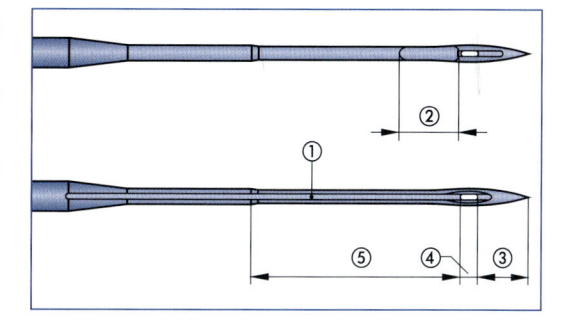

Ⓐ Spitze
Ⓑ Hohlkehle
Ⓒ Öhr
Ⓓ Lange Rinne
Ⓔ Schaft

30 Welche Ursache kann für den dargestellten Kräuseleffekt verantwortlich sein?

Ⓐ Die Fadenspannung ist zu groß.
Ⓑ Die Fadenspannung ist zu klein.
Ⓒ Die Nadel ist zu dünn.
Ⓓ Der Nähfußdruck ist zu groß.
Ⓔ Die Maschine läuft zu schnell.

Die Lösungen der Aufgaben 1 bis 65 befinden sich auf Seite 257

31 Wonach richtet sich die Bügeltemperatur?

Ⓐ Nach der Stromart und der Stromstärke
Ⓑ Nach der Art des Bügeleisens
Ⓒ Nach der Schnelligkeit der Büglerin
Ⓓ Nach der Verarbeitung des Bügelgutes
Ⓔ Nach dem Rohstoff und der Ausrüstung des Bügelgutes

32 Welchen Zweck erfüllt das Absaugen von Dampf aus der Bügelfläche?

Ⓐ Um dem Bügler unnötige Wärmeeinwirkungen zu ersparen.
Ⓑ Um auf dem Bügelgut eine Glanzbildung zu erzeugen.
Ⓒ Um den Dampf aus Wirtschaftlichkeitsgründen wieder verwenden zu können.
Ⓓ Um eine Glanzbildung auf dem Bügelgut zu verhindern.
Ⓔ Um ein schnelles Erkalten des Bügelgutes zu erreichen und die Form zu festigen.

33 Wie bezeichnet man das Formen von Bekleidungsstellen durch Bügeln?

Ⓐ Filzen
Ⓑ Dressieren
Ⓒ Drapieren
Ⓓ Dehnen
Ⓔ Doppeln

34 Welche Aussage über den Einsatz von Formfinishern ist richtig?

Ⓐ Es wird rationell geglättet.
Ⓑ Es wird gekühlt.
Ⓒ Es wird auf die Auflage gepresst.
Ⓓ Es wird zwischen Ober- und Unterplatte gelegt.
Ⓔ Es wird angefeuchtet.

35 Welche Beschichtungsart ergibt den weichsten Griff?

Ⓐ Beschichtung mit großen Punkten in kleinem Abstand
Ⓑ Beschichtung mit feinen Punkten in großem Abstand
Ⓒ Beschichtung mit großen Punkten ohne Abstand
Ⓓ Beschichtung der Fläche
Ⓔ Beschichtung mit kleinen, dichten Punkten

36 Welches der nachfolgend aufgeführten Materialien ist nicht fixierfreundlich?

Ⓐ Lamé
Ⓑ Beschichteter Baumwollstoff
Ⓒ Samt
Ⓓ Imprägnierter Baumwollstoff
Ⓔ Streichgarnstoff

37 Welche Legeart zeigt das nachstehende Bild?

Ⓐ Links auf Rechts gelegt
Ⓑ Paariglegung
Ⓒ Strichlegung
Ⓓ Zickzacklegung
Ⓔ Strichlegung doubliert

38 Welchen Nachteil hat der Einsatz eines Heißbohrmarkiergerätes bei Stoffen aus synthetischen Fasern?

Ⓐ Synthetische Fasern benötigen keine Markierungen.
Ⓑ Stofflagen kleben zusammen.
Ⓒ Durch das leichte Verschieben des Materials können falsche Markierungspunkte nicht korrigiert werden.
Ⓓ Die Markierungspunkte werden zu ungenau.
Ⓔ Die Markierungslöcher werden zu klein.

Die Lösungen der Aufgaben 1 bis 65 befinden sich auf Seite 257

2 Technologie

39 Welche Zuschneidemaschine wird vorzugsweise für Feinausschnitte verwendet?

Ⓐ Bandmesser
Ⓑ Peilmesser
Ⓒ Rundmesser
Ⓓ Elektrohandschere
Ⓔ Handschere

40 Unter welchen Bedingungen ist der Einsatz von Stanzen im Zuschnitt sinnvoll?

Ⓐ Nur für Kleinteile.
Ⓑ Nur für Damenoberbekleidung.
Ⓒ Nur für beschichtete Ware.
Ⓓ Nur für große Schnittteile.
Ⓔ Für gleiche Modellschnitte und große Stückzahlen über einen längeren Zeitraum.

41 Warum wird beim Arbeiten mit einem Bohrmarkiergerät eine Aluminium-Gegenplatte verwendet?

Ⓐ Ein sicheres Durchbohren der untersten Stofflage soll gewährleistet werden.
Ⓑ Der Lagenstapel kann auf Sichthöhe angehoben werden.
Ⓒ Die Bohrnadel soll vor Beschädigung am Zuschneidetisch geschützt werden.
Ⓓ Die Bohrnadel muss bei Berührung der Platte neu angeschliffen werden.
Ⓔ Die Platte ist mit einem Signalgeber verbunden, der das Beschädigen des Zuschneidetisches verhindert.

42 Welche Stoffe werden beim Zuschneiden genadelt?

Ⓐ Broché, Lancé
Ⓑ Filz, Vliesstoff
Ⓒ Samt, Cord
Ⓓ Kulierware, Kettenwirkware
Ⓔ Streifen, Karos

43 Mit welcher Technik werden beim Zuschneideautomaten die einzelnen Schnittteile nicht ausgeschnitten?

Ⓐ Mit einem Kreismesser.
Ⓑ Mit einem Plasmastrahl.
Ⓒ Mit einem Wasserstrahl.
Ⓓ Mit einem Laser.
Ⓔ Mit einem Vertikalmesser.

44 Welches der abgebildeten Schnittbilder (Bilder Ⓐ bis Ⓓ) zeigt ein Halbbild?

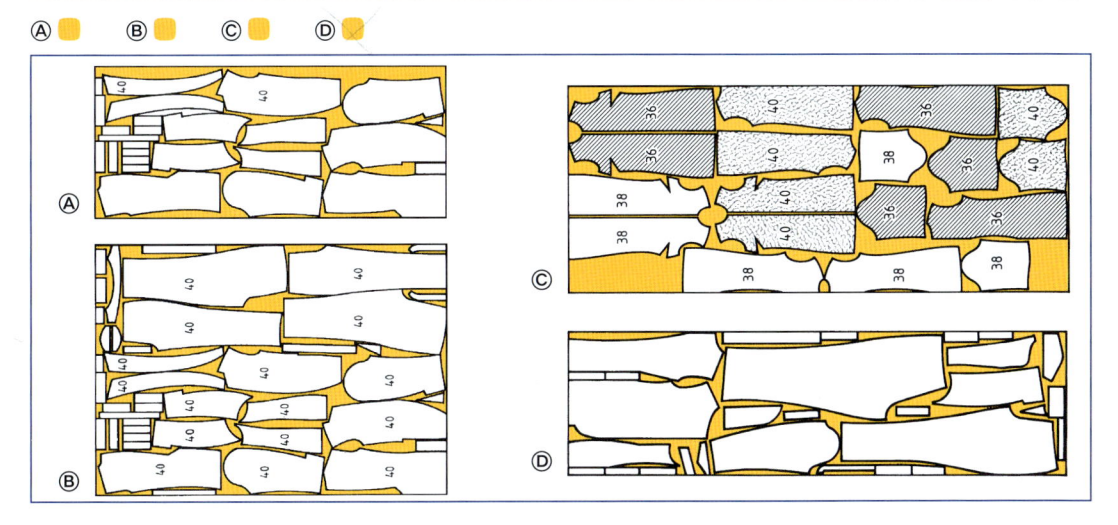

Ⓐ   Ⓑ   Ⓒ   Ⓓ

Die Lösungen der Aufgaben 1 bis 65 befinden sich auf Seite 257

45 Was versteht man unter der Auftragszeit?

Ⓐ Zeit, die für einen Arbeitsgang an einer Maschine benötigt wird.

Ⓑ Ausfallzeit, z.B. für Pausen, Reparaturen.

Ⓒ Zeit, die für die Durchführung einer Arbeitsaufgabe benötigt wurde.

Ⓓ Zeit, die für die Durchführung einer Arbeitsaufgabe vorgegeben ist.

Ⓔ Zeit, die für das Einrichten der Maschine vorgeben ist.

46 Welche betriebliche Planungsunterlage zeigt das auszugsweise abgebildete Formular?

Shirtmaker GmbH 76543 Dingsdorf	
Erzeugnis	Herrenhemd
Kollektion	Amerika
Modell	New York
Artikel Nr.	123
Saison	F/S 2008
Bearbeiter	Renner
Datum	12.08.2007
Schnitt Nr. 2310	

Pos.	Bezeichnung	Betriebsmittel	Zeit t_e (min)
10	Kragen pressen und fixieren	Fixierpresse	0,67
20	Fixierter Kragensteg 6 mm steppen	DSSM	1,01
30	Kragen beschneiden und wenden	Schere	0,25

Ⓐ Arbeitsplan

Ⓑ Produktionsplan

Ⓒ Fertigungsplan

Ⓓ Arbeitsverteilungsplan

Ⓔ Betriebsmittelplan

47 Markieren Sie die korrekte Reihenfolge des Fertigungsablaufes in einem Bekleidungsbetrieb.

Ⓐ Fertigwarenlager – Materiallager – Zuschneiderei – Näherei – Bügelei

Ⓑ Zuschneiderei – Näherei – Materiallager – Bügelei – Fertigwarenlager

Ⓒ Materiallager – Zuschneiderei – Näherei – Bügelei – Fertigwarenlager

Ⓓ Zuschneiderei – Materiallager – Näherei – Fertigwarenlager – Bügelei

Ⓔ Materiallager – Zuschneiderei – Fertigwarenlager – Näherei – Bügelei

48 Welche Definition einer „betrieblichen Stelle" ist richtig?

Ⓐ Jeder Stelle werden Aufgaben-, Kompetenz- und Verantwortungsbereiche zugeordnet.

Ⓑ Stabstellen sind übergeordnete Stellen.

Ⓒ Stabstellen verfügen grundsätzlich über eine Weisungs- und Anforderungsbefugnis.

Ⓓ Stellen bezeichnen die räumliche Abgrenzung eines Arbeitsplatzes.

Ⓔ Instanzen werden Führungsstellen zur Beratung und Unterstützung zugeordnet.

Die Lösungen der Aufgaben 1 bis 65 befinden sich auf Seite 257

49 Welchen Vorteil hat die Serienfertigung gegenüber der Einzelfertigung?

Ⓐ Höherer Materialverbrauch
Ⓑ Verringerte Stück-Kosten
Ⓒ Längere Fertigungszeit
Ⓓ Längere Durchlaufzeiten
Ⓔ Verringerter Betriebsmittelbedarf.

50 Wie nennt man das Verfahren zur Ermittlung der Vorgabezeit durch Messen und Auswerten der Ist-Zeiten?

Ⓐ Zeitaufnahme
Ⓑ Arbeitszeiterfassung
Ⓒ Leistungsbewertung
Ⓓ Arbeitsbewertung
Ⓔ Anwesenheitskontrolle

51 Welche der genannten Tätigkeiten wird nicht als Verteilzeit gerechnet?

Ⓐ Nach Nadelbruch Nadel austauschen.
Ⓑ Nach Fadenbruch Faden einfädeln.
Ⓒ Herabgefallene Teile aufheben.
Ⓓ Maschine einfädeln.
Ⓔ Fertigteile kontrollieren.

52 Welche Tätigkeit fällt unter die Rüstzeit?

Ⓐ Fachgespräch mit einer Kollegin
Ⓑ Teile zusammennähen
Ⓒ Maschinennadel auswechseln
Ⓓ Auftrag entgegennehmen
Ⓔ Arbeitsplatz einrichten

53 Wie lautet die Definition der Vorgabezeit?

Ⓐ Zeit, die für einen Arbeitsgang vorgegeben wird.
Ⓑ Soll-Zeit, die für das Einrichten der Maschine vorgegeben ist.
Ⓒ Ausfallzeit, z.B. für Pausen, Reparaturen.
Ⓓ Ist-Zeit, die für die Durchführung einer Arbeitsaufgabe verbraucht wurde.
Ⓔ Rüstzeit, die für das Einrichten der Maschine vorgegeben ist.

54 Wie können Augenverletzungen beim Arbeiten an einer Nähmaschine verhindert werden?

Ⓐ Der Augenschutz muss funktionsgerecht eingestellt sein.
Ⓑ Der Augenschutz muss angebracht werden können.
Ⓒ Der Fingerschutz muss funktionsgerecht angebracht sein.
Ⓓ Die Maschine muss beim Reinigen eingeschaltet werden.
Ⓔ Die Maschine muss beim Einfädeln nähbereit sein.

55 An welchen Teilen einer Nähmaschine muss eine Schutzabdeckung vorhanden sein?

Ⓐ Fadengeber und Keilriemen
Ⓑ Fadengeber und Nadelstange
Ⓒ Keilriemen und Stichsteller
Ⓓ Stichloch und Transporteur
Ⓔ Fadengeber und Fadenspannung

Die Lösungen der Aufgaben 1 bis 65 befinden sich auf Seite 257

56 Begründen Sie, warum eine Stanze beidhändig bedient werden muss.

Ⓐ Weil dadurch weniger Handkraft aufgewendet werden muss.

Ⓑ Weil dadurch der Arbeitsrhythmus gleichmäßiger wird.

Ⓒ Weil dadurch schneller gearbeitet werden kann.

Ⓓ Weil dadurch die Unfallgefahr herabgesetzt wird. ✗

Ⓔ Weil dies Vorteile für den menschlichen Organismus hat.

57 Welche Institution ist verantwortlich für die Unfallverhütungsvorschriften?

Ⓐ Technischer Überwachungsverein

Ⓑ Arbeitgeberverband

Ⓒ Gewerkschaften

Ⓓ Gewerbeaufsichtsamt und Rentenversicherung

Ⓔ Berufsgenossenschaft

58 Worauf muss beim Nadelwechsel geachtet werden, damit Verletzungen vermieden werden?

Ⓐ Der Nadeltyp muss auf die Maschine abgestimmt sein.

Ⓑ Die Nadelstärke muss dem Nähgut angepasst sein.

Ⓒ Der Maschinenmotor muss ausgeschaltet sein.

Ⓓ Die Maschine muss zum Stillstand gekommen sein.

Ⓔ Die Maschine muss ausgeschaltet und zum Stillstand gekommen sein.

59 Welche Pflicht hat ein Arbeitnehmer, wenn er Mängel an elektrischen Geräten erkennt?

Ⓐ Die Mängel gleich notdürftig beheben.

Ⓑ Die Fachkraft für Arbeitssicherheit umgehend verständigen.

Ⓒ Bei der Weiterbenutzung äußerste Vorsicht walten lassen.

Ⓓ Die elektrischen Geräte unverzüglich stilllegen und dem Vorgesetzten melden. ✗

Ⓔ Den Betriebsrat verständigen.

60 Was bedeutet das GS-Zeichen an Bekleidungsmaschinen?

Ⓐ Es müssen noch die Schutzeinrichtungen angebracht werden.

Ⓑ Die Maschine darf nicht in Betrieb genommen werden.

Ⓒ Die Firma GS hat die Maschine hergestellt und haftet dafür.

Ⓓ Die Maschine ist auf die geltende Sicherheitstechnik geprüft. ✗

Ⓔ „Go Slow", d.h. nicht sofort auf voller Leistung laufen lassen.

61 Welchen Zweck erfüllt ein Arbeitsplan?

Ⓐ Er gibt die Arbeitsgänge zur Herstellung eines Produktes an.

Ⓑ Er gibt Ablaufschnitte gleichen zeitlichen Umfangs an.

Ⓒ Er bezieht sich immer nur auf ein Arbeitssystem.

Ⓓ Er untergliedert den Gesamtablauf in Bewegungselemente.

Ⓔ Er ordnet die Arbeitsgänge der für die Herstellung eines Produktes geeigneten Maschinentyps an. ✗

Die Lösungen der Aufgaben 1 bis 65 befinden sich auf Seite 257

2 Technologie

62 Welche Eigenschaft wird durch unterschiedliche Faserprofile bei synthetischen Chemiefasern beeinflusst?

Ⓐ Glanz, Griff
Ⓑ Bügelfestigkeit
Ⓒ Faserlänge
Ⓓ Faserfarbe
Ⓔ Faserfeinheit

63 Welche der unten aufgeführten Stoffarten hat die größte Elastizität?

Ⓐ Feinripp
Ⓑ Single Jersey
Ⓒ Batist
Ⓓ Popeline
Ⓔ Satin

64 Welche Ausrüstungsarbeit lässt Webwaren glatter erscheinen?

Ⓐ Waschen
Ⓑ Scheren
Ⓒ Eulanisieren
Ⓓ Kalandern
Ⓔ Sanforisieren

65 Welchen Vorteil bietet die druckarme Erwärmung für die Qualität der Fixierung?

Ⓐ Die Gefahr des Verlaufens zu stark erhitzter Klebepunkte im Oberstoff ist gering.
Ⓑ Der erweichte Klebepunkt wird nicht in den Oberstoff gedrückt.
Ⓒ Die Klebepunkte werden nicht flach gedrückt.
Ⓓ Die Klebepunkte werden auf der Oberseite des Stoffes sichtbar.
Ⓔ Die Verbindung kann lösbar ausgeführt werden.

Die Lösungen der Aufgaben 1 bis 65 befinden sich auf Seite 257

Ungebundene Aufgaben

1 Ⓐ Benennen Sie die Bügelunterlage im Bild 3 fachgerecht.
Ⓑ Nennen Sie textile Oberflächen, die vorwiegend mit dieser Bügelhilfe bearbeitet werden.
Ⓒ Begründen Sie den Einsatz.

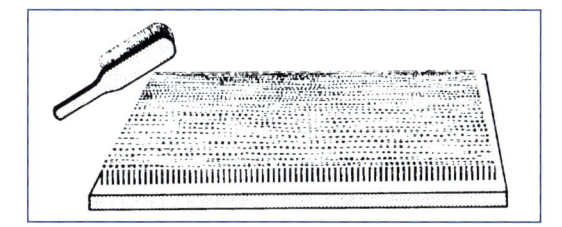

Bild 1

Aufgabenlösung

Bild 1

Ⓐ Nadelkissen-fläche   NADELSPITZDECKE
Ⓑ ~~tolle~~ Plüsch, Samt → Florgewebe
Ⓒ um die Wolle zu glätten kommen, rechten — um den Flor zu schützen! — von oben aufgelegt — Flor liegt auf den Nadeln → legen, nicht flach gepresst

Die Lösungen der Aufgaben 1 bis 3 befinden sich auf Seite 257

2 Ⓐ Benennen Sie die Maschinen in den beiden nachfolgenden Bildern hinsichtlich der Stichart.
  Ⓑ Geben Sie jeweils 2 Nahteigenschaften an.
  Ⓒ Nennen Sie jeweils 2 Einsatzgebiete.

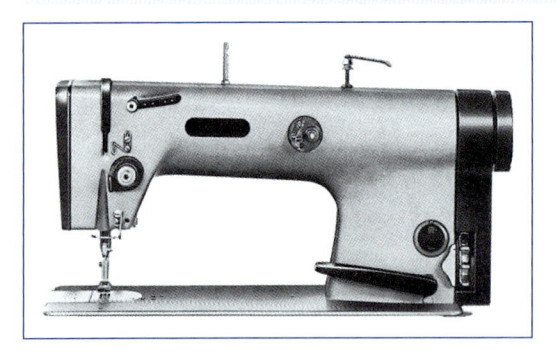

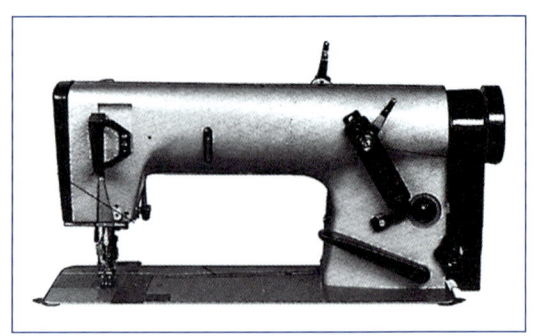

Bild 1

Bild 2

Aufgabenlösung

Bild 1

Ⓐ Doppelsteppstich

Ⓑ • Ober- und Unterseite sind gleich
  • gute Elastizität

Ⓒ Verstürzen
  absteppen
  zusammensteppen

Bild 2

Ⓐ Doppelkettstichm.

Ⓑ • Ober- u. Unters sind verschieden
  • gute Elastizität

Ⓒ • Säumen
  • (Bund einfassen)
  • Bändchen

Die Lösungen der Aufgaben 1 bis 3 befinden sich auf Seite 257

2 Technologie   247

3 Ⓐ Nennen Sie die Legeverfahren der Maschinen in den Bildern 1 und 2.
Ⓑ Nennen Sie jeweils typische Einsatzgebiete des Legeverfahrens.
Ⓒ Beschreiben Sie kurz den Legevorgang.

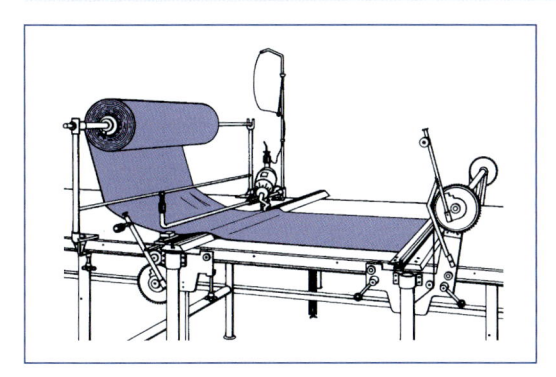

Bild 1

Bild 2

Aufgabenlösung

Bild 1

Ⓐ Legeautomat v. Hand

Ⓑ schnell wechselnder Ware

Ⓒ

Bild 2

Ⓐ Legen m. Legemaschine

Ⓑ Großem Sortenassortment

Ⓒ

Die Lösungen der Aufgaben 1 bis 3 befinden sich auf Seite 257

3 Technische Mathematik

Vorgabezeit: 75 Minuten; *Hilfsmittel:* Netzunabhängiger Taschenrechner

Gebundene Aufgaben (multiple choice)

1. Acht Modenäherinnen fertigen in 15 Stunden 40 Bekleidungsstücke.
   Wie viele Bekleidungsstücke fertigen unter gleichen Bedingungen 6 Näherinnen in 18 Stunden?

   Ⓐ 25 Stück
   Ⓑ 36 Stück
   Ⓒ 44 Stück
   Ⓓ 64 Stück
   Ⓔ 92 Stück

2. Firma Maier verlangt für ein Sortiment Knöpfe 296,42 Euro. Auf den Listenpreis gewährt sie 5% Rabatt und 3% Skonto.
   Firma Müller bietet das gleiche Sortiment für 270,82 Euro, jedoch ohne jeden Abzug an.
   Um welchen Betrag liefert eine der beiden Firmen das Sortiment günstiger an?

   Ⓐ 1,87 Euro
   Ⓑ 2,33 Euro
   Ⓒ 3,20 Euro
   Ⓓ 4,85 Euro
   Ⓔ 8,64 Euro

3. Für ein Rüschenteil sind folgende Maße gegeben:

Geschlossene Weite:	2,40 m
Offene Weite:	4,75 m
Rüschenbreite:	6 cm
Stoffbreite:	90 cm
Naht- und Saumzugabe je Kante	1 cm

   Wie groß ist die benötigte Stofflänge?

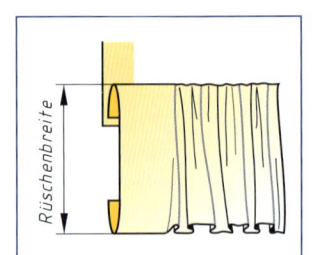

   Ⓐ 35 cm
   Ⓑ 40 cm
   Ⓒ 42 cm
   Ⓓ 48 cm
   Ⓔ 64 cm

4. Aus einem 90 cm breiten Stoff sollen quadratische Teile mit der Kantenlänge von 18 cm ausgeschnitten werden.
   Welche Stofflänge in Metern ist für 420 Teile erforderlich?

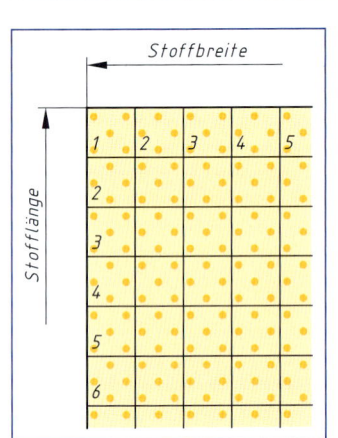

   Ⓐ 15,12 m
   Ⓑ 16,20 m
   Ⓒ 16,80 m
   Ⓓ 21,00 m
   Ⓔ 23,33 m

5. Der Stundenlohn einer Modenäherin beträgt 8,08 Euro. Für Überstunden wird ein Aufschlag von 25% bezahlt. Die wöchentliche Arbeitszeit beträgt 38 Stunden, dazu macht sie noch 3,5 Überstunden.
   Wie hoch ist der Bruttolohn in dieser Woche?

   Ⓐ 330,27 Euro
   Ⓑ 340,98 Euro
   Ⓒ 342,39 Euro
   Ⓓ 383,80 Euro
   Ⓔ 419,15 Euro

Die Lösungen der Aufgaben 1 bis 15 befinden sich auf Seite 258

3 Technische Mathematik

6 Eine 8 cm hohe Manschette soll mit drei Knöpfen geschlossen werden.
Der Kantenabstand des obersten und untersten Knopfloches soll jeweils 1 cm betragen.
Wie groß ist der Knopflochabstand?

Ⓐ 2,0 cm
Ⓑ 2,3 cm
Ⓒ 2,7 cm
Ⓓ 3,0 cm
Ⓔ 4,0 cm

7 Auf einer 242 cm langen Strecke sollen 4 cm breite Motive bei einem Zwischenraum von 2,5 cm aufgestickt werden.
Der Abstand des ersten und letzten Motivs von der Kante beträgt jeweils 2 cm.
Wie viele Motive sind erforderlich?

Ⓐ 35 Motive
Ⓑ 36 Motive
Ⓒ 37 Motive
Ⓓ 42 Motive
Ⓔ 60 Motive

8 Ein Rock soll einen Blendenbesatz erhalten.
Die Rockweite beträgt 1,60 m.
Die Blenden sollen 4 cm breit sein.
Die Nahtzugabe beträgt 1 cm pro Kante.

Welche Stofflänge ist bei einer Stoffbreite von 140 cm erforderlich?

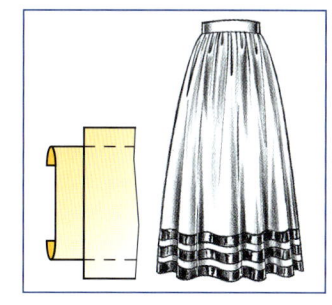

Ⓐ 15,0 cm
Ⓑ 16,0 cm
Ⓒ 18,0 cm
Ⓓ 20,0 cm
Ⓔ 24,0 cm

9 Eine quadratische Decke mit einer Kantenlänge von 80 cm soll 3 cm von der Kante entfernt eine aufgesetzte Borte erhalten.

Wie groß ist die Bortenlänge bei einer Bortenbreite von 4 cm? (Nahtzugaben bleiben unberücksichtigt).

Ⓐ 2,54 m
Ⓑ 2,80 m
Ⓒ 2,96 m
Ⓓ 3,02 m
Ⓔ 3,24 m

10 Für ein Faltenteil mit einer geschlossenen Weite von 2,32 m steht ein 5,22 m langer Stoffstreifen zur Verfügung.
Wie groß ist die Faltentiefe bei 4 cm Faltenabstand?

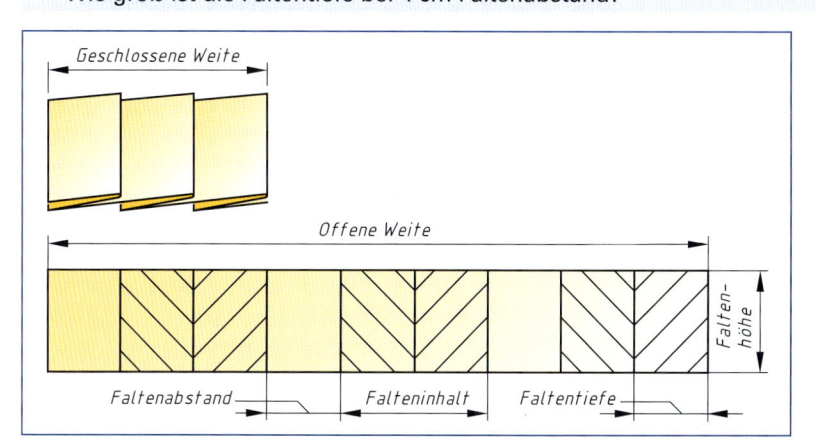

Ⓐ 5,0 cm
Ⓑ 4,0 cm
Ⓒ 3,5 cm
Ⓓ 2,5 cm
Ⓔ 2,0 cm

Die Lösungen der Aufgaben 1 bis 15 befinden sich auf Seite 258

11 An einem Rockbund sollen 6 Gürtelschlaufen angebracht werden. Sie werden in der Bundnaht mitgefasst und an der Bundoberkante kantig aufgesteppt.

Bundbreite: 3,5 cm;
Gürteldurchzugsweite: 4,5 cm;
Nahtzugabe je Kante: 1 cm

Wie groß ist die gesamte Schlaufenlänge?

Ⓐ 21 cm
Ⓑ 39 cm
Ⓒ 27 cm
Ⓓ 45 cm
Ⓔ 33 cm

12 Eine Näherin möchte in der Stunde einen Lohn von 9,80 Euro erreichen.

Die Arbeitszeit beträgt 8 Stunden pro Tag.

Wie viele Teile muss sie täglich nähen, wenn Sie für 100 Stück 14,00 Euro erhält?

Ⓐ 178 Stück
Ⓑ 560 Stück
Ⓒ 875 Stück
Ⓓ 1.098 Stück
Ⓔ 1.143 Stück

Ungebundene Aufgaben

13 Berechnen Sie den Garnverbrauch in m für eine 0,96 m lange Doppelkettenstichnaht bei 1,2 mm Nähgutdicke und 3 mm Stichlänge.

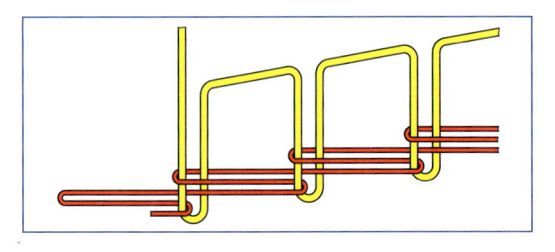

14 Die Vorgabezeit für das Einnähen eines Reißverschlusses beträgt 2,40 min/Stück.

Die Näherin arbeitet 8,25 Stunden und näht 227 Reißverschlüsse ein.

Berechnen Sie den Akkordlohn für diesen Arbeitsgang, wenn der Minutenfaktor 0,18 Euro beträgt.

Zuschnitt im Querformat

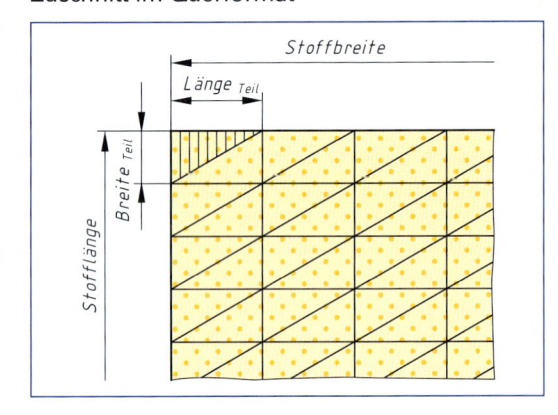

Zuschnitt im Hochformat

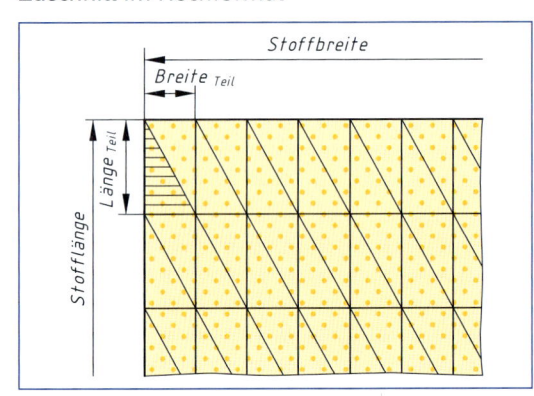

15 Aus 30 m eines 1,40 m breiten Vlies-Einlagestoffes sollen die schraffierten Teile mit 10 cm Länge und 8 cm Breite herausgeschnitten werden.

Wie viele Teile können maximal, d.h. bei Verwendung der günstigsten Schnittlage, zugeschnitten werden?

*Die Lösungen der Aufgaben 1 bis 15
befinden sich auf Seite 258*

4 Gestaltung und Konstruktion

Vorgabezeit: 90 Minuten;   *Hilfsmittel:* Übliche Zeichengeräte, Taschenrechner

Gebundene Aufgaben (multiple choice)

1. Welches Bild zeigt einen Goderock?

   Ⓐ ▢   Ⓑ ▢   Ⓒ ▢   Ⓓ ▢   Ⓔ ▢

2. Welche Maße sind in der DOB für die Konstruktion eines Rockgrundschnittes notwendig?

   Ⓐ Körperhöhe, Brustumfang, Hüftumfang

   Ⓑ Körperhöhe, Seitenlänge, innere Beinlänge

   Ⓒ Körperhöhe, vordere Länge, Hüfttiefe

   Ⓓ Taillenumfang, Hüfttiefe, Hüftumfang

   Ⓔ Taillenumfang, Brustumfang, Körperhöhe

3. Die Schnittschablonen für einen engen Rock sollen von Größe 40 auf Größe 38 verkleinert werden.

   Welche Maße müssen verändert werden?

   Ⓐ Rocklänge und Taillenumfang

   Ⓑ Abnäherlänge und Rocklänge

   Ⓒ Seitenlänge und Lage der Abnäher

   Ⓓ Taillenumfang und Hüftumfang

   Ⓔ Hüftumfang und Rocklänge

Die Lösungen der Aufgaben 1 bis 12 befinden sich auf den Seiten 259 und 260

4 Welche der abgebildeten Rockformen ist der des Rockgrundschnittes am ähnlichsten?

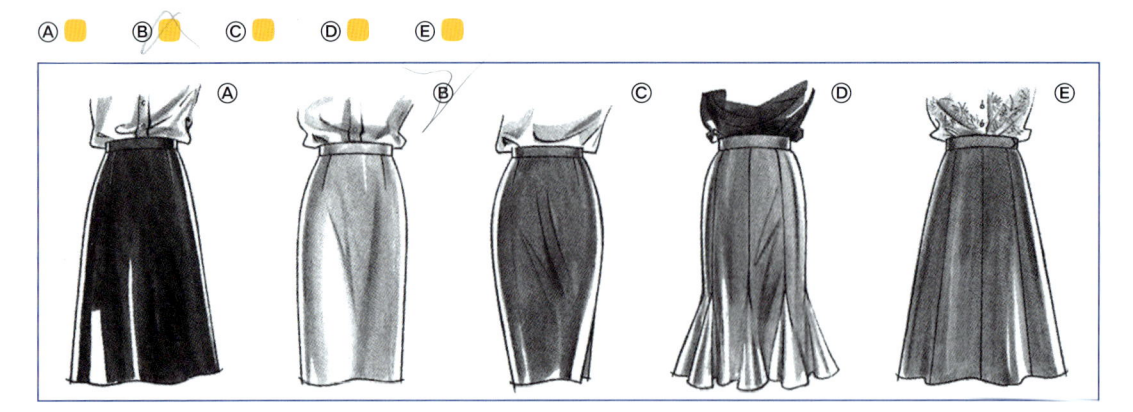

Ⓐ ☐   Ⓑ ☒   Ⓒ ☐   Ⓓ ☐   Ⓔ ☐

5 Welche der dargestellten Ärmelformen zeigt einen Ballonärmel?

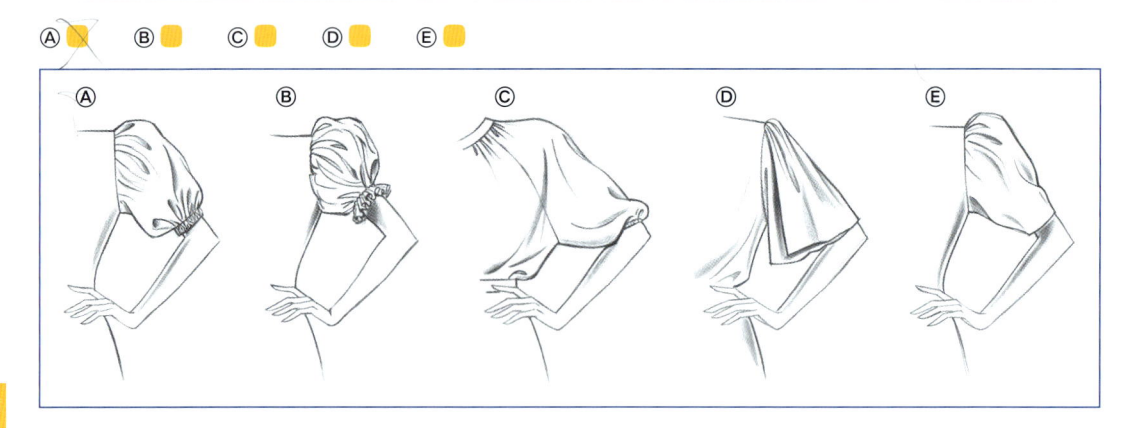

Ⓐ ☒   Ⓑ ☐   Ⓒ ☐   Ⓓ ☐   Ⓔ ☐

6 Welche der abgebildeten Kragenformen kann mit der nebenstehenden Schnittkonstruktion bearbeitet werden?

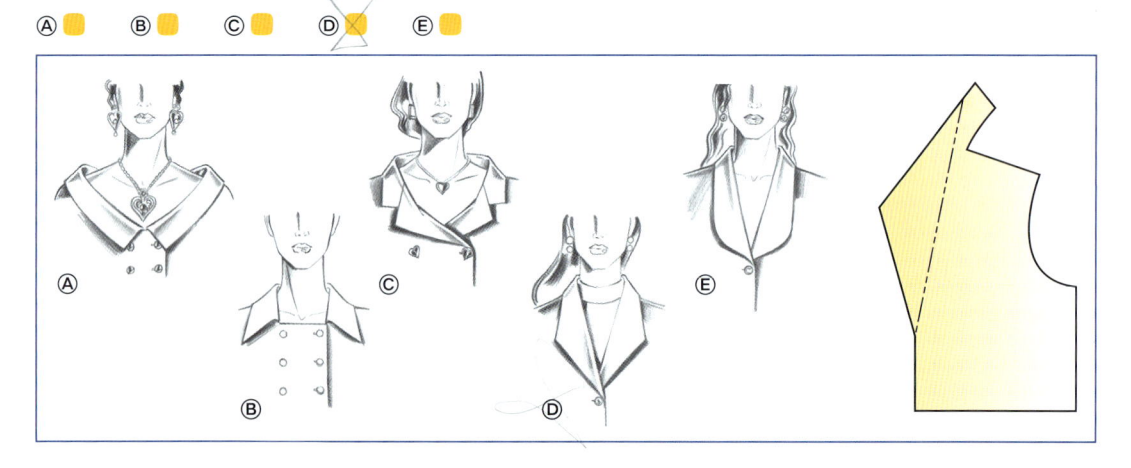

Ⓐ ☐   Ⓑ ☐   Ⓒ ☐   Ⓓ ☒   Ⓔ ☐

Die Lösungen der Aufgaben 1 bis 12 befinden sich auf den Seiten 259 und 260

4 Gestaltung und Konstruktion

7 Welche Aufgabe erfüllt die abgebildete Naht?

Ⓐ Dauerhafte Schließnähte vor allem für Wäscheartikel.
Ⓑ Besonders belastbare Schließnähte für Berufs- und Sportbekleidung.
Ⓒ Versäuberungsnaht.
Ⓓ Dauerhafte, nicht auftragende Verbindung offenkantiger Nähgutteile.
Ⓔ Nahtkanten einfassen.

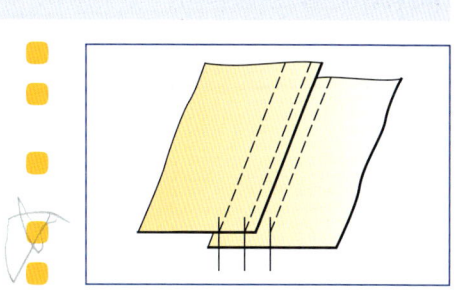

8 Welches Bild zeigt eine Einfach-Kappnaht?

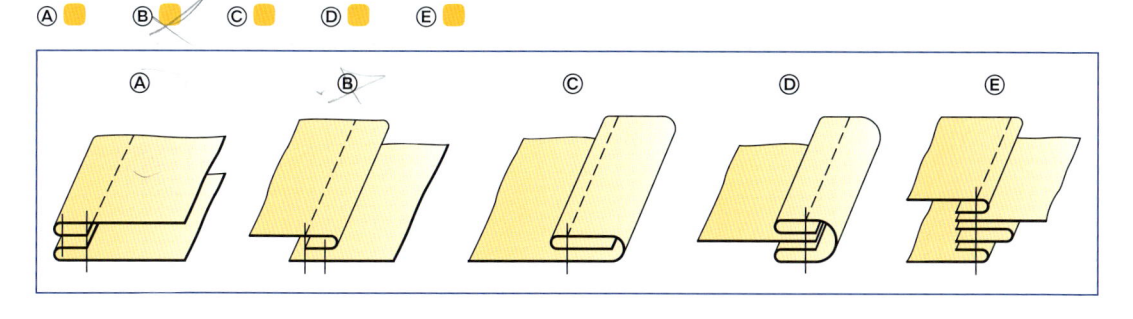

Ⓐ Ⓑ Ⓒ Ⓓ Ⓔ

9 Wie wird die nebenstehend skizzierte Falte bezeichnet?

Ⓐ Quetschfalte
Ⓑ Kellerfalte
Ⓒ Sparfalte
Ⓓ Plisseefalte
Ⓔ Watteaufalte

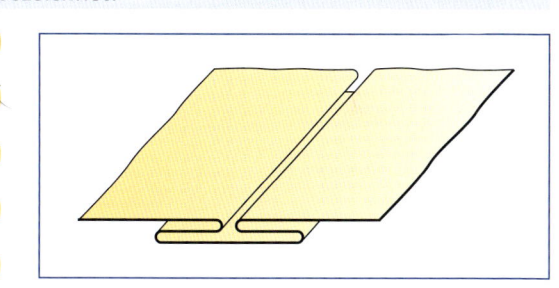

10 Welche der abgebildeten Silhouetten trägt eine falsche Bezeichnung?

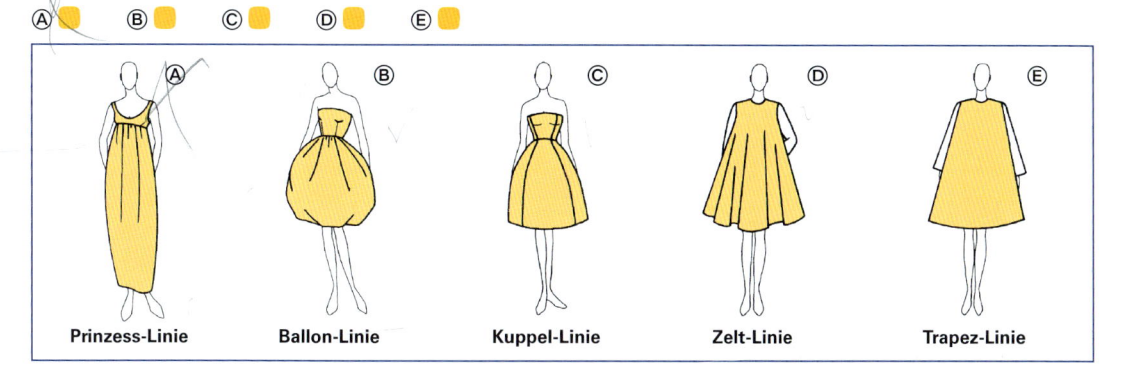

Ⓐ Ⓑ Ⓒ Ⓓ Ⓔ

Ⓐ Prinzess-Linie   Ⓑ Ballon-Linie   Ⓒ Kuppel-Linie   Ⓓ Zelt-Linie   Ⓔ Trapez-Linie

Die Lösungen der Aufgaben 1 bis 12 befinden sich auf den Seiten 259 und 260

Ungebundene Aufgaben

11 Die **Zuschneideschablonen** für den Schnitt der Brusttasche des abgebildeten Herrenhemdes sollen konstruiert werden.

Die Brusttasche besteht aus einer aufgesetzten Tasche und einer im Bruch gebügelten, seitlich verstürzten Patte.

In die Tasche sind zwei jeweils nach außen aufspringende Sparfalten eingearbeitet, die mit einer Steppnaht am oberen Taschenrand fixiert werden.

Konstruieren Sie im Maßstab 1 : 1 die Zuschneideschablonen der Brusttasche.

Geben Sie alle für die Umsetzung des Schnittes erforderlichen Markierungen wie Bruch, Fadenlauf und Knipse an.

(Alle Maße in cm)

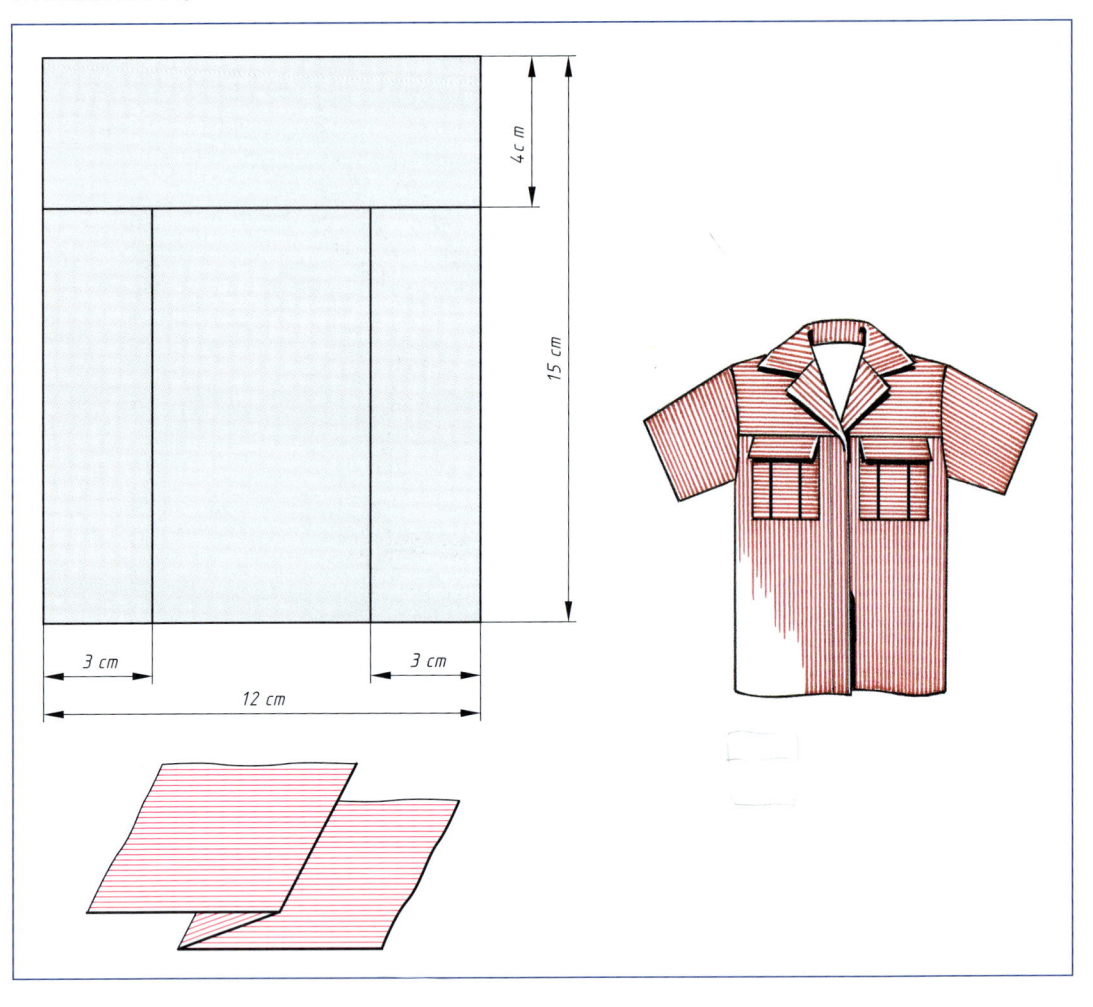

Technische Angaben

Stoff: Längsgestreifte Ware
Faltentiefe: 1 cm
Nahtzugabe: 1 cm, am oberen Tascheneingriff 2 cm Saumzugabe

Die Lösungen der Aufgaben 1 bis 12 befinden sich auf den Seiten 259 und 260

4 Gestaltung und Konstruktion

12 Für die abgebildete, im Bruch gearbeitete Manschette einer Damenbluse soll eine **Schnittschablone** für den Zuschnitt entwickelt werden.

Konstruieren Sie dazu im Maßstab 1 : 1 die Manschette nach der Zeichnung und den untenstehenden technischen Angaben und vervollständigen Sie den Schablonenschnitt.

Zeichnen Sie alle für die Umsetzung des Schnittes erforderlichen Markierungen wie Bruch, Fadenlauf, Knipse, Lage der Knöpfe und der Knopflöcher ein.

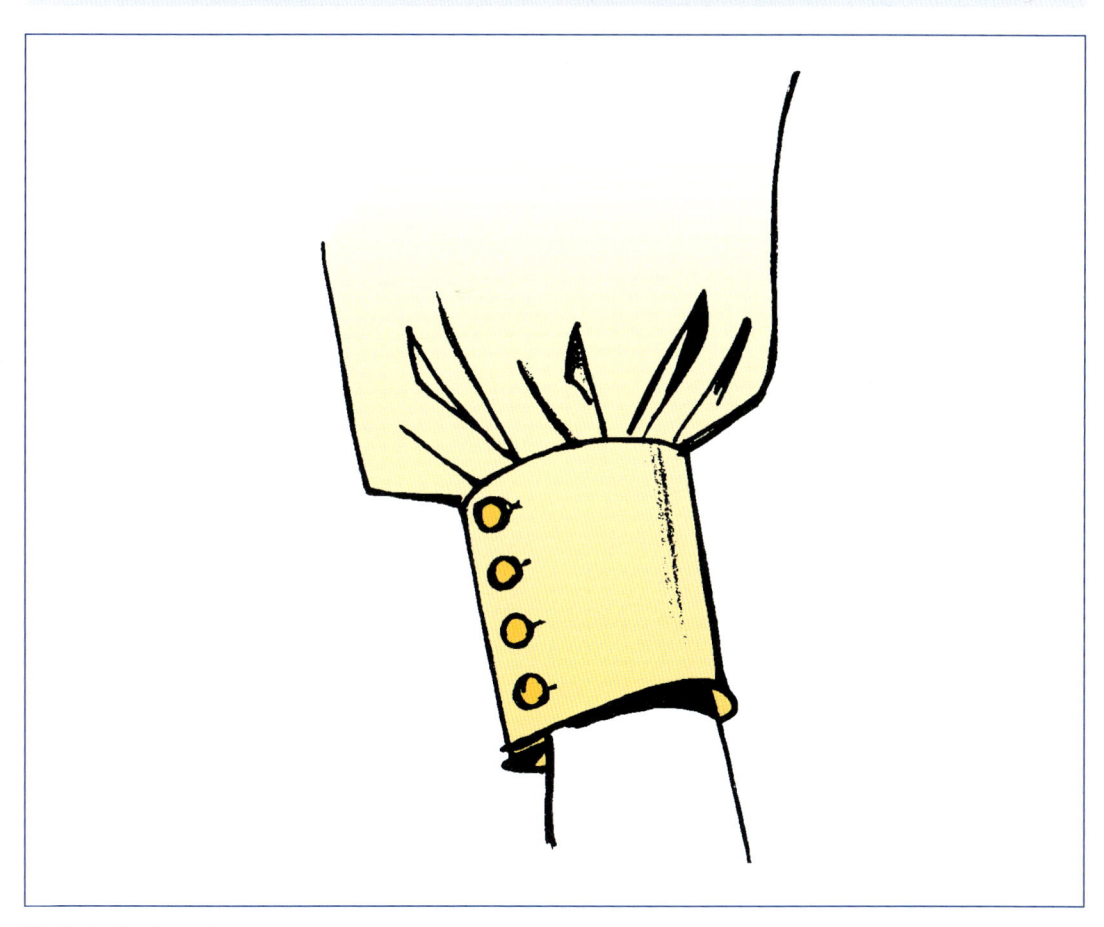

Technische Angaben

Stoff:	Seide uni
Handgelenkweite:	20 cm
Über- und Untertritt:	1 cm
Fertige Manschettenbreite:	8 cm
Knopf- und Knopflochpositionen:	der erste und letzte Knopf sitzen jeweils 1 cm vom Manschettenrand entfernt. Die übrigen Knöpfe werden gleichmäßig aufgeteilt.
Knopfgröße:	1 cm
Nahtzugabe:	1 cm

Die Lösungen der Aufgaben 1 bis 12 befinden sich auf den Seiten 259 und 260

Fach Gestaltung und Konstruktion

Für die Lösungen der ungebundenen Aufgaben sind die nachfolgenden Linienarten zu verwenden.

Linienarten

Benennung	Darstellung der Linie	Anwendungsbeispiele
Breite Volllinie	▬▬▬▬▬▬	Schnittkanten Schablonenkanten
Schmale Volllinie	──────	Maßlinien Maßhilfslinien
Freihandlinie (schmal)	~~~~~~	Abgebrochen dargestellte Ansichten
Strichlinie (schmal)	─ ─ ─ ─ ─ ─	Nahtlinien
Strichpunktlinie (schmal)	─·─·─·─·─	Mittellinien
Strich-Zweipunktlinie (schmal)	─··─··─··─	Stoffbruch, Umbruch
Volllinie (schmal)	+	Knopfposition
Volllinie (breit)	⊢─⊣	Knopflochposition
Volllinie (breit)	─⊣	Knips

5 Lösungsvorschläge

zu ② Technologie — Gebundene (multiple choice) Aufgaben

1 Ⓒ	2 Ⓔ	3 Ⓒ	4 Ⓓ	5 Ⓒ	36 Ⓒ	37 Ⓓ	38 Ⓑ	39 Ⓐ	40 Ⓐ
6 Ⓔ	7 Ⓑ	8 Ⓒ	9 Ⓐ	10 Ⓒ	41 Ⓔ	42 Ⓔ	43 Ⓐ	44 Ⓓ	45 Ⓓ
11 Ⓑ	12 Ⓐ	13 Ⓓ	14 Ⓒ	15 Ⓔ	46 Ⓐ	47 Ⓒ	48 Ⓐ	49 Ⓑ	50 Ⓐ
16 Ⓒ	17 Ⓒ	18 Ⓑ	19 Ⓑ	20 Ⓒ	51 Ⓔ	52 Ⓔ	53 Ⓐ	54 Ⓐ	55 Ⓐ
21 Ⓓ	22 Ⓓ	23 Ⓓ	24 Ⓐ	25 Ⓐ	56 Ⓓ	57 Ⓔ	58 Ⓔ	59 Ⓓ	60 Ⓓ
26 Ⓓ	27 Ⓒ	28 Ⓑ	29 Ⓔ	30 Ⓐ	61 Ⓐ	62 Ⓐ	63 Ⓐ	64 Ⓓ	65 Ⓑ
31 Ⓔ	32 Ⓔ	33 Ⓑ	34 Ⓐ	35 Ⓑ					

zu ② Technologie — Ungebundene Aufgaben

Aufgabe 1, Bild 1

Ⓐ Nadelspitzendecke

Ⓑ Oberflächen mit Flor, z.B. Samte, Plüsche

Ⓒ Das Bügelgut wird mit der Florseite auf die Nadelfläche gelegt und von der linken Warenseite gebügelt.
Ein Flachbügeln der Floroberfläche wird dadurch vermieden.

Aufgabe 2, Bild 1

Ⓐ Doppelsteppstichmaschine

Ⓑ Ober- und Unterseite haben gleiches Aussehen, geringe Elastizität, guter Lagenschluss

Ⓒ Schließ-, Verstürz- und Ziernähte

Aufgabe 2, Bild 2

Ⓐ Doppelkettenstichmaschine

Ⓑ Ober- und Unterseite haben unterschiedliches Aussehen, gute Elastizität, geringer Lagenschluss im Vergleich mit dem Doppelsteppstich

Ⓒ Elastische Verbindungsnähte, stark beanspruchte Nähte

Aufgabe 3, Bild 1

Ⓐ Legen von Hand

Ⓑ Bei kurzen Lagen und bei sehr häufigem Waren- und Farbwechsel

Ⓒ Die Stoffbahnen werden von Hand auf den Lagenstapel gezogen und auf die erforderliche Länge abgeschnitten.
Die Kantengleichheit muss von Hand gerichtet werden.
Abroll- und Abschneidevorrichtungen erleichtern den Ablauf.

Aufgabe 3, Bild 2

Ⓐ Legen mit Legemaschine

Ⓑ Wirtschaftliches Legen,
Legen bei Großserien

Ⓒ Die Stoffbahnen werden mit Hilfe von Zusatzgeräten wie Fotozellen für die Kantenführung, Einhebevorrichtungen für Stoffrollen, Stoffeinfädelvorrichtungen, Abschneidvorrichtungen am Lagenende und Mitfahreinrichtung von einem Wagen abgezogen.

zu ❸ Technische Mathematik — Gebundene (multiple choice) Aufgaben

1 Ⓑ (36 Stück)
2 Ⓑ (2,33 Euro)
3 Ⓓ (48 cm)
4 Ⓐ (15,12 m)
5 Ⓒ (342,39 Euro)
6 Ⓓ (3,0 cm)
7 Ⓒ (37 Motive)
8 Ⓔ (24,0 cm)
9 Ⓒ (2,96 cm)
10 Ⓓ (2,5 cm)
11 Ⓓ (45 cm)
12 Ⓑ (560 Stück)

zu ❸ Technische Mathematik — Ungebundene Aufgaben

Aufgabe 13

Zahl der Stiche
= Nahtlänge : Stichlänge = 960 mm : 3 mm/Stich = **320 Stiche**

Garnlänge$_{Fadenverschlingung}$
= 2 · Nähgutdicke · Zahl der Stiche = 2 · 1,2 mm · 320 = 786 mm = **78,6 cm**

Garnlänge$_{gesamt}$
= Länge Nadelfaden + Länge Greiferfaden + Länge Verschlingung = 96 cm + 3 · 96 cm + 78,6 cm
= 460,8 cm ≈ **4,61 m**

Aufgabe 14

Akkordlohn
= Zeit je Einheit · Mengenleistung · Minutenfaktor = t_e · m · min$_f$
= 2,40 min / Stück · 227 Stück · 0,18 Euro/min = **98,06 Euro**

Aufgabe 15

Zuschnitt im Querformat

Zahl der Teile$_{Stoffbreite}$ = Stoffbreite : Länge$_{Teil}$
= 140 cm : 10 cm
= **14**

Zahl der Teile$_{Stofflänge}$ = Stofflänge : Breite$_{Teil}$
= 30 m : 0,08 m
= **375**

Zahl der Teile$_{gesamt}$ = Zahl der Teile$_{Stoffbreite}$ · Zahl der Teile$_{Stofflänge}$ · 2
= 14 · 375 · 2
= **10500**

Zuschnitt im Hochformat

Zahl der Teile$_{Stoffbreite}$ = Stoffbreite : Breite$_{Teil}$
= 140 cm : 8 cm
= 17,5 ⇒ **17**

Zahl der Teile$_{Stofflänge}$ = Stofflänge : Länge$_{Teil}$
= 30 m : 0,10 m
= **300**

Zahl der Teile$_{gesamt}$ = Zahl der Teile$_{Stoffbreite}$ · Zahl der Teile$_{Stofflänge}$ · 2
= 17 · 300 · 2
= **10200**

Beim günstigeren Zuschnitt im Querformat können maximal 10500 Teile zugeschnitten werden.

zu ❹ Gestaltung und Konstruktion — Gebundene (multiple choice) Aufgaben

1 Ⓔ   2 Ⓓ   3 Ⓓ   4 Ⓑ   5 Ⓔ   6 Ⓓ   7 Ⓓ   8 Ⓑ   9 Ⓑ   10 Ⓐ

zu ❹ Gestaltung und Konstruktion — Ungebundene Aufgaben

Aufgabe 11: **Zuschneideschablonen für die Brusttasche**

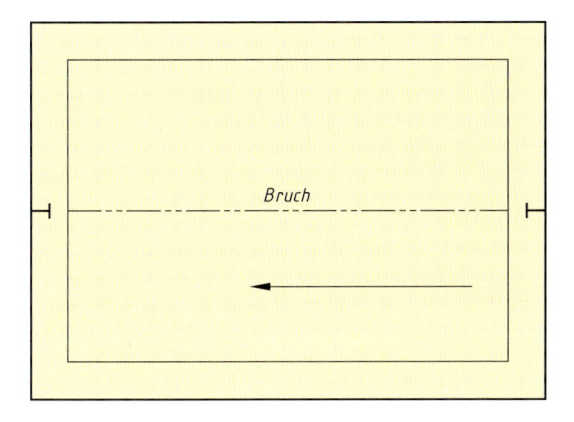

Maßstab 1 : 2

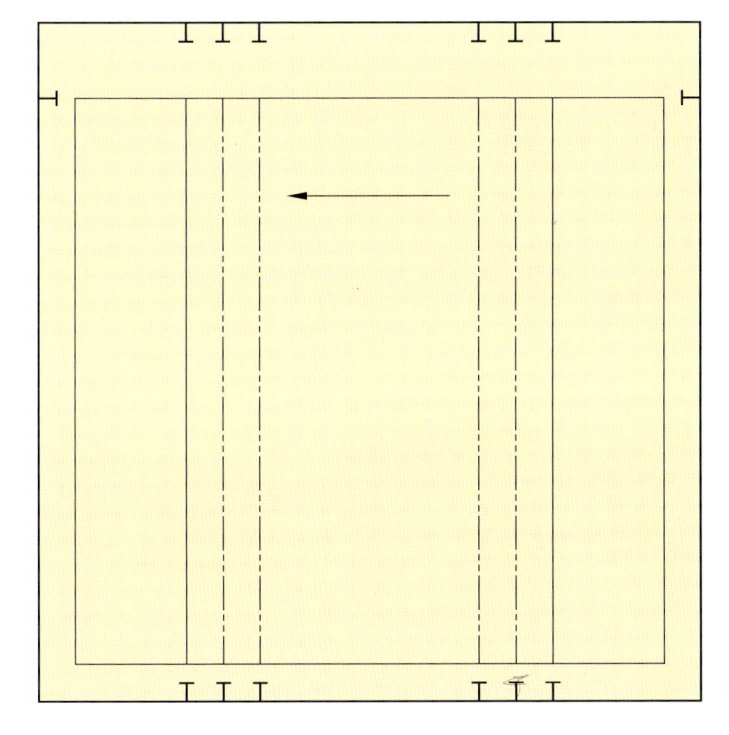

Maßstab 1 : 2

Aufgabe **12**: **Schnittschablone für die Manschette**

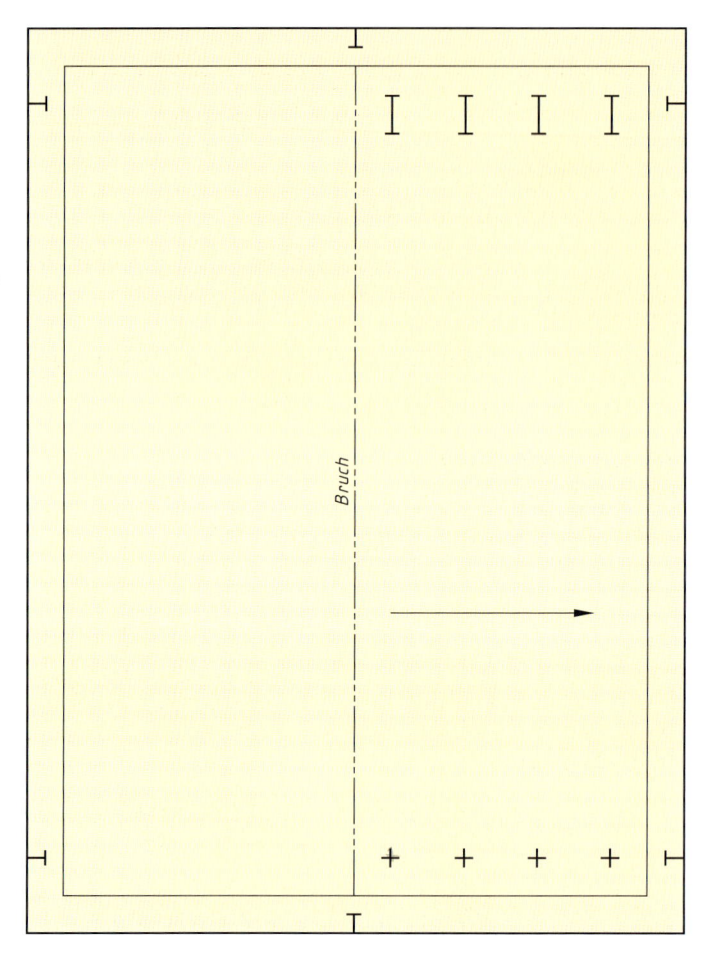

Bruch

Maßstab 1 : 2

Teil G: Beispiel einer Abschlussprüfung für Modeschneider/-in

1 Prüfungsstruktur

Die Abschlussprüfung der Modeschneider (nach dreijähriger Ausbildung) gliedert sich in fachliche und allgemein bildende Prüfungsteile:

- Technologie
- Technische Mathematik
- Gestaltung und Konstruktion
- Wirtschafts- und Sozialkunde

Die Aufgaben der einzelnen Fächer sind jeweils unterteilt in ungebundene, d.h. frei formulierbare Aufgabenstellungen und gebundene (sog. multiple choice) Aufgaben. Von den vorgegebenen fünf Auswahlantworten ist nur eine Antwort richtig.

In der Tabelle sind alle wichtigen Details sowie die Schwerpunktthemen der fachlichen Prüfungsteile aufgeführt.

Prüfungsaufgabenstruktur schriftliche Prüfung Modeschneider

Prüfungsfach	Aufgabenanzahl		Zeit in min	Gewichtung in %
	gebunden	ungebunden		
Technologie Teil 1 und Teil 2	60 (65)	5	120	75 : 25
Technische Mathematik	12	3	75	67 : 33
Gestaltung und Konstruktion, Teil 1 und Teil 2	10	3 – 5	90	33 : 67

Gliederung der schriftlichen Prüfung Modeschneider

Technologie	gebunden	ungebunden
1 Material, Bearbeitung und Verwendung	12	1
2 Qualitätssicherung	9	1
3 Fertigungsplanung und -steuerung	10	1
4 Schnittbilderstellung	6	
5 Arbeitssicherheit, Umweltschutz, rationelle Energieverwendung	6	
6 Produktgestaltung und Mode	11	1
7 Stilepochen und Produktpaletten	11	1
Technische Mathematik	**gebunden**	**ungebunden**
1 Fertigungszeit und Fertigungslohn	4	1
2 Materialbedarf	4	1
3 Kosten	4	1
Gestaltung und Konstruktion	**gebunden**	**unbebunden**
1 Grundschnittabwandlungen und Gradierung	3	1
2 Schnittanalyse	3	1
3 Interpretation und Darstellung modischer Tendenzen	4	1

2 Technologie

Vorgabezeit: 120 Minuten;   *Hilfsmittel:* Fadenzähler

Gebundene (multiple choice) Aufgaben

Von den 65 Aufgaben müssen 60 bearbeitet werden.

1 Aus welcher Zeit stammt die abgebildete Bekleidung?

Ⓐ Zwanziger Jahre

Ⓑ Zweites Rokoko

Ⓒ Empire

Ⓓ Biedermeier

Ⓔ Jahrhundertwende

2 Benennen Sie den mantelartigen, offenen Oberrock, den der Mann in der Reformationszeit trug.

Ⓐ Justaucorps

Ⓑ Schaube

Ⓒ Jupe

Ⓓ Kolbe

Ⓔ Barett

3 In welchem Zeitabschnitt wurde das Gesellschaftskleid mit „Wagenrad-Hut" getragen?

Ⓐ Romantik

Ⓑ Rokoko

Ⓒ Gotik

Ⓓ Barok

Ⓔ Jugendstil

Die Lösungen der Aufgaben 1 bis 65 befinden sich auf Seite 288

4 Nennen Sie die Stilepoche, mit der die Neuzeit eingeleitet wurde.

Ⓐ Vierziger Jahre
Ⓑ Renaissance
Ⓒ Zweites Rokoko
Ⓓ Zwanziger Jahre
Ⓔ Gründerzeit

5 In welcher Zeit wurde die abgebildete sportliche Bekleidung getragen?

Ⓐ Gründerzeit
Ⓑ Jahrhundertwende
Ⓒ Zweites Rokoko
Ⓓ Vierziger Jahre
Ⓔ Zwanziger Jahre

6 In welcher Epoche wurden aufwändig bestickte Stoffe bevorzugt?

Ⓐ Gründerjahre
Ⓑ Reformzeit
Ⓒ 20er Jahre
Ⓓ Gotik
Ⓔ Rokoko

7 Welches Bild zeigt ein Prinzesskleid?

Ⓐ   Ⓑ   Ⓒ   Ⓓ   Ⓔ

Die Lösungen der Aufgaben 1 bis 65 befinden sich auf Seite 288

8 Welches Bild zeigt einen Spenzer?

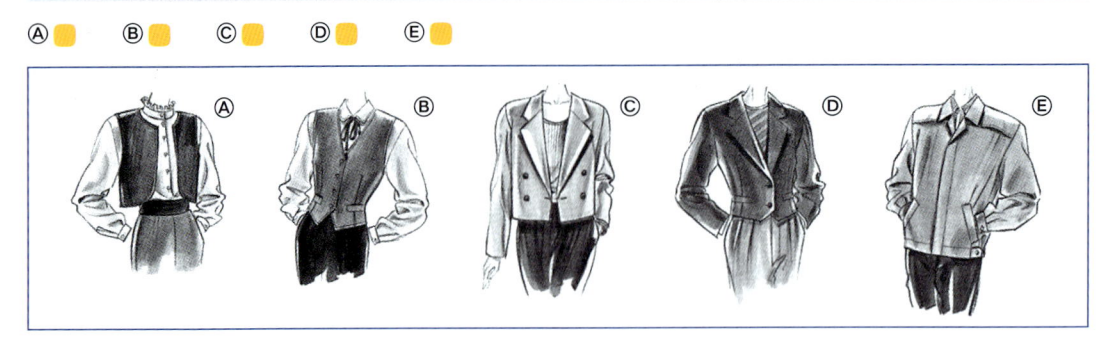

Ⓐ　Ⓑ　Ⓒ　Ⓓ　Ⓔ

9 Welches Bild zeigt eine Kasack-Bluse?

Ⓐ　Ⓑ　Ⓒ　Ⓓ　Ⓔ

10 Welche der abgebildeten Silhouetten kennzeichnet die Charleston-Linie?

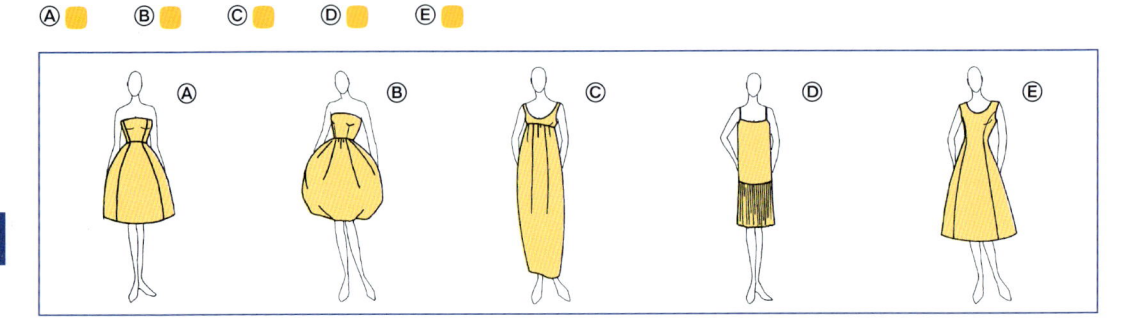

Ⓐ　Ⓑ　Ⓒ　Ⓓ　Ⓔ

11 Benennen Sie den Jacken- oder Mantelumschlag, der mit einer Spiegelnaht mit dem Kragen verbunden ist.

Ⓐ Oberkragen
Ⓑ Passe
Ⓒ Revers
Ⓓ Stehkragen
Ⓔ Raglan

Die Lösungen der Aufgaben 1 bis 65 befinden sich auf Seite 288

2 Technologie

12 Wie heißt die Komplementärfarbe von Blau?

Ⓐ Orange
Ⓑ Gelb
Ⓒ Grün
Ⓓ Rot
Ⓔ Blau

13 Welche Eigenschaften verbindet man mit der Farbe Rot?

Ⓐ Bodenständigkeit, Eigensinn, Realität, Verlässlichkeit
Ⓑ Natur, Hoffnung, Jugend, Ruhe
Ⓒ Temperament, Leidenschaft, Erregung, Kampf
Ⓓ Einfachheit, Frieden, Reinheit, Sterilität
Ⓔ Niederlage, Tod, Trauer

14 Welche Information bestimmt die Grundlagen des Marketing?

Ⓐ Betriebsmittelpläne
Ⓑ Vorgabezeitermittlung
Ⓒ Gesetzliche Vorschriften
Ⓓ Arbeitspläne
Ⓔ Marktforschung

15 Benennen Sie das abgebildete Bekleidungsstück.

Ⓐ Jeanshose
Ⓑ Bundhose
Ⓒ Gürtelhose
Ⓓ Bundfaltenhose
Ⓔ Bermuda

16 Benennen Sie den abgebildeten Kragen.

Ⓐ Kentkragen
Ⓑ Tab-Kragen
Ⓒ Button-down-Kragen
Ⓓ Klappen-Kragen
Ⓔ Lido-Kragen

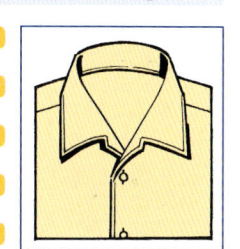

17 Benennen Sie das abgebildete Bekleidungsstück.

Ⓐ Blazerkostüm
Ⓑ Complet
Ⓒ Chanelkostüm
Ⓓ Coordinates
Ⓔ Klassisches Kostüm

18 Welche der abgebildeten Silhouette kennzeichnet die Y-Linie?

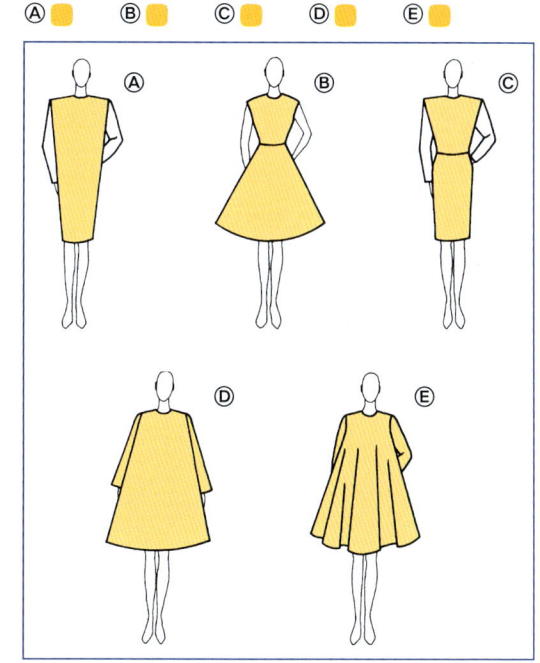

Ⓐ   Ⓑ   Ⓒ   Ⓓ   Ⓔ

Die Lösungen der Aufgaben 1 bis 65 befinden sich auf Seite 288

19 Wie bezeichnet man den seitlichen Streifen bei einer Smoking- oder Frackhose?

Ⓐ Spiegel
Ⓑ Galon
Ⓒ Schrägband
Ⓓ Lisierband
Ⓔ Tresse

20 Wer stellte zum ersten Mal „Hot-pants" her?

Ⓐ Burbery
Ⓑ Christian Dior
Ⓒ Lewi Strauss
Ⓓ Coco Chanel
Ⓔ Mary Quandt

21 Benennen Sie das abgebildete Bekleidungsstück.

Ⓐ Smoking
Ⓑ Frack
Ⓒ Bonner Anzug
Ⓓ Einreiher
Ⓔ Blouson

22 Für das Schließen der Gesäßnaht wird die Doppelkettenstichnaht einer Doppelsteppstichnaht vorgezogen.

Wie lautet die korrekte Begründung?

Ⓐ Die Naht kann leichter aufgetrennt werden.
Ⓑ Die Naht kräuselt nicht.
Ⓒ Es muss gespult werden.
Ⓓ Es wird eine höhere Elastizität erreicht.
Ⓔ Die Naht kann auseinandergebügelt werden.

23 Welche Eigenschaft der Wolle ist bei der Herstellung von Oberbekleidung besonders günstig?

Ⓐ Elektrostatische Aufladung
Ⓑ Dehnbarkeit, Laugenempfindlichkeit
Ⓒ Knitterwiederstand, Wärmerückhaltevermögen
Ⓓ Elastizität, Schuppenoberfläche
Ⓔ Feuchtigkeitsaufnahme, Waschfestigkeit

24 Welche synthetische Faser kann bis zum Siebenfachen der ursprünglichen Länge gedehnt werden?

Ⓐ Polychlorid
Ⓑ Polyacryl
Ⓒ Elasthan
Ⓓ Polyamid
Ⓔ Polyester

25 Welche Voraussetzungen muss ein Oberstoff erfüllen, wenn das Kleidungsstück bei niedrigen Temperaturen getragen wird?

Ⓐ Flammenfeste Ausrüstung
Ⓑ Glatt und durchsichtig
Ⓒ Leicht und durchlässig
Ⓓ Imprägniert und beschichtet
Ⓔ Großes Wärmerückhaltevermögen

26 Welche Vorteil bietet der Einsatz von Mikrofasern bei der Sportbekleidung?

Ⓐ Mikrofasern können mit jeder Maschinennadel verarbeitet werden.
Ⓑ Der Feuchtigkeitstransport von innen nach außen ist gut.
Ⓒ Bügeln bei hohen Temperaturen ist möglich.
Ⓓ Die Trageeigenschaften sind durch gute Winddurchlässigkeit angenehm.
Ⓔ Eine chemische Reinigung ist erforderlich.

Die Lösungen der Aufgaben 1 bis 65 befinden sich auf Seite 288

2 Technologie

27 Bei welchem Gewebe kommt der Oberflächenflor nicht durch Aufschneiden zustande?

Ⓐ Schuss-Samt
Ⓑ Kettsamt
Ⓒ Cordsamt
Ⓓ Doppelsamt
Ⓔ Flocksamt

28 Welchen Zweck erfüllt ein Einlagestoff, der für Kragen, Patten, Blenden und Gürtel verwendet werden soll?

Ⓐ Form erhalten
Ⓑ Versteifen
Ⓒ Gleitfähigkeit verbessern
Ⓓ Füllen und Polstern
Ⓔ Biege- und Sprungelastizität verbessern

29 Bei welcher Fixierarbeit wird eine bi-elastische Einlagen benützt?

Ⓐ Rockbund
Ⓑ Maschenware
Ⓒ Frontfixierung
Ⓓ Saumkante
Ⓔ Nahtsicherung

30 Welche typische Einlage wird bei der Mantelherstellung verwendet, um guten Sitz und Formstabilität zu erreichen?

Ⓐ Kragenfutter
Ⓑ Vlieseinlage
Ⓒ Kettenwirkeinlage
Ⓓ Rosshaareinlage
Ⓔ Bougrameinlage

31 Welche Ursache hat die Zwirbelbildung im Nähfaden?

Ⓐ Die Keilriemenspannung ist zu klein.
Ⓑ Der Motor läuft zu schnell.
Ⓒ Die Sticheinstellung ist zu klein.
Ⓓ Die Nadelfadenrolle ist verkehrt aufgesteckt.
Ⓔ Der Nähfußdruck ist zu klein.

32 Welcher Fehler ist im Bild dargestellt?

Ⓐ Fadenkräuseln
Ⓑ Verschiebungskräuseln
Ⓒ Spannungskräuseln
Ⓓ Transportkräuseln
Ⓔ Verdrängungskräuseln

33 Welche der nachfolgenden Aussagen gehört zur Wareneingangskontrolle?

Ⓐ Der Umfang des Warenlagers wird verringert.
Ⓑ Die Lieferbedingungen werden überprüft.
Ⓒ Die Leistungsfähigkeit eines Lieferanten wird untersucht.
Ⓓ Die Verarbeitungs- und Gebrauchseigenschaften werden überprüft.
Ⓔ Das fertige Produkt wird überprüft.

Die Lösungen der Aufgaben 1 bis 65 befinden sich auf Seite 288

34 Welchen Zweck hat die Qualitätssicherung für einen Bekleidungsbetrieb nicht?

Ⓐ Verbindliche Qualitätsanforderungen einhalten
Ⓑ Gehobene Qualität ausliefern
Ⓒ Positives Firmenimage pflegen
Ⓓ Hochwertige Qualität produzieren
Ⓔ Kontinuierliche Produktion gewährleisten

35 Nach welchen Kriterien werden die Prototypen *nicht* überprüft?

Ⓐ Passform
Ⓑ Durchlaufzeit in der Fertigung
Ⓒ Kollektionsaussage
Ⓓ Verarbeitung
Ⓔ Materialeignung

36 Definieren Sie den Begriff der Toleranzen in der Qualitätssicherung.

Ⓐ Zulässige Abweichungen
Ⓑ Durchgeführte Stichproben
Ⓒ Festgelegte Arbeitsweise
Ⓓ Aufgeführte Fehler
Ⓔ Festgelegte Kontrollen

37 Welche nachfolgende Informationsquelle wird für die Entwicklung neuer Modelle *nicht* benötigt?

Ⓐ Marktanalysen
Ⓑ Fachzeitschriften
Ⓒ Messebesuche
Ⓓ Verkaufszahlen der abgeschlossenen Saison
Ⓔ Betriebsmittelkarteien

38 Welche Angabe ist in einer Materialbedarfsliste *nicht* notwendig?

Ⓐ Materialbezeichnung
Ⓑ Materialbeschaffenheit
Ⓒ Materialmenge
Ⓓ Materialpreise
Ⓔ Materialaufmachung

39 Welches Systemelement ist von der Arbeitsgestaltung betroffen?

Ⓐ Arbeitsbeginn und Arbeitsende
Ⓑ Materialdisposition
Ⓒ Qualitätskontrolle und Terminierung
Ⓓ Lohn und Gehalt
Ⓔ Mensch und Betriebsmittel

40 Was versteht man unter „Durchlaufzeit"?

Ⓐ Tätigkeitszeit, Wartezeit, Verteilzeit
Ⓑ Herstellungszeit eines Produktes
Ⓒ Ausführungszeit, Rüstzeit, Grundzeit
Ⓓ Arbeitszeit, Anwesenheitszeit, Transportzeit
Ⓔ Herstellungszeit, Entwicklungszeit, Erholungszeit

41 Welche Aussage über die Ermittlung der Soll-Zeit ist richtig?

Die Soll-Zeit wird ermittelt:

Ⓐ Durch Anwendung von Berechnungsformeln.
Ⓑ Durch sorgfältiges Messen und Auswerten.
Ⓒ Durch Verwendung elektronischer Messgeräte.
Ⓓ Durch Beurteilen des Leistungsgrades und dessen Anwendung bei der Umrechnung der Ist-Zeiten in Soll-Zeiten.
Ⓔ Durch wiederholtes Messen und Mittelwertbildung.

Die Lösungen der Aufgaben 1 bis 65 befinden sich auf Seite 288

2 Technologie

42 Welchen Vorteil hat ein verzahntes Mehrgrößenmodell?

Ⓐ Größerer Sollanschnitt
Ⓑ Materialersparnis
Ⓒ Leichteres Zuschneiden
Ⓓ Leichtes Aufzeichnen der Stofflagen
Ⓔ Bessere Nutzung der Zuschneidemaschine

43 Für welche Materialart trifft das untenstehende Schnittlagenbild zu?

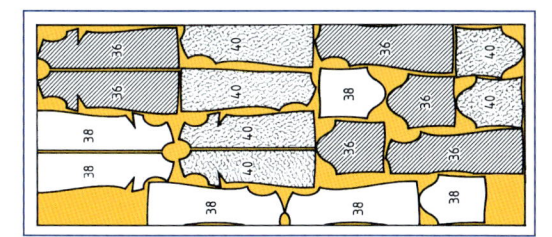

Ⓐ Florgewebe
Ⓑ Webware mit asymmetrischen Muster
Ⓒ Kopfgemusterte Ware
Ⓓ Strichware
Ⓔ Rechts/Links gleiche Ware oder neutrale Ware

44 Welche Arbeitsbereiche werden von CAM-Systemen gesteuert?

Ⓐ Schnittkonstruktion
Ⓑ Steuerung von Stofflege- und Zuschneideautomaten
Ⓒ Gradieren
Ⓓ Schnittbilderstellung
Ⓔ Modellentwurf

45 Welche Aussage über die Leistungsgradbeurteilung ist richtig?

Ⓐ Sie erfolgt mit der Stoppuhr.
Ⓑ Sie kann nur von der Produktionsleitung vorgenommen werden.
Ⓒ Sie ist die Basis für die Arbeitszeit.
Ⓓ Sie muss täglich durchgeführt werden.
Ⓔ Sie wird bei jeder Zeitmessung vorgenommen.

46 Welchen Zweck hat die Arbeitsgestaltung?

Ⓐ Verbesserung des Arbeitsablaufes
Ⓑ Längere Durchlaufzeiten
Ⓒ Qualitätsverlust
Ⓓ Höhere Fertigungskosten
Ⓔ Motivations- und Leistungsminderung

47 Welche Bedingung muss bei der Schnittbilderstellung *nicht* erfüllt werden?

Ⓐ Spezielle Vorgaben bei der Verarbeitung
Ⓑ Beachtung der Richtung
Ⓒ Einhaltung der konstanten Längenvorgabe
Ⓓ Geringster Materialverbrauch
Ⓔ Berücksichtigung des Musters

48 Wie wird der mit Ziffer 1 gekennzeichnete Bereich des untenstehenden Schnittbildes bezeichnet?

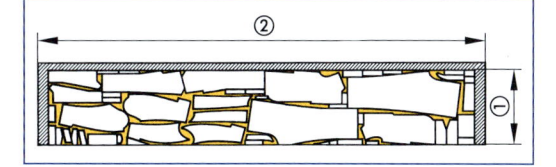

Ⓐ Anschnitt
Ⓑ Schnittbildlänge
Ⓒ Ausschnittverlust
Ⓓ Nutzbreite
Ⓔ Randabfall

49 Wie wird der mit Ziffer 2 gekennzeichnete Bereich des obenstehenden Schnittbildes bezeichnet?

Ⓐ Vorgabelänge
Ⓑ Anschnitt
Ⓒ Randabfall
Ⓓ Ausschnittverlust
Ⓔ Nutzbreite

Die Lösungen der Aufgaben 1 bis 65 befinden sich auf Seite 288

50 Welche Arbeitsregel ist beim Zuschnitt von Samt im Allgemeinen zu beachten?

Ⓐ Schräg ausschneiden
Ⓑ Gegen den Strich schneiden
Ⓒ Mit dem Strich schneiden
Ⓓ Webkanten fallen immer weg.
Ⓔ Lagen werden zickzackförmig gelegt.

51 Welche Schutzbestimmung gilt für das Arbeiten an Schneidemaschinen?

Ⓐ Bei Lagenzuschnitten braucht grundsätzlich keine Schutzvorrichtung verwendet werden.
Ⓑ Die Schutzvorrichtung braucht nur während der Benutzung wirksam eingeschaltet werden.
Ⓒ Auch bei Nichtbenutzung ist die Schutzvorrichtung wirksam einzustellen.
Ⓓ Ist die Schutzvorrichtung wirksam eingestellt, muss dies durch das GS-Zeichen auch für andere erkennbar gemacht werden.
Ⓔ Bei Nichtbenutzung der Maschinen ist die Schutzvorrichtung zu entfernen.

52 Welche Aussage der Unfallverhütung gilt für eine Bandmessermaschine?

Ⓐ Der Fingerschutz ist nicht erforderlich.
Ⓑ Der Fingerschutz darf abmontiert werden.
Ⓒ Der Fingerschutz muss manuell verstellt werden.
Ⓓ Der Fingerschutz endet 10 mm oberhalb der oberen Stofflage.
Ⓔ Der Fingerschutz wird automatisch abgesenkt, nachdem Fotozellen die Stapelhöhe erkannt haben.

53 Welche Maßnahme entspricht nicht dem Umweltschutz?

Ⓐ Reinigen und Absaugen durch Filtration
Ⓑ Weiterverwenden der Nebenprodukte
Ⓒ Rationeller Umgang mit Energie
Ⓓ Getrennte Entsorgung fester Hausmüll- und Chemikalienabfälle
Ⓔ Direkte Entsorgung aller Lösemittel durch Einleiten in den Abwasserkanal

54 An einer Nähmaschine tritt ein Defekt auf. Was hat die Näherin zu veranlassen?

Ⓐ Langsamer weiterarbeiten
Ⓑ Maschine ausschalten und reparieren lassen
Ⓒ Den Fehler ignorieren
Ⓓ Die Maschine betriebsbereit lassen und reparieren
Ⓔ Die Maschine ausschalten und abwarten

55 Welcher Bereich einer Nähmaschine muss mit schützenden Abdeckungen versehen sein?

Ⓐ Stichloch und Transporteur
Ⓑ Fadengeber und Fadenspannung
Ⓒ Fadengeber und Keilriemen
Ⓓ Keilriemen und Stichsteller
Ⓔ Stichsteller und Transporteur

56 Welchen Zweck erfüllen Einlagestoffe?

Ⓐ Das Kleidungsstück knitterarm machen.
Ⓑ Das Kleidungsstück haltbarer machen.
Ⓒ Dem Kleidungsstück Form und Stabilität geben.
Ⓓ Das Kleidungsstück einlaufsicher machen.
Ⓔ Dem Kleidungsstück mehr Elastizität geben.

Die Lösungen der Aufgaben 1 bis 65 befinden sich auf Seite 288

2 Technologie

57 Welche Knopflöcher werden überwiegend in hochwertige Sakkos eingearbeitet?

Ⓐ Eingefasste Knopflöcher
Ⓑ Augenknopflöcher
Ⓒ Wäscheknopflöcher
Ⓓ Tressenknopflöcher
Ⓔ Paspelknopflöcher

58 Welche der genannten Aufgaben gehört zur Fertigungssteuerung?

Ⓐ Entwurf von Formularen
Ⓑ Beseitigung von Störungsursachen
Ⓒ Ermittlung des Materialbedarfs
Ⓓ Erstellung der Arbeitspläne
Ⓔ Durchführung der Materialkontrolle

59 Nennen Sie den hauptsächlichen Einsatzbereich von Vliesstoffen in der Bekleidung.

Ⓐ Besatzstoff
Ⓑ Mantelstoff
Ⓒ Einlagestoff
Ⓓ Oberstoff
Ⓔ Futterstoff

60 Welche Zielsetzung hat die Verwendung von Ablagen, Führungen, Spezialnähfüßen usw.?

Ⓐ Erleichterung des Informationsflusses
Ⓑ Verbesserung der Grifftechnik und der Qualitätsleistung
Ⓒ Schaffung günstiger Umgebungseinflüsse
Ⓓ Abwechslungsreiche Arbeit
Ⓔ Sinnvolle Arbeitszeit und Pausenregelung

61 Wie heißt die korrekte Definition für den Begriff „Applikation"?

Ⓐ Eine Stoffverzierung durch eingewebte Muster
Ⓑ Eine Stoffverzierung durch Stoffmalerei
Ⓒ Eine Stoffverzierung durch Hohlsäume
Ⓓ Eine Stoffverzierung durch Einsetzen von Tüll-, Spitzen- oder Stoffmotiven.
Ⓔ Aufnähen oder Aufkleben von Leder-, Pelz- oder Stoffmotiven.

62 Mit welchen Verfahren stellt man beim Wareneingang Stofffehler fest?

Ⓐ Nähversuch
Ⓑ Anfärbeprobe
Ⓒ Anfühlprobe
Ⓓ Warenschau
Ⓔ Gewichtsbestimmung

63 Welche Aussage über das GS-Zeichen bei Bekleidungsmaschinen ist richtig?

Ⓐ Die Maschine entspricht nicht der geltenden Sicherheitsvorschrift.
Ⓑ Die Maschine darf nicht angeschlossen werden.
Ⓒ Die Maschine ist auf die geltende Sicherheitstechnik überprüft.
Ⓓ Dieses Zeichen hat keine Bedeutung für die Produktion.
Ⓔ Es müssen noch die Schutzeinrichtungen angebracht werden.

64 Eine Kollegin hat bei einem Unfall eine blutende Wunde an der Hand erlitten. Was ist sofort zu unternehmen?

Ⓐ Die Wunde keimfrei abdecken
Ⓑ Die Wunde mit Wundsalbe einkremen
Ⓒ Die Wunde mit Desinfektionsmittel bzw. Wundpuder besprühen.
Ⓓ Die Wunde mit sauberem Wasser reinigen.
Ⓔ Die Wunde mit Eiswürfeln kühlen.

Die Lösungen der Aufgaben 1 bis 65 befinden sich auf Seite 288

65 Welchen zusätzlichen Fingerschutz hat eine Bedienperson am Bandmesser?

Ⓐ Lederhandschuhe tragen
Ⓑ Keine weitere Möglichkeit
Ⓒ Führung des Schneidgutes mit einer „Ersatzhand".
Ⓓ Kettenhandschuhe tragen
Ⓔ Gummihandschuhe tragen

Die Lösungen der Aufgaben 1 bis 65 befinden sich auf Seite 288

Ungebundene Aufgaben

1 Die Bekleidung des abgebildeten Paares stammt aus dem späten Mittelalter.
Hierzu sind in den dafür vorgesehenen Feldern folgende Angaben zu machen:

Ⓐ Nennen Sie die Stilepoche.
Ⓑ Geben Sie den ungefähren Zeitraum dieser Stilepoche an.
Ⓒ Ordnen Sie die richtigen Kennzeichnungsbuchstaben den Fachbegriffen und den vorgegebenen Merkmalen zu, bzw. ergänzen Sie diese.

Aufgabenlösung

Ⓐ Stilepoche:

_____

Ⓑ Ungefährer Zeitraum

_____

Buchstabe	Ⓒ Merkmal bzw. Fachbegriff
Ⓓ	_____
Ⓖ	_____
Ⓗ	_____
_____	Bortenverzierung
_____	Schecke
_____	Beinlinge
_____	Cotte
_____	Gürtel
_____	Schapel

Die Lösungen der Aufgaben 1 bis 5 befinden sich auf den Seiten 288 und 289

2 Technologie

2 Bei richtiger Beurteilung textiler Flächen zur Herstellung von Bekleidungstextilien sind Kenntnisse über die Eigenschaften der verwendeten Faserstoffe erforderlich.
Lösen Sie Aufgabe **A** und Aufgabe **B**.

A Nennen Sie vier Gattungs- bzw. Fasernamen synthetischer Chemiefasern.

B In der Tabelle stehen richtige und falsche Aussagen über synthetische Faserstoffe.
Kreuzen Sie hinter jeder Zeile direkt in der Tabelle an, ob diese Aussage richtig oder falsch ist.

Aufgabenlösung

A

_____

_____

_____

_____

_____

B

Lfd. Nr.	Aussagen über synthetische Faserstoffe	richtig	falsch
1	Nach der Brennprobe ist ihr Rückstand unzerreibbar und hart.	☐	☐
2	Textilien aus ihnen sind pflegeleicht und thermofixierbar.	☐	☐
3	Alle synthetischen Chemiefasern können im Inneren viel Feuchtigkeit speichern.	☐	☐
4	Sie haben eine geringe Elastizität und knittern deshalb stark.	☐	☐
5	Sie verringern in Beimischung die Festigkeit von Textilien.	☐	☐
6	Sie eigenen sich nur für die Herstellung von Sommerbekleidung.	☐	☐
7	Sie sind hitzebeständiger als Naturfasern.	☐	☐
8	Sie können bei entsprechender Verarbeitung durch ihre Kapillarwirkung sehr gut Feuchtigkeit transportieren.	☐	☐
9	Sie verrotten leicht, sie werden von Bakterien leicht angegriffen.	☐	☐
10	Sie eigenen sich sehr gut zur Mischung mit Naturfasern.	☐	☐

Die Lösungen der Aufgaben 1 bis 5 befinden sich auf den Seiten 288 und 289

3 Bedingt durch die Konstruktion von Maschenwaren sind bei der Verarbeitung spezielle Prüfungen vor der Verarbeitung durchzuführen bzw. müssen spezielle Maßnahmen zur Vermeidung von Schäden beachtet werden.

- Nennen Sie vier Punkte und begründen Sie, wie sich die Prüfung bzw. Maßnahme auf Fehler oder Qualität auswirkt.

Aufgabenlösung

Lfd. Nr.	Spezielle Prüfung vor der Verarbeitung bzw. Maßnahmen zur Vermeidung von Schäden:	Begründung, wie sich die Maßnahme auf Fehler oder Qualität auswirkt:
1		
2		
3		
4		

Die Lösungen der Aufgaben 1 bis 5 befinden sich auf den Seiten 288 und 289

4 Die Fertigungsorganisation umfasst die drei folgenden Teilbereiche:

- Gestaltung der Arbeitssysteme
- Fertigungsplanung
- Fertigungssteuerung

Ordnen Sie die nachfolgenden Tätigkeiten den entsprechenden Teilbereichen zu.
Jedem Teilbereich sind zwei Tätigkeiten zuzuordnen:

Buchstabe	Tätigkeit
A	Ablaufabschnitte mit Reihenfolge festlegen.
B	Fertigungsaufträge zusammenstellen.
C	Ablagen im kleinen großen Greifraum einrichten.
D	An einem Bügelplatz wird eine Hilfsvorrichtung angebracht, die die Arbeit erleichtert und beschleunigt.
E	Gestaltung von Informationsträgern für die Fertigung (Formulare, Bildschirmmasken)
F	Überwachung der Durchlaufzeiten

Aufgabenlösung

Teilbereich	Tätigkeiten (Buchstaben einsetzen)	
Gestaltung der Arbeitssysteme	○	○
Fertigungsplanung	○	○
Fertigungssteuerung	○	○

Die Lösungen der Aufgaben 1 bis 5 befinden sich auf den Seiten 288 und 289

5 Für den abgebildeten Rock sind die Schnittteile und deren Anzahl in die Schnittteilliste einzutragen.

Aufgabenlösung

Schnittteilliste

Lfd. Nr.	Schnittteil	Anzahl der Schnittteile
1		
2		
3		
4		
5		
6		

Die Lösungen der Aufgaben 1 bis 5 befinden sich auf den Seiten 288 und 289

3 Technische Mathematik

Vorgabezeit: 75 Minuten;   *Hilfsmittel:* Netzunabhängiger Taschenrechner

Gebundene Aufgaben (multiple choice)

1 Wie groß ist der Verschnitt in Prozent, der sich beim Zuschnitt der skizzierten Volants bei einer Seitenlänge von 36 cm und 5 cm Volantbreite ergibt?

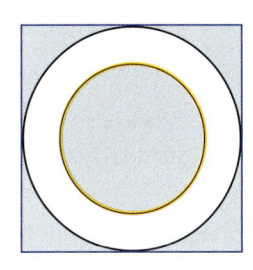

Ⓐ 48,54 %
Ⓑ 54,45 %
Ⓒ 62,45 %
Ⓓ 68,65 %
Ⓔ 75,50 %

2 Für einen Auftrag von 300 Röcken soll eine Modeschneiderin den Arbeitsgang „Reißverschluss einnähen" ausführen.

Grundzeit 3 min
Erholungszeitzuschlag 10 %
Verteilzeitzuschlag 8 %
Rüstzeit für den Auftrag 6 min

Wie groß ist die Auftragszeit T in h und min?

Ⓐ 13 h 25 min
Ⓑ 17 h 48 min
Ⓒ 18 h 48 min
Ⓓ 19 h 25 min
Ⓔ 20 h 48 min

3 Für die Fertigung eines Kleidungsstückes benötigt eine Modenäherin 53 min.
Der Akkordrichtsatz beträgt 9,00 Euro/h.
Welcher Stundenlohn in Euro wird bei einer täglichen Arbeitszeit von 445 min und einer Leistung von 12 Teilen erreicht?

Ⓐ 12,86 Euro
Ⓑ 10,28 Euro
Ⓒ 9,86 Euro
Ⓓ 14,24 Euro
Ⓔ 11,98 Euro

4 Wie groß ist die Anzahl der Biesen, die auf den Einsatz einer Bluse zu steppen sind?
Fertige Breite des Biesenteiles 24 cm
Biesenabstand 2 cm
Abstand der ersten und letzten Biese von den Kanten jeweils 1 cm.

Ⓐ 13 Biesen
Ⓑ 12 Biesen
Ⓒ 11 Biesen
Ⓓ 10 Biesen
Ⓔ 9 Biesen

5 Zweiunddreißig Motive mit einer Breite von 3,5 cm sollen auf eine 1,80 m breite Strecke aufgestickt werden.
Der Abstand des ersten und letzten Motivs von der Kante beträgt jeweils 3 cm.

Wie groß muss der Zwischenabstand sein?

Ⓐ 1,8 cm
Ⓑ 2,1 cm
Ⓒ 1,9 cm
Ⓓ 2,0 cm
Ⓔ 1,7 cm

Die Lösungen der Aufgaben 1 bis 15 befinden sich auf Seite 289

6 In einem Bekleidungsbetrieb fertigt jede der vier Arbeitsgruppen alle 25 min ein Kleidungsstück.
Die tägliche Arbeitszeit beträgt 7 Stunden 20 Minuten pro Gruppe.
Wie viele Kleidungsstücke werden in 5 Tagen gefertigt?

Ⓐ 970 Stück
Ⓑ 704 Stück
Ⓒ 508 Stück
Ⓓ 352 Stück
Ⓔ 242 Stück

7 Wie hoch sind die Materialkosten für ein Kleidungsstück bei folgenden Kalkulationswerten?

Preis für Oberstoff	14,00 €/m
Verbrauch von Oberstoff	1,50 m
Verschnitt an Oberstoff	2 %
Zutaten	12,30 €
Material-Gemeinkostensatz	6 %
Fertigungszeit	75 min
Fertigungs-Gemeinkostensatz	120 %
Durchschnittlicher Lohnfaktor	0,178 €/min
Verwaltungsgemeinkostensatz	4 %
Vertriebs-Gemeinkostensatz	6 %
Gewinn	5 %
Erlösschmälerung (in % vom Nettoverkaufspreis)	7 %

Ⓐ 21,42 Euro
Ⓑ 33,72 Euro
Ⓒ 35,74 Euro
Ⓓ 38,72 Euro
Ⓔ 42,88 Euro

8 Wie viel Meter Normalfalten können aus einem 64 cm langen und 138 cm breiten Stoff hergestellt werden, wenn die Faltenhöhe (Streifenbreite) 16 cm und die Nahtzugabe 1,5 cm pro Naht betragen soll?

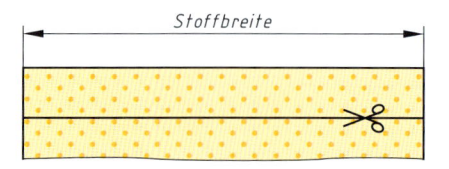

Ⓐ 0,98 m
Ⓑ 1,58 m
Ⓒ 1,72 m
Ⓓ 1,82 m
Ⓔ 2,12 m

9 Aus einem 150 cm breiten Stoff sollen gemäß untenstehender Zeichnung rechteckige Stoffteile von 32,5 cm Länge und 10 cm Breite zugeschnitten werden.

Wie viel Prozent Verschnitt ergibt sich bei der Stoffbreite?

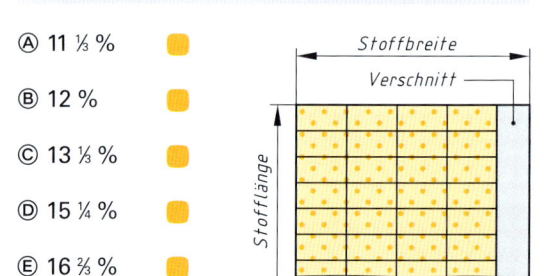

Ⓐ 11 ⅓ %
Ⓑ 12 %
Ⓒ 13 ⅓ %
Ⓓ 15 ¼ %
Ⓔ 16 ⅔ %

10 Für die Herstellung eines Kleidungsstückes sind folgende Fertigungszeiten erforderlich:

Zuschneiden	6,1 min
Einrichten	2,6 min
Nähen	63 min
Spezialarbeiten	4,2 min
Bügeln	5,8 min

Es wird ein durchschnittlicher Lohnfaktor von 0,128 Euro/min gerechnet.
Die Fertigungskosten betragen insgesamt 23,01 Euro.

Wie hoch ist der Prozentsatz der Fertigungsgemeinkosten?

Ⓐ 80 %
Ⓑ 90 %
Ⓒ 95 %
Ⓓ 100 %
Ⓔ 120 %

Die Lösungen der Aufgaben 1 bis 15 befinden sich auf Seite 289

3 Technische Mathematik

11 Ein Kleidungsstück wird für 17,80 Euro angeboten.
Bei einem Kauf von 125 Stück werden 12% Rabatt und 2% Skonto gewährt.

Welcher Betrag ist zu zahlen?

Ⓐ   191,80 Euro
Ⓑ   1.219,84 Euro
Ⓒ   1.918,84 Euro
Ⓓ   2.784,34 Euro
Ⓔ   19.188,80 Euro

12 Für das Einnähen von Ärmeln an einem Hemd ist eine Vorgabezeit von 4,85 min festgelegt.

Welche Anzahl von Hemden kann eine Modenäherin bei einer Arbeitszeit von 495 min/Tag bearbeiten, wenn ihr Leistungsgrad mit 122% beurteilt wird?

Ⓐ 102 Stück
Ⓑ 124 Stück
Ⓒ 202 Stück
Ⓓ 98 Stück
Ⓔ 224 Stück

Ungebundene Aufgaben

13 Eine Fachkraft hat einen monatlichen Nettoverdienst von 1 079,10 Euro.
Der Arbeitnehmeranteil an der Sozialversicherung beträgt insgesamt 21,25% bzw. 334,16 Euro.
Berechnen Sie den Bruttolohn und ermitteln Sie die Summe aller anderen Abzüge (Lohnsteuer, Solidaritätszuschlag, Kirchensteuer).

14 Wegen eines Fabrikationsfehlers werden Kleidungsstücke, die 29 Euro kosten, um 25% herabgesetzt.
Ein Kunde würde eine größere Menge übernehmen, wenn er 15% Mengenrabatt erhält.
Wie viel Euro würde dann das Kleidungsstück kosten?

15 Ein Glockenrock soll aus zwei halben Kreisringen gearbeitet werden.
Berechnen Sie die erforderliche Stoffbreite, die erforderliche Stofflänge und die Saumweite bei folgenden Maßen:

Taillenweite	66 cm
Rocklänge	74 cm
Nahtzugabe/kante	1,5 cm
Saumzugabe	2,0 cm

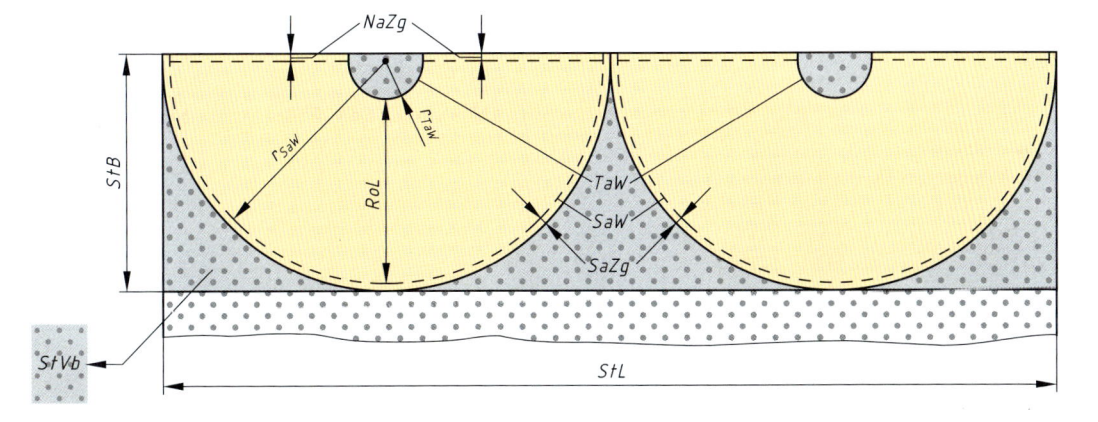

Die Lösungen der Aufgaben 1 bis 15 befinden sich auf Seite 289

4 Gestaltung und Konstruktion

Vorgabezeit: 90 Minuten;   *Hilfsmittel:* Übliche Zeichengeräte, Taschenrechner

Gebundene (multiple choice) Aufgaben

1 Welche Schnittbildarten können mit der abgebildeten CAD-Anlage gelegt werden?

Ⓐ Nur Ganzbilder
Ⓑ Nur Schnittbilder für Stoffe mit Strich
Ⓒ Nur Schnittbilder für Stoffe ohne Kopfmuster
Ⓓ Alle Schnittbildarten
Ⓔ Nur Mehrgrößenbilder

2 Welches Bild zeigt eine ausgestellte Hose?

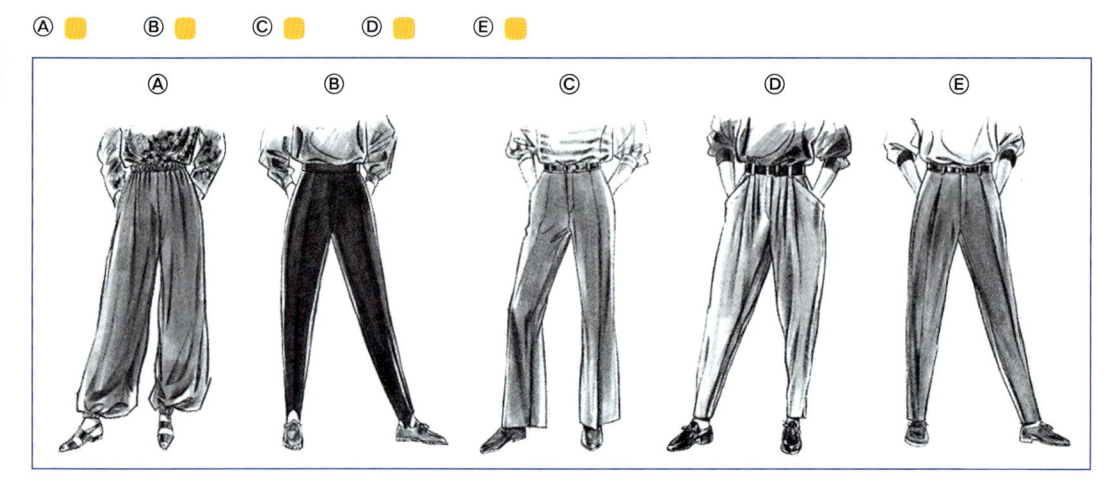

Ⓐ   Ⓑ   Ⓒ   Ⓓ   Ⓔ

Die Lösungen der Aufgaben 1 bis 13 befinden sich auf den Seiten 290 bis 292

4 Gestaltung und Konstruktion 281

3 Welche Aufgaben hat der Digitalisiertisch (Pfeil)?

Ⓐ Er dient der Eingabe von bereits vorhandenen Schnittteilen. ◻

Ⓑ Er führt Gradierungen durch. ◻

Ⓒ Er überprüft die Sprungwerte. ◻

Ⓓ Er führt die Datenausgabe durch. ◻

Ⓔ Er erstellt selbständig Zeichnungen. ◻

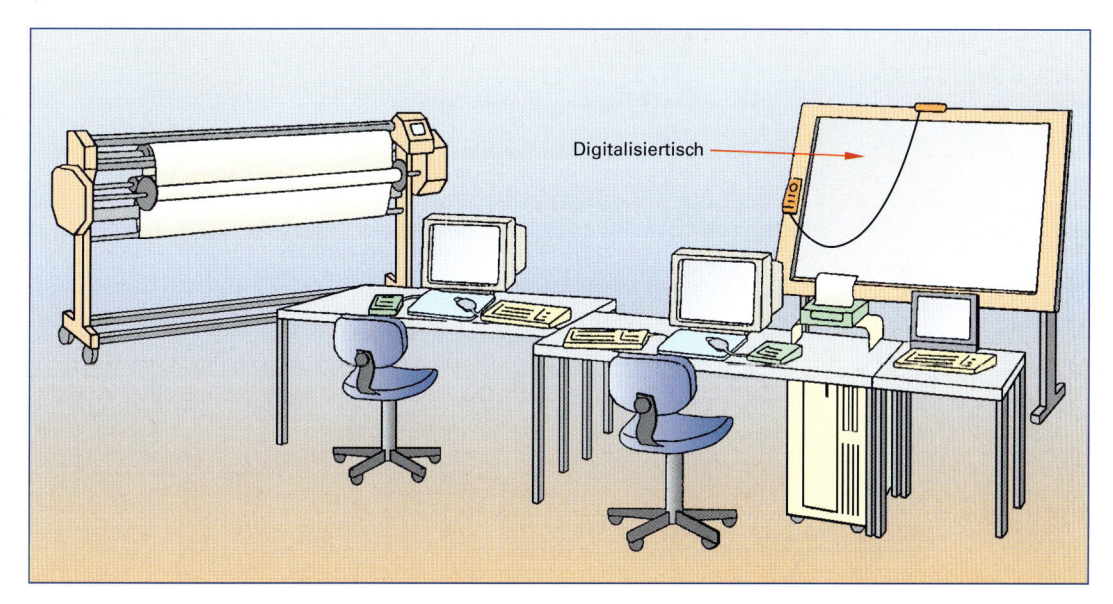

Digitalisiertisch

4 Welches Bild zeigt ein Etuikleid?

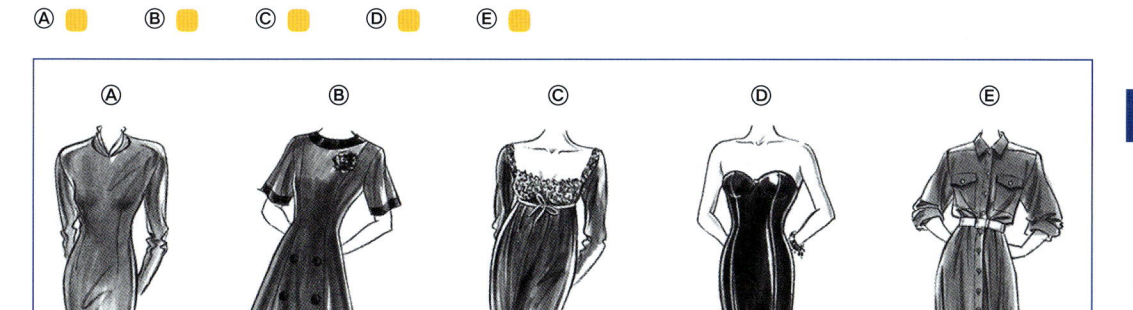

Ⓐ ◻   Ⓑ ◻   Ⓒ ◻   Ⓓ ◻   Ⓔ ◻

Ⓐ   Ⓑ   Ⓒ   Ⓓ   Ⓔ

Die Lösungen der Aufgaben 1 bis 13 befinden sich auf den Seiten 290 bis 292

5 In welcher Auswahlantwort ist das nebenstehende Bekleidungsstück richtig bezeichnet?

Ⓐ Cape

Ⓑ Dufflecoat

Ⓒ Redingote

Ⓓ Parka

Ⓔ Caban-Jacke

6 Welche der unten abgebildeten Schnittschablonen werden für nebenstehendes Rockmodell verwendet?

Ⓐ

Ⓑ

Ⓒ

Ⓓ

Ⓔ

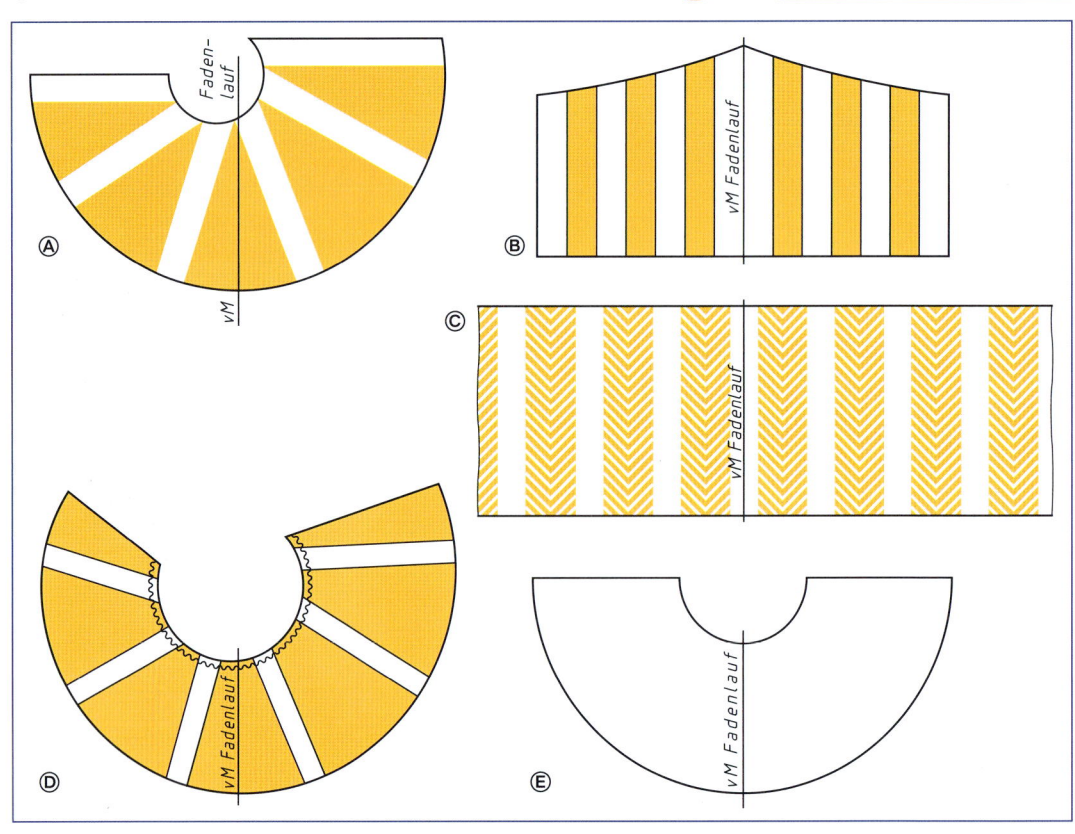

Die Lösungen der Aufgaben 1 bis 13 befinden sich auf den Seiten 290 bis 292

4 Gestaltung und Konstruktion

7 In welcher Auswahlantwort ist die abgebildete Konstruktion einer Kragenform richtig bezeichnet?

Ⓐ Stehkragen
Ⓑ Reverskragen
Ⓒ Liegekragen
Ⓓ Bubikragen
Ⓔ Schalkragen

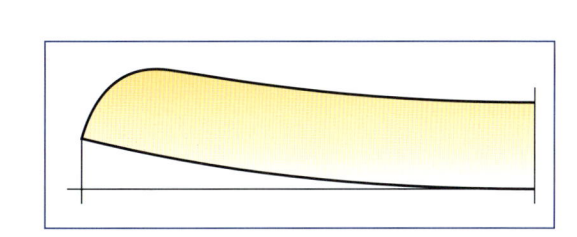

8 Bei welcher der abgebildeten Taschen handelt es sich um eine Tasche mit aufgesetzter Klappe?

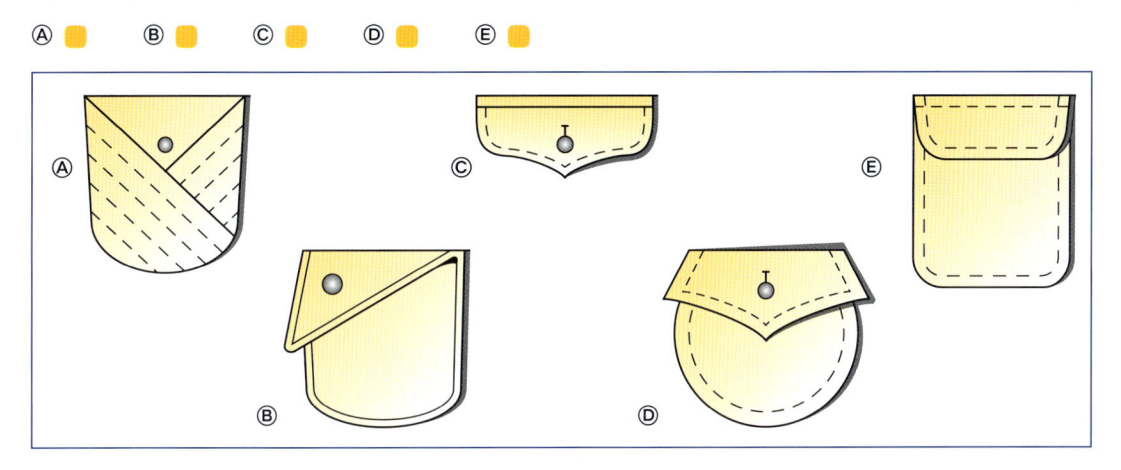

Ⓐ   Ⓑ   Ⓒ   Ⓓ   Ⓔ

9 Welches ist ein komplementäres Farbenpaar?

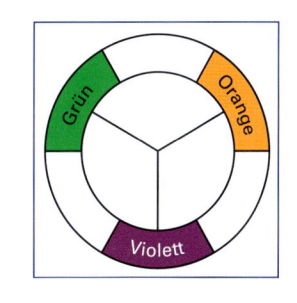

Ⓐ Rot/Grün
Ⓑ Rot/Gelb
Ⓒ Rot/Blau
Ⓓ Orange/Grün
Ⓔ Gelb/Violett

10 Für welches der aufgeführten Kleider ist eine tiefergesetzte Taillennaht kennzeichnend?

Ⓐ Empirekleid
Ⓑ Hemdblusenkleid
Ⓒ Etuikleid
Ⓓ Charlestonkleid
Ⓔ Corsagenkleid

Die Lösungen der Aufgaben 1 bis 13 befinden sich auf den Seiten 290 bis 292

Ungebundene Aufgaben

11 Schnittbild

Vor der Freigabe ist das Schnittbild für die abgebildete Damenbluse zu überprüfen. Hierzu sind folgende Angaben zu machen:

❶ Erläutern Sie die Schnittbildart durch Nennung von zwei wesentlichen Begriffen.

❷ Für welche Warenart wird vorzugsweise das abgebildete Schnittbild verwendet?

❸ Nennen Sie die im Schnittbild fehlenden oder die im Schnittbild vorhandenen, aber nicht der Modellzeichnung entsprechenden Schnittteile und die übrigen Fehler.

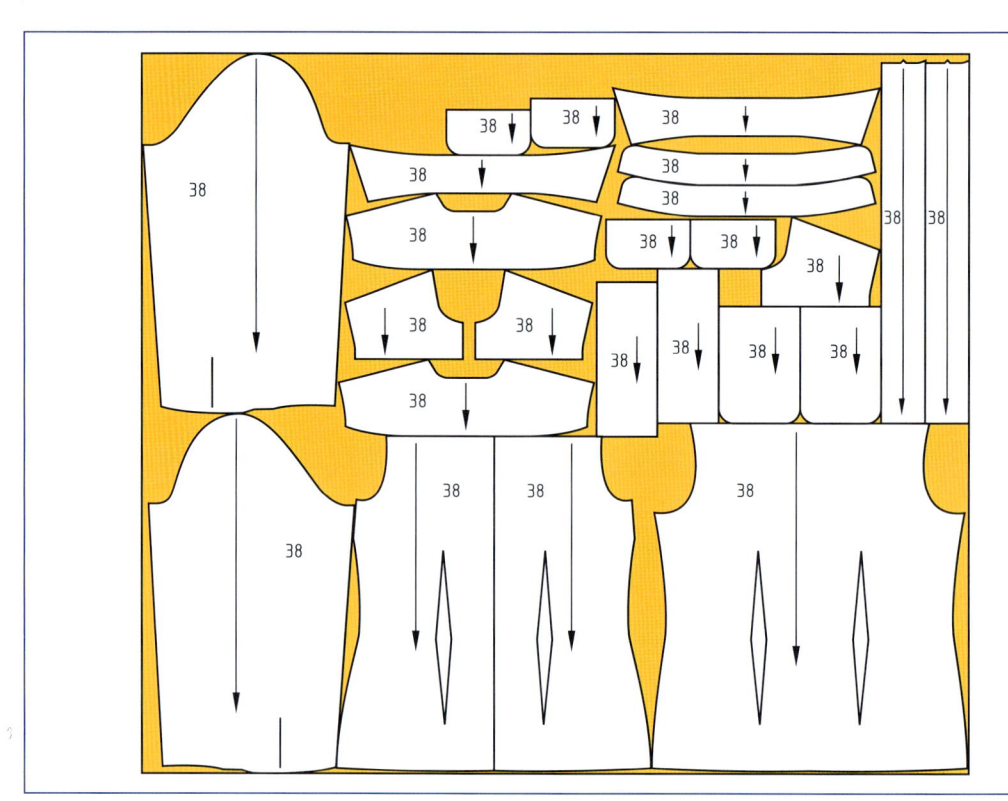

Die Lösungen der Aufgaben 1 bis 13 befinden sich auf den Seiten 290 bis 292

12 Stücklisten

❶ Benennen Sie den Bekleidungsartikel

❷ Tragen Sie die für die Herstellung erforderlichen Schnittteile mit den fachlich richtigen Bezeichnungen und der benötigten Anzahl der Teile in die **Tabelle A** ein.

❸ Benennen Sie die für die Verarbeitung erforderlichen Näharbeitsgänge. Ordnen Sie Ihre Angaben den in der Abbildung angegebenen Nummern durch Eintragen in **Tabelle B** zu.

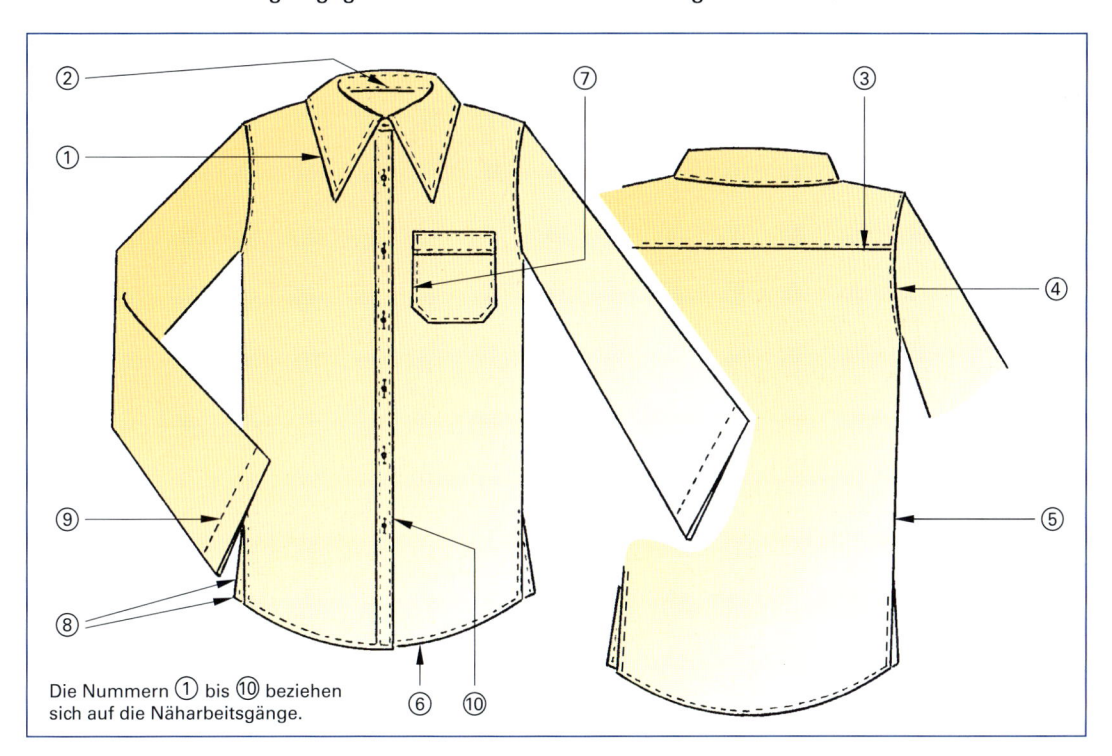

Die Nummern ① bis ⑩ beziehen sich auf die Näharbeitsgänge.

Tabelle A

Lfd. Nr.	Benennung der Schnittteile	Anzahl
1	Oberkragen	2
2		
3		
4		
5		
6		
7		
8		
9		
10		

Tabelle B

Lfd. Nr.	Benennung der Näharbeitsgänge
①	Kragen fertigen
②	
③	
④	
⑤	
⑥	
⑦	
⑧	
⑨	
⑩	

Die Lösungen der Aufgaben 1 bis 13 befinden sich auf den Seiten 290 bis 292

13 Modellschnitt für eine Weste

Der im Maßstab 1:5 vorgegebene Grundschnitt soll nach unten beschriebenen Angaben verändert werden.

Die Veränderungen sind im angefügten Grundschnitt vorzunehmen, die Teile sind auszuschneiden und auf das Lösungsblatt zu kleben.

Die Konturen sind auszugleichen und nachzuzeichnen.

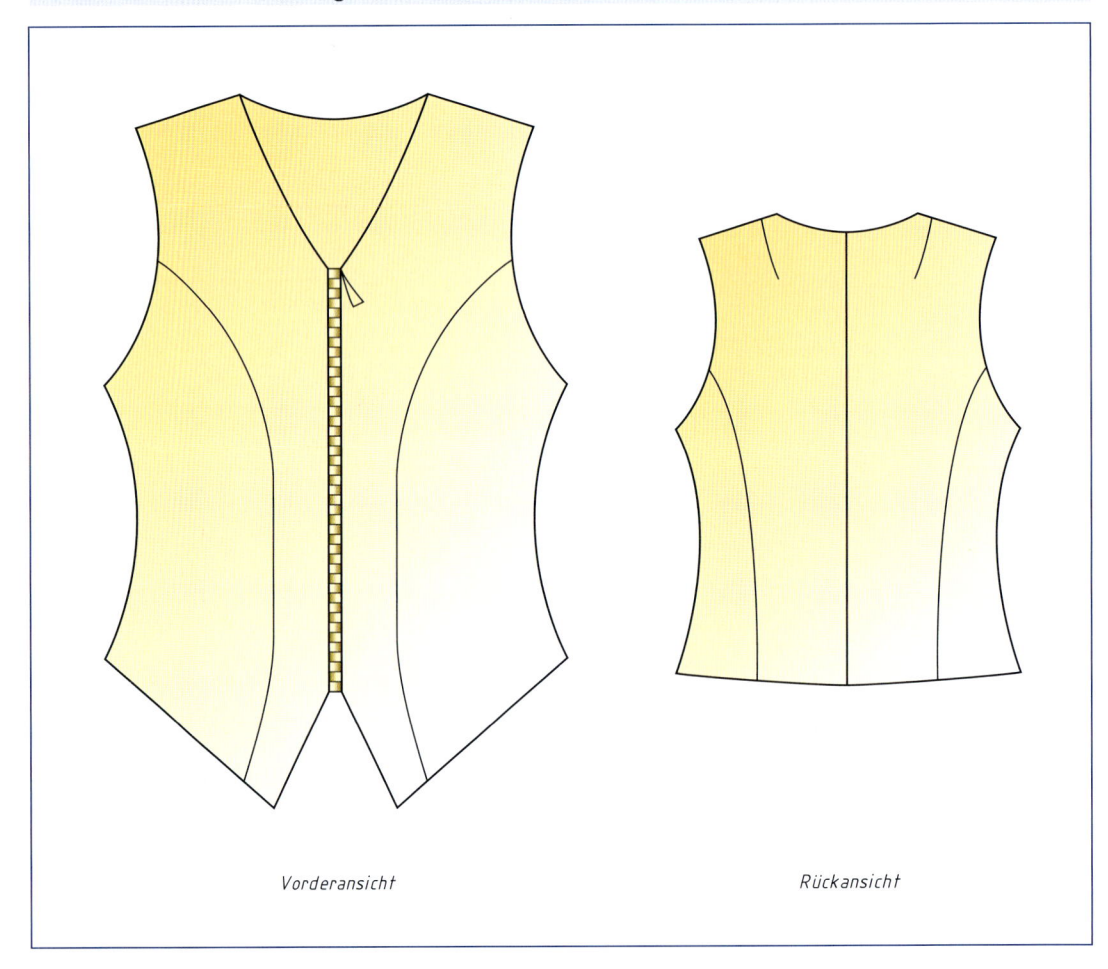

Vorderansicht   *Rückansicht*

Angaben zur Grundschnittveränderung:
- Halsausschnitterweiterung an der Schulternaht: 2 cm
- Halsausschnittvertiefung an der vorderen Mitte: 10 cm
- Beginn der Teilungsnähte im Armloch: 3 cm über Ärmeleinsatz-Punkt
- Länge des Oberteils unterhalb der Taillenlinie: 10 cm an der vorderen Mitte und 20 cm an der Spitze
- Abstand der Spitze von der vorderen Mitte: 7,5 cm
- Die Mehrweite am rückwärtigen Armloch wird als Abnäher in die Schulternaht verlegt.
- Fertige Abnäherlänge am Rückenteil: 8 cm

Die Lösungen der Aufgaben 1 bis 13 befinden sich auf den Seiten 290 bis 292

4 Gestaltung und Konstruktion

Grundschnitt

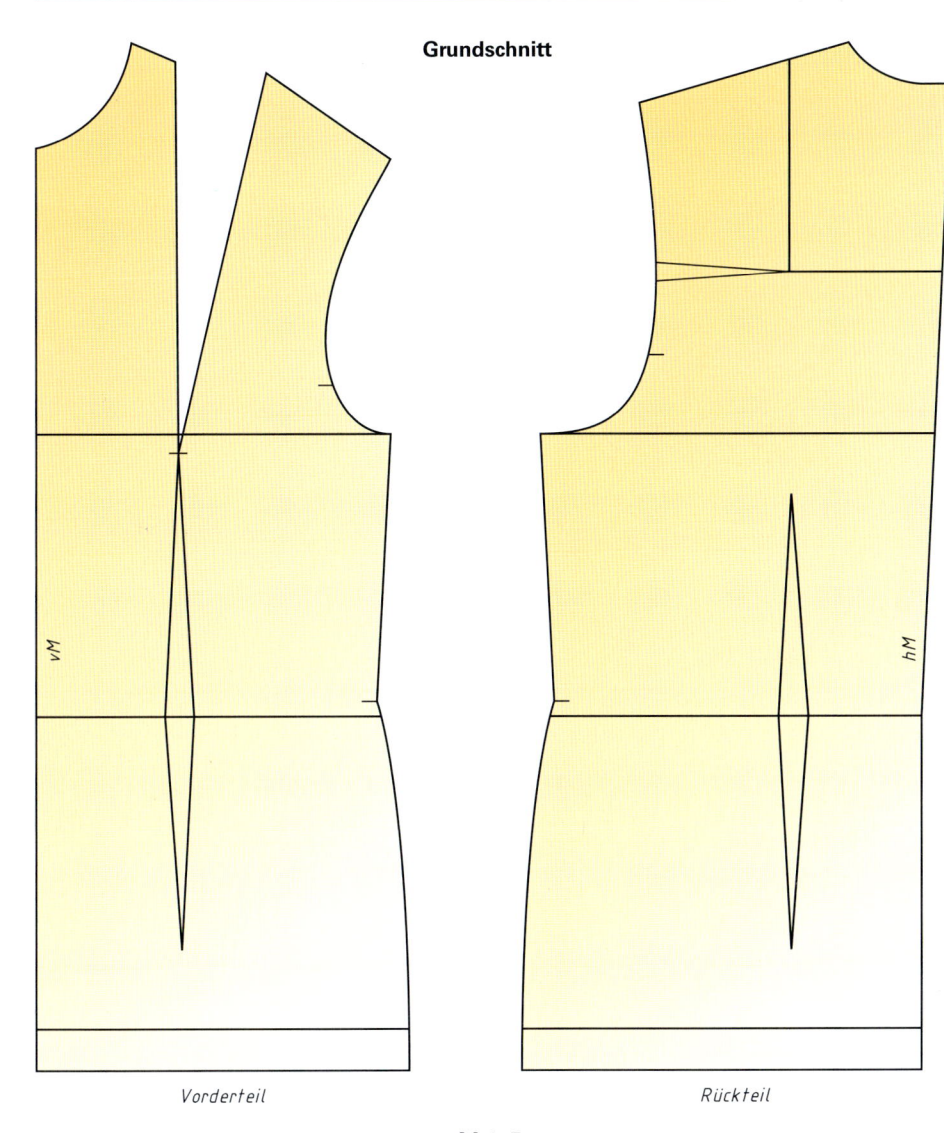

Vorderteil *Rückteil*

M 1:5

Die Lösungen der Aufgaben 1 bis 13 befinden sich auf den Seiten 290 bis 292

5 Lösungsvorschläge

zu 2 Technologie — Gebundene (multiple choice) Aufgaben

1 Ⓓ	2 Ⓑ	3 Ⓔ	4 Ⓑ	5 Ⓔ	6 Ⓔ	7 Ⓓ	8 Ⓓ	9 Ⓒ	10 Ⓓ
11 Ⓒ	12 Ⓐ	13 Ⓒ	14 Ⓔ	15 Ⓔ	16 Ⓔ	17 Ⓒ	18 Ⓒ	19 Ⓑ	20 Ⓔ
21 Ⓓ	22 Ⓓ	23 Ⓒ	24 Ⓒ	25 Ⓔ	26 Ⓑ	27 Ⓔ	28 Ⓑ	29 Ⓑ	30 Ⓓ
31 Ⓓ	32 Ⓓ	33 Ⓓ	34 Ⓔ	35 Ⓑ	36 Ⓐ	37 Ⓔ	38 Ⓔ	39 Ⓔ	40 Ⓑ
41 Ⓓ	42 Ⓑ	43 Ⓔ	44 Ⓑ	45 Ⓔ	46 Ⓐ	47 Ⓐ	48 Ⓓ	49 Ⓐ	50 Ⓑ
51 Ⓒ	52 Ⓔ	53 Ⓔ	54 Ⓑ	55 Ⓒ	56 Ⓒ	57 Ⓑ	58 Ⓓ	59 Ⓒ	60 Ⓑ
61 Ⓔ	62 Ⓓ	63 Ⓒ	64 Ⓐ	65 Ⓓ					

zu 2 Technologie — Ungebundene Aufgaben

Aufgabe 1

Ⓐ Stilepoche: Gotik

Ⓑ ungefährer Zeitraum: 1250 – 1500

Ⓒ Ⓓ Schnabelschuhe Ⓖ Schleppe Ⓗ Tütenärmel
   Ⓙ Bortenverzierung Ⓐ Schecke Ⓑ Beinlinge
   Ⓕ Cotte Ⓒ Gürtel Ⓔ Schapel

Aufgabe 2

Ⓐ Polyester, Polyamid, Polyacryl, Elastan

Ⓑ richtig: 1 – 2 – 8 – 10   falsch: 3 – 4 – 5 – 6 – 7 – 9

Aufgabe 3

	Maßnahmen zur Vermeidung von Schäden	Begründung
1	Dehnwerte überprüfen	Formbeständigkeit erreichen
2	Vor dem Zuschneiden Einlaufwerte überprüfen	Maßhaltigkeit erreichen
3	Geeignete Nadelspitze und Nadelstärke auswählen	Vermeidung von Maschensprengschäden
4	Kanten mit Überwendlichstich sichern	Vermeidung von Fallmaschen und Beibehaltung der Dehnfähigkeit

Aufgabe 4

Gestaltung der Arbeitssysteme	Ⓒ	Ⓓ
Fertigungsplanung	Ⓐ	Ⓔ
Fertigungssteuerung	Ⓑ	Ⓕ

Aufgabe 5

	Schnittteileliste	Anzahl
1	Vorderteil	2
2	Rückenteil	2
3	Formbund (Sattel) vorne	1
4	Formbund (Sattel) hinten	2
5	Rocktasche	2
6	Taschenklappe	2

zu ③ Technische Mathematik — Gebundene (multiple choice) Aufgaben

1 Ⓒ (62,45 %)   4 Ⓑ (12 Biesen)   7 Ⓒ (35,74 Euro)   10 Ⓔ (120 %)

2 Ⓑ (17 h 48 min)   5 Ⓓ (2,0 cm)   8 Ⓓ 1,82 m)   11 Ⓒ (1918,84 Euro)

3 Ⓐ (12,86 Euro)   6 Ⓓ (352 Stück)   9 Ⓒ (13 1/3 %)   12 Ⓑ (124 Stück)

zu ③ Technische Mathematik — Ungebundene Aufgaben

Aufgabe 13

Sozialversicherung$_{Arbeitnehmer}$ 21,25 % ≙ 334,16 Euro

Bruttolohn   100 % ≙ x

$$x = \frac{334{,}16 \text{ Euro} \cdot 100\,\%}{21{,}25\,\%}$$

$$= 1572{,}52 \text{ Euro}$$

Lohnabzüge$_{gesamt}$ = Bruttolohn – Nettolohn
= 1572,52 Euro – 1079,10 Euro
= **493,42 Euro**

Aufgabe 14

	Warenwert	= 29,00 Euro
–	Preisnachlass 29,00 Euro · 25/100	= 7,25 Euro
	Rechnungsbetrag	= 21,75 Euro
–	Mengenrabatt 21,75 Euro · 15/100	= 3,26 Euro
	Zahlungsbetrag	= **18,49 Euro**

Aufgabe 15

r_{aW} = Taillenweite : 2π
   = 66 cm : 2π
   ≈ 10,5 cm

r_{SaW} = r_{aW} + Rocklänge
   = 10,5 cm + 74 cm
   = 84,5 cm

Stoffbreite = r_{SaW} + Nahtzugabe + Saumzugabe
= 84,5 cm + 1,5 cm + 2 cm
= **88 cm = 0,88 m**

Stofflänge = 4 · (r_{SaW} + Saumzugabe)
= 4 · (84,5 cm + 2 cm)
= **346 cm = 3,46 m**

Saumweite = 2 · π · r_{SaW}
= 2 · π · 84,5 cm
≈ **531 cm = 5,31 m**

zu ❹ Gestaltung und Konstruktion — Gebundene (multiple choice) Aufgaben

1 Ⓓ   2 Ⓒ   3 Ⓐ   4 Ⓐ   5 Ⓔ   6 Ⓓ   7 Ⓐ   8 Ⓔ   9 Ⓐ   10 Ⓓ

zu ❹ Gestaltung und Konstruktion — Ungebundene Aufgaben

Aufgabe **11**

11.1 Ganzbild, Eingrößenbild

11.2 Ware mit Strich oder Kopfmuster

11.3 Die rechte vordere Schulterpasse ist doppelt vorhanden bzw. es fehlt eine linke Passe bei Doppelverarbeitung.

Die Säume des Vorderteils und des Rückenteils sind nicht abgerundet.

Der Oberkragen hat einen falschen Fadenlauf bzw. falsche Strichrichtung.

Aufgabe **12**

12.1 Hemdbluse

12.2 Tabelle A

Lfd. Nr.	Benennung der Schnittteile	Anzahl
①	Oberkragen	1
②	Unterkragen	1
③	Innensteg	1
④	Außensteg	1
⑤	Ärmel (rechts und links)	2
⑥	Vorderteil (rechts und links)	2
⑦	Verschlussleiste (rechts und links)	2
⑧	Rückteil	1
⑨	Passe	2
⑩	Tasche	1

12.3 Tabelle B

Lfd. Nr.	Benennung der Näharbeitsgänge
①	Kragen fertigen
②	Kragen aufsetzen
③	Passe annähen
④	Ärmel einsetzen
⑤	Seiten- und Ärmelnähte schließen
⑥	Saumfertigung
⑦	Tasche aufsteppen
⑧	Seitenschlitze steppen
⑨	Ärmelsaum fertigen
⑩	Verschlussleisten fertigen

Aufgabe 13
Lösungsweg

Vorderteil *Rückteil*

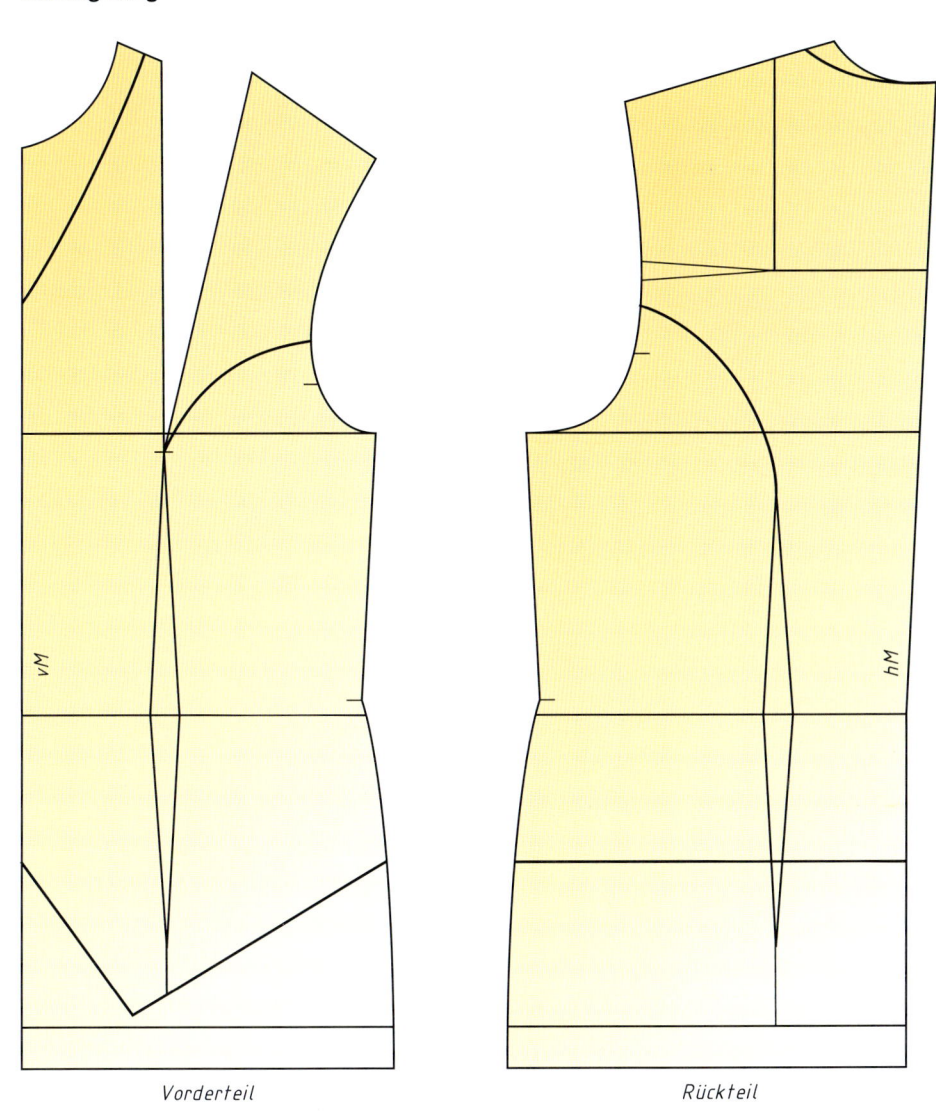

M 1:5

Aufgabe **13** (Fortsetzung)

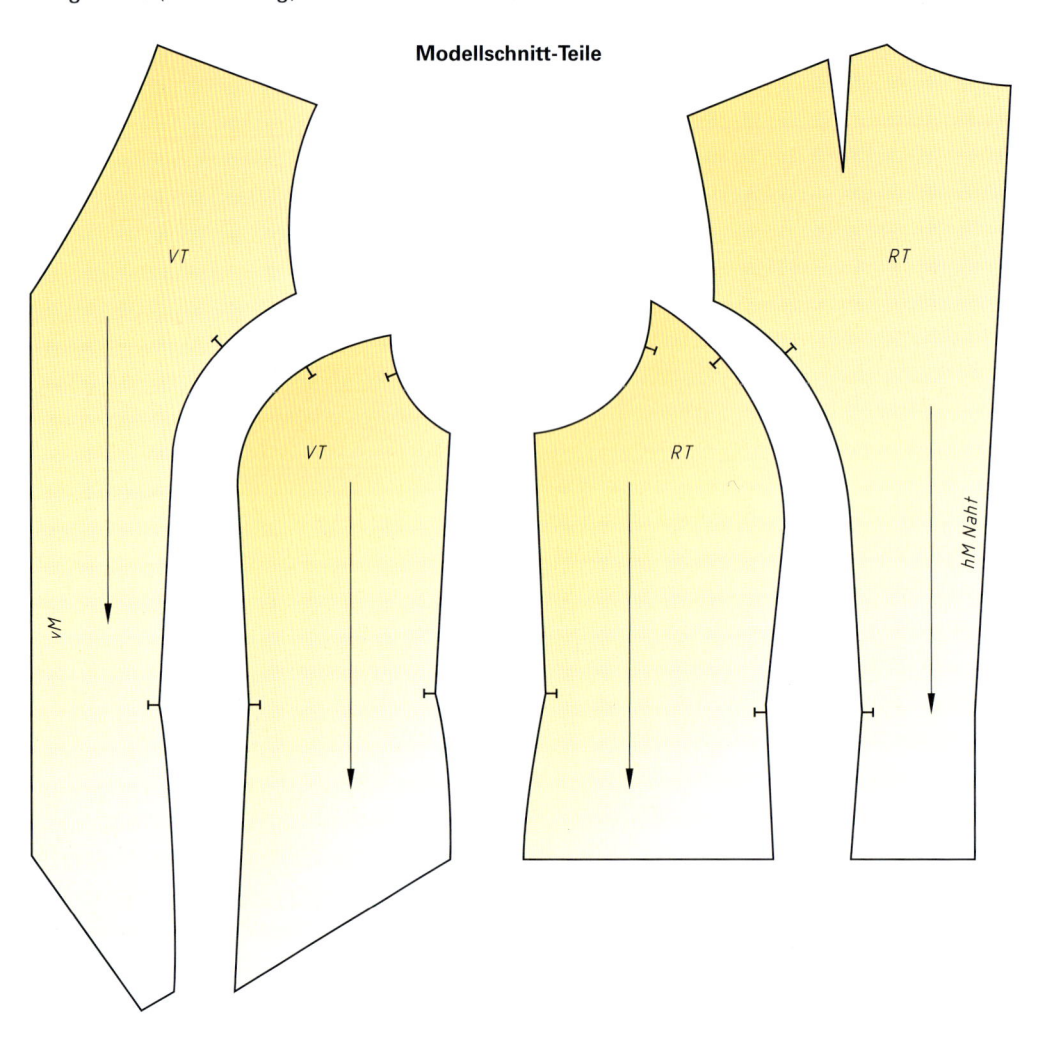

Modellschnitt-Teile

VT

VT

RT

RT

vM

hM Naht

M 1:5

Teil H: Prüfungseinheiten zur Wirtschafts- und Sozialkunde

1 Ungebundene Aufgaben (2 Jahre Regelausbildungsdauer)

Abschlussprüfung in Wirtschafts- und Sozialkunde

Verlangt: 3 aus 4 Aufgaben
Hilfsmittel: Nicht programmierbarer Taschenrechner Bearbeitungszeit: 60 Minuten

Aufgabe 1 Berufsbildung und Arbeitswelt/Verbraucherbewusstes Verhalten/
Entlohnung der Arbeit

Lohnabrechnung					Monat, Jahr	02/2011
Name, Vorname	Sonja Brugger				Geburtsdatum	24.01.1990
Lohndaten	Steuerklasse 1	Konfession RK	Tätigkeit 35211		Wochenstunden	37,00
Lohnart	bez. Std.		%	Lohnsatz		Betrag
Zeitlohn	42,90		123	13,43 €		576,15 €
Urlaubsentgelt	6,76		123	13,43 €		90,79 €
VWL AG-Anteil						20,00 €
Zeitakkord	135,13		122,73	ARS 10,92 €		1475,62 €
60 Stück/h		8 108 Stück		In 110,10 Std.		
Gesamtbrutto						2162,56 €
Lohnsteuer	258,91 €	SolZ	14,24 €	Kirchensteuer	20,71 €	
KV-Beitrag	177,33 €	PV-Beitrag	26,49 €			
RV-Beitrag	215,17 €	ALV-Beitrag	32,44 €			
Nettoverdienst						1417,27 €
VWL (Bausparvertrag)						40,00 €
Auszahlung per Überweisung						1377,27 €
Kontonummer		Kreditinstitut		Bankleitzahl		

1. Sonja Brugger, Modenäherin in einem Strickwarenbetrieb, überprüft ihre Lohnabrechnung. Bei der Ermittlung ihrer Akkord-Tätigkeit ist der ARS mit 10,92 € angeben.
    1.1 Erläutern Sie die Abkürzung **ARS**.
    1.2 Nennen Sie jeweils zwei Argumente, die für bzw. gegen eine **Entlohnung im Akkord** sprechen.

2. In der Abrechnung werden die Vermögenswirksamen Leistungen **VWL** zweimal aufgeführt. Erklären Sie den Hintergrund.

3. Sonja überlegt sich, welche Leistungen sie im Rahmen der **Sozialversicherungen** erhält, für die sie Beiträge bezahlen muss.
Nennen Sie diese Versicherungszweige und geben Sie jeweils zwei Leistungen an.

4. Das Schneidern ist für Sonja Beruf und Hobby zugleich. Sie möchte sich deshalb eine komfortable Nähmaschine anschaffen und erhält im Fachgeschäft folgendes Angebot:
Anschaffungspreis 2250,00 €, Anzahlung 250,00 €, 12 Monatsraten zu je 180,00 €.
Berechnen Sie den prozentualen Aufpreis **bei Ratenzahlung**.

5. Für Ratenkäufe bzw. Teilzahlungsgeschäfte gelten bestimmte Schutzvorschriften, die durch das BGB geregelt werden.
Erläutern Sie in diesem Zusammenhang die Begriffe **Widerrufsrecht** und **Eigentumsvorbehalt**.

Der Lösungsvorschlag befindet sich auf den Seiten 301 bis 306

Aufgabe 2 Grundlagen des Vertragsrechts/Verbraucherbewusstes Verhalten/Umgang mit Geld

Lena hat sich einen neuen Skianzug gekauft.

Als sie beim ersten Tragen feststellt, dass dieser bei Schneefall völlig durchnässt, reklamiert sie dies im Sportgeschäft, in dem sie ihn gekauft hat.

„Auf dem Etikett steht nicht, dass die Ware wasserdicht sein soll", meinte die Verkäuferin.

Lena ist der dennoch der Meinung, dass ein Mangel vorliegt.

Oberstoff: 100 % Polyamid
Hauptfutter: 100 % Polyester
Ärmelfutter: 100 % Polyamid
Wattierung: 100 % Polyester

Feinwaschmittel verwenden
Nicht in der Waschlauge liegen lassen
Oberteil und Hose getrennt waschen

1. Stellen Sie anhand des BGB-Auszuges fest, ob ein **Mangel** vorliegt, und begründen Sie dies.
2. Zeigen Sie die Rechte auf, die Lena bei einer Mängelrüge laut **BGB** zustehen.
3. Bewerten Sie die einzelnen **Rechte** im Zusammenhang mit dem konkreten Fall.
4. In der BRD gilt das **Textilkennzeichnungsgesetz (TKG)**.
   Geben Sie mit Hilfe des abgebildeten Warenetiketts für den Skianzug an, welche dieser Angaben gesetzlich vorgeschrieben und welche freiwillig sind.
5. Lena möchte sich künftig vor einem Kauf über **Produkteigenschaften** informieren.
   Schlagen Sie **drei** Informationsquellen vor.
6. Zur Bezahlung des Skianzugs hat Lena ihre **Girocard** eingesetzt.
   Erläutern Sie die hierbei möglichen Zahlungsarten.

Auszug aus dem Bürgerlichen Gesetzbuch (BGB)

§ 434 Sachmangel
(1) Die Sache ist frei von Sachmängeln, wenn sie bei Gefahrenübergang die vereinbarte Beschaffenheit hat. Soweit die Beschaffenheit nicht vereinbart ist, ist die Sache frei von Sachmängeln,
1. wenn sie sich für die nach dem Vertrag vorausgesetzte Verwendung eignet, sonst
2. wenn sie sich für die gewöhnliche Verwendung eignet und eine Beschaffenheit aufweist, die bei Sachen der gleichen Art üblich ist …
Zu der Beschaffenheit … gehören auch Eigenschaften, die der Käufer nach den öffentlichen Äußerungen des Verkäufers, des Herstellers … insbesondere in der Werbung oder bei der Kennzeichnung … erwarten kann.

§ 437 Rechte des Käufers bei Mängeln
Ist die Sache mangelhaft, kann der Käufer, …
2. … Nacherfüllung verlangen,
3. … von dem Vertrag zurücktreten oder … den Kaufpreis mindern
5. … Schadenersatz oder … Ersatz vergeblicher Aufwendungen verlangen.

§ 439 Nacherfüllung
(1) Der Käufer kann als Nacherfüllung nach seiner Wahl die Beseitigung des Mangels oder die Lieferung einer mangelfreien Sache verlangen.

§ 440 Besondere Bestimmungen für Rücktritt und Schadenersatz
… Eine Nachbesserung gilt nach dem erfolglosen zweiten Versuch als fehlgeschlagen …

§ 441 Minderung
(1) Statt zurückzutreten kann der Käufer den Kaufpreis mindern …

Der Lösungsvorschlag befindet sich auf den Seiten 301 bis 306

1 Ungebundene Aufgaben (2 Jahre Regelausbildungsdauer)

Aufgabe ❸   *Umgang mit Geld/Grundlagen des Arbeitsrechts/Entlohnung der Arbeit*

Reallohn-Entwicklung

Bruttostundenlohn abzüglich Inflationsrate (Verbraucherpreisanstieg), Veränderung gegenüber dem Vorjahr in Prozent

Jahr	Veränderung
1992	+3,8
'93	+1,3
'94	−0,6
'95	+2,5
'96	+1,5
'97	−0,9
'98	+0,3
'99	+1,7
2000	+1,4
'01	+0,8
'02	+0,5
'03	+0,7
'04	−1,3
'05	−0,5
'06	−0,5
'07	−0,9
'08	−0,3
2009	+2,5

FR/Galanty; Quelle: Statistisches Bundesamt

1. Sybille entdeckt in der Tageszeitung die oben abgebildete Grafik und überlegt sich die Bedeutung der Begriffe **Reallohn** und **Inflation**.
   Geben Sie jeweils eine Erklärung.

2. Legen Sie die wesentliche **Aussage der Grafik** dar.

3. Eine Inflationsart ist die **Kosteninflation**.
   Erläutern Sie diesen Begriff und geben Sie **drei** mögliche Ursachen für eine Kosteninflation an.

4. Erläutern Sie in Bezug zur Lohnentwicklung die unterschiedlichen **Auffassungen der Arbeitgeber und der Gewerkschaften**.

5. In der BRD sind die **Lohn-Zusatzkosten (Lohn-Nebenkosten)** im internationalen Vergleich sehr hoch. Geben Sie **drei** Beispiele für diese Kosten.

6. Bei Tarifverhandlungen spielen höhere Lohnforderungen in der Regel eine wesentliche Rolle.
   Erklären Sie im Zusammenhang mit dem Tarifvertragsgesetz die Bedeutung der Begriffe **Tarifautonomie, Allgemeinverbindlichkeit, Unabdingbarkeit** und **Friedenspflicht**.

Der Lösungsvorschlag befindet sich auf den Seiten 301 bis 306

Aufgabe 4 Grundlagen des Arbeitsrechts/Umgang mit Geld

Michael ist 22 Jahre alt und seit vier Jahren als Modenäher in einem Bekleidungsbetrieb beschäftigt. Er möchte im September eine schulische Weiterbildung beginnen und sich vorher noch einen ausgiebigen Urlaub gönnen.

1. Geben Sie den spätesten **Kündigungstermin** für Michael an, wenn das Arbeitsverhältnis am 15. Juli enden soll und belegen Sie Ihre Antwort anhand des folgenden BGB-Auszuges.

   > **§ 622 BGB Kündigungsfristen bei Arbeitsverhältnissen**
   >
   > (1) Das Arbeitsverhältnis eines (…) Arbeitnehmers kann mit einer Frist von vier Wochen zum Fünfzehnten oder zum Ende eines Kalendermonats gekündigt werden.
   >
   > (2) Für eine Kündigung durch den Arbeitgeber beträgt die Kündigungsfrist, wenn das Arbeitsverhältnis in dem Betrieb oder Unternehmen
   > 1. zwei Jahre bestanden hat, einen Monat zum Ende eines Kalendermonats,
   > 2. fünf Jahre bestanden hat, zwei Monate zum Ende eines Kalendermonats,
   > 3. acht Jahre bestanden hat, drei Monate zum Ende eines Kalendermonats,
   > 4. zehn Jahre bestanden hat, vier Monate zum Ende eines Kalendermonats,
   > 5. zwölf Jahre bestanden hat, fünf Monate zum Ende eines Kalendermonats,
   > 6. 15 Jahre bestanden hat, sechs Monate zum Ende eines Kalendermonats,
   > 7. 20 Jahre bestanden hat, sieben Monate zum Ende eines Kalendermonats.
   >
   > Bei der Berechnung der Beschäftigungsdauer werden Zeiten, die vor der Vollendung des 25. Lebensjahrs des Arbeitnehmers liegen, nicht berücksichtigt.

2. Michael bittet seinen Arbeitgeber, ihm ein **qualifiziertes Arbeitszeugnis** auszustellen.

   2.1 Geben Sie den Unterschied zu einem einfachen Arbeitszeugnis an.

   2.2 Zeigen Sie die Bedeutung eines Arbeitszeugnisses auf.

3. Als Urlaubsziel hat sich Michael die USA ausgewählt. Obwohl er dort überwiegend seine Kreditkarte einsetzen wird, möchte er dennoch bereits in Deutschland Euro in US-Dollar umtauschen.

   3.1 Ermitteln Sie mit Hilfe des abgebildeten **Sortenkurses** den Betrag in Euro, den er für 200 USD bezahlen muss.

   3.2 Begründen Sie, warum in diesem Falle für die Umrechnung der Sortenkurs und nicht der Devisenkurs zugrunde gelegt wird.

4. Beim Geldumtausch schlägt die Bankangestellte vor, eventuell auch noch **Reiseschecks** zu kaufen.
   Zeigen Sie den Einsatz von Reiseschecks auf.

5. Michael hofft, dass er bei seinem Urlaub von seinen Ersparnissen noch einen Betrag übrig hat und diesen möglichst zinsbringend anlegen kann.
   Er findet die im Abschnitt der Tageszeitung aufgeführten Konditionen für den **Sparbrief** und das **Termingeld** interessant.
   Beurteilen Sie die beiden Sparformen.

Sorten & Devisen

Nicht €-Länder 1 Euro =	Sorten Ank./Verk.	Devisen Geld/Brief
Austr. Dollar	1,21/1,42	1,30/1,32
Dän. Kronen	7,11/7,86	7,43/7,47
Brit. Pfund	0,79/0,87	0,83/0,83
Hongk. Dollar	8,80/11,60	10,04/10,14
Japan. Yen	102,67/116,67	107,83/108,31
Kanad. Dollar	1,21/1,37	1,28/1,29
Norw. Kronen	7,34/8,34	7,69/7,74
Polnische Zloty	3,33/4,69	3,81/3,86
Schwed. Kronen	8,42/9,57	8,82/8,87
Schweiz. Franken	1,23/1,31	1,26/1,26
Südafrik. Rand	7,11/11,51	8,76/9,00
Thailänd. Baht	32,28/50,28	38,66/40,26
Tschech. Kronen	20,69/27,09	24,02/24,82
Türkische Lira	1,90/2,20	2,02/2,07
Ung. Forint	223,65/353,65	273,38/278,58
US-Dollar	1,24/1,37	1,29/1,30

Zinsen

Bund-Future	124,68 %
Sparbrief 4 Jahre	1,00 – 3,33 %
Festgeld ab 5.000 Euro Laufzeit 1 Monat	0,15 – 1,25 %
3 Mon. Termingeld ab 5.000 Euro Laufzeit 3 Monate	0,25 – 1,50 %

Der Lösungsvorschlag befindet sich auf den Seiten 301 bis 306

2 Ungebundene Aufgaben (3 und 3,5 Jahre Regelausbildungsdauer)

Abschlussprüfung in Wirtschafts- und Sozialkunde

Verlangt: 3 aus 4 Aufgaben
Hilfsmittel: Nicht programmierbarer Taschenrechner
Bearbeitungszeit: 60 Minuten

Aufgabe 1 Berufsbildung und Arbeitswelt/Grundlagen des Arbeitsrechts/ Soziale Marktwirtschaft

1. Nach bestandener Modeschneiderprüfung wird Marina von ihrer Ausbildungsfirma ein **befristetes Arbeitsverhältnis** angeboten. Beurteilen Sie die Situation aus der Sicht von Marina.

2. Die Zahl der befristeten Arbeitsverträge ist in der BRD steigend.
   Nennen Sie zwei Vorteile, die sich aus solchen **Zeitverträgen** für die Unternehmen ergeben sowie zwei Nachteile für den Arbeitnehmer.

3. Marina stellt Überlegungen an, wie sie sich vor **Arbeitslosigkeit** schützen kann.
   Geben Sie drei Möglichkeiten an.

4. Eine niedrige Arbeitslosenquote bzw. Vollbeschäftigung ist eines der **Ziele staatlicher Wirtschaftspolitik**.
   Nennen Sie die drei weiteren Ziele, die im Stabilitätsgesetz der BRD von 1967 festgelegt sind und erläutern Sie in diesem Zusammenhang die Begriffe Zielkonflikte, Magisches Viereck und Magisches Sechseck.

5. Eine Messgröße für die Leistung einer Volkswirtschaft ist das **Bruttoinlandsprodukt (BIP)**.
   Erklären Sie diesen Begriff und unterscheiden Sie hierbei zwischen nominalem und realem BIP.

6. Beschreiben Sie die wesentliche **Aussage der abgebildeten Grafik** und versuchen Sie, die Entwicklungen von 2009 und 2010 zu begründen.

Der Lösungsvorschlag befindet sich auf den Seiten 301 bis 306

Aufgabe 2 Verbraucherbewusstes Verhalten/Umgang mit Geld/Soziale Marktwirtschaft

Preisschock: Wie man die Spritkosten senken kann

Schwere Zeiten für Autofahrer: Superbenzin und Diesel werden immer teurer

ADAC | Kraftstoffpreise in Deutschland

Durchschnittspreise in Cent pro Liter

Super* 152,8
Diesel 144,9

Januar 2011 | Februar | März

Stand: 15. März 2011 Quelle: www.adac.de/tanken *Seit 1.3.2011 Super E10 ADAC *Infogramm*

1. Marie bekommt ihren Schock vom letzten Tanken durch einen Zeitungsbericht bestätigt:
   Der Preis für einen Liter Superbenzin liegt über 1,50 EUR.
   Sie ist Pendlerin und auf ihr Fahrzeug angewiesen. Da sie ihre monatlichen Ausgaben knapp kalkulieren muss, überlegt sie sich, ob sie die **Spritkosten** nicht senken kann. Geben Sie drei Tipps.

2. Erklären Sie im Zusammenhang mit dem Spritpreis den Begriff **Angebotsoligopol** und zeigen Sie die Gefahren auf, die bei dieser Marktform für den Verbraucher entstehen können.

3. Damit auf dem Markt **Wettbewerb** herrschen kann, müssen bestimmte Voraussetzungen erfüllt sein.
   Beschreiben Sie dies anhand von zwei Gesichtspunkten.

4. In der BRD gibt es **Verbraucherschutzgesetze,** die den Wettbewerb regeln.
   Nennen Sie drei.

5. In der Regel bezahlt Marie an der Tankstelle bargeldlos mit der **Girocard** oder mit der **Kreditkarte**.
   Unterscheiden Sie diese beiden Zahlungsarten.

6. Beschreiben Sie jeweils drei Vor- und Nachteile der **Kartenzahlung**.

Der Lösungsvorschlag befindet sich auf den Seiten 301 bis 306

2 Ungebundene Aufgaben (3 und 3,5 Jahre Regelausbildungszeit)

Aufgabe ❸   Berufsbildung und Arbeitswelt/Entlohnung der Arbeit/Soziale Marktwirtschaft

Stefanie (22 Jahre, keine Kinder, römisch-katholisch) wurde nach ihrer Ausbildung zur Modeschneiderin von ihrer Firma übernommen. Sie lebt als Single und besitzt ein Auto.

1. Stefanie sieht in der Tageszeitung das abgebildete Schaubild über die ertragreichsten Steuerarten und denkt darüber nach, welche Steuern auch sie bezahlt.
   Erläutern Sie fünf **Steuerarten**, die Stefanie auf jeden Fall bezahlen muss.

2. Die Grafik zeigt auf, dass die Steuereinnahmen für das Jahr 2010 insgesamt 530.587 Mio. € betrugen. Da der Staat von seinen Bürgern sehr viel abverlangt, überlegt sich Stefanie, wofür er auch viel Geld ausgibt.
   Geben Sie drei **Staatsausgaben** an.

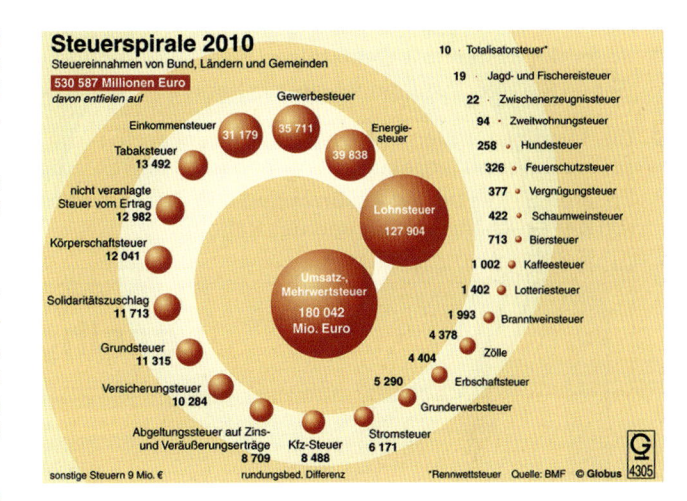

3. Als Stefanie ihre Lohnabrechnung erhält, kann sie kaum glauben, dass von ihrem monatlichen Bruttoeinkommen von 2248,00 € keine 1500 € netto übrig bleiben.
   Ermitteln Sie den exakten **Nettolohn** mit Hilfe der abgebildeten Lohnsteuertabelle sowie den aufgeführten Beitragssätzen zur Sozialversicherung (Arbeitnehmer-Anteil).
   Rentenversicherung: 9,95 %
   Arbeitslosenversicherung: 1,5 %
   Krankenversicherung: 8,2 %
   Pflegeversicherung: 1,225 %

4. Eine Arbeitskollegin hat Stefanie darauf hingewiesen, dass es sinnvoll ist, sich zusätzlich zur gesetzlichen Altersrente abzusichern.
   Zeigen Sie drei Möglichkeiten der **privaten Altersvorsorge** auf.

5. Für ihr Auto muss Stefanie die Kfz-Haftpflichtversicherung bezahlen. Daneben gibt es noch weitere private Versicherungen.
   Schlagen Sie drei weitere **Versicherungen** vor, die für Stefanie notwendig bzw. sinnvoll sind und begründen Sie Ihre Vorschläge.

Der Lösungsvorschlag befindet sich auf den Seiten 301 bis 306

Aufgabe 4 — Grundlagen des Vertragsrechts/Umgang mit Geld/Simulation einer Unternehmungsgründung

Karin mit Meisterprüfung im Maßschneiderhandwerk und die Modedesignerin Meike überlegen, ob sie sich selbstständig machen und zusammen ein Modeatelier eröffnen können.

1. In der Bundesrepublik Deutschland werden Unternehmensgründungen vom Staat unterstützt.
   Geben Sie zwei Institutionen an, die Karin und Meike bei der **Existenzgründung** beraten können.

2. Die künftigen Unternehmerinnen wissen noch nicht, welche Unternehmensform sie wählen sollen. Sie erwägen, eine OHG oder eine GmbH zu gründen.
   Erklären Sie die beiden Abkürzungen und unterscheiden Sie diese beiden **Rechtsformen** hinsichtlich der Geschäftsführung und der Haftung.

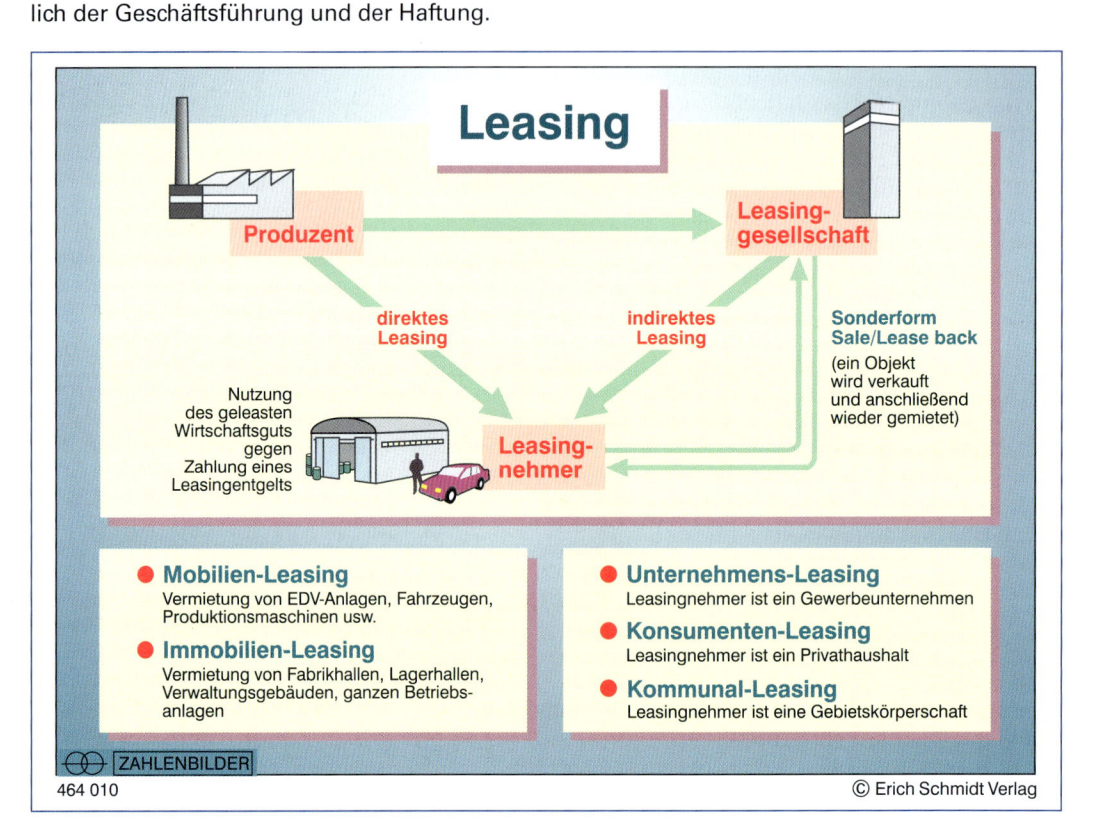

Leasing

Produzent → Leasinggesellschaft

- direktes Leasing
- indirektes Leasing
- Sonderform Sale/Lease back (ein Objekt wird verkauft und anschließend wieder gemietet)

Nutzung des geleasten Wirtschaftsguts gegen Zahlung eines Leasingentgelts

Leasingnehmer

- **Mobilien-Leasing**
  Vermietung von EDV-Anlagen, Fahrzeugen, Produktionsmaschinen usw.
- **Immobilien-Leasing**
  Vermietung von Fabrikhallen, Lagerhallen, Verwaltungsgebäuden, ganzen Betriebsanlagen
- **Unternehmens-Leasing**
  Leasingnehmer ist ein Gewerbeunternehmen
- **Konsumenten-Leasing**
  Leasingnehmer ist ein Privathaushalt
- **Kommunal-Leasing**
  Leasingnehmer ist eine Gebietskörperschaft

ZAHLENBILDER 464 010 © Erich Schmidt Verlag

3. Bezüglich der Anschaffung einer PC-Anlage ist die Entscheidung zu treffen, ob sie den Kaufpreis über eine Bank finanzieren lassen oder mit dem Händler einen Leasingvertrag abschließen sollen.
   Geben Sie die Besonderheiten eines **Leasingvertrages** an und nennen Sie zwei Vorteile.

4. Ein Leasingvertrag ist einem Miet- oder Pachtvertrag ähnlich.
   Geben Sie den wesentlichen Unterschied zwischen einem **Leihvertrag,** einem **Mietvertrag** und einem **Pachtvertrag** an.

5. Zur Finanzierung der weiteren Geschäftsausstattung wird ein Anschaffungsdarlehen in Erwägung gezogen.
   Erläutern Sie zwei mögliche **Sicherheiten,** die ein Kreditinstitut verlangen könnte.

Der Lösungsvorschlag befindet sich auf den Seiten 301 bis 306

3 Lösungsvorschläge

zu ❶ Ungebundene Aufgaben (2 Jahre Regelausbildungsdauer)

Aufgabe ①

1.1 Bei Zeitakkordlohn gilt der **ARS** bzw. **Akkordrichtsatz** als Basislohn. Er richtet sich nach der Eingruppierung der einzelnen Tätigkeiten und ist der tariflich vereinbarte Mindestlohn, der bei Soll- oder Normalarbeit (100%) garantiert wird.

1.2 **Vorteile Akkordlohn:** Leistungsanreiz durch Lohnsteigerung bei höherem Arbeitstempo, die Lohnkosten pro gefertigtem Teil sind genau kalkulierbar.
Nachteile Akkordlohn: Gefahr der Überforderung der Arbeitnehmer, Gefahr der Qualitätsminderung durch Zeitdruck, größerer Aufwand für die Kalkulation der Vorgabezeiten.

2. Der tarifliche bzw. freiwillige **Beitrag des Arbeitgebers zur vermögenswirksamen Sparleistung** ist lohnsteuer- und sozialversicherungspflichtig und wird deshalb dem Bruttoeinkommen zugerechnet. Die **vermögenswirksame Sparleistung des Arbeitnehmers** wird vom Nettoverdienst einbehalten und vom Arbeitgeber an das entsprechende Institut abgeführt.

3. **Krankenversicherung:** Krankheits-, Zahnbehandlungen, Vorsorgeuntersuchungen, Krankenhauspflege, Krankengeld, Mutterschafts-, Familienhilfe.
Pflegeversicherung: Häusliche Pflege (Sach-, Geldleistungen), stationäre Pflege.
Rentenversicherung: Rehabilitationsmaßnahmen (z.B. Kuren, berufliche Umschulung), Altersrente, Witwen-, Witwer-, Waisenrente.
Arbeitslosenversicherung: Arbeitslosengeld, Kurzarbeitergeld, Schlechtwettergeld, Arbeitsvermittlung, Umschulung.

4.
Anzahlung		250,00 €	
+ Raten	12 · 180,00 € =	2160,00 €	
= Ratenpreis		2410,00 €	
− Anschaffungspreis		2250,00 €	≙ 100%
= **Aufpreis bei Ratenzahlung**		160,00 €	≙ x

x = 100% : 2250,00 € · 160,00 € ≈ **7,1%**

5. **Widerrufsrecht:** Mit einer zweiten Unterschrift bestätigt der Käufer die Belehrung darüber, dass er den Vertrag innerhalb von 14 Tagen ohne Angabe von Gründen schriftlich widerrufen kann.
Eigentumsvorbehalt: Der Händler sichert sich ab und bleibt bis zur vollständigen Bezahlung Eigentümer der Ware. Er hat ein Rücknahmerecht, falls der Käufer nicht mehr zahlt.

Aufgabe ②

1. Nach § 434 (1) liegt ein **Mangel** vor. Von einem Skianorak erwartet man, dass er wasserundurchlässig ist. Die für den Verwendungszweck erwartete Beschaffenheit liegt also nicht vor.

2. Nach § 437 besteht das **Recht auf Nacherfüllung,** wahlweise Beseitigung des Mangels (Reparatur) oder Lieferung einer mangelfreien Sache (Ersatzlieferung bzw. Umtausch). Nach zwei Fehlversuchen kann vom Vertrag zurückgetreten oder der Kaufpreis gemindert werden.

3. Zur Beseitigung des Mangels wäre eine nachträgliche Imprägnierung möglich. Diese würde jedoch den Artikel nicht dauerhaft bzw. lang anhaltend wasserdicht machen. Der Umtausch bei einem Serienartikel wäre nur bei einem Produktionsfehler sinnvoll. Bei einer Preisminderung ist der Artikel dennoch nicht für den Verwendungszweck geeignet. Der Rücktritt vom Vertrag wäre empfehlenswert und bietet die Möglichkeit, sich für ein anderes Modell mit den geforderten Eigenschaften zu entscheiden.

Fortsetzung auf Seite 302

4. Das **Textilkennzeichnungsgesetz (TKG)** schreibt vor, dass Textilien, die in den Handel kommen, mit Angaben über die Rohstoffzusammensetzung und den prozentualen Anteilen versehen sein müssen. Zusätzliche Angaben wie z.B. Pflegeanleitungen sind freiwillig.

5. Über **Produkteigenschaften** informieren die Verbraucherzentralen bzw. Verbraucherberatungsstellen, die Stiftung Warentest mit der Zeitschrift „test", Fachzeitschriften, Fernseh- und Hörfunksendungen.

6. Zahlungsmöglichkeiten mit der **Girocard**:
Elektronisches Lastschriftverfahren mit Unterschrift auf Beleg (POZ: Point of Sale-ohne Zahlungsgarantie), bargeldloses Bezahlen mit PIN (EC: Electronic Cash; Online-Abbuchung mit Zahlungsgarantie), bei Geldkartenfunktion mit Chip: bargeldloses Bezahlen mit verfügbarem Guthaben.

Aufgabe ③

1. Mit **Reallohn** wird die tatsächliche Kaufkraft des Verdienstes ausgedrückt. Er berücksichtigt die Veränderungen des Preisniveaus, während die tatsächliche Summe des Entgeltes (in Geldeinheiten) mit Nominallohn bezeichnet wird.
Mit **Inflation** bezeichnet man einen andauernden Anstieg des Preisniveaus. Die vorhandenen Geldeinheiten pro Gütereinheit steigen, dies führt zu einer Geldentwertung, die Güter werden teuer.

2. Die Grafik zeigt in einem Säulendiagramm die **prozentuale Veränderung der Reallöhne** gegenüber dem Vorjahr von 1992 bis 2009. In den Jahren 1994, 1997 und 2004 bis 2008 war die Veränderung negativ, das heißt, die Inflationsrate bzw. der Anstieg der Verbraucherpreis war höher als die Lohnentwicklung.

3. Bei einer **Kosteninflation** gibt das Unternehmen seine erhöhten Produktionskosten über den Preis an die Käufer ab. Sie kann z.B. verursacht werden durch die Erhöhung der Tariflöhne, Verteuerung der Rohstoffpreise, Steuererhöhungen, Investitionen durch gesetzliche Auflagen.

4. Die Arbeitgeber sind der Auffassung, dass Lohnerhöhungen und damit steigende Lohnkosten zu höheren Preisen führen **(Lohn-Preis-Spirale)**.
Die Gewerkschaften vertreten die Meinung, dass Lohnerhöhungen erforderlich sind, um steigende Preise aufzufangen **(Preis-Lohn-Spirale)**.

5. **Lohn-Zusatzkosten** sind z.B. die Arbeitgeberanteile an den Sozialversicherungsbeiträgen, Lohnfortzahlung bei Krankheit, bezahlte Feiertage, bezahlter Urlaub, Sonderzahlungen (Urlaubs-, Weihnachtsgeld), der AG-Anteil an den vermögenswirksamen Leistungen.

6. Grundsatz der **Tarifautonomie** ist, dass die Tarifpartner selbstständig (ohne staatliche Einmischung) Tarifverträge aushandeln können.
Allgemeinverbindlichkeit liegt vor, wenn Tarifverträge für alle Arbeitgeber und Arbeitnehmer gelten, auch wenn sie nicht dem Arbeitgeberverband oder der Gewerkschaft angehören.
Unabdingbarkeit bedeutet, dass tarifliche Vereinbarungen Mindestbedingungen sind und nicht unterschritten werden dürfen.
Für die Laufzeit eines Tarifvertrages gilt **Friedenspflicht,** das heißt, es dürfen keine Arbeitskampfmaßnahmen durchgeführt werden.

Aufgabe ④

1. Spätester Kündigungstermin ist der 17. Juni, da die Kündigungsfrist 4 Wochen (28 Tage) beträgt. Eine verlängerte Kündigungsfrist muss nicht beachtet werden, da die Kündigung vom Arbeitnehmer ausgeht und ohnehin die Beschäftigungsdauer vor Vollendung des 25. Lebensjahres nicht berücksichtigt wird.

3 Lösungsvorschläge zu 2

2. 2.1 Ein **einfaches Arbeitszeugnis** enthält Angaben über die Art und Dauer der Beschäftigung. Wenn der Arbeitnehmer es wünscht, kann vermerkt werden, dass er selbst gekündigt hat.
Bei einem **qualifizierten Arbeitszeugnis** werden auf Wunsch des Arbeitnehmers auch Führung und Leistung mit einbezogen.
    2.2 Das Arbeitszeugnis soll dem ausscheidenden Arbeitnehmer bei der Bewerbung um einen Arbeitsplatz dienlich sein. Für den zukünftigen Arbeitgeber soll es eine klare Aussage bezüglich der Fähigkeiten des Arbeitnehmers enthalten.

3. 3.1 Für 200 USD müssen 200 · 1,37 EUR = **274 EUR** bezahlt werden.
    3.2 Für das Umrechnen von Bargeld (am Bankschalter normalerweise nur Scheine) gilt der Sortenkurs. Der Devisenkurs gilt hingegen für die Umrechnung von unbaren Zahlungsmitteln (z.B. Schecks, Wechsel, Zahlungsanweisungen).

4. **Reiseschecks** werden über einen bestimmten Betrag in einer bestimmten Währung (z.B. EURO, US-Dollar) ausgestellt und von Banken oder Sparkassen im Inland gegen Bezahlung verkauft. Die anfallende Gebühr enthält eine Versicherung über den Ersatz verloren gegangener oder gestohlener Reisschecks. Reiseschecks können wie Bargeld eingesetzt werden. Nicht benötigte Reiseschecks werden wieder zurückgekauft.

5. **Sparbriefe** werden von Banken und Sparkassen verkauft. Es handelt sich um Wertpapiere, die nicht an der Börse gehandelt werden und dadurch auch keinem Kursrisiko unterliegen. Es ist eine längerfristige Geldanlage (z.B. 4 Jahre), meist ohne vorzeitige Rückzahlungsmöglichkeit. Die Verzinsung ist dementsprechend höher als bei Sparbucheinlagen.
Mit **Termingeld** wird eine kurzfristige Geldeinlage bezeichnet (z.B. 30, 60, 90, 180 360 Tage). Man erhält auch einen erhöhten Zins, der Anlegebetrag beginnt in der Regel bei 5000 EUR.

zu ❷ Ungebundene Aufgaben (3 und 3,5 Jahre Regelausbildungsdauer)

Aufgabe ①

1. Marina ist froh, dass sie nach abgeschlossener Ausbildung nicht arbeitslos ist und wenigstens einen **befristeten Arbeitsvertrag** erhält. In dieser Zeit kann sie sich bewähren und Berufserfahrung gewinnen. Dadurch verbessern sich ihre Chancen auf dem Arbeitsmarkt, bzw. in ein unbefristetes Arbeitsverhältnis übernommen zu werden.

2. **Vorteile für die Unternehmen:** Sie können besser auf Veränderungen der Auftragslage reagieren. Eine längerfristige Einstellung auf Probe ist möglich. Das Risiko neuer Arbeitsplätze bei Existenzgründungen wird vermindert.
Nachteile für den Arbeitnehmer: Die unsichere Vertragsverlängerung kann demotivierend sein. Eine längerfristige Planung ist nicht möglich.

3. Sich **beruflich weiterbilden** und mit der Entwicklung der Technik Schritt halten, flexiblere Einsatzmöglichkeiten erhalten, z.B durch Fachkurse in Computertechnik, weitere berufliche Qualifikationen anstreben, z.B. Techniker-, Meisterausbildung, einen fehlenden Bildungsabschluss nachholen oder sich in Fremdsprachen weiterbilden

4. Die weiteren **Ziele der Wirtschaftspolitik sind:** Preisstabilität, angemessenes Wirtschaftswachstum, außenwirtschaftliches Gleichgewicht. Es ist sehr schwierig, alle wirtschaftlichen Ziele gleichzeitig zu erreichen. Beim Erreichen eines Zieles ist oftmals jedoch die Erfüllung eines anderen Zieles behindert. Da hierzu magische Kräfte erforderlich wären, spricht man vom magischen Viereck. Um die zusätzlichen Ziele wie Umweltschutz, gerechte Einkommens- und Vermögensverteilung zu erreichen, hat man das magische Viereck zu einem magischen Sechseck erweitert.

5. Das **Bruttoinlandsprodukt** erfasst den Wert aller Dienstleistungen und Sachgüter, der innerhalb eines Jahres innerhalb der Landesgrenzen entstanden ist.
Das nominale BIP zeigt den betragsmäßigen Wert in bestehenden Preisen auf, das reale BIP berücksichtigt die Inflationsrate.

Fortsetzung auf Seite 304

6. Das Schaubild zeigt die **Entwicklung der Wirtschaftskraft** von 1992 bis 2010 in einem Kurvendiagramm auf. Die prozentualen Veränderungen des Bruttoinlandsprodukts (BIP) gegenüber dem Vorjahr bilden die Kurvenpunkte. In den Jahren 1993, 2003 und 2009 war das Wachstum negativ, 1994, 2000, 2006 und 2010 waren deutliche Steigerungen erfolgt.
2009 war weltweit ein Krisenjahr, verursacht durch finanzielle Probleme einzelner Banken, wodurch eine Kettenreaktion ausgelöst wurde.
Die Folge war die Schädigung der Finanzmärkte und der gesamten Volkswirtschaft. In der BRD sank das Wirtschaftswachstum um 4,7%. Durch den Konjunkturaufschwung (steigende Exporte, stärkere Binnennachfrage) konnte im Jahr 2010 das BIP wieder um 3,6% steigen.

Aufgabe ②

1. **Tipps:** Sich zielgerichtet nach der billigsten Tankstelle umschauen (Umwege lohnen sich aber nicht), Tanken an Autobahntankstellen vermeiden, auf wirtschaftliches Fahren im niedertourigen Bereich achten, unnötiges Beschleunigen und unnötiges Gewicht vermeiden, auf richtigen Reifendruck achten

2. Bei einem **Angebotsoligopol** stehen sich wenige Anbieter und viele Nachfrager gegenüber. Durch die eingeschränkte Konkurrenz entsteht ein Preiskampf. Preisführerschaft und Preisabsprachen können den Wettbewerb ausschalten.

3. **Wettbewerb** herrscht, wenn eine möglichst große Zahl von selbstständig entscheidenden Marktteilnehmern (Betrieben) mit den erlaubten Mitteln des Wettbewerbs (Preis, Qualität, Lieferfrist, Serviceleistungen, Zahlungsbedingungen u.a.) um die Aufträge wetteifern.
Kein Unternehmen darf eine marktbeherrschende Stellung besitzen. Der Zutritt zum Markt muss auch neuen Marktteilnehmern möglich sein.

4. **Verbraucherschutzgesetze** sind z.B. das Gesetz gegen den unlauteren Wettbewerb, das Gesetz gegen Wettbewerbsbeschränkungen (Kartellgesetz), das Produkthaftungsgesetz.

5. **Girocard:** Der Zahlungsbetrag wird vom Girokonto abgebucht. Bei Eingabe der PIN (persönliche Identifikationsnummer) erfolgt direkte Online-Abbuchung (die Bank garantiert die Zahlung); bei Unterschrift auf dem Lastschriftbeleg erfolgt nachträgliche Abbuchung (der Zahlungsempfänger trägt das Risiko, dass das Konto nicht gedeckt ist).
Kreditkarte: Die Zahlung erfolgt mittels Lastschriftverfahren. Die Kreditkartenfirma erstellt nach einem bestimmten Zeitraum (z.B. am Monatsende) eine Abrechnung über die angefallenen Rechnungen. Der Gesamtbetrag wird erst dann aufgrund der zuvor erteilten Einzugsermächtigungen vom Girokonto des Karteninhabers abgebucht.

6. **Vorteile der Kartenzahlung:** Man muss keine größeren Bargeldbeträge bei sich tragen, sie ist bequem und sicherer; man kann Spontankäufe tätigen, hat bei der Kreditkarte bis zur Abbuchung einen zeitlichen Spielraum.
Nachteile der Kartenzahlung: Man gibt leichter Geld aus, verliert aber auch leichter den Überblick, die Gefahr der Verschuldung steigt; Kartenzahlung ist nicht überall möglich, Gefahr des Missbrauchs bei Verlust.

Aufgabe ③

1. Als Arbeitnehmerin ist **Lohnsteuer** und **Solidaritätszuschlag** zu bezahlen.
Als Verbraucher/-in ist **Mehrwertsteuer** zu bezahlen, die in den Kaufpreisen für Lebensmittel, Kleidung usw. enthalten ist.
Als Autohalterin ist **Kraftfahrzeugsteuer, Mineralölsteuer** und **Versicherungssteuer** bei der Kfz-Haftpflichtversicherung zu bezahlen.

2. **Staatsausgaben:** Arbeit und Soziales, Verkehr, Verteidigung, Bildung und Forschung

3. Lohnabrechnung:

Bruttoverdienst			2248,00 €
− Lohnsteuer			281,58 €
− Solidaritätszuschlag			15,48 €
− Kirchensteuer			22,52 €
− Rentenversicherung	2248,00 € · 9,95/100	=	223,68 €
− Arbeitslosenversicherung	2248,00 € · 1,50/100	=	33,72 €
− Krankenversicherung	2248,00 € · 8,20/100	=	184,34 €
− Pflegeversicherung	2248,00 € · 1,225/100	=	27,54 €
= Nettoverdienst		**=**	**1459,14 €**

4. **Private Altersvorsorge:** Riester-Rente, Private Rentenversicherung, Betriebliche Altersvorsorge, Lebensversicherung auf Kapital- oder Rentenbasis

5. **Berufsunfähigkeitsversicherung:** Die Absicherung einer Berufsunfähigkeit ist vor allem in den ersten Berufsjahren wichtig.
Private Haftpflichtversicherung: Sie deckt Schäden, die einem Dritten zugefügt werden.
Private Unfallversicherung: Die Absicherung bei privaten Unfällen ist insbesondere für Berufsanfänger sinnvoll.
Private Zusatzkrankenversicherung: Sie deckt z.B. Kosten für Zahnersatz und Brillen.

Aufgabe ④

1. **Beratungshilfen** bei Existenzgründung geben berufsständische Organisationen wie die Handwerkskammer bzw. die Industrie- und Handelskammer, Fachverbände, Steuerberater, Kreditinstitute, Rechtsanwälte und Notare, Freie Unternehmensberater usw.

2. **Rechtsform OHG:** Offene Handelsgesellschaft
   Geschäftsführung: Jeder Mitinhaber ist zur Geschäftsführung und Vertretung der Firma berechtigt und verpflichtet (falls keine abweichenden Regelungen im Gesellschaftsvertrag).
   Haftung: Alle Geschäftsführer haften persönlich, unbeschränkt und solidarisch, d. h. auch mit dem Privatvermögen und für den/die anderen Geschäftsführer.

   Rechtsform GmbH: Gesellschaft mit beschränkter Haftung
   Geschäftsführung: Die Geschäftsführung als leitendes Organ besteht aus einer oder aus mehreren Personen. Sie wird von der Gesellschafterversammlung gewählt.
   Haftung: Die Haftung der Gesellschaft bezieht sich nur auf das Gesellschaftsvermögen, nicht auf das Privatvermögen der Gesellschafter.

3. Durch Abschluss eines **Leasingvertrages** mit einem Leasingunternehmen (Leasinggeber) und Zahlen einer Leasingrate kann der Leasingnehmer Maschinen, Gebäude, Anlagen und Fahrzeuge nutzen, die sonst durch vorhandenes Eigenkapital oder durch einen Kredit finanziert werden müssten. Nach der vereinbarten Laufzeit wird die Sache zurückgegeben, eventuell kann sie auch gekauft werden. **Vorteile:** Eine geleaste Anlage kann nach kurzer Nutzungsdauer durch eine neue, moderne Anlage ersetzt werden. Durch die Leasinggesellschaft ist eine ständige Beratung und Betreuung möglich. Es können sich steuerliche Vorteile ergeben.

4. Bei einem **Leihvertrag** wird die Sache unentgeltlich zum Gebrauch überlassen.
   Beim **Mietvertrag** wird die Sache gegen Entgelt (Mietzins) zum Gebrauch überlassen.
   Bei einem **Pachtvertrag** darf die Sache gegen Zahlung eines Entgelts (Pachtzins) nicht nur gebraucht werden, sondern es steht dem Pächter auch der Ertrag zu.

5. Möglichkeiten der Kreditsicherung sind z.B. die **Bürgschaft:** Ein Bürge verpflichtet sich schriftlich, für die Schuld des Kreditnehmers einzustehen. Die **Sicherungsübereignung:** Das Eigentum an der Sache wird dem Kreditinstitut übertragen, der Kreditnehmer kann diese jedoch nutzen.

4 Gebundene Aufgaben (multiple choice)

Abschlussprüfung in Wirtschafts- und Sozialkunde
Verlangt: 30 von 35 Aufgaben
Vorgabezeit: 45 Minuten
Hinweis: Bei jeder Aufgabe ist nur **eine** Lösung richtig
Hilfsmittel: keine

1. Wer stellt das Ergebnis der Abschlussprüfung in einem anerkannten Ausbildungsberuf fest?
   - Ⓐ Der Vertreter der berufsbildenden Schule
   - Ⓑ Die Industrie- und Handelskammer
   - Ⓒ Der Beauftragte der Arbeitgeber
   - Ⓓ Der Prüfungsausschuss
   - Ⓔ Der Vertreter der Gewerkschaften

2. Wie viele Werktage Erholungsurlaub stehen Lisa Martin, 18 Jahre alt, mindestens zu
   - Ⓐ 30 Werktage
   - Ⓑ 27 Werktage
   - Ⓒ 24 Werktage
   - Ⓓ 20 Werktage
   - Ⓔ 18 Werktage

3. Für welche Personengruppen gilt ein gesetzlich vorgeschriebener Kündigungsschutz?
   - Ⓐ Für Gewerkschaftsmitglieder
   - Ⓑ Für Arbeitnehmer, die Mitglied der freiwilligen Feuerwehr sind
   - Ⓒ Für werdende Mütter
   - Ⓓ Für Auszubildende in der Probezeit
   - Ⓔ Für Jugendliche im ersten Jahr nach der Berufsausbildung

4. Was muss man tun, um vermögenswirksame Leistungen zu erhalten?
   - Ⓐ Man muss einen langfristigen Sparvertrag abschließen und seinen Arbeitgeber beauftragen, die vereinbarte Sparrate an die entsprechende Bank zu überweisen.
   - Ⓑ Man muss einen Teil seines Lohnes dem Arbeitgeber überlassen.
   - Ⓒ Man muss einen Teil seines Lohnes an politische Parteien spenden.
   - Ⓓ Man muss nichts Besonderes tun und nur die Steuererklärung abgeben.
   - Ⓔ Man darf in einem Jahr nicht krankheitshalber bei der Arbeit gefehlt haben.

5. Einem Maßschneider wird gekündigt. Er ist der Meinung, dass dies nicht ordnungsgemäß ist. Bei welchem Gericht kann er dagegen Klage führen?
   - Ⓐ Verwaltungsgericht
   - Ⓑ Arbeitsgericht
   - Ⓒ Amtsgericht
   - Ⓓ Sozialgericht
   - Ⓔ Landesgericht

6. Welche gesetzliche Mindest-Kündigungsfrist gilt im Regelfall für Gesellen und Facharbeiter?
   - Ⓐ 3 Tage
   - Ⓑ 4 Wochen
   - Ⓒ 2 Wochen
   - Ⓓ 6 Wochen
   - Ⓔ 3 Monate

7. Sie bewerben sich als Geselle bei einem neuen Arbeitgeber. Welche Unterlagen müssen Sie bei Arbeitsantritt in jedem Fall dem Arbeitgeber mitbringen?
   - Ⓐ Personalausweis, Führerschein
   - Ⓑ Personalausweis, Polizeiliches Führungszeugnis
   - Ⓒ Lohnsteuerkarte, Versicherungsnachweisheft
   - Ⓓ Geburtsurkunde, Gesellenbrief
   - Ⓔ Schulzeugnis, Gesellenbrief

Die Lösungen der Aufgaben 1 bis 35 befinden sich auf Seite 310

8 Was versteht man unter dem Nettolohn?

Ⓐ Der Lohn nach Abzug der Steuern und Sozialversicherungsabgaben
Ⓑ Der Lohn nach Abzug der Steuern
Ⓒ Der Lohn ohne Abzug der Steuern und Sozialversicherungsabgaben
Ⓓ Die Summe der Abzüge vom Bruttolohn
Ⓔ Der Lohn nach Abzug der Mehrwertsteuer

9 Wann liegt eine Inflation vor?

Ⓐ Wenn das Wechselkursverhältnis Euro zu Dollar sich ändert.
Ⓑ Wenn die Preise für dieselben Waren immer höher werden.
Ⓒ Wenn die Preise für dieselben Waren sinken.
Ⓓ Wenn die Preise unverändert bleiben.
Ⓔ Wenn der Kurswert der Aktien steigt.

10 Welche Aussage über die Geldanlage auf einem Sparbuch ist richtig

Ⓐ Überweisungen sind grundsätzlich möglich
Ⓑ Mit der Girocard kann über das Sparguthaben verfügt werden
Ⓒ Das Guthaben ist risikoreich angelegt
Ⓓ Man kann sich nur einen bestimmten Betrag monatlich auszahlen lassen
Ⓔ Die Verzinsung ist höher als die Inflationsrate

11 Warum unternimmt ein Betrieb Rationalisierungsmaßnahmen?

Ⓐ Um Arbeitsplätze zu schaffen
Ⓑ Um die Arbeitsbedingungen zu erleichtern
Ⓒ Um die Produktion herunterzufahren.
Ⓓ Um die Produktion zu erhöhen.
Ⓔ Um die Arbeitsabläufe kostengünstiger zu machen.

12 Im Geschäftsbericht einer Firma steht, dass der Betrieb seit vier Monaten rote Zahlen schreibt. Welche Aussage ist richtig?

Ⓐ Das Unternehmen ist voll ausgelastet.
Ⓑ Das Unternehmen hat den Umsatz gesteigert.
Ⓒ Das Unternehmen erzielt Gewinne.
Ⓓ Das Unternehmen macht Verluste.
Ⓔ Das Unternehmen entlässt Arbeitskräfte.

13 Welche Aussage über einen Industriebetrieb ist richtig?

Ⓐ In Industriebetrieben ist der Unternehmer meist noch praktisch im Betrieb tätig.
Ⓑ In Industriebetrieben herrscht überwiegend die arbeitsteilige Fertigung.
Ⓒ Der Absatzmarkt liegt meist in der Nähe des Betriebsstandortes.
Ⓓ Industriebetriebe verkaufen stets unmittelbar an ihre Kunden und schalten den Handel aus.
Ⓔ In Industriebetrieben überwiegt die Einzelfertigung.

14 Welche Merkmale hat ein Handwerksbetrieb gegenüber Großbetrieben?

Ⓐ Er produziert Großserien von Bauteilen.
Ⓑ Er fertigt vor allem Unikate und kleine Stückzahlen.
Ⓒ Er hat einen hohen Automatisierungsgrad.
Ⓓ Er beschäftigt vor allem ungelernte Arbeiter.
Ⓔ Die Materialkosten sind hoch im Vergleich zu den Lohnkosten.

15 Durch welche Maßnahmen kann die Produktivität eines Betriebs erhöht werden?

Ⓐ Anschaffung neuer, leistungsfähiger Maschinen
Ⓑ Erhöhung der Mitarbeiterzahl
Ⓒ Erhöhung der Arbeitszeit
Ⓓ Günstigerer Einkauf der Werkstoffe
Ⓔ Erhöhung des Lohns

Die Lösungen der Aufgaben 1 bis 35 befinden sich auf Seite 310

16 Wer ist bei der Wahl zum Betriebsrat wählbar?

Wählbar sind ...

Ⓐ alle im Betrieb tätigen Arbeitnehmer.

Ⓑ alle Beschäftigen des Betriebs einschließlich der dort als Leiharbeitnehmer Beschäftigten.

Ⓒ alle Wahlberechtigten, die 12 Monate dem Betrieb angehören.

Ⓓ alle Wahlberechtigten, die das 24. Lebensjahr vollendet haben.

Ⓔ alle Arbeitnehmer, die das 18. Lebensjahr vollendet haben und mindestens sechs Monate dem Berieb angehören.

17 In welchen Betrieben können Betriebsräte gewählt werden?

Ⓐ In Betrieben, in denen der Arbeitgeber seine Zustimmung dazu gibt

Ⓑ In Betrieben mit mindestens 15 Beschäftigten

Ⓒ In Betrieben, in denen mindestens fünf Gewerkschaftsmitglieder beschäftigt sind

Ⓓ In Betrieben mit mindestens 25 Beschäftigten

Ⓔ In Betrieben, in denen mindestens fünf wahlberechtigte Arbeitnehmer beschäftigt sind

18 Was versteht man unter der Tarifautonomie?

Ⓐ Die Tariflöhne ändern sich automatisch jedes Jahr.

Ⓑ Die Arbeitgeber legen die Tariflöhne autonom fest.

Ⓒ Die Gewerkschaften legen die Tariflöhne autonom fest.

Ⓓ Nur die Gewerkschaften und die Arbeitgebervertreter handeln die Tariflöhne aus.

Ⓔ Das Arbeitsministerium setzt die Tariflöhne jedes Jahr neu fest.

19 In welchem Fall hat der Betriebsrat **kein** Mitbestimmungsrecht?

Ⓐ Bei Einführung von Sozialeinrichtungen des Betriebs

Ⓑ Bei Errichtung von Erweiterungsbauten für die Verwaltung

Ⓒ Bei Änderung der Art der Auszahlung der Arbeitsentgelte

Ⓓ Bei Erstellung von allgemeinen Urlaubsgrundsätzen

Ⓔ Bei der Entscheidung, ob im Zeitlohn oder im Akkordlohn gearbeitet werden soll

20 Welches Thema kann in der Betriebsversammlung **nicht** behandelt werden?

Nicht behandelt werden können ...

Ⓐ Fragen der Tarifpolitik, die Betrieb und Arbeitnehmer unmittelbar betreffen.

Ⓑ Fragen der Frauenförderung.

Ⓒ eine Wahlempfehlung für die anstehende Bundestagswahl.

Ⓓ der Tätigkeitsbericht des Betriebsrats.

Ⓔ die wirtschaftliche Lage und Entwicklung des Betriebs.

21 Welche Aussage über den Streik bei einer Tarifauseinandersetzung ist richtig?

Ⓐ Für die Dauer des Streiks zahlt die Gewerkschaft allen Arbeitnehmern ein Streikgeld.

Ⓑ Für die Dauer des Streiks erhalten die streikenden Arbeitnehmer vom Arbeitsamt eine Unterstützung.

Ⓒ Die Lohnzahlungspflicht des Arbeitgebers besteht für die Dauer des Streiks.

Ⓓ Für die Dauer des Streiks zahlt die Gewerkschaft ihren Mitgliedern Streikgeld.

Ⓔ Bei einem Streik erhalten alle Arbeitnehmer keine finanzielle Unterstützung.

Die Lösungen der Aufgaben 1 bis 35 befinden sich auf Seite 310

4 Gebundene Aufgaben (multiple choice)

22 Auf welche Rechtsform eines Unternehmens lässt die Abbildung schließen?

Ⓐ Einzelunternehmung
Ⓑ Kommanditgesellschaft
Ⓒ Aktiengesellschaft
Ⓓ Offene Handelsgesellschaft
Ⓔ Gesellschaft mit beschränkter Haftung

Rebecca Siemers
Damenmode

23 Welches ist die oberste Zielsetzung einer erwerbswirtschaftlich betriebenen Unternehmens?

Ⓐ Das Steigern des Umsatzes
Ⓑ Das Sichern der Arbeitsplätze
Ⓒ Das Erwirtschaften von Gewinn
Ⓓ Das marktgerechte Versorgen der Verbraucher
Ⓔ Das Produzieren von Gütern und Dienstleistungen

24 Welche Aufgabe hat das Gewerbeaufsichtsamt?

Ⓐ Überwachung der Gesellenprüfungen
Ⓑ Steuerliche Überwachung der Arbeitgeber
Ⓒ Überwachung des lauteren Wettbewerbs der Betriebe
Ⓓ Überwachung der Einhaltung der staatlichen Arbeitsschutzvorschriften in den Betrieben
Ⓔ Überprüfung der Arbeitnehmer auf ihre fachliche Eignung

25 Was ist **nicht** die Aufgabe der Handwerkskammern und Industrie- und Handelskammern?

Ⓐ Förderung der gewerblichen Wirtschaft
Ⓑ Unterstützung von Behörden durch Gutachten
Ⓒ Beratung bei Existenzgründungen
Ⓓ Finanzielle Unterstützung von bestreikten Betrieben
Ⓔ Durchführung der Gesellen- und Facharbeiterprüfung

26 Welches ist die Aufgabe der Berufsgenossenschaften?

Ⓐ Sie schlichten Streit zwischen Arbeitnehmer und Arbeitgeber.
Ⓑ Sie erlassen und überwachen die Unfallverhütungsvorschriften.
Ⓒ Sie legen die Arbeitszeit und die Arbeitspausen fest.
Ⓓ Sie überwachen die vereinbarten Sozialleistungen für die Arbeitnehmer.
Ⓔ Sie gewährleisten die Einhaltung der Lohnfortzahlung im Krankheitsfall.

27 Welche der aufgeführten Unternehmensformen ist eine Personengesellschaft?

Ⓐ Genossenschaft (eG)
Ⓑ Aktiengesellschaft (AG)
Ⓒ Einzelunternehmung
Ⓓ Gesellschaft mit beschränkter Haftung (GmbH)
Ⓔ Kommanditgesellschaft (KG)

28 Welche Versicherung gehört zur gesetzlichen Sozialversicherung?

Ⓐ Haftpflichtversicherung
Ⓑ Hausratversicherung
Ⓒ Arbeitslosenversicherung
Ⓓ Rechtsschutzversichrung
Ⓔ Risiko-Lebensversicherung

29 Wer trägt die durch einen Arbeitsunfall eines Arbeitnehmers notwendig gewordenen Behandlungskosten?

Ⓐ Die gesetzliche Krankenversicherung
Ⓑ Der Arbeitgeber
Ⓒ Die Handwerkskammer bzw. die Industrie- und Handelskammer (IHK)
Ⓓ Die zuständige Berufsgenossenschaft
Ⓔ Der Verursacher des Arbeitsunfalls

Die Lösungen der Aufgaben 1 bis 35 befinden sich auf Seite 310

30 Welche Aussage über den Leistungslohn ist richtig?

Der Leistungslohn ist …

Ⓐ eine Vergütung, die die langjährige Zugehörigkeit zu einem Betrieb berücksichtigt.

Ⓑ eine Vergütung, die für Arbeiten außerhalb der Regelarbeitszeit geleistet wird.

Ⓒ eine Vergütung, die die geleistete Arbeit pro Zeit berücksichtigt.

Ⓓ eine Vergütung, die die Lebensleistung eines Menschen berücksichtigt.

Ⓔ eine Vergütung für Arbeiten, die an Sonn- und Feiertagen geleistet werden.

31 Welche Ausgaben können bei der jährlichen Lohnsteuererklärung **nicht** als steuermindernd geltend gemacht werden?

Ⓐ die Kosten für die Fahrt zum Arbeitsplatz

Ⓑ der Gewerkschaftsbeitrag

Ⓒ Spenden an eine wohltätige Organisation

Ⓓ die Zinsen für einen Konsumentenkredit

Ⓔ der Krankenversicherungsbeitrag

32 Welchen Anteil vom Beitrag zur gesetzlichen Unfallversicherung übernimmt der Arbeitgeber?

Ⓐ Die Hälfte des Beitrages

Ⓑ Ein Viertel des Beitrages

Ⓒ Drei Viertel des Beitrages

Ⓓ Keinen Anteil am Beitrag

Ⓔ Den gesamten Beitrag

33 Von welcher Behörde bekommt man seine Lohnsteuerkarte?

Ⓐ Vom Arbeitsamt

Ⓑ Vom Finanzamt

Ⓒ Von der Gemeinde- oder Stadtverwaltung

Ⓓ Von der Rentenversicherungsanstalt

Ⓔ Von der Handwerkskammer oder der Industrie- und Handelskammer

34 Welche Feststellung über Zeitlohn trifft zu?

Ⓐ Der Zeitlohn bietet dem Betrieb eine genauere Kalkulationsgrundlage bei der Berechnung der Stückkosten.

Ⓑ Der Zeitlohn erfordert eine umfangreichere Lohnbuchhaltung.

Ⓒ Durch den Zeitdruck beim Zeitlohn kann die Qualität der Arbeit leiden.

Ⓓ Der Betrieb ist durch den Zeitlohn vom Arbeitswillen des Einzelnen stark abhängig.

Ⓔ Bei Zeitlohn können die Qualitätskontrollen entfallen.

35 Welche Bezeichnung ist für die Wirtschaftsordnung der Bundesrepublik Deutschland zutreffend?

Ⓐ Freie Marktwirtschaft

Ⓑ Zentrale Marktwirtschaft

Ⓒ Soziale Marktwirtschaft

Ⓓ Föderalistische Marktwirtschaft

Ⓔ Sozialistische Marktwirtschaft

5 Lösungen

zu 4 Gebundene (multiple choice) Aufgaben

1 Ⓓ	2 Ⓒ	3 Ⓒ	4 Ⓐ	5 Ⓑ	6 Ⓑ	7 Ⓒ	8 Ⓐ	9 Ⓑ	10 Ⓓ
11 Ⓔ	12 Ⓓ	13 Ⓑ	14 Ⓑ	15 Ⓐ	16 Ⓔ	17 Ⓔ	18 Ⓓ	19 Ⓑ	20 Ⓒ
21 Ⓓ	22 Ⓐ	23 Ⓒ	24 Ⓓ	25 Ⓓ	26 Ⓑ	27 Ⓔ	28 Ⓒ	29 Ⓓ	30 Ⓒ
31 Ⓓ	32 Ⓔ	33 Ⓓ	34 Ⓒ	35 Ⓒ					

Teil I: Dokumentieren und Präsentieren

1 Das Projekt

Mitarbeiterinnen und Mitarbeiter sollen keine „Befehlsempfänger" sein, sondern
- selbstständig Sachverhalte erkennen,
- Lösungsstrategien für Probleme finden,
- gut im Team arbeiten,
- selbstständig Entscheidungen treffen können.

Ziel eines modernen Unterrichtes ist die Verbesserung der Handlungskompetenz der Schülerinnen und Schüler. Sie sollen in der Lage sein, fachliche Inhalte und Aufgabenstellungen selbstständig zu erarbeiten, Ergebnisse schriftlich auszuarbeiten und zu präsentieren. Dies erfolgt insbesondere im Rahmen von **Projekten**.

Auf den Unterricht bezogen ist das Projekt eine **besondere Lernleistung,** das bedeutet:
Die Schülerinnen und Schüler sollen eine fachliche Aufgabenstellung weitgehend selbstständig analysieren, strukturieren und praxisgerecht lösen. Hierbei werden Durchhaltevermögen, Teamfähigkeit und berufliches Fachwissen unter Beweis gestellt.
Die nachfolgenden Seiten zeigen Hilfestellungen zur erfolgreichen Projektbearbeitung auf.

Projektphasen

Um zum Projektziel zu kommen, wird in der Regel das **3-Phasen-Modell** angewendet:

Phase 1 **PLANUNG**	Phase 2 **AUSFÜHRUNG und DOKUMENTATION**	Phase 3 **BEWERTUNG**
Thema eingrenzen und festlegen	Zeit- und Arbeitsplan erstellen	Selbstbewertung (Zwischenbewertung, Ergebnisbewertung)
Ziele definieren und festlegen	Bei Gruppenarbeit Aufgaben zuteilen	
Projekt in Teilaufgaben strukturieren	Methoden festlegen	
Zeitrahmen festlegen	Informationen beschaffen, Inhalte erarbeiten	Fremdbewertung (Zwischenbewertung, Ergebnisbewertung)
Bei Gruppenarbeit Einzelplan für jedes Gruppenmitglied festlegen	Ergebnisse dokumentieren und/oder präsentieren	

Projektmethoden

Zur Lösung einer Projektaufgabe können die unterschiedlichsten Methoden angewendet werden.
Methoden sind Wege zum Ziel.

In den folgenden Kapiteln wird auf nachstehende Methoden eingegangen:

Plakat erstellen	z.B. Visualisierung eines Modethemas, Einladung zur Modenschau
Mündlich präsentieren	z.B. Präsentation der Projektergebnisse
Dokumentation erstellen	z.B. Projektmappe, Modellvorschlag für die Gesellenprüfung
Fachgespräch führen	z.B. Mündliche Gesellenprüfung

I Dokumentieren und Präsentieren

2 Das Plakat

Planung eines Plakates

Zielsetzung des Plakates
- Information (z.B. Thema Baumwolle)
- Visualisierung (z.B. Modethema „Tiefenrausch")
- Werbung (z.B. Einladung Modenschau)
- Medium für eine Präsentation (z.B. Referat Kostümgeschichte)

Rahmenbedingungen
- Ort der Präsentation
- Plakatgröße
- Format (längs/quer)

Ausführung eines Plakates

Informationen beschaffen und Inhalte festlegen
- Fachliteratur
- Fachzeitschriften
- Kataloge
- Internet
- Interviews

Ergebnisse auf dem Plakat anordnen
- Plakataufteilung (Layout) vornehmen
- Schriftgröße und -farbe festlegen
- Muster, Zeichnungen, Fotos platzieren

Bewertungskriterien für ein Plakat

(Sie sind abhängig von der Zielsetzung)
- Thema, Überschriften, Schlüsselbegriffe, Fachbegriffe,
- Aufteilung des Plakates, Lesbarkeit, Sauberkeit,
- Mengenverhältnis von Text zu Bild
- Kreativität der Darstellung
- Rechtschreibung

Häufige Fehler
- zu kleine Schrift und Bilder
- unstrukturierte Anordnung
- zu viele Informationen
- „überkreativ" sein
  – der Blick aufs Wesentliche geht verloren

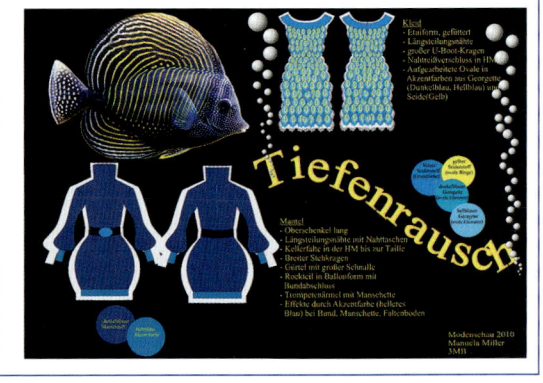

Plakatbeispiele zu einem Modethema

3 Mündliche Präsentation

Grundsätze einer Präsentation

Die mündliche Präsentation ist kein Unterricht oder eine Vorlesung, sondern in der Regel der Abschluss eines Projektes.

Es besteht die Gelegenheit, das erworbene Fachwissen einem Publikum zu präsentieren.

Der bzw. die Vortragende steht als Person oder auch mit einem Team im Mittelpunkt.

Eine gute Präsentation

- fesselt das Publikum,
- ist motivierend und spannend,
- hinterlässt einen guten Eindruck.

Zielgruppe für **WEN**
Zeitrahmen **WIE LANGE**
Themengebiet eingrenzen **WAS**
Themengebiet in logische Abschnitte aufteilen **WANN**
Medieneinsatz planen **WOMIT**

Planung der mündlichen Präsentation

Ausrichtung auf die richtige Zielgruppe
z.B. Fachpublikum, Fachfremde

Struktur und Aufbau der Präsentation
- Inhalte ausführlich schriftlich erarbeiten
- Gute Zeiteinteilung
- Struktur in der Ablaufplanung („Roter Faden")
- Beschränkung auf das Wesentliche
- Fachlich richtiger und logischer Inhalt
- Fachbegriffe

Medieneinsatz
Plakat, Folien, Power Point, Anschauungsmaterial, Versuch, Film, Modell, Stichpunktkärtchen usw.

Körpersprache (Gestik, Bewegung, Aussehen)
- Angenehmes äußeres Erscheinungsbild (Kleidung, Frisur, Make-Up),
- Selbstsicherheit, Sicherheit im Vortrag
- Angemessene Mimik und Gestik
- Blickkontakt zu den Zuhörenden

Tonfall/Stimme
- Präsentation üben
- Langsames, deutliches und betontes Reden
- Freie Rede (Stichpunktkärtchen)

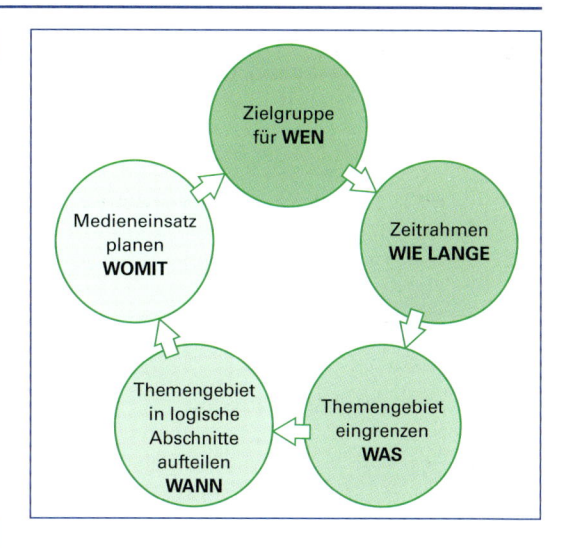

Bewertung einer Präsentation

Einstieg
Einleitung, Begrüßung

Persönliche Wirkung beim Vortrag
- Haltung
- Gestik, Mimik, Blickkontakt
- Sprechtempo, Lautstärke, Pausen
- Freies Sprechen

Inhalt und Aufbau
- Gliederung ist erkennbar
- fachlich richtig
- Verwendung von Fachbegriffen
- Zuhörende sind einbezogen
- Interesse bei den Zuhörenden ist geweckt
- Eingehen auf Fragen

Medien
angemessen, abwechslungsreich, anschaulich

Kritikfähigkeit
- Souveräner Umgang mit Kritik
- Tolerieren unterschiedlicher Standpunkte

Zusammenfassung
- Zeitrahmen wird eingehalten
- Wesentliche Punkte werden genannt
- Aufforderung, Fragen zu stellen

Schluss:
Dank und Verabschiedung

Der Rote Faden in der Ablaufplanung einer Präsentation

Begrüßung und persönliche Vorstellung
⇩
Thema und Ziel der Präsentation
⇩
Hauptteil
⇩
Zusammenfassung; Ausblick
⇩
Fragen; Diskussion
⇩
Schluss mit Dank und Verabschiedung

Checkliste Mündliche Präsentation	ja	nein	ungeklärt
Habe ich alle wichtigen Punkte in der inhaltlichen Vorbereitung berücksichtigt?			
Habe ich die Zielgruppe klar erfasst?			
Sind meine Ziele deutlich formuliert?			
Habe ich alle W-Fragen geklärt? (wer?, was?, wann?, wo?, wie?, warum?, womit?)			
Ist die Einleitung kurz und „pfiffig" und wird sie Sympathie und/oder hohes Interesse wecken?			
Habe ich die Inhalte vollständig und knapp formuliert?			
Wirkt die Präsentation klar gegliedert und überschaubar?			
Habe ich die richtigen Medien gewählt und sie vorbereitet?			
Bin ich kompetent genug, auf Rück- oder Nachfragen zu antworten?			
Habe ich meine Stichpunktkärtchen sinnvoll beschriftet und in der richtigen Reihenfolge geordnet?			
Habe ich Körpersprache und Gestik geübt?			
Ist mein äußeres Erscheinungsbild angemessen?			

Umgang mit Lampenfieber

Einige hilfreiche Tipps

- Nutzen Sie Lampenfieber als Förderer von Konzentration und Leistungsfähigkeit.
- Machen Sie sich klar, dass Lampenfieber ganz normal ist und dass Fehler menschlich sind.
- Denken Sie an frühere erfolgreiche Auftritte.
- Machen Sie sich bewusst, dass Sie gut vorbereitet sind.
- Vergessen Sie nicht, dass man auf die Zuhörenden viel ruhiger und souveräner wirkt, als man sich selbst fühlt.

Übungen für die Atemtechnik

- Stellen Sie sich aufrecht hin und atmen Sie bewusst tief ein und aus (20 Atemzüge).
  Dabei atmen Sie zuerst aus und dann ganz ruhig und geräuschlos wieder ein.
  Beim Atmen sollte sich die Bauchdecke nach vorne wölben.
  Am besten machen Sie diese Übung an der frischen Luft.
  Hilfreich ist es auch, wenn Sie sich beim Atmen den Duft einer Blume vorstellen.
- Gleiche Übung wie vorher, nur dass Sie beim Ausatmen die Laute **s**, **sch** und **f** erst langsam fließend und anschließend stoßweise aussprechen.
- Der Atem kann gehalten werden, indem Sie versuchen, jedes Wort eines Satzes extrem langsam auszusprechen.
  Als Ergänzung sollten Sie möglichst viele Sätze mit einem Atemzug in gewohntem Redetempo sprechen.

Wechselatmung

- Sie sitzen aufrecht.
- Sie beugen den Zeigefinger und Mittelfinger der rechten Hand zur Handfläche hin; Daumen, Ringfinger und kleiner Finger sind ausgestreckt.
- Sie verschließen mit dem Daumen das rechte Nasenloch unterhalb der knöchernen Nase und atmen durch das linke Nasenloch ein.
- Der Ringfinger verschließt nun das linke Nasenloch, Sie atmen rechts aus.
- Sie atmen rechts wieder ein, verschließen dann das rechte Nasenloch wieder mit dem Daumen und atmen links aus.
- Sie wiederholen diese Übung 12 Mal und atmen dann normal weiter.
  Wechselatmung hat eine beruhigende, stärkende Wirkung auf das Nervensystem und reduziert Stress.

Die letzten Sekunden vor einer Präsentation

- Gehen Sie ruhig nach vorne.
- Achten Sie auf eine aufrechte Haltung, halten Sie den Kopf hoch und nehmen Sie die Schultern zurück.
- Atmen Sie tief in den Bauch ein und aus.
- Legen Sie in aller Ruhe Ihre Unterlagen ab und ordnen Sie diese.

Die ersten Sekunden zu Beginn einer Präsentation

- Legen Sie eine kurze Pause zur inneren Sammlung ein.
- Schauen Sie die Zuhörenden freundlich und offen an.
- Sprechen Sie die ersten Sätze ruhig, betont langsam und deutlich aus.
  Nach einigen Sätzen werden Sie ruhiger und sicherer.
- Suchen Sie bei den Zuhörenden positive Gesichter.

4 Dokumentation (z.B. Projektmappe)

Mit einer Dokumentation werden die Arbeitsergebnisse einer Projektarbeit in schriftlicher Form einem interessierten Kreis vorgestellt.

Vom Deckblatt bis zur letzten Seite soll ein roter Faden erkennbar sein.

In der Regel werden die konkreten Inhalte der Dokumentation vorgegeben.

Es ist wichtig, formale Standards bei der Planung zu beachten.

Planung der Dokumentation

Format und Form des Ordners
- Größe (DIN-Format oder frei)
- Art des Einbands (geklebt, Spiralbindung, lose, gummiert)
- Art des Papiers (Stärke, Farbe, Muster)

Schriftart / Typografie
- maximal drei verschiedene Schriftarten
- maximal drei verschiedene Schriftgrößen
- Schriftgröße nicht kleiner als 8 pt und größer als 12 pt
- höchstens 60 Zeichen pro Zeile
- sparsamer Umgang mit **Fett** und *Kursiv*
- Rechtschreiberegeln beachten

Einbandgestaltung
- der Thematik und den Vorgaben entsprechend

Der Rote Faden in der Ablaufplanung einer Projektdokumentation

Einband
⇩
Deckblatt
⇩
Inhaltsverzeichnis
⇩
Hauptteil
⇩
Quellenangaben, Stichwortverzeichnis
⇩
Anhang; Eigenständigkeitserklärung

Layout
- einheitliche Seitengestaltung (Überschriften, Kopf-/Fußzeilen, Grafiken, Tabellen, Farbgestaltung)
- Seitennummerierung

Deckblatt (Seite 1 unnummeriert)
- Thema des Projektes
- Namen der Beteiligten
- „Projektbetreuung" (Schule, Ausbildungsbetrieb, ...)
- Ort und Datum der Erstellung

Inhaltsverzeichnis
- Übereinstimmung mit der Seiten-Nummerierung

Ausführung der Dokumentation
- Informationen und Inhalte der Projektarbeit sammeln, beschaffen oder erarbeiten
- Die Ergebnisse nach den festgelegten Vorgaben dokumentieren

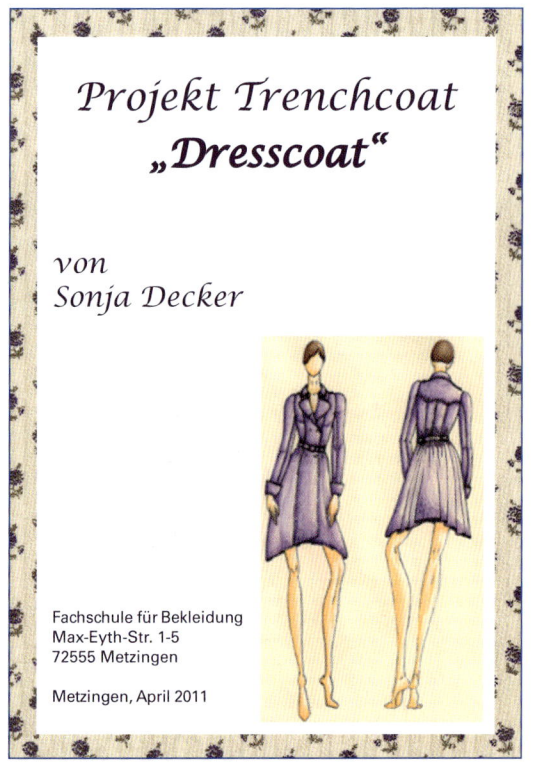

Projekt Trenchcoat
„Dresscoat"

von
Sonja Decker

Fachschule für Bekleidung
Max-Eyth-Str. 1-5
72555 Metzingen

Metzingen, April 2011

Einband Projektmappe Trenchcoat

1 Fasern

Checkliste Projektdokumentation	ja	nein	ungeklärt
Liegt das für die Dokumentation verwendete Material vollständig vor?	☐	☐	☐
Sind die Angaben auf dem Deckblatt vollständig?	☐	☐	☐
Ist die Gliederung korrekt?	☐	☐	☐
Stimmt das Inhaltsverzeichnis mit der Seitennummerierung überein?	☐	☐	☐
Ist der Hauptteil vollständig?	☐	☐	☐
Ist die Rechtschreibung, Zeichensetzung usw. korrekt?	☐	☐	☐
Sind alle bildlichen Darstellungen vorhanden und am richtigen Ort in der Dokumentation eingebracht worden?	☐	☐	☐
Sind alle Seiten sauber ausgearbeitet? (keine Radierspuren, verschmierte Striche etc.)	☐	☐	☐
Ist die Eigenständigkeitserklärung vorhanden?	☐	☐	☐

Technische Zeichnung und Modellbeschreibung

Teilestückliste

Bewertung einer Dokumentation

Je nach Projektart werden unterschiedliche **Bewertungskriterien** angewandt. Allgemein gilt:
- Termintreue, Vollständigkeit, Arbeitsverhalten
- Gesamteindruck (Layout, Optik, Gestaltung, Einheitlichkeit usw.)
- Formales (Aufbau, Gliederung, Umfang, Rechtschreibung usw.)
- Inhaltliche Richtigkeit (Sachlogischer Aufbau, Fachsprache, Bilder usw.)
- Niveau; Trennung von Fakten und Meinung
- Besonderheiten (Eigene Ideen, Originalität, Genialität)
- Selbstbewertung

Bewertung Projektdokumentation

Name		Klasse	
Thema/Projekt	Trenchcoat	Abgabetermin	

Personalkompetenz						Erreichte Punkte
Unterlagen vollständig	☐	Es fehlen einzelne Teile	☐	Es fehlen wesentliche Teile	☐	
Arbeitsverhalten	☐	Hatte wenig Probleme	☐	Musste häufig nachfragen	☐	

Methodenkompetenz	Erreichte Punkte
Gesamteindruck der Mappe	
Deckblatt	
Inhaltsverzeichnis, Seitennummerierung	

Fachkompetenz	Erreichte Punkte
Entwurfszeichnung	
Technische Zeichnung	
Extras, Nahtschaubilder, Detailzeichnungen. Besonderheiten	
Materialauswahl, Materialbeschreibung und Begründung	
Modellstammblatt mit Modellskizze, Modellbeschreibung, Hinweise auf Besonderheiten, Verarbeitung, Materialprobe mit Handelsbezeichnung.	
Formular mit Teilestückliste und Materialstückliste	
Kalkulation	

Datum	Gesamtergebnis

5 Das Fachgespräch

Das Fachgespräch wird als „Unterhaltung zwischen Fachleuten" geführt und bezieht sich auf eine individuelle Projekt- oder Prüfungsarbeit. Es unterscheidet sich von einer mündlichen Prüfung, die im Frage-Antwort-Verfahren nach einem im Vorfeld festgelegten Fragenkatalog erfolgt.

Die Prüfenden stellen im Fachgespräch Spezialisten dar, die sich z.B. in die Rolle eines Kunden hineinversetzen. Sie sind somit Fachmann und Vertreter des Kunden zugleich.

Das Fachgespräch kann auch eine Präsentation der Projektergebnisse beinhalten, die nicht im Monolog vorgetragen, sondern im Dialog aufgezeigt wird.

Vorbereitung auf ein Fachgespräch

Auch wenn das Fachgespräch keine Präsentation ist, so ist es dennoch sinnvoll, sich im Vorfeld einen **logischen Ablauf** zu überlegen:

- Struktur und Aufbau
- Gute Zeiteinteilung
- Roter Faden

Inhalte eines Fachgespräches

- Aufzeigen der relevanten fachlichen Zusammenhänge und Hintergründe
- Begründen der dargestellten Sachverhalte und des Ablaufes
- Darstellen aufgetretener Probleme und deren Lösungen
- Äußern von sachlicher Kritik

Kriterien für ein erfolgreiches Fachgespräch

Körpersprache (Gestik, Bewegung, Aussehen)

- Angenehmes äußeres Erscheinungsbild (Kleidung, Frisur, Make-up),
- Selbstsicherheit, Sicherheit in der freien Rede
- Angemessene Mimik und Gestik
- Kontakt zu den Zuhörenden herstellen und halten, Blickkontakt

Tonfall/Stimme

- Langsam, deutlich und betont reden
- Frei sprechen

Bewertung eines Fachgespräches

Grundlagen der Bewertung:
- Dokumentationsunterlagen
- Eventuell gefertigtes Modellstück

Bewertung Fachgespräch	
Bewertungskriterien	**Punktzahl**
Einstieg: Einleitung und Begrüßung	
Zeigt die fachlichen Zusammenhänge der Projektarbeit auf	
Verwendet die geeigneten Fachbegriffe sicher	
Geht auf Rückfragen ein	
Überzeugt durch fachliche Argumentation	
Erkennt Fehler und Fehlerquellen, kann selbstständig Lösungsvorschläge anbieten	
Persönliche Wirkung beim Vortrag: • Auftreten (Sicherheit, Selbstbewusstsein, Ausstrahlung) • Sprache (Verständlichkeit, Lautstärke, Sprechtempo) • Gestik, Mimik, Blickkontakt	
Abschluss: Dank und Verabschiedung	

Feedback

Am Ende einer Präsentation **kann** ein Feedback abgegeben werden in Form eines Gesprächsaustausches zwischen den Beteiligten.

Der Feedback-Geber zeigt dem Feedback-Nehmer dessen Verhalten in einer bestimmten Situation und die Wirkung auf andere auf und beurteilt dies. Dadurch kann dieser z.B. seine Präsentationstechnik verbessern, im Auftreten sicherer und kompetenter werden.

Das Feedback gibt also die Möglichkeit, ein Fremdbild mit dem Selbstbild abzugleichen.

Ist man mit einem Feedback einverstanden, besteht in der Regel auch die Bereitschaft, es zu akzeptieren.

Das Feedback ist auch als Instrument bei Führungspositionen üblich. Beziehungen und Konflikte zwischen Vorgesetzten und Mitarbeitern können geklärt, Vertrauen und Teamgeist gestärkt werden.

Damit für den Feedback-Nehmer die Korrekturvorschläge nicht verletzend sind, sollten beim Geben eines Feedbacks bestimmte **Regeln** beachtet werden:

- Auf eine ruhige und entspannte Atmosphäre achten.
- Genügend Zeit einplanen.
- Das Feedback möglichst direkt im Anschluss an die Präsentation (unmittelbar) abgeben.
- Das Feedback nur auf die vorausgehende Präsentation beziehen.
- Konkrete Angaben äußern, Verallgemeinerungen und pauschale Aussagen vermeiden.
- Nur persönliche bzw. subjektive Beobachtungen und Eindrücke wiedergeben.
- Informativ sein und Perspektiven aufzeigen.
- Positive Aspekte hervorheben.
- Kritikpunkte sachlich vortragen.

Umgang mit Kritik

Es ist für die meisten Menschen schwer, Kritik anzunehmen. Der Umgang mit Kritik gehört deshalb zu den schwierigsten zwischenmenschlichen Aufgaben.

Kritik kann zu Konflikten führen, wenn man mit ihr nicht umgehen kann oder sie ungerechtfertigt findet

Unter **Kritikfähigkeit** versteht man, eine sachlich formulierte und gerechtfertigte Kritik anzunehmen. Kritikfähigkeit bedeutet aber auch, Selbstbewusstsein zu zeigen und zu Unrecht angelastete Kritikpunkte klar zu stellen.

Kritikfähigkeit ist eine wichtige soziale Kompetenz und Voraussetzung für erfolgreiches Arbeiten. Aus Fehlern lernen bedeutet, die eigenen Fähigkeiten zu verbessern. Es ist jedoch entscheidend, wie Kritik formuliert wird. Konstruktive Kritik bietet neben dem Aufzeigen eines Problems auch einen Vorschlag zur Abhilfe.

Der Feedback-Nehmer soll eine Chance darin sehen, zu erfahren, wie er auf andere wirkt. Er sollte deshalb folgende **Grundsätze** einhalten:

- Den Gegenüber ruhig anhören, ihn ausreden lassen, seine Meinung akzeptieren.
- Nicht ins Wort fallen.
- Sich nicht verteidigen bzw. rechtfertigen.
- Immer sachlich bleiben.
- Emotionen vermeiden.
- Fehler eingestehen und daraus lernen.
- Nicht den Fehler bei anderen suchen.
- Ruhig argumentieren, wenn man im Recht ist.
- Konkret begründen, warum Anschuldigungen ungerechtfertigt sind.
- Nicht aggressiv werden.
- Eskalationen verhindern.
- Für das Feedback dankbar sein.